Wunsch/Schreiber
Analoge Systeme

Prof. Dr.-Ing. habil. Dr. e. h. Dr. e. h. Gerhard Wunsch

Prof. Dr.-Ing. habil. Helmut Schreiber

Analoge Systeme

4. Auflage

TUDpress Lehrbuch

Die Deutsche Bibliothek – CIP-Einheitsaufnahme

Bibliografische Information der Deutschen Bibliothek
Die Deutsche Bibliothek verzeichnet diese Publikation in der Deutschen
Nationalbibliografie; detaillierte bibliografische Daten sind im Internet
unter <http://dnb.ddb.de> abrufbar.

Bibliographic information published by Die Deutsche Bibliothek
Die Deutsche Bibliothek lists this publication in the Deutsche Nationalbibliografie; detailed bibliographic data is available in the Internet at
<http://dnb.ddb.de>

ISBN 3-938863-67-6

TUDpress
Verlag der Wissenschaften GmbH
Bergstr. 70 | D-01069 Dresden
Tel.: 0351/47 96 97 20 | Fax: 0351/47 96 08 19
http://www.tudpress.de

Vorwort zur 4. Auflage

Das vorliegende Buch enthält die wichtigsten mathematischen Grundlagen und Begriffe der Analyse analoger Systeme. Es ist aus Vorlesungen für Studierende des Studienganges Elektrotechnik und der bereits in [23] verfolgten Konzeption hervorgegangen. Dabei erwies es sich als notwendig, sowohl in den mathematischen Grundlagen als auch in den Anwendungen eine Verlagerung der Schwerpunkte gegenüber [23] vorzunehmen, um der Entwicklung in den letzten Jahren (insbesondere der wachsenden Bedeutung nichtlinearer Systeme) gerecht zu werden [1].

Es ist weiterhin ein Anliegen dieses Buches, zu zeigen, dass eine (im Wesentlichen) einheitliche Darstellung der Theorie und der Beschreibung digitaler und analoger Systeme möglich und vorteilhaft ist, wenn die fundamentalen und tragenden Begriffe geeignet herausgearbeitet und in den Mittelpunkt gestellt werden. Aus diesem Grunde wird in diesem Buch auf wesentliche Definitionen und Begriffe aus [26] zurückgegriffen.

Abweichend von der vorhergehenden Auflage [27] besteht das vorliegende Buch aus zwei Teilen: Im ersten Teil werden Signale und Systeme mit kontinuierlicher Zeit behandelt, der zweite Teil ist den Signalen und Systemen mit diskreter Zeit gewidmet. Der Stoff ist dabei in fünf Hauptabschnitte gegliedert. Der erste enthält die wichtigsten mathematischen Grundlagen der Beschreibung zeitkontinuierlicher Signale, insbesondere die Funktionaltransformationen als spezielle (lineare) Abbildungen in linearen Räumen. Der zweite Hauptabschnitt behandelt die nichtlinearen und der dritte die linearen Systeme. Im vierten und fünften Hauptabschnitt kommen die Signale und Systeme mit diskreter Zeit zur Sprache.

Um dem Charakter dieses Buches als Lehrbuch zu entsprechen, wurden die Abschnitte mit zahlreichen Beispielen und Übungsaufgaben ausgestattet. Die Lösungen der Übungsaufgaben sind in einem sechsten Hauptabschnitt zusammengestellt.

Unser besonderer Dank gilt Herrn Prof. Dr.-Ing. *G. Elst* für seine Mitarbeit an dem Manuskript (Abschnitte 2.1.3 und 2.2.3.3).

Die ersten beiden Auflagen dieses Buches erschienen 1985 und 1988 im Verlag Technik Berlin, die dritte Auflage 1993 im Springer-Verlag Berlin Heidelberg New York. Die Autoren danken dem TUD*press* Verlag der Wissenschaften GmbH für die seine Bemühungen um die rasche Herausgabe der vierten Auflage. Wir hoffen, damit zahlreichen Studierenden Unterstützung und Anregung für das Studium geben zu können.

Dresden, im Juni 2006

G. Wunsch   H. Schreiber

Formelzeichen

$a(\omega), a(\Omega)$	Dämpfungsmaß
$A(\omega), A(\Omega)$	Amplitudenfrequenzgang
$\arg G(\mathrm{j}\omega), \arg G(\mathrm{e}^{\mathrm{j}\Omega})$	Phasenfrequenzgang
A, B, C, D	Matrizen (Zustandsgleichungen des linearen Systems)
$b(\omega), b(\Omega)$	Phasenmaß
$\mathbb{C}$	Menge der komplexen Zahlen
$c_k = c(\omega_k)$	Spektralkoeffizient
C^n	Menge aller Signale mit stetiger n-ter Ableitung
C_T	Menge aller stückweise stetigen Signale
C_T^1	Menge der stückweise glatten Signale
$\mathcal{D}$	Differenziationsoperator
$\mathcal{D}^{-1}$	Integrationsoperator
E	Einheitsmatrix
f	Überführungsfunktion
$\mathcal{F}(\mathsf{x})$	Fourier-Transformierte des Signals x
g	Ergebnisfunktion
g	Gewichtsfunktion, Impulsantwort
G	Übertragungsfunktion
$G(\mathrm{j}\omega), G(\mathrm{e}^{\mathrm{j}\Omega})$	Frequenzgang
$g(t), g(k)$	Gewichtsmatrix, Übertragungsmatrix im Originalbereich
$G(s), G(z)$	Übertragungsmatrix
$\mathcal{L}(\mathsf{x})$	Laplace-Transformierte des Signals x
L_p	Menge aller Signale x mit $\int_{-\infty}^{\infty} \|\mathsf{x}(t)\|^p \,\mathrm{d}t < \infty$
M^n	Mengenpotenz (n-faches kartesisches Produkt)
$\mathbb{N}$	Menge der natürlichen Zahlen
N^M	Menge aller Abbildungen von M in N
$s = \sigma + \mathrm{j}\omega$	komplexe Variable (Laplace-Transformation)
$\mathbb{R}$	Menge der reellen Zahlen
$\mathbb{R}^+$	Menge der nichtnegativen reellen Zahlen

$\mathbf{1}$	Sprungsignal
$r = t \cdot \mathbf{1}$	Rampensignal
$\mathcal{S}^\tau$	Verschiebungsoperator
T	Zeitmenge, Zeitskala
$x = x(t)$	Signalwert des Signals x im Zeitpunkt t
x	Signal, Abbildung
$x = (x_1, \ldots, x_l)$	l-dimensionales (Eingabe-)Signal
$x_\sim$	harmonisches Signal
$\widetilde{x}$	getastetes Signal
x_C	stetiges Signal
x_P	Polygonsignal
x_T	Treppensignal
X	transformiertes Signal, Bildsignal
x, y, z	Eingabe-, Ausgabe-, Zustandssignal
X	Signalraum (allgemein)
$\mathsf{X}, \mathsf{Y}, \mathsf{Z}$	Eingabe-, Ausgabe-, Zustandssignalraum
$\|x\| = N(x)$	Norm des Signals x
X_N	normierter Signalraum
X_T	Menge aller Treppensignale
$\mathbb{Z}$	Menge der ganzen Zahlen
$\mathcal{Z}(x)$	Z-Transformierte des Signals x
δ	Impulssignal (Dirac-Funktion)
Δ_τ	Rechtecksignal (mit der Länge τ)
φ	einfache Alphabetabbildung
Φ	Alphabetabbildung
$\boldsymbol{\varphi}$	einfache Signalabbildung
$\boldsymbol{\Phi}$	Signalabbildung
$\varphi(t), \varphi(k)$	Fundamentalmatrix (im Originalbereich)
$\Phi(s), \Phi(z)$	Fundamentalmatrix (im Bildbereich)
$\varphi_A(s), \varphi_A(z)$	charakteristisches Polynom
$\varphi : M \to N$	Abbildung φ von M in N
ϱ	Metrik (auf einem Signalraum X)
$\forall_x$	für alle x gilt
$\in$	ist Element von (bei Mengen)
$\Rightarrow$	folgt (bei Aussagen)
$\Leftrightarrow$	ist äquivalent (bei Aussagen)
$\subset$	ist Teilmenge von
$\cup$	Vereinigung
$\cap$	Durchschnitt
$\times$	kartesisches Produkt (bei Mengen)
$*$	Faltung

Inhaltsverzeichnis

Teil II: Signale und Systeme mit diskreter Zeit

4 Zeitdiskrete Signale und Systeme — 175

5 Lineare zeitdiskrete Systeme — 201

Einführung

Das heutige Forschungs- und Anwendungsgebiet der Systemanalyse (im weiteren Sinne) ist dadurch gekennzeichnet, dass die betrachteten Objekte, Prozesse und Probleme einen hohen Grad an Kompliziertheit und Komplexität aufweisen (z.B. Energiesysteme, Verkehrssysteme, biologische und ökologische Systeme usw.).

Demgegenüber untersucht man bei der Analyse vieler technischer Systeme folgende (relativ einfache) Aufgabe: Gegeben ist ein System (z.B. elektrische Schaltung, mechanische Apparatur o. ä.), die durch eine Eingangsgröße (z.B. Strom, Spannung, Kraft o. ä.) erregt wird. Gesucht ist die Reaktion des Systems auf diese Erregung.

Je nach der Art der Zeitabhängigkeit und dem Charakter der Eingangs-, Ausgangs- und inneren Systemgrößen unterscheidet man drei Teilgebiete der Systemanalyse, die mit drei wichtigen Systemklassen eng verknüpft sind und die sich zunächst relativ selbständig entwickelt haben.

Ein besonders einfacher Sonderfall liegt vor, wenn die zur Beschreibung des Systemverhaltens verwendeten Größen nur endlich viele diskrete Werte (z.B. aus der Menge $\{0, 1\}$, aus der Menge $\{x_1, \ldots, x_n\}$ usw.) annehmen können und die Zeit t ebenfalls eine diskrete Variable (z.B. $t = 0, 1, 2, \ldots$) ist. Die Untersuchung von Systemen unter diesen und einigen weiteren Voraussetzungen mit mathematischen Methoden, die hauptsächlich der Algebra zuzuordnen sind, führte zum Begriff des *digitalen Systems* bzw. *Automaten* [26].

Eine weitere Klasse bilden die Systeme, bei denen die Eingangs-, Ausgangs- und inneren Systemgrößen sowie die Zeit t Werte aus der Menge der reellen Zahlen annehmen können. Aus der Mechanik, Elektrotechnik, Regelungstechnik und Akustik sind viele Beispiele für solche Systeme bekannt, bei denen z.B. die Eingangsgrößen durch stetige Zeitfunktionen (häufig mit sinusförmiger Zeitabhängigkeit) beschrieben werden. Die Entwicklung der Systemtheorie in dieser Richtung vollzog sich hauptsächlich auf der mathematischen Grundlage der (Funktional-)Analysis (insbesondere der Funktionentheorie) und führte zum Begriff des *analogen Systems* [27].

Bei den bisher genannten Systemklassen wurde angenommen, dass die das Systemverhalten beschreibenden Funktionen (z.B. Ein- und Ausgangsgrößen, gewisse Systemcharakteristiken usw.) determiniert sind. Es gibt aber auch Fälle, bei denen diese Funktionswerte nicht genau bekannt sind. Häufig kann man in solchen Fällen aber gewisse Wahrscheinlichkeitsaussagen über die Funktionswerte als gegeben voraussetzen, wobei diese Funktionen selbst endlich viele diskrete Werte (die mit gewissen Wahrscheinlichkeiten auftreten) oder Werte aus der Menge der reellen Zahlen annehmen können und die Zeit t eine diskrete oder stetige Variable sein kann. Die Grundlage für die mathematische Beschreibung solcher Systeme ist die Wahrscheinlichkeitsrechnung, insbesondere die Theorie der zufälligen Prozesse. Ihre Verbindung mit der Automatentheorie und der Theorie der analogen

Systeme führte zum Begriff des *stochastischen Systems* [28].

Die Menge X aller als Eingabe möglichen (zeitlich veränderlichen) Größen x bildet einen (Eingabe-) *Prozess*. Entsprechend bildet die Menge aller (von X abhängigen) Ausgangsgrößen y einen (Ausgabe-) Prozess Y. Ein System stellt somit zwischen einem Eingabeprozess X und einem Ausgabeprozess Y eine bestimmte Beziehung her. Damit wird der Prozessbegriff zum Grundbegriff der gesamten Systemtheorie, die – mathematisch gesehen – als eine Theorie bestimmter Relationen (Beziehungen, Abhängigkeiten) zwischen zwei Prozessen aufgefasst werden kann.

Hauptanliegen dieses Buches ist es, dem Studierenden die fundamentalen und tragenden Begriffe der Theorie der analogen Systeme verständlich zu machen. Zusammen mit zwei weiteren Lehrbüchern (*Digitale Systeme* [26] (neu: [29]) und *Stochastische Systeme* [28] (neu: [30])) soll es zu einem einheitlichen und systematischen Herangehen bei der Lösung von Aufgaben der Systemanalyse beitragen.

Teil I:

Signale und Systeme mit kontinuierlicher Zeit

Kapitel 1

Zeitkontinuierliche Signale

1.1 Signalbeschreibung

1.1.1 Einfache Signale

1.1.1.1 Signal

Bei der Untersuchung konkreter technischer Objekte (z.B. elektrische Netzwerke, regelungstechnische Anlagen usw.) treten als Eingangs- und Ausgangsgrößen gewisse von der Zeit t abhängige physikalische Größen auf, z.B. Ströme

$$i(t) = I e^{j\omega t} \tag{1.1}$$

oder Spannungen

$$u(t) = U \cos(\omega t + \varphi). \tag{1.2}$$

Derartige Zeitfunktionen bezeichnen wir als *Signale*.

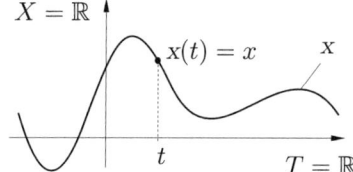

Bild 1.1: Signal mit kontinuierlicher Zeit

Definition 1.1 Unter einem Signal x versteht man eine Zeitfunktion, d.h. eine Abbildung von einer *Zeitmenge* T in ein *Alphabet* X, in Zeichen

$$x: T \to X, \ x(t) = x. \tag{1.3}$$

Im Allgemeinen ist die Zeitmenge (Zeitskala) T eine Teilmenge der reellen Zahlen, d.h.

$$T \subseteq \mathbb{R}, \tag{1.4}$$

und die Menge X, das Alphabet, eine Teilmenge der komplexen Zahlen:

$$X \subseteq \mathbb{C}. \tag{1.5}$$

Durch die Abbildung x wird also – wie aus (1.3) ersichtlich – jedem Zeitpunkt $t \in T$ eindeutig eine Zahl $x \in X$ zugeordnet. Wir nennen den zugeordneten Wert

$$\text{x}(t) = x \in X \tag{1.6}$$

den *Signalwert* des Signals x zur Zeit t.

In einem besonders wichtigen Sonderfall ist in (1.4) und (1.5) $T = \mathbb{R}$ und $X = \mathbb{R}$. Man spricht in diesem Fall von einem *reellen zeitkontinuierlichen Signal* (bzw. einem *rellen Signal mit stetiger Zeit* oder einem *analogen Signal*). Falls nichts anderes vermerkt ist, soll dieser Fall zunächst stets angenommen werden. In Bild 1.1 ist ein derartiges Signal grafisch veranschaulicht. In allgemeineren Fällen wird dann später auch $X = \mathbb{C}$ (Abschnitt 1.2) oder $X = \mathbb{R}^n$ (Vektorsignale) zu setzen sein.

Die Menge aller reellen Signale $x : T \to X$ ($T = \mathbb{R}$, $X = \mathbb{R}$) wollen wir mit $X^T = \mathsf{X}$ bezeichnen. In dieser Menge kann man besonders einfache Signale als Grundsignale auszeichnen und mittels bestimmter Signaloperationen (Abschnitt 1.1.1.2.) daraus komplizertere Signale aufbauen.

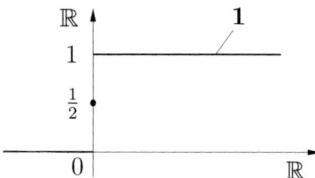   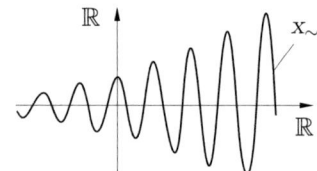

Bild 1.2: Sprungsignal   **Bild 1.3:** Harmonisches Signal

In den Bildern 1.2 und 1.3 sind zwei besonders wichtige Grundsignale dargestellt. Bild 1.2 zeigt das *Sprungsignal*, das wir mit dem besonderen Symbol $\mathbf{1}$ kennzeichnen wollen. Für dieses Signal gilt

$$\mathbf{1}(t) = \begin{cases} 1 & t > 0, \\ \frac{1}{2} & t = 0, \\ 0 & t < 0. \end{cases} \tag{1.7}$$

Das in Bild 1.3 dargestellte Signal $\text{x}_\sim$ heißt *harmonisches Signal*. Für dieses Signal ist

$$\text{x}_\sim(t) = \mathrm{e}^{\sigma t} \cos \omega t \qquad (\sigma, \omega \in \mathbb{R}). \tag{1.8}$$

In der Darstellung Bild 1.3 wurde $\sigma > 0$ angenommen. Im Fall $\sigma = 0$ erhalten wir

$$\text{x}_\sim(t) = \cos \omega t, \tag{1.9}$$

also ein Signal zur Beschreibung technischer Wechselgrößen (Wechselstromlehre), und im Fall $\omega = 0$ ist

$$\text{x}_\sim(t) = \mathrm{e}^{\sigma t}. \tag{1.10}$$

Aus diesen Grundsignalen können – wie bereits erwähnt – kompliziertere Signale abgeleitet bzw. zusammengesetzt werden. Dazu dienen die nachfolgend beschriebenen Signaloperationen.

1.1.1.2   Signaloperationen

Die wichtigsten *einstelligen Operationen* (Abbildungen $\mathsf{X} \to \mathsf{X}$) sind die folgenden:

a) **Skalarmultiplikation:** Die Multiplikation eines Signals x mit einer reellen Konstanten α ($\alpha \in \mathbb{R}$) ergibt ein neues Signal $y = \alpha x$, für das gilt

$$y = \alpha x : \quad y(t) = \alpha x(t). \tag{1.11}$$

Die Signalwerte werden also bei dieser Operation mit der Konstanten α multipliziert.

b) **Translation (Zeitverschiebung):** Wird ein Signal x zeitlich um den Wert τ verschoben, so entsteht ein neues Signal $y = \mathcal{S}^\tau(x)$ (Bild 1.4). Die zeitliche Verschiebung wird durch die Signalabbildung $\mathcal{S}^\tau$ symbolisch gekennzeichnet (vgl. auch [26], Abschnitt 2.3.1). Es gilt also

$$y = \mathcal{S}^\tau(x) : \quad y(t) = x(t - \tau). \tag{1.12}$$

Bei der Darstellung in Bild 1.4 wurde $\tau > 0$ angenommen. Ebenso kann natürlich auch $\tau < 0$ sein.

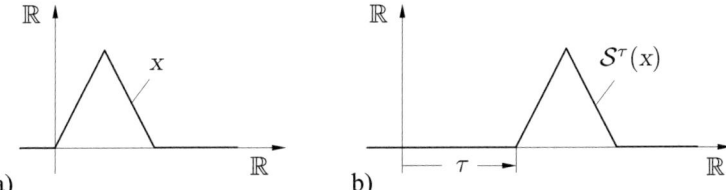

Bild 1.4: Zeitverschiebung eines Signals: a) Signal; b) verschobenes Signal

c) **Differenziation:** Ist ein Signal x nach der Zeit t differenzierbar, so entsteht durch Bildung der zeitlichen Ableitung ein neues Signal $y = \dot{x}$. Wir bezeichnen diese Signalabbildung mit $\mathcal{D}$ und schreiben

$$y = \mathcal{D}(x) = \dot{x} : \quad y(t) = \dot{x}(t). \tag{1.13}$$

Entsprechend gilt, falls eine zweite Ableitung existiert,

$$\mathcal{D}(\mathcal{D}(x)) = \mathcal{D}^2(x) = \ddot{x} \tag{1.14}$$

usw.

d) **Integration:** In Analogie zur Signalabbildung $\mathcal{D}$ („Differenziation") bezeichnen wir die Signalabbildung „Integration" mit $\mathcal{D}^{-1}$. Das aus einem Signal x durch Integration erhaltene Signal ist dann gegeben durch

$$y = \mathcal{D}^{-1}(x) : \quad y(t) = \int_{-\infty}^{t} x(\tau)\,\mathrm{d}\tau. \tag{1.15}$$

Bei zweimaliger Integration schreiben wir analog zu (1.14)

$$\mathcal{D}^{-1}(\mathcal{D}^{-1}(x)) = \mathcal{D}^{-2}(x). \tag{1.16}$$

Bei den vorstehenden einstelligen Operationen wurde einem Signal x jeweils ein neues Signal y zugeordnet. Wir geben nun noch einige *zweistellige Operationen* (Abbildungen $\mathsf{X}^2 \to \mathsf{X}$) an, bei denen zwei Signale x_1 und x_2 miteinander verknüpft werden und ein neues Signal y ergeben:

a) **Signaladdition:** Bei der Addition zweier Signale x_1 und x_2 werden in jedem Zeitpunkt t die Signalwerte addiert; es gilt also (vgl. „Operationsübertragung" [26], Abschnitt 1.3.1.2)

$$y = x_1 + x_2 : \quad y(t) = x_1(t) + x_2(t). \tag{1.17}$$

In Bild 1.5 ist die Addition zweier Signale veranschaulicht.

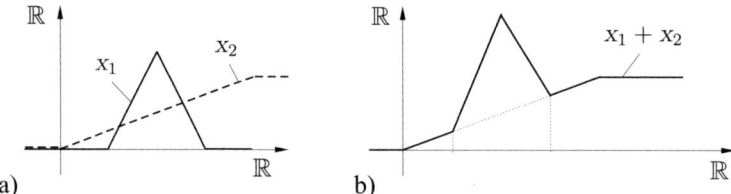

Bild 1.5: Signaladdition: a) Signale x_1 und x_2; b) Summe von x_1 und x_2

b) **Signalmultiplikation:** In jedem Zeitpunkt t werden die Signalwerte miteinander multipliziert, d.h. es gilt

$$y = x_1 \cdot x_2 : \quad y(t) = x_1(t)\, x_2(t). \tag{1.18}$$

c) **Faltung:** Die Faltung zweier Signale x_1 und x_2 ergibt ein neues Signal y, das durch

$$y = x_1 * x_2 : \quad y(t) = \int_{-\infty}^{\infty} x_1(\tau) x_2(t - \tau)\, d\tau \tag{1.19}$$

erklärt ist, wobei für $y(t) = (x_1 * x_2)(t)$ aber sehr oft – wenn auch unkorrekt – die Schreibweise $y(t) = x_1(t) * x_2(t)$ verwendet wird, die wir aber hier vermeiden wollen.

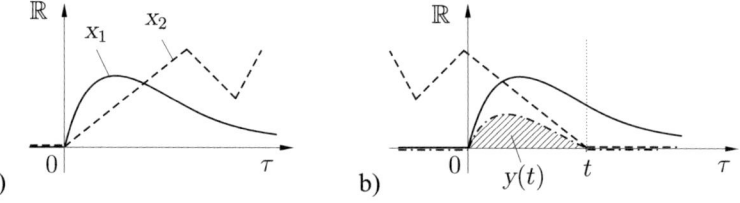

Bild 1.6: Faltung zweier Signale: a) Signale x_1 und x_2; b) Faltung von x_1 und x_2

Zur geometrischen Veranschaulichung der Faltung zweier Signale x_1 und x_2, für welche $x_1(t) = 0$ bzw. $x_2(t) = 0$ für $t < 0$ gilt, betrachten wir Bild 1.6. Zunächst sind in Bild 1.6a die beiden Signale x_1 und x_2 über der Zeitvariablen τ aufgezeichnet. Im nächsten

Schritt wird das Signal x_2 um t nach rechts verschoben und an der in Bild 1.6b bei t punktiert eingezeichneten Geraden gespiegelt, um aus den Signalwerten $x_2(\tau - t)$ die Signalwerte $x_2(t - \tau)$ zu erhalten. Wird nun punktweise das Produkt $x_1(\tau)x_2(t - \tau)$ gebildet (strichpunktierte Kurve in Bild 1.6b) und von 0 bis t integriert, so erhält man die markierte Fläche mit dem Flächeninhalt $y(t)$.

Die drei Operationen (1.17), (1.18) und (1.19) sind assoziativ und kommutativ, d.h. es gilt

$$x_1 \Diamond (x_2 \Diamond x_3) = (x_1 \Diamond x_2) \Diamond x_3 \qquad \text{und} \qquad x_1 \Diamond x_2 = x_2 \Diamond x_1, \tag{1.20}$$

worin $\Diamond$ jeweils eine der Operationen $+$, $\cdot$ oder $*$ bezeichnet.

Die genannten ein- und zweistelligen Operationen können auch miteinander kombiniert werden. Es gelten dann eine Reihe von Rechenregeln, von denen einige hier angegeben werden sollen:

$$\alpha(x_1 * x_2) = (\alpha x_1) * x_2 \tag{1.21}$$
$$\mathcal{D}(x_1 * x_2) = (\mathcal{D}(x_1)) * x_2 \tag{1.22}$$
$$\mathcal{S}^\tau(x_1 * x_2) = \mathcal{S}^\tau(x_1) * \mathcal{S}^\tau(x_2) \tag{1.23}$$
$$\mathcal{S}^\tau(\alpha x) = \alpha(\mathcal{S}^\tau(x)) \tag{1.24}$$
$$\mathcal{S}^\tau(\mathcal{D}(x)) = \mathcal{D}(\mathcal{S}^\tau(x)). \tag{1.25}$$

Diese Regeln lassen sich leicht beweisen und geometrisch anschaulich darstellen (vgl. Übungsaufgaben 1.1-1 und 1.1-3).

1.1.1.3 Darstellung einfacher Signale

Wir geben nun eine Reihe typischer Signalformen an, die sich aus dem Sprungsignal **1** durch Anwendung bestimmter Signaloperationen ableiten lassen:

a) **Sprungsignal mit Höhe** a: Aus dem durch (1.7) definierten Sprungsignal mit der Höhe 1 lässt sich durch Skalarmultiplikation mit einer reellen Zahl a ein Sprungsignal mit der Höhe a ableiten. Für dieses Signal gilt also (Bild 1.7a)

$$x = a \cdot \mathbf{1}. \tag{1.26}$$

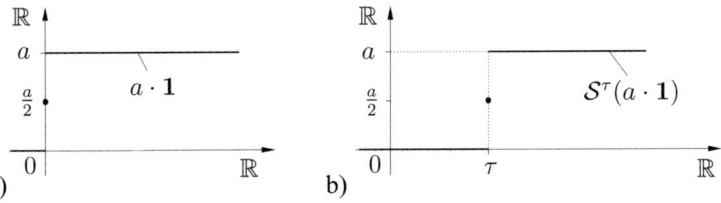

Bild 1.7: Sprungsignale: a) Sprungsignal mit Höhe a; b) zeitverschobenes Sprungsignal mit Höhe a

Wird dieses Signal noch zeitlich verschoben, so erhält man das allgemeine Sprungsignal $\mathcal{S}^\tau(a \cdot \mathbf{1})$ mit der Darstellung (Bild 1.7b)

$$(\mathcal{S}^\tau(a \cdot \mathbf{1}))(t) = a\mathbf{1}(t - \tau). \tag{1.27}$$

Durch ein solches Signal kann in der Elektrotechnik z.B. das Einschalten einer Spannung oder eines Stromes der Größe a zur Zeit $t = \tau$ mathematisch beschrieben werden.

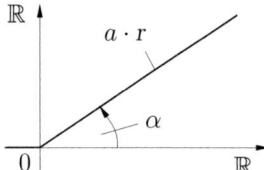

Bild 1.8: Rampensignal

b) **Rampensignal:** Durch Integration des Sprungsignals $a \cdot \mathbf{1}$ erhalten wir das Rampensignal, das wir mit $a \cdot r$ bezeichnen. Also gilt

$$x = \mathcal{D}^{-1}(a \cdot \mathbf{1}) = a \cdot \mathcal{D}^{-1}(\mathbf{1}) = a \cdot \mathbf{1}^{-1} = a \cdot r, \tag{1.28}$$

wobei für jeden Zeitpunkt t gilt

$$a \cdot r(t) = (\mathcal{D}^{-1}(a \cdot \mathbf{1}))(t) = \int_0^t a\mathbf{1}(\tau)\,\mathrm{d}\tau = at\,\mathbf{1}(t). \tag{1.29}$$

Die Darstellung dieses Signals wird in Bild 1.8 gezeigt. Für den Anstiegswinkel α in Bild 1.8 erhalten wir $\tan\alpha = a$.

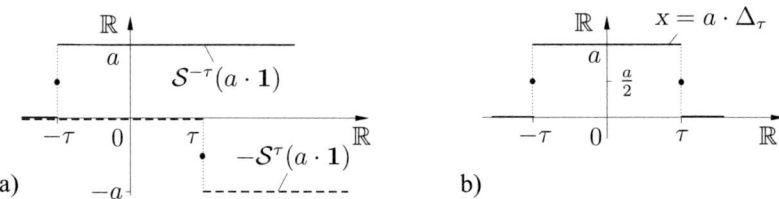

Bild 1.9: Konstruktion des Rechtecksignals mit Höhe a: a) Sprungsignale; b) Rechtecksignal

c) **Rechtecksignal:** Durch Subtraktion zweier zeitlich verschobener Sprungsignale der Höhe a erhalten wir das Rechtecksignal (Bild 1.9)

$$x = \mathcal{S}^{-\tau}(a \cdot \mathbf{1}) - \mathcal{S}^\tau(a \cdot \mathbf{1}) = a \cdot (\mathcal{S}^{-\tau}(\mathbf{1}) - \mathcal{S}^\tau(\mathbf{1})) = a \cdot \Delta_\tau. \tag{1.30}$$

Für dieses Signal gilt offensichtlich

$$a \cdot \Delta_\tau(t) = \begin{cases} a & t \in (-\tau, \tau) \\ \frac{a}{2} & t = \pm\tau \\ 0 & t \notin [-\tau, \tau]. \end{cases} \tag{1.31}$$

d) **Impulssignal:** Bei der Konstruktion des Impulssignals gehen wir von einem schmalen Rechtecksignal mit der Breite 2ε und der Höhe $a = \frac{1}{2\varepsilon}$ aus (Bild 1.10a). Für dieses Signal können wir schreiben

$$x = \frac{\mathcal{S}^{-\varepsilon}(\mathbf{1}) - \mathcal{S}^{\varepsilon}(\mathbf{1})}{2\varepsilon} = \delta_\varepsilon, \qquad (1.32)$$

wobei offensichtlich gilt

$$\delta_\varepsilon(t) = \begin{cases} \frac{1}{2\varepsilon} & t \in (-\varepsilon, \varepsilon) \\ \frac{1}{4\varepsilon} & t = \pm\varepsilon \\ 0 & t \notin [-\varepsilon, \varepsilon]. \end{cases} \qquad (1.33)$$

Die Impulsfläche (d.h. die Fläche unter dem Signal δ_ε) hat stets den Wert 1. Bilden wir noch das Integral dieses Signals, so erhalten wir das Signal

$$\mathcal{D}^{-1}(\delta_\varepsilon): \qquad (\mathcal{D}^{-1}(\delta_\varepsilon))(t) = \begin{cases} 0 & t \le -\varepsilon \\ \frac{1}{2\varepsilon} t + \frac{1}{2} & -\varepsilon \le t \le \varepsilon \\ 1 & t \ge \varepsilon \end{cases} \qquad (1.34)$$

mit dem Wert $(\mathcal{D}^{-1}(\delta_\varepsilon))(0) = \frac{1}{2}$. Dieses Signal ist in Bild 1.10b dargestellt.

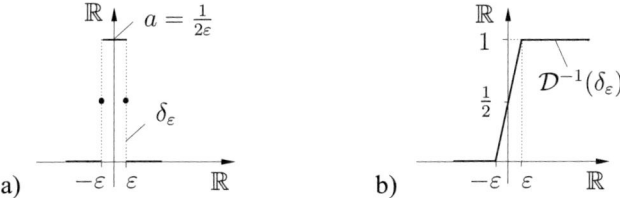

Bild 1.10: Zum Impulssignal: a) Schmales Rechtecksignal; b) Integral über dieses Signal

Wir wollen nun untersuchen, wie sich die Signale δ_ε und $\mathcal{D}^{-1}(\delta_\varepsilon)$ beim Grenzübergang $\varepsilon \to 0$ verhalten. Zunächst erhalten wir aus dem schmalen Rechtecksignal δ_ε das Impulssignal δ, für das man häufig formal schreibt

$$\delta: \qquad \delta(t) = \begin{cases} \infty & t = 0 \\ 0 & t \neq 0. \end{cases} \qquad (1.35)$$

Das integrierte Signal $\mathcal{D}^{-1}(\delta_\varepsilon)$ geht bei diesem Grenzübergang in das Sprungsignal über:

$$\lim_{\varepsilon \to 0} \int_{-\infty}^{t} \delta_\varepsilon(\tau) \, \mathrm{d}\tau = \mathbf{1}(t). \qquad (1.36)$$

Anstelle von (1.36) schreibt man oft auch symbolisch

$$\int_{-\infty}^{t} \delta(\tau) \, \mathrm{d}\tau = \mathbf{1}(t). \qquad (1.37)$$

In diesem Sinne sind auch die für das Rechnen mit dem Impulssignal δ wichtigen nachfolgenden Beziehungen zu verstehen. Es gilt nämlich

$$\delta * x = x * \delta = x, \tag{1.38}$$

d.h.

$$\int_{-\infty}^{\infty} \delta(t - \tau)x(\tau)\,\mathrm{d}\tau = \int_{-\infty}^{\infty} x(t - \tau)\delta(\tau)\,\mathrm{d}\tau = x(t), \tag{1.39}$$

worin x ein beliebiges (stetiges) Signal bedeutet, und speziell mit $x(t) = a$ gilt mit (1.36) bzw. (1.37)

$$\int_{-\infty}^{\infty} a\delta(\tau)\,\mathrm{d}\tau = \lim_{\varepsilon \to 0} \int_{-\infty}^{\infty} a\delta_\varepsilon(\tau)\,\mathrm{d}\tau = a\mathbf{1}(\infty) = a. \tag{1.40}$$

Ist x ein „impulsförmiges" („glockenförmiges") Signal, so nennt man

$$\int_{-\infty}^{\infty} x(\tau)\,\mathrm{d}\tau \tag{1.41}$$

das *Impulsmoment* von x. In diesem Sinne hat das Impulssignal δ das Moment 1 und der Impuls $a\delta$ wegen (1.40) das Moment a:

$$\int_{-\infty}^{\infty} a\delta(t)\,\mathrm{d}t = a. \tag{1.42}$$

Es muss an dieser Stelle darauf hingewiesen werden, dass es sich bei dem Impulssignal δ im mathematischen Sinne um ein Objekt handelt, das mit den Mitteln und Methoden der klassischen Analysis nicht zu behandeln ist (So sind z.B. der Differenzialquotient und das Riemannsche Integral für dieses Signal nicht definiert). Die Gleichungen (1.37) bis (1.40) und damit auch (1.42) sind also hier im Sinne von Rechenregeln aufzufassen, deren exakte mathematische Begründung mit Mitteln erfolgen muss, die den Rahmen der klassischen Analysis überschreiten. Es sei an dieser Stelle lediglich auf die Literatur zur Theorie der „verallgemeinerten Funktionen" (*Distributionentheorie*) verwiesen (vgl. z.B. [4],[9],[11]). Beim Rechnen mit dem Impulssignal δ muss man also, wenn man den Rahmen der Analysis nicht verlassen will, den oben in (1.36) ausgeführten Grenzübergang von Fall zu Fall stets neu vollziehen, um Fehler zu vermeiden (vgl. (1.40)).

Die oben dargestellte Konstruktion eines Impulssignals aus einem Rechtecksignal ist nicht die einzige Beschreibungsmethode. Häufig (für weiterführende Operationen mit δ-Funktionen) ist es zweckmäßiger, das Impulssignal δ als Grenzwert einer Folge von beliebig oft differenzierbaren Funktionen aufzufassen (vgl. z.B. [4]).

e) **Polygonsignal:** Ein Polygonsignal kann aus einer Summe (Überlagerung) zeitlich verschobener Rampensignale dargestellt werden. Bild 1.11 zeigt ein solches Rampensignal. Für dieses Signal kann

$$x = \tan\alpha \cdot \mathcal{S}^\tau(\mathbf{1}^{-1}) = \tan\alpha \cdot \mathcal{S}^\tau(r) \tag{1.43}$$

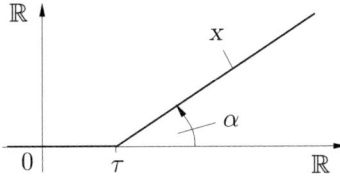

Bild 1.11: Zeitverschobenes Rampensignal

oder mit $\mathbf{1}^{-1} = r = t\,\mathbf{1}$ für beliebige t

$$x(t) = \tan\alpha \cdot (t - \tau)\mathbf{1}(t - \tau) \tag{1.44}$$

geschrieben werden.

Wir betrachten nun das in Bild 1.12 dargestellte Beispiel eines Polygonsignals. Offensichtlich kann das in Bild 1.12a beschriebene Signal auf die in Bild 1.12b gezeigte Weise in Rampensignale zerlegt werden, so dass insgesamt

$$x = \sum_{i=1}^{4} x_i \tag{1.45}$$

gilt und für beliebige t geschrieben werden kann:

$$x_i(t) = (\tan\alpha_i + \tan\beta_i) \cdot (t - \tau_i)\mathbf{1}(t - \tau_i). \tag{1.46}$$

Die Winkel α_i und β_i können aus der Skizze abgelesen werden. (Man beachte dabei die Vorzeichen!) Im angegebenen Beispiel gilt

$$\tan\alpha_1 = \frac{a_1}{\tau_2 - \tau_1}; \qquad \tan\alpha_2 = \frac{a_2 - a_1}{\tau_3 - \tau_2}; \qquad \tan\alpha_3 = \frac{-a_2}{\tau_4 - \tau_3}; \qquad \tan\alpha_4 = 0;$$

$$\tan\beta_1 = 0; \qquad \tan\beta_2 = -\tan\alpha_1; \qquad \tan\beta_3 = -\tan\alpha_2; \qquad \tan\beta_4 = -\tan\alpha_3.$$

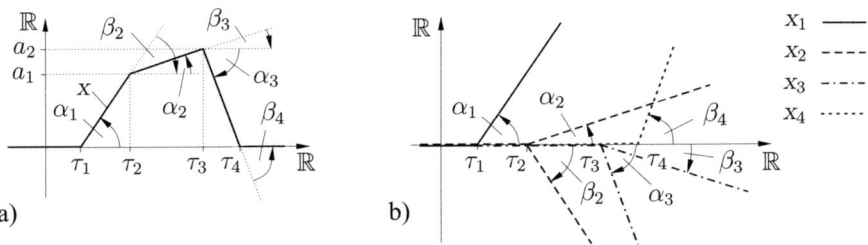

Bild 1.12: Polygonsignal: a) Beispiel; b) Zerlegung

Damit erhalten wir schließlich

$$x(t) = \frac{a_1(t - \tau_1)}{\tau_2 - \tau_1}\mathbf{1}(t - \tau_1) + \left(\frac{a_2 - a_1}{\tau_3 - \tau_2} - \frac{a_1}{\tau_2 - \tau_1}\right)(t - \tau_2)\mathbf{1}(t - \tau_2)$$

$$+ \left(\frac{-a_2}{\tau_4 - \tau_3} - \frac{a_2 - a_1}{\tau_3 - \tau_2}\right)(t - \tau_3)\mathbf{1}(t - \tau_3) + \frac{a_2(t - \tau_4)}{\tau_4 - \tau_3}\mathbf{1}(t - \tau_4).$$

In Verallgemeinerung dieses Beispiels kann also festgestellt werden: Ein Polygonsignal x_P ist ein aus Rampensignalen zusammengesetztes Signal, für das gilt (Bild 1.13)

$$x_P = \sum_i (\tan\alpha_i + \tan\beta_i)\mathcal{S}^{\tau_i}(r). \tag{1.47}$$

Wird x_P in (1.47) grafisch dargestellt (Bild 1.13), so lassen sich umgekehrt die Winkel α_i und β_i sowie die Zeitpunkte τ_i aus dem Funktionsbild unter Beachtung der Vorzeichen entnehmen. Setzen wir für r noch $r = t\mathbf{1}$ ein, so geht (1.47) über in die für beliebige t gültige Beziehung

$$x_P(t) = \sum_i (\tan\alpha_i + \tan\beta_i)(t - \tau_i)\mathbf{1}(t - \tau_i). \tag{1.48}$$

Ist also ein aus Geradenstücken in der Art Bild 1.13 zusammengesetztes Signal grafisch gegeben, so kann es in ersichtlicher Weise mit den Beziehungen (1.47) und (1.48) analytisch beschrieben werden (sofern $x_P(t) = 0$ für alle hinreichend kleinen t, d.h. $x_P(t) = 0$ für $t < t_0$).

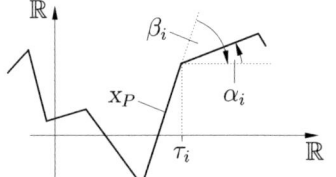

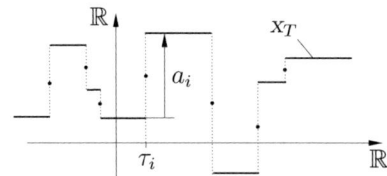

Bild 1.13: Polygonsignal   **Bild 1.14:** Treppensignal

f) **Treppensignal:** Unter einem Treppensignal verstehen wir ein aus Sprungsignalen zusammengesetztes Signal (Bild 1.14). Für ein solches Signal kann

$$x_T = \sum_i a_i \mathcal{S}^{\tau_i}(\mathbf{1}) \tag{1.49}$$

bzw. für beliebige t

$$x_T(t) = \sum_i a_i \mathbf{1}(t - \tau_i) \tag{1.50}$$

geschrieben werden.

Die Größe a_i ist die Sprunghöhe (Treppenhöhe) an der Stelle τ_i und vorzeichenrichtig in (1.49) bzw. (1.50) einzusetzen. (Bei einem Sprung in Richtung größerer positiver Signalwerte ist $a_i > 0$; andernfalls gilt $a_i < 0$.) Der Signalwert des Treppensignals an einer Sprungstelle ergibt sich aus der Definition des Sprungsignals (1.7) als Mittelwert von rechts- und linksseitigem Grenzwert (vgl. auch Abschnitt 1.1.2.2). Ist x_T grafisch gegeben, so liefert (1.50) eine analytische Darstellung von x_T ($x_T(t) = 0$ für $t < t_0$).

Bemerkung: Die Formel (1.49) gilt jedenfalls für endlich viele Sprungstellen. Sie kann leicht verallgemeinert werden auf den Fall, dass in jedem endlichen Teilintervall von $T = \mathbb{R}$ nur endlich viele Sprungstellen liegen.

1.1.2 Signale allgemeineren Typs

1.1.2.1 Periodische und getastete Signale

Die beiden folgenden Signalarten sind für die Anwendungen besonders wichtig:

a) **Periodisches Signal:** Ein Signal x heißt periodisch, wenn für beliebige t gilt

$$x(t) = x(t - kT_0) \qquad (k \in \mathbb{Z}). \tag{1.51}$$

In dieser Gleichung bezeichnet T_0 die Periodendauer, d.h. T_0 ist die kleinste Zahl, für die (1.51) gilt. Bild 1.15 zeigt ein periodisches Signal. Das Signal innerhalb einer Periodendauer T_0 ist in Bild 1.16 dargestellt. Wir bezeichnen dieses Signal mit x_0, und es gilt allgemein

$$x_0 : \qquad x_0(t) = \begin{cases} x(t) & t \in [t_1, t_1 + T_0) \\ 0 & t \notin [t_1, t_1 + T_0). \end{cases} \tag{1.52}$$

In Bild 1.16 ist speziell $t_1 = -\frac{T_0}{2}$ gesetzt worden. Man beachte, dass das Periodenintervall links abgeschlossen ist, d.h. der Signalwert $x(t_1)$ gehört zu x_0.

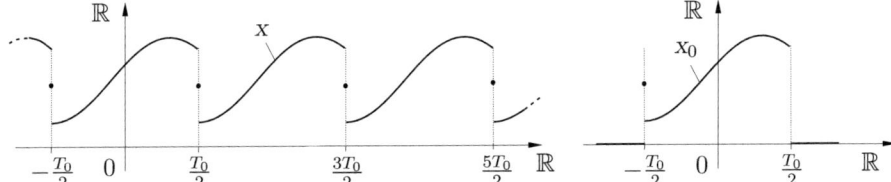

Bild 1.15: Periodisches Signal   **Bild 1.16:** Signalverlauf in einer Periode

Ein beliebiges periodisches Signal kann demnach in der Form

$$x = \sum_{k=-\infty}^{\infty} \mathcal{S}^{kT_0}(x_0) \tag{1.53}$$

dargestellt werden.

b) **Getastetes Signal:** Unter einem getasteten Signal verstehen wir ein periodisches Signal, das durch ein weiteres Signal x moduliert ist. In Bild 1.17 ist dieser Sachverhalt dargestellt. Gegeben ist das Signal x, das durch ein periodisches Signal abgetastet werden soll. Von diesem periodischen Signal ist in Bild 1.17 nur das Signal x_0 in einer Periode eingezeichnet. Bei der Abtastung werden die Signalwerte von x_0 mit den Signalwerten $x(t)$ des abzutastenden Signals multipliziert, so dass

$$\widetilde{x}(t) = \sum_{k=-\infty}^{\infty} x(kT_0)x_0(t - kT_0) \tag{1.54}$$

gilt, wenn man mit $\widetilde{x}$ das durch x_0 abgetastete Signal x bezeichnet.

Bild 1.18 zeigt noch die Abtastung eines Signals x durch schmale Rechtecksignale. In diesem Beispiel ist speziell $x_0 = \delta_\varepsilon$. Man kann also schreiben

$$\widetilde{x} = \sum_{k=-\infty}^{\infty} x(kT_0) \mathcal{S}^{kT_0}(\delta_\varepsilon). \tag{1.55}$$

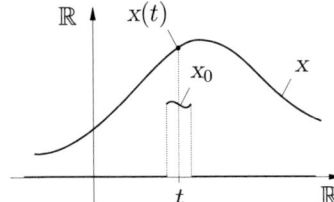

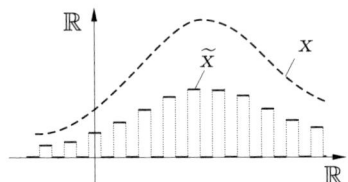

Bild 1.17: Getastetes Signal   **Bild 1.18:** Abtastung mit Rechtecksignal

1.1.2.2   Stückweise stetige Signale

Ein beliebiges, stückweise stetiges Signal ist in Bild 1.19 dargestellt. Es gilt die folgende Definition:

Definition 1.2 Ein (auf $T = \mathbb{R}$ definiertes) reelles Signal x heißt genau dann *stückweise stetig* , wenn sich jedes endliche Zeitintervall $[a, b] \subset \mathbb{R}$ so in endlich viele Teilintervalle $[a, \tau_1]$, $[\tau_1, \tau_2]$, ..., $[\tau_i, \tau_{i+1}]$, ..., $[\tau_{n-1}, b]$ zerlegen lässt, dass gilt:

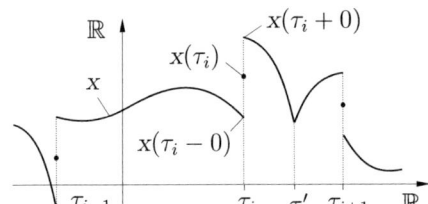

Bild 1.19: Stückweise stetiges Signal

1. Zwischen den Teilungspunkten τ_{i-1}, τ_i ($\tau_0 = a$, $\tau_n = b$, $i = 1, 2, \ldots, n$) ist x stetig.

2. An den inneren Teilungspunkten τ_i ($i = 1, 2, \ldots, n-1$) existieren die Grenzwerte $x(\tau_i \pm 0)$ von links und rechts, also

$$\lim_{\varepsilon \to 0} x(\tau_i \pm \varepsilon) = x(\tau_i \pm 0) \qquad (\varepsilon > 0), \tag{1.56}$$

und an den äußeren Teilungspunkten die Grenzwerte $x(a + 0)$ und $x(b - 0)$.

Der Signalwert $x(\tau_i)$ an einer Sprungstelle τ_i wird – gegebenenfalls durch Abänderung des zunächst definierten Wertes $x(\tau_i)$ – festgesetzt als Mittelwert von rechts- und linksseitigem Grenzwert

$$x(\tau_i) = \frac{1}{2}\big(x(\tau_i + 0) + x(\tau_i - 0)\big). \tag{1.57}$$

Die *Sprunghöhe* a_i an der Stelle τ_i ergibt sich aus

$$a_i = x(\tau_i + 0) - x(\tau_i - 0). \tag{1.58}$$

Diese Festsetzung des Signalwerts $x(\tau_i)$ an einer Sprungstelle nach (1.57) ist willkürlich, physikalisch bedeutungslos, aber, wie wir später sehen werden, mathematisch zweckmäßig. Wesentlich ist, dass $x(\tau_i)$ von den rechts- bzw. linksseitigen Grenzwerten $x(\tau_i + 0)$ bzw. $x(\tau_i - 0)$ zu unterscheiden ist.

Ist ein Signal x in jedem beliebigen Zeitpunkt $t \in \mathbb{R}$ stetig, so heißt x stetig auf $\mathbb{R}$, und wir schreiben dafür kurz $x = x_C$. Für ein stückweise stetiges Signal gilt dann die Darstellung

$$x = x_C + x_T, \tag{1.59}$$

wobei

$$x_T : \quad x_T(t) = \sum_i a_i \mathbf{1}(t - \tau_i)$$

ein Treppensignal ist. Jedes stückweise stetige Signal kann also als Summe eines stetigen Signals und eines Treppensignals dargestellt werden.

Wenn x im Innern des Intervalls $[\tau_i, \tau_{i+1}]$ stetig ist, so kann es dort Punkte geben, an denen x nicht differenzierbar ist (z.B. der Punkt τ' in Bild 1.19). Man kann dann $[\tau_i, \tau_{i+1}]$ weiter unterteilen und so möglicherweise erreichen, dass x im Innern der Intervalle dieser verfeinerten Unterteilung differenzierbar ist (z.B. im Innern der Intervalle $[\tau_i, \tau']$ und $[\tau', \tau_{i+1}]$ in Bild 1.19).

Ein Sonderfall liegt daher vor, wenn die weiter oben für das Signal x formulierten beiden Bedingungen der stückweisen Stetigkeit für das Signal $\dot{x}$ gelten. In diesem Fall heißt das Signal x *stückweise glatt*. Bei einem stückweise glatten Signal ist also im Innern entsprechend gewählter Teilintervalle $[\tau_i, \tau_{i+1}]$ nicht nur x sondern auch die 1. Ableitung $\dot{x}$ stetig, und an den Randpunkten τ_i der Intervalle existieren die Grenzwerte $x(\tau_i \pm 0)$ und $\dot{x}(\tau_i \pm 0)$.

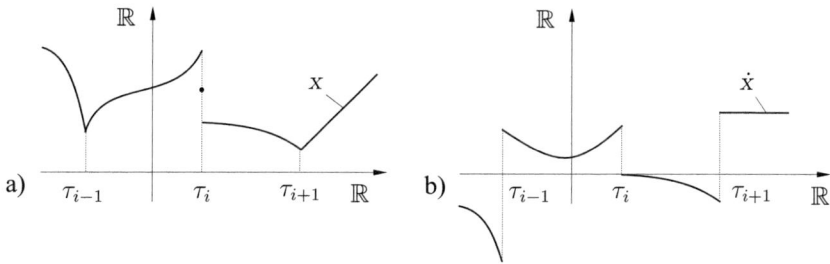

Bild 1.20: Stückweise glattes Signal: a) Signal x; b) Ableitung $\dot{x}$

Bild 1.20a zeigt schematisch die Darstellung eines typischen stückweise glatten Signals x und Bild 1.20b die zugehörige (stückweise stetige) Ableitung $\dot{x}$. Mit Signalen dieses Typs werden wir uns noch eingehend beschäftigen müssen.

1.1.3   Aufgaben zum Abschnitt 1.1

1.1-1 a) Gegeben sind die Signale x_1 und x_2. Man zeige die Gültigkeit der Regel

$$\alpha \cdot (x_1 * x_2) = (\alpha \cdot x_1) * x_2 \qquad (\alpha \in \mathbb{R})!$$

b) Man veranschauliche die Regel $\mathcal{S}^\tau(\mathcal{D}(x)) = \mathcal{D}(\mathcal{S}^\tau(x))$ für

$$x: \quad x(t) = Ae^{-at^2} \quad (A, a \in \mathbb{R}; \ a > 0) \text{ grafisch und rechnerisch!}$$

1.1-2 Man berechne für das Sprungsignal $\mathbf{1}$ die folgenden Signale:

a) $\mathbf{1} * \mathbf{1}$ b) $\mathbf{1} * \mathbf{1} * \mathbf{1}$ c) $\mathbf{1} * \mathbf{1} * \ldots * \mathbf{1}$ (n-mal)!

1.1-3 Gegeben sind die Signale $x_1: \ x_1(t) = t^2 \mathbf{1}(t)$ und $x_2: \ x_2(t) = t^3 \mathbf{1}(t)$. Man bestimme das Signal $x_3 = x_1 * x_2$ und zeige an diesem Beispiel die Richtigkeit der Regel

$$\mathcal{D}(x_1 * x_2) = \mathcal{D}(x_1) * x_2!$$

1.1-4 Man stelle das Treppensignal x_T (Bild 1.1-4) in der Form

$$x_T = \sum_i a_i \cdot \mathcal{S}^{\tau_i}(\mathbf{1})$$

durch eine Summe von zeitverschobenen Sprungsignalen dar und gebe $x_T(t)$ an!

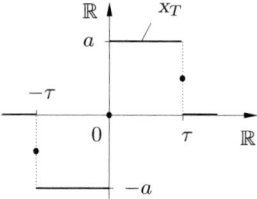 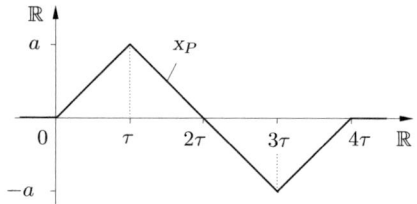

Bild 1.1-4: Treppensignal   **Bild 1.1-5:** Polygonsignal

1.1-5 Man stelle das Polygonsignal x_P (Bild 1.1-5) durch eine Summe zeitlich verschobener Rampensignale dar und gebe $x_P(t)$ an!

1.1-6 Man zeige, dass für jedes stetige Signal x_C gilt

a) $x_C * \delta = x_C$ b) $x_C * \mathbf{1} = \mathcal{D}^{-1}(x_C)$!

Hinweis zu a): Man berechne zunächst $(x_C * \delta_\varepsilon)(t)$ und untersuche diesen Ausdruck für $\varepsilon \to 0$.

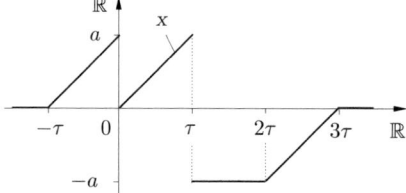

Bild 1.1-7: Stückweise stetiges Signal

1.1-7 a) Man zerlege das stückweise stetige Signal x (Bild 1.1-7) in ein stetiges Signal x_C und ein Treppensignal x_T!

b) Man stelle x als Summe von zeitverschobenen Sprung- und Rampensignalen dar!

1.2 Lineare Signalräume

1.2.1 Fourier-Transformation

1.2.1.1 Signalraum

Bei der Verknüpfung von zwei oder mehr Signalen eines bestimmten Typs kann es vorkommen, dass das Ergebnis dieser Verknüpfung wieder ein Signal des betreffenden Typs ist oder auch nicht. So ergibt z.B. die Summe zweier stetiger Signale wieder ein stetiges Signal, das Produkt zweier Treppensignale wieder ein Treppensignal usw. Andererseits ergibt aber z.B. die Faltung zweier Treppensignale kein Treppensignal. Im ersten Fall heißt die Menge der stetigen Signale abgeschlossen bezüglich der Addition bzw. Multiplikation, während im zweiten Fall die Menge der Treppensignale bezüglich der Faltung nicht abgeschlossen ist.

Die Unterscheidung dieser Fälle führt uns zum Begriff des Signalraums. Hierfür gilt die folgende

Definition 1.3 Eine Menge X von Signalen x, die bezüglich der auf X definierten Operation $\diamondsuit$ abgeschlossen ist (ein Gruppoid bildet; vgl. [26], Abschnitt 1.3.2.1), in Zeichen

$$(x_1 \in \mathsf{X}) \wedge (x_2 \in \mathsf{X}) \Rightarrow (x_1 \diamondsuit x_2) \in \mathsf{X}, \tag{1.60}$$

heißt *Signalraum*.

Hierbei bezeichnet das Symbol $\diamondsuit$ eine beliebige zweistellige Operation, z.B. $+$, $*$, $\cup$ usw. Signalräume, die nur operationsabgeschlossen sind, also bezüglich ihrer Operationen lediglich Gruppoide bilden, sind im Allgemeinen für wichtige Anwendungen zu schwach strukturiert. Brauchbare Signalräume sind immer „höhere" Strukturen, z.B. Gruppen, Ringe, lineare Räume usw.

In vielen Fällen bildet X z.B. mit der Signaladdition $+$ in (1.17) eine Abelsche Gruppe $(\mathsf{X}, +)$. Dann gilt (vgl. [26], Abschnitt 1.3.2.1):

1. Aus $x_1 \in \mathsf{X}$ und $x_2 \in \mathsf{X}$ folgt $x_1 + x_2 \in \mathsf{X}$ (vgl. (1.60)).

2. Die Signaladdition $+$ ist assoziativ:

$$x_1 + (x_2 + x_3) = (x_1 + x_2) + x_3 \qquad (x_1, x_2, x_3 \in \mathsf{X}).$$

3. Es gibt ein neutrales Element (Nullsignal mit $x_0(t) = 0$ für alle $t \in T$), so dass

$$x + x_0 = x_0 + x = x \qquad (x, x_0 \in \mathsf{X}).$$

4. Zu jedem Signal x gibt es ein inverses Element $\widetilde{x}$ (mit $\widetilde{x}(t) = -x(t)$ für alle $t \in T$), so dass

$$\widetilde{x} + x = x + \widetilde{x} = x_0 \qquad (x, \widetilde{x}, x_0 \in \mathsf{X}).$$

5. Die Operation + ist kommutativ:

$$x_1 + x_2 = x_2 + x_1 \qquad (x_1, x_2 \in \mathsf{X}).$$

Von besonderen Interesse ist der Fall, dass die Signalmenge X sogar einen linearen Raum über dem Körper der reellen Zahlen bildet (vgl. [26], Abschnitt 3.1.1.1). In diesem Fall ist $(\mathsf{X}, +)$ eine Abelsche Gruppe mit den soeben notierten 5 Eigenschaften, und außerdem ist eine Skalarmultiplikation $\cdot$ (Multiplikation mit einer reellen Zahl gemäß (1.11) erklärt, für die gilt ($x, x_1, x_2 \in \mathsf{X}$; $1, \alpha, \beta \in \mathbb{R}$):

$$1. \qquad \alpha \cdot (\beta \cdot x) = (\alpha\beta) \cdot x, \qquad 1 \cdot x = x \qquad\qquad (1.61)$$

$$2. \qquad (\alpha + \beta) \cdot x = \alpha \cdot x + \beta \cdot x \qquad\qquad (1.62)$$

$$3. \qquad \alpha \cdot (x_1 + x_2) = \alpha \cdot x_1 + \alpha \cdot x_2 \qquad\qquad (1.63)$$

Man spricht in diesem Fall von einem *linearen Signalraum*. Dabei wurde in (1.62) und (1.63) für die Addition von reellen Zahlen und für die Addition von Signalen der Einfachheit halber das gleiche Additionssymbol + verwendet. Als Beispiele hierzu seien noch die folgenden wichtigen Signalräume angeführt:

Bezeichnung	Signalraum $\mathsf{X} \subset \mathbb{R}^{\mathbb{R}}$	Eigenschaften
C^n	Menge aller Signale mit stetiger n-ter Ableitung	I. Assoziativ-kommutativer Ring bezüglich der Operationen + und $\cdot$
C_T	Menge aller stückweise stetigen Signale	
C_T^1	Menge aller stückweise glatten Signale	II. Linearer Raum (Vektorraum) bezüglich Addition und Skalarmultiplikation
L_p	Menge aller absolut integrierbaren Signale mit $\int_{-\infty}^{\infty} |x(t)|^p \, \mathrm{d}t < \infty$	Linearer Raum

Ist speziell im letzten Beispiel $p = 1$, so erhalten wir die Menge L_1 der absolut integrierbaren Signale mit der Eigenschaft

$$\int_{-\infty}^{\infty} |x(t)| \, \mathrm{d}t < \infty. \qquad\qquad (1.64)$$

Im Zusammenhang mit dem Begriff des Signalraums soll noch auf einen wesentlichen Sachverhalt hingewiesen werden.

Für die im Rahmen der Systemtheorie (und damit speziell der Systemanalyse) zu lösenden Aufgaben ist es wichtig, geeignete Signalräume auszuwählen, weil der mathematische Apparat, der für die zu behandelnden Probleme in Anwendung gebracht werden muss, hauptsächlich durch diese Signalräume bestimmt wird. Bei der Auswahl geeigneter Signalräume sind folgende zwei Wege grundsätzlich gangbar:

1. Man konstruiert einen Signalraum mit den Eigenschaften eines Integritätsringes und entwickelt daraus einen Quotientenkörper. Bei der Beschreibung digitaler Systeme haben wir von dieser Möglichkeit Gebrauch gemacht [26]. Bei der Behandlung analoger Systeme kann man diesen Weg ebenfalls beschreiten und gelangt dabei zu den Methoden der von *Mikusinski* entwickelten *Operatorenrechnung*.

2. Die zweite Möglichkeit besteht darin, solche Signalräume zu verwenden, die gleichzeitig lineare Räume bilden. Wir wollen bei den weiteren Ausführungen diesen zweiten Weg verfolgen, weil sich hier bestimmte physikalische Begriffe, die bei der Beschreibung von Signalen in der Technik ebenfalls eine bedeutsame Rolle spielen (z.B. der Begriff des Spektrums), leichter ableiten lassen, als dies bei dem rein algebraischen Herangehen auf dem zuerst genannten Weg möglich wäre.

1.2.1.2 Fourier-Reihe

Im Abschnitt 1.1.2 wurden einige Möglichkeiten der Darstellung komplizierterer Signale durch einfachere Signale angegeben. Wir wollen nun eine dieser Möglichkeiten noch etwas näher untersuchen und kehren zu diesem Zweck zu der in Bild 1.15 gegebenen Darstellung eines periodischen Signals zurück. Ein solches Signal x kann, wie bereits angegeben, in der Form

$$x = \sum_{k=-\infty}^{\infty} \mathcal{S}^{kT_0}(x_0) \tag{1.65}$$

aufgeschrieben werden. Die Zeit T_0 ist in dieser Gleichung die Periodendauer, durch die die Kreisfrequenz

$$\omega_T = \frac{2\pi}{T_0} \tag{1.66}$$

festgelegt ist.

Bezeichnet man mit $X_{T_0} \subset C_T^1$ die Menge aller periodischen Signale x mit der Periodendauer T_0 aus dem linearen Raum C_T^1 (Menge aller stückweise glatten Signale), so kann jedes $x \in X_{T_0}$, wie aus der Analysis bekannt ist, in der Form

$$x(t) = \sum_{k=-\infty}^{\infty} c(\omega_k) e^{j\omega_k t} \tag{1.67}$$

mit

$$c(\omega_k) = \frac{1}{T_0} \int_{-\frac{T_0}{2}}^{\frac{T_0}{2}} x(t) e^{-j\omega_k t} \, dt \tag{1.68}$$

dargestellt werden. In diesen Gleichungen ist

$$\omega_k = k\omega_T = k\frac{2\pi}{T_0} \qquad (k \in \mathbb{Z}) \tag{1.69}$$

und für die Differenz $\Delta\omega_k = \omega_{k+1} - \omega_k$ gilt

$$\Delta\omega_k = \omega_{k+1} - \omega_k = \omega_T. \tag{1.70}$$

Die Reihendarstellung (1.67) heißt *komplexe Fourier-Reihe*. Die Reihenkoeffizienten

$$c(\omega_k) = c(k\omega_T) = c_k \tag{1.71}$$

bilden in ihrer Gesamtheit das *Spektrum*

$$c = (c(\omega_k))_{k \in \mathbb{Z}} \tag{1.72}$$

des Signals x. Aus der Berechnungsvorschrift für die Reihenkoeffizienten (1.68) und dem aus (1.69) und (1.70) sofort abzulesenden Zusammenhang

$$\omega_{-k} = -\omega_k \tag{1.73}$$

folgt, dass die Reihenkoeffizienten die Eigenschaft

$$c(\omega_{-k}) = \overline{c(\omega_k)} \tag{1.74}$$

haben. (Mit dem Querstrich bezeichnen wir den konjugiert komplexen Wert.) Der Koeffizient

$$c(\omega_0) = \frac{1}{T_0} \int_{-\frac{T_0}{2}}^{\frac{T_0}{2}} x(t)\,\mathrm{d}t \qquad (\omega_0 = 0) \tag{1.75}$$

ist stets reell. In Bild 1.21 sind die Koeffizienten $c(\omega_k)$ in der komplexen Ebene anschaulich dargestellt.

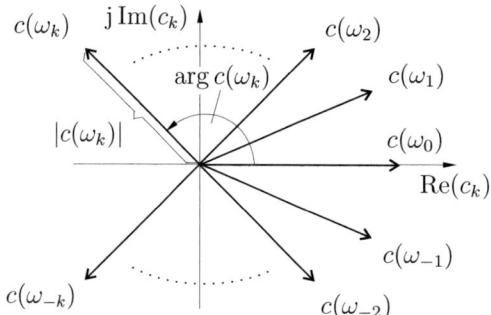

Bild 1.21: Diskretes komplexes Spektrum

Aus der Darstellung eines periodischen Signals x durch eine komplexe Fourier-Reihe ergeben sich noch die nachstehenden Folgerungen:

Die komplexe Fourier-Reihe (1.67) besteht aus konjugiert komplexen Summanden. Da die Summe zweier konjugiert komplexer Zahlen z und $\overline{z}$ aber gerade den zweifachen

Realteil von z ergibt, kann anstelle von (1.67) auch geschrieben werden

$$
\begin{aligned}
x(t) &= \sum_{k=-\infty}^{\infty} c(\omega_k) \mathrm{e}^{\mathrm{j}\omega_k t} = c(0) + \sum_{k=1}^{\infty} 2\,\mathrm{Re}\left(c(\omega_k)\mathrm{e}^{\mathrm{j}\omega_k t}\right) \\
&= c(0) + \sum_{k=1}^{\infty} 2|c(\omega_k)| \cos(\omega_k t + \arg c(\omega_k)) \qquad (1.76) \\
&= c(0) + \sum_{k=1}^{\infty} (a(\omega_k)\cos\omega_k t + b(\omega_k)\sin\omega_k t). \qquad (1.77)
\end{aligned}
$$

In der letzten Gleichung wurde noch

$$2|c(\omega_k)|\cos(\arg c(\omega_k)) = a(\omega_k)$$

und

$$-2|c(\omega_k)|\sin(\arg c(\omega_k)) = b(\omega_k)$$

gesetzt. Die Gleichung (1.77) stellt die in der Analysis und auch in der Technik sehr häufig verwendete *reelle Fourier-Reihe* dar, die eine äquivalente Darstellungsform der komplexen Fourier-Reihe ist.

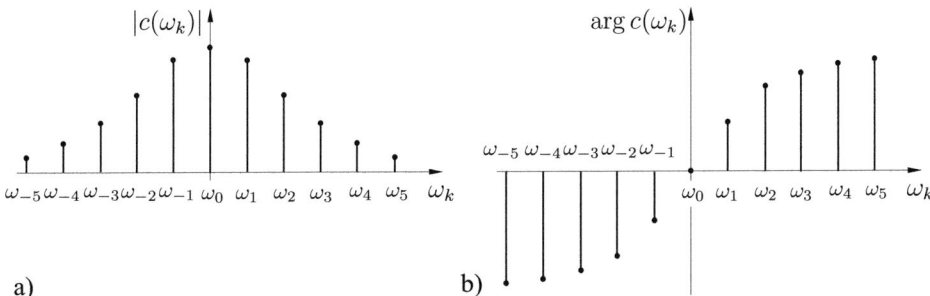

a)   b)

Bild 1.22: Diskretes Spektrum: a) Amplitudenspektrum; b) Phasenspektrum

Aus der Darstellung (1.76) werden noch folgende Definitionen abgeleitet:

Die Folge $(c(\omega_k))_{k\in\mathbb{Z}}$ bildet das *Amplitudenspektrum* und die Folge $(\arg c(\omega_k))_{k\in\mathbb{Z}}$ das *Phasenspektrum* des periodischen Signals x. Eine schematische Darstellung des Amplituden- und Phasenspektrums wird in Bild 1.22 gezeigt. Da $c(\omega_k)$ und $c(\omega_{-k})$ zueinander konjugiert komplexe Zahlen sind, gilt in der Darstellung des Amplitudenspektrums $|c(\omega_k)| = |c(\omega_{-k})|$ (gerade Funktion), und in der Darstellung des Phasenspektrums ist $\arg c(\omega_k) = -\arg c(\omega_{-k})$ (ungerade Funktion). Diese Darstellung kann auch wie folgt interpretiert werden: Das mit T_0 periodische Signal x besteht aus einer Summe (Überlagerung) von unendlich vielen kosinusförmigen Signalen mit den Frequenzen ω_k, deren Amplituden und Phasen aus Bild 1.22 entnommen werden können.

Beispiel 1.1 Wir betrachten das periodische Rechtecksignal Bild 1.23. Hier erhalten wir

$$c(\omega_k) = \frac{1}{T_0}\int_{-\frac{T_0}{4}}^{\frac{T_0}{4}} 2\mathrm{e}^{-\mathrm{j}\omega_k t}\,\mathrm{d}t = \frac{4}{\omega_k T_0}\sin\frac{\omega_k T_0}{4}.$$

Mit $\omega_k = \frac{2k\pi}{T_0}$ folgt

$$c(\omega_k) = c_k = \frac{2}{k\pi}\sin\frac{k\pi}{2}$$

und damit die Darstellung von x als komplexe Fourier-Reihe in der Form

$$x(t) = \sum_{k=-\infty}^{\infty} \frac{2}{k\pi}\sin\frac{k\pi}{2}\exp\left(jk\frac{2\pi}{T_0}t\right)$$

oder als reelle Fourier-Reihe nach (1.76)

$$\begin{aligned}
x(t) &= 1 + \frac{4}{\pi}\sum_{k=1}^{\infty}\frac{1}{k}\sin\frac{k\pi}{2}\cos k\frac{2\pi}{T_0}t \\
&= 1 + \frac{4}{\pi}\left(\cos\frac{2\pi}{T_0}t - \frac{1}{3}\cos 3\frac{2\pi}{T_0}t + \frac{1}{5}\cos 5\frac{2\pi}{T_0}t \mp \ldots\right).
\end{aligned}$$

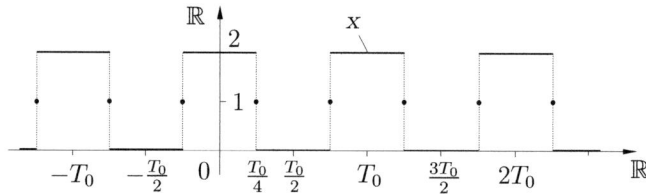

Bild 1.23: Periodisches Rechtecksignal

An den Sprungstellen, z.B. an der Stelle $t = \frac{T_0}{4}$, liefert die Reihe den Funktionswert $x(\frac{T_0}{4}) = 1$. Das ist gerade der Mittelwert von rechts- und linksseitigem Grenzwert entsprechend der im Abschnitt 1.1.2 (Gleichung (1.57)) getroffenen Festsetzung. Das soeben betrachtete Beispiel stellt insofern einen Sonderfall dar, als hier das Spektrum rein reell ist. Einen allgemeineren Fall mit komplexem Spektrum finden wir in den anschließenden Übungen (Aufgabe 1.2-2).

Abschließend sollen die wichtigsten Ergebnisse noch einmal kurz zusammengefasst werden:

1. Jedem periodischen Signal x aus X_{T_0} ist ein komplexes Spektrum c zugeordnet, in Zeichen:

$$x \to c \qquad (x \in X_{T_0},\, c \in \mathbb{C}^{\mathbb{Z}}). \tag{1.78}$$

   Das Spektrum c ist eine Folge von komplexen Zahlen.

2. Das Signal $x \in X_{T_0}$ kann durch das Spektrum c *dargestellt* werden, und zwar in Form einer Fourier-Reihe. Das Spektrum ist also gewissermaßen das Charakterbild des Signals und bestimmt dieses eindeutig.

3. Aus Gründen, die mit der Konvergenz der Fourier-Reihe zusammenhängen, ist leicht einzusehen, dass die Koeffizienten $c(\omega_k)$ der Fourier-Reihe der Bedingung

$$|c(\omega_k)| \to 0 \quad \text{für} \quad k \to \infty \tag{1.79}$$

genügen müssen. Außerdem gilt der Zusammenhang (*Parsevalsche Formel*)

$$\sum_{k=-\infty}^{\infty} |c(\omega_k)|^2 = \frac{1}{T_0} \int_{-\frac{T_0}{2}}^{\frac{T_0}{2}} |x(t)|^2 \, dt. \tag{1.80}$$

(Der Beweis dieser Gleichung erfolgt analog zur Lösung von Übungsaufgabe 1.2-7.)

Folgender Gesichtspunkt ist bei der Darstellung eines Signals als Fourier-Reihe besonders wesentlich: Ein Signal ist mathematisch gesehen eine Abbildung und somit eine relativ „komplizierte" Menge. Das Spektrum c, das dem Signal x zugeordnet ist, ist aber als Folge komplexer Zahlen eine relativ „einfache" Menge. Durch die Fourier-Reihenentwicklung ergibt sich also auf diese Weise eine Vereinfachung des Darstellungsproblems, nämlich des Problems, ein Signal x so durch ein anderes (möglichst einfaches) mathematisches Objekt x^* zu charakterisieren, dass es aus x^* „zurückgewonnen" werden kann.

Liegt x in X_{T_0} und ist $x^* = c$ das Fourier-Spektrum von x, so kann man mit der Rechenvorschrift (1.67) x zurückerhalten. Die Einschränkung $x \in X_{T_0}$ ist dabei nicht unwesentlich; für $x \notin X_{T_0}$ braucht dieser Sachverhalt nicht zuzutreffen.

1.2.1.3 Fourier-Integral

Wird bei einem periodischen Signal die Periodendauer T_0 immer mehr vergrößert, so geht dieses Signal in ein *nichtperiodisches Signal* über. In Bild 1.24 ist dieser Übergang veranschaulicht.

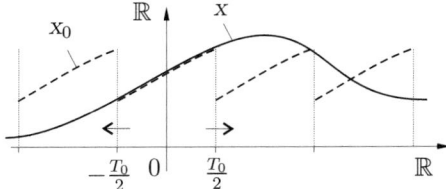

Bild 1.24: Übergang von einem periodischen zu einem nichtperiodischen Signal

Gegeben ist ein nichtperiodisches Signal $x \in C_T^1$ sowie ein periodisches Signal aus X_{T_0}, das im Intervall $\left[-\frac{T_0}{2}, \frac{T_0}{2}\right]$ durch x_0 gegeben ist und dort mit x übereinstimmt, d.h. es gilt

$$x_0(t) = \begin{cases} x(t) & t \in \left[-\frac{T_0}{2}, \frac{T_0}{2}\right] \\ 0 & t \notin \left[-\frac{T_0}{2}, \frac{T_0}{2}\right]. \end{cases} \tag{1.81}$$

Vergrößern wir nun T_0, so geht unter Berücksichtigung der letzten Gleichung das periodische Signal in das nichtperiodische Signal über.

Wir wollen nun untersuchen, welche Konsequenzen sich für die Fourier-Reihendarstellung des periodischen Signals bei diesem Grenzübergang ergeben. Wir beschränken uns dabei unter Verzicht auf volle mathematische Strenge auf die Darlegung der Hauptgedanken.

Zunächst setzen wir voraus, dass x absolut integrierbar ist ($x \in \mathsf{L}_1$), d.h. es gilt

$$\int_{-\infty}^{\infty} |x(t)| \, \mathrm{d}t < \infty.$$

Dazu ist notwendig, dass $x(t)$ im Unendlichen verschwindet. Dann folgt aus (1.66) und (1.68) näherungsweise für große T_0

$$
\begin{aligned}
T_0 c(\omega_k) &= \frac{2\pi}{\omega_T} c(\omega_k) = \int_{-\frac{T_0}{2}}^{\frac{T_0}{2}} x(t) \mathrm{e}^{-\mathrm{j}\omega_k t} \, \mathrm{d}t \\
&\approx \int_{-\infty}^{\infty} x(t) \mathrm{e}^{-\mathrm{j}\omega_k t} \, \mathrm{d}t = X(\omega_k).
\end{aligned}
\tag{1.82}
$$

Die letzte Gleichung gilt offensichtlich um so genauer, je größer T_0 ist. Aus ihr folgt die Näherung

$$c(\omega_k) \approx \frac{\omega_T}{2\pi} X(\omega_k),$$

die in (1.67) eingesetzt mit (1.70)

$$
\begin{aligned}
x(t) &\approx \frac{1}{2\pi} \sum_{k=-\infty}^{\infty} X(\omega_k) \mathrm{e}^{\mathrm{j}\omega_k t} \omega_T = \frac{1}{2\pi} \sum_{k=-\infty}^{\infty} X(\omega_k) \mathrm{e}^{\mathrm{j}\omega_k t} \Delta\omega_k \\
&\approx \frac{1}{2\pi} \int_{-\infty}^{\infty} X(\omega) \mathrm{e}^{\mathrm{j}\omega t} \, \mathrm{d}\omega
\end{aligned}
\tag{1.83}
$$

ergibt. Dabei wurde noch berücksichtigt, dass die entstehende Summe für sehr große T_0, d.h. für sehr kleine $\Delta\omega_k = \omega_T = \frac{2\pi}{T_0}$ (vgl. (1.70)), eine Reihe vom Typ der Riemannschen Summe ergibt, deren Grenzwert bekanntlich das Riemannsche Integral ist.

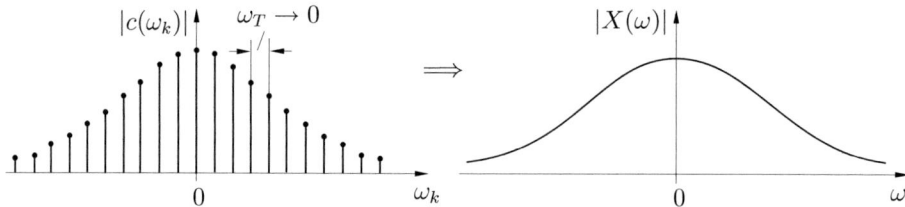

Bild 1.25: Übergang vom diskreten zum kontinuierlichen Spektrum

In der bildlichen Darstellung des Amplituden- und Phasenspektrums (Bild 1.22) ergibt sich beim Grenzübergang $T_0 \to \infty$ wegen der aus (1.66) und (1.70) folgenden Beziehung

$$\omega_{k+1} = \omega_k + \frac{2\pi}{T_0}$$

ein immer engeres „Zusammenrücken" der einzelnen Spektrallinien $|c(\omega_k)|$, so dass sich im Grenzfall ein kontinuierliches Amplitudenspektrum $|X(\omega)|$ ergibt (Bild 1.25). Anstelle des (diskreten) Spektrums c des periodischen Signals, das durch alle Koeffizienten $c(\omega_k)$ beschrieben wird, haben wir also bei einem nichtperiodischen Signal ein kontinuierliches durch $X(\omega)$ charakterisiertes Spektrum. Man bezeichnet $|X|$ ebenfalls als Spektrum, obwohl wegen der Multiplikation mit T_0 in (1.82) $c(\omega_k)$ und $X(\omega)$ physikalisch unterschiedliche Größen sind.

Die obigen physikalisch plausiblen Überlegungen lassen sich streng beweisen, und zusammengefasst ergibt sich damit der folgende Satz:

Satz 1.1 Ist ein Signal $x\colon T \to \mathbb{R}$ mit $x \in \mathsf{C}_T^1$ absolut integrierbar, gilt also

$$\int_{-\infty}^{\infty} |x(t)|\, \mathrm{d}t < \infty \qquad (x \in \mathsf{L}_1),$$

oder kurz $x \in \mathsf{C}_T^1 \cap \mathsf{L}_1 = \mathsf{X}_g$, so lässt sich x durch ein Integral in der Form

$$x(t) = \frac{1}{2\pi} \int_{-\infty}^{\infty} X(\omega)\mathrm{e}^{\mathrm{j}\omega t}\, \mathrm{d}\omega \qquad (1.84)$$

darstellen. Darin bezeichnet X das *(Fourier-)Spektrum* des Signals x, das durch das *Fourier-Integral*

$$X(\omega) = \int_{-\infty}^{\infty} x(t)\mathrm{e}^{-\mathrm{j}\omega t}\, \mathrm{d}t \qquad (1.85)$$

bestimmt werden kann.

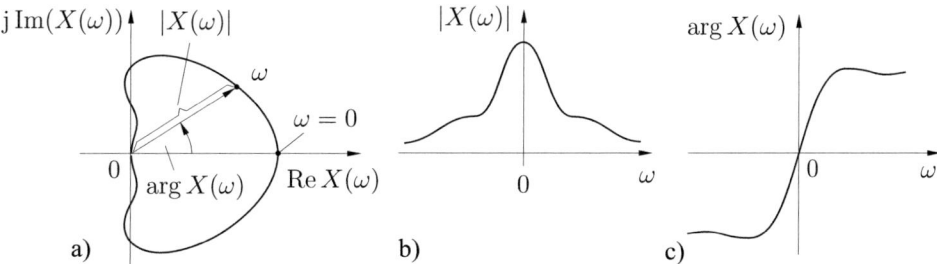

Bild 1.26: Kontinuierliches Spektrum: a) Ortskurve; b) Amplitudenspektrum; c) Phasenspektrum

In Bild 1.26a ist dieser Sachverhalt veranschaulicht. Einem Signal x wird durch (1.85) ein komplexes Spektrum X zugeordnet, das in der komplexen Ebene in Abhängigkeit von ω dargestellt werden kann. Man erhält auf diese Weise eine Ortskurve, aus der für beliebige ω der Betrag $|X(\omega)|$ und das Argument $\arg X(\omega)$ von $X(\omega)$ abgelesen werden können. Aus dieser Ortskurve ergeben sich die Darstellungen Bild 1.26b und Bild 1.26c, in denen $|X(\omega)|$ und $\arg X(\omega)$ über ω aufgetragen sind. In Analogie zu den Bezeichnungen bei den periodischen Signalen heißt $|X|\colon |X|(\omega) = |X(\omega)|$ *Amplitudenspektrum* und $\arg X\colon (\arg X)(\omega) = \arg X(\omega)$ *Phasenspektrum* des Signals x.

Wir betrachten nun einige spezielle Signale als Beispiel, von denen wir die komplexen Fourier-Spektren berechnen.

Beispiel 1.2 Wir betrachten das in Bild 1.9b dargestellte Rechtecksignal x mit der Höhe a und der Breite 2τ. Mit (1.85) erhalten wir

$$
\begin{aligned}
X(\omega) &= \int_{-\tau}^{\tau} a\mathrm{e}^{-\mathrm{j}\omega t}\,\mathrm{d}t = \frac{a}{-\mathrm{j}\omega}\mathrm{e}^{-\mathrm{j}\omega t}\Big|_{-\tau}^{\tau} = \frac{a}{-\mathrm{j}\omega}(\mathrm{e}^{-\mathrm{j}\omega\tau} - \mathrm{e}^{\mathrm{j}\omega\tau}) \\
&= 2a\tau\frac{\sin\omega\tau}{\omega\tau}.
\end{aligned}
$$

Setzen wir noch zur Abkürzung

$$
\frac{\sin x}{x} = \mathrm{si}\,x,
$$

so ist schließlich

$$
X(\omega) = 2a\tau\,\mathrm{si}\,\omega\tau. \tag{1.86}
$$

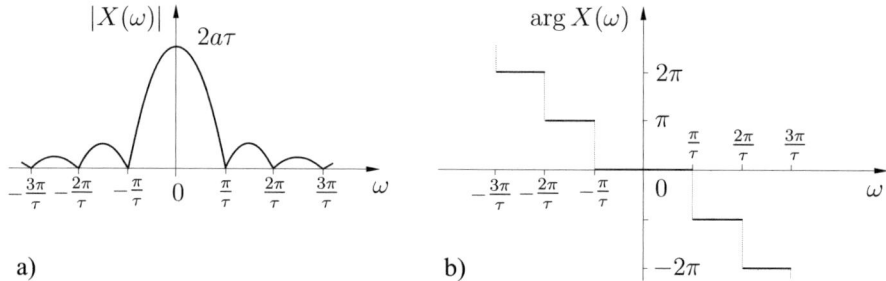

Bild 1.27: Rechtecksignal nach Bild 1.9b: a) Amplitudenspektrum; b) Phasenspektrum

Das Amplitudenspektrum ist in Bild 1.27a und das Phasenspektrum in Bild 1.27b dargestellt. An den Punkten $\omega = k\frac{\pi}{\tau}$ ($k \in \mathbb{Z}, k \neq 0$) springt die Phase um den Wert π. (Man beachte, dass die Darstellung der Phase um ein ganzzahliges Vielfaches von 2π mehrdeutig ist.)

Beispiel 1.3 Als weiteres Beispiel betrachten wir das in Bild 1.28a dargestellte Rechtecksignal, das sich von dem oben angegebenen lediglich um eine zeitliche Verschiebung T unterscheidet. Wir erhalten in diesem Fall mit (1.85)

$$
X(\omega) = \int_{-\tau+T}^{\tau+T} a\mathrm{e}^{-\mathrm{j}\omega t}\,\mathrm{d}t.
$$

Mit der Variablensubstitution $t = \tau + T$ ergibt sich

$$
\begin{aligned}
X(\omega) &= \int_{-\tau}^{\tau} a\mathrm{e}^{-\mathrm{j}\omega t'}\mathrm{e}^{-\mathrm{j}\omega T}\,\mathrm{d}t' = a\mathrm{e}^{-\mathrm{j}\omega T}\int_{-\tau}^{\tau}\mathrm{e}^{-\mathrm{j}\omega t'}\,\mathrm{d}t' \\
&= \mathrm{e}^{-\mathrm{j}\omega T} \cdot 2a\tau\,\mathrm{si}\,\omega\tau. \tag{1.87}
\end{aligned}
$$

Das Ergebnis unterscheidet sich von dem des vorhergehenden Beispiels lediglich durch den Faktor $\mathrm{e}^{-\mathrm{j}\omega T}$. Bild 1.28b zeigt die Darstellung von $X(\omega)$ in der komplexen Ebene qualitativ für $T = \frac{\tau}{2}$. Der Übersichtlichkeit wegen wurde nur der Teil der Ortskurve für $\omega > 0$ eingetragen. Für $\omega < 0$ verläuft die Darstellung spiegelsymmetrisch zur reellen Achse. Bild 1.28c zeigt das Amplitudenspektrum $|X|$, das sich wegen $|\mathrm{e}^{-\mathrm{j}\omega T}| = 1$ nicht von dem des vorigen Beispiels unterscheidet. In Bild 1.28d ist schließlich noch das Phasenspektrum $\arg X$ angegeben.

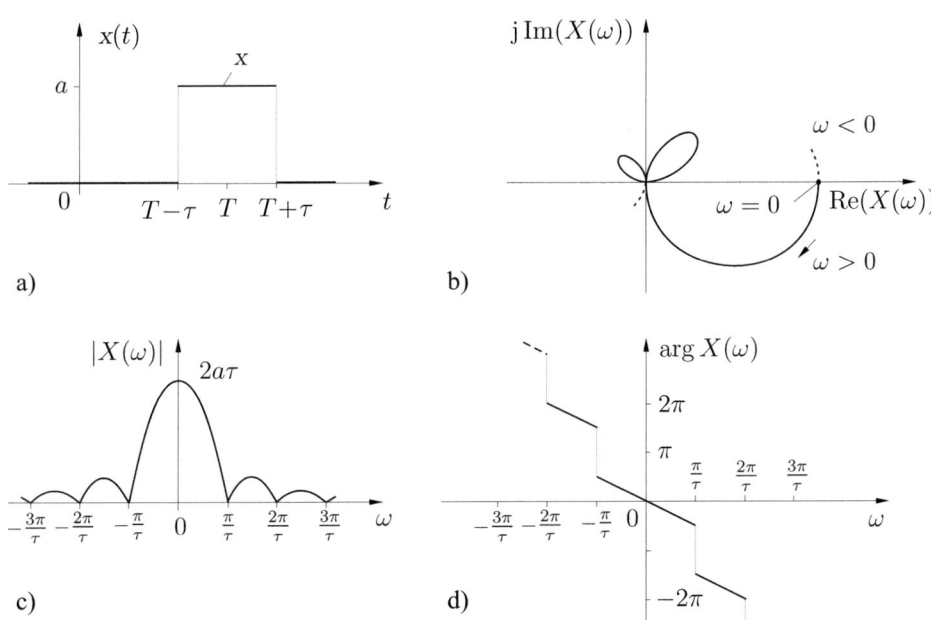

Bild 1.28: Zeitverschobenes Rechtecksignal:
a) Signal; b) Fourier-Spektrum; c) Amplitudenspektrum; d) Phasenspektrum

Beispiel 1.4 Als letztes Beispiel betrachten wir noch das mit einem Faktor $a \in \mathbb{R}$ multiplizierte schmale Rechtecksignal $x = a\delta_\varepsilon$ (vgl. Abschnitt 1.1.1.3). Bei der Berechnung des Fourier-Spektrums dieses Signals können wir die Lösung des Beispiels 1.2 benutzen, indem wir τ durch ε und a durch $\frac{a}{2\varepsilon}$ ersetzen. Dann erhalten wir

$$X(\omega) = a\,\mathrm{si}\,\omega\varepsilon.$$

Im Grenzfall $\varepsilon \to 0$ ergibt sich

$$\lim_{\varepsilon \to 0} X(\omega) = a,$$

das bedeutet, dass man für das Impulssignal $x = \delta$ ein Spektrum X erhält, für das

$$X(\omega) = 1 \tag{1.88}$$

gilt. Der Grenzübergang $\varepsilon \to 0$ lässt sich auch in Bild 1.27a anschaulich verfolgen, wenn man beachtet, dass die Nullstellen des Amplitudenspektrums bei $\omega = k\frac{\pi}{\tau} = k\frac{\pi}{\varepsilon}$ nach rechts und links auseinanderlaufen.

Wir geben nun noch einige allgemeine *Eigenschaften* von X an:

1. Aus Gründen, die mit der Konvergenz des Integrals (1.84) zusammenhängen, folgt

$$\lim_{\omega \to \pm\infty} X(\omega) = 0. \tag{1.89}$$

   Den Sonderfall $X(\omega) = 1$ in (1.88) müssen wir hier ausschließen, da das Impulssignal δ eine Ausnahmerolle spielt (vgl. Abschnitt 1.1.1.3).

2. Für quadratisch integrierbare Signale x ($x \in L_2$) gilt die *Parsevalsche Formel* (vgl. auch (1.80) und Übungsaufgabe 1.2-7):

$$\int_{-\infty}^{\infty} |x(t)|^2 \, dt = \frac{1}{2\pi} \int_{-\infty}^{\infty} |X(\omega)|^2 \, d\omega. \tag{1.90}$$

3. Aus dem Fourier-Integral (1.85) folgt unmittelbar

$$X(-\omega) = \overline{X(\omega)}. \tag{1.91}$$

   Daraus ergibt sich, dass das Amplitudenspektrum $|X|$ eine gerade und das Phasenspektrum $\arg X$ eine ungerade Funktion von ω ist.

1.2.1.4   Fourier-Transformation

Aus der Darstellung (1.85) des Fourier-Integrals folgt, dass durch dieses Integral eine Abbildung (Signalabbildung) der Signale x des Signalraums $X_g = C_T^1 \cap L_1$ in den Signalraum

$$\mathfrak{X}_g = \left\{ X \mid X(\omega) = \int_{-\infty}^{\infty} x(t) e^{-j\omega t} \, dt, \ x \in X_g \right\} \tag{1.92}$$

vermittelt wird. Die Elemente X des Signalraums $\mathfrak{X}_g$ sind komplexe Signale, also Signale anderen Typs als die bisher betrachteten. Während die bisherigen Signale x Abbildungen vom Typ x : $T \to \mathbb{R}$ (d.h. x : $\mathbb{R} \to \mathbb{R}$) sind, handelt es sich bei den komplexen Signalen X um Abbildungen der Art $X : \mathbb{R} \to \mathbb{C}$, d.h. jedem $\omega \in \mathbb{R}$ ist eine komplexe Zahl $X(\omega) \in \mathbb{C}$ zugeordnet.

Die oben betrachtete Abbildung, die wir mit $\mathcal{F}$ bezeichnen und die durch

$$\mathcal{F} : X_g \to \mathfrak{X}_g, \qquad \mathcal{F}(x) = X;$$

$$X(\omega) = \big(\mathcal{F}(x)\big)(\omega) = \int_{-\infty}^{\infty} x(t) e^{-j\omega t} \, dt \tag{1.93}$$

definiert ist, heißt *Fourier-Transformation*. In Bild 1.29 ist diese Abbildung schematisch dargestellt.

Im Zusammenhang mit dieser Transformation ist folgende Terminologie gebräuchlich: Man nennt X die *Fourier-Transformierte* oder das *Bild* des Signals x. Entsprechend heißt der Signalraum $\mathfrak{X}_g$ (der Wertebereich von $\mathcal{F}$) der *Bildbereich* der Fourier-Transformation.

Da die durch $\mathcal{F}$ vermittelte Abbildung bijektiv (s. [26], Abschnitt 1.2.2.2) ist, existiert eine inverse Abbildung (Transformation), die wir mit $\mathcal{F}^{-1}$ bezeichnen. In Bild 1.29 ist diese Abbildung gestrichelt eingetragen. Es gilt also mit (1.84)

$$\mathcal{F}^{-1} : \ \mathfrak{X}_g \to \mathsf{X}_g, \qquad \mathcal{F}^{-1}(X) = \mathsf{x};$$

$$\mathsf{x}(t) = \big(\mathcal{F}^{-1}(X)\big)(t) = \frac{1}{2\pi} \int_{-\infty}^{\infty} X(\omega) \mathrm{e}^{\mathrm{j}\omega t} \, \mathrm{d}\omega. \tag{1.94}$$

Man nennt x das *Original* zu X und den Signalraum X_g den *Originalbereich* der Fourier-Transformation.

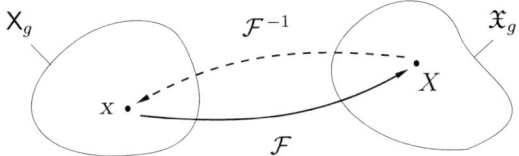

Bild 1.29: Veranschaulichung der Fourier-Transformation

In der technischen Literatur schreibt man anstelle von (1.93) und (1.94) kürzer

$$\big(\mathcal{F}(\mathsf{x})\big)(\omega) = F\big(\mathsf{x}(t)\big) \tag{1.95}$$

$$\big(\mathcal{F}^{-1}(X)\big)(t) = F^{-1}\big(X(\omega)\big), \tag{1.96}$$

so dass also gilt

$$F\big(\mathsf{x}(t)\big) = X(\omega) = \int_{-\infty}^{\infty} \mathsf{x}(t) \mathrm{e}^{-\mathrm{j}\omega t} \, \mathrm{d}t \tag{1.97}$$

$$F^{-1}\big(X(\omega)\big) = \mathsf{x}(t) = \frac{1}{2\pi} \int_{-\infty}^{\infty} X(\omega) \mathrm{e}^{\mathrm{j}\omega t} \, \mathrm{d}\omega. \tag{1.98}$$

In diesem Zusammenhang sei bemerkt, dass in der technischen Literatur generell zwischen Abbildungen, z.B. X und ihren Werten, z.B. $X(\omega)$, nicht streng unterschieden wird. So wird z.B. auch $X(\omega)$ oft als Fourier-Transformierte von $\mathsf{x}(t)$ bezeichnet und die Gleichung $X(\omega) = F\big(\mathsf{x}(t)\big)$ als „$X(\omega)$ ist die Fourier-Transformierte von $\mathsf{x}(t)$" gelesen, was aber unkorrekt ist und sehr leicht zu falschen Vorstellungen führen kann, da $X(\omega)$ ja der Wert des (komplexen) Signals X an der Stelle ω und $\mathsf{x}(t)$ der Wert des Signals x an der Stelle t ist. Durch die Fourier-Transformation werden aber nicht einzelne Signalwerte einander zugeordnet, sondern die Signale insgesamt aufeinander abgebildet. Will man die für das praktische Rechnen oft günstigere Schreibweise mit den Signalwerten verwenden, so ist es zweckmäßig, mit Hilfe eines Zuordnungssymbols anstelle von (1.97) und (1.98) zu schreiben

$$\mathsf{x}(t) \ \circ\!\!-\!\!\bullet \ X(\omega) = \int_{-\infty}^{\infty} \mathsf{x}(t) \mathrm{e}^{-\mathrm{j}\omega t} \, \mathrm{d}t \tag{1.99}$$

$$X(\omega) \ \bullet\!\!-\!\!\circ \ \mathsf{x}(t) = \frac{1}{2\pi} \int_{-\infty}^{\infty} X(\omega) \mathrm{e}^{\mathrm{j}\omega t} \, \mathrm{d}\omega. \tag{1.100}$$

Nachdem sich die zwar unkorrekte, aber vielfach zu übersichtlicheren und weniger schwer-
fälligen Gleichungen führende Schreibweise (1.97) und (1.98) in der technischen Literatur
weitgehend eingebürgert hat, wollen wir hier auch nicht vollständig darauf verzichten.
Dabei kommt es aber darauf an, diese Gleichungen nicht falsch zu interpretieren.

Für das Fourier-Integral bzw. die Fourier-Transformation gelten einige *Rechenregeln*,
von denen wir einige am Schluss des Buches (Anhang) in einer Tafel notiert haben. Weitere
Regeln findet man z.B. in [6]. Einige der angegebenen Regeln sollen noch kurz erläutert
werden.

Die Regel 1 charakterisiert die Fourier-Transformation als *lineare Abbildung* (lineare
Transformation) (s. [26], Abschnitt 3.1.1.3). Es gilt also

$$\mathcal{F}(\alpha \cdot \mathrm{x}_1 + \beta \cdot \mathrm{x}_2) = \alpha \cdot \mathcal{F}(\mathrm{x}_1) + \beta \cdot \mathcal{F}(\mathrm{x}_2). \tag{1.101}$$

Regel 2 besagt, dass man die Fourier-Transformierte (das Spektrum) eines um die Zeit τ
verschobenen Signals $\mathcal{S}^\tau(\mathrm{x})$ erhält, indem man die Fourier-Transformierte des unverscho-
benen Signals x mit dem Verschiebungsfaktor $\mathrm{e}^{-\mathrm{j}\omega\tau}$ multipliziert (vgl. auch Beispiel 1.3
von oben und (1.87)).

Nach Regel 5 erhält man durch Multiplikation des Spektrums eines Signals x mit dem
Faktor $\mathrm{j}\omega$ das Spektrum der ersten zeitlichen Ableitung $\dot{\mathrm{x}}$ dieses Signals. Das ergibt sich
durch folgende Rechnung:

Mit der Voraussetzung $x, \dot{x} \in \mathsf{X}_g = \mathsf{C}_T^1 \cap \mathsf{L}_1$ (d.h. x und $\dot{x}$ sind stückweise glatt und
absolut integrierbar) ist nach der Regel der partiellen Integration

$$F\big(\dot{\mathrm{x}}(t)\big) = \int_{-\infty}^{\infty} \dot{\mathrm{x}}(t)\mathrm{e}^{-\mathrm{j}\omega t}\,\mathrm{d}t = \mathrm{x}(t)\mathrm{e}^{-\mathrm{j}\omega t}\bigg|_{-\infty}^{\infty} + \int_{-\infty}^{\infty} \mathrm{x}(t)\,\mathrm{j}\omega\mathrm{e}^{-\mathrm{j}\omega t}\,\mathrm{d}t. \tag{1.102}$$

Wegen $x \in \mathsf{L}_1$ ist

$$\lim_{t\to\pm\infty} \mathrm{x}(t) = 0$$

und daher

$$F\big(\dot{\mathrm{x}}(t)\big) = \mathrm{j}\omega \int_{-\infty}^{\infty} \mathrm{x}(t)\mathrm{e}^{-\mathrm{j}\omega t}\,\mathrm{d}t = \mathrm{j}\omega\,F\big(\mathrm{x}(t)\big) = \mathrm{j}\omega\,X(\omega), \tag{1.103}$$

was zu zeigen war.

Auf die Diskussion weiterer Regeln wollen wir verzichten. Ein einfaches Beispiel soll die
Anwendung einiger dieser Regeln noch veranschaulichen.

Beispiel 1.5 In Bild 1.30a ist ein Signal x dargestellt, das wir in der in Bild 1.30b
gezeigten Weise in zwei Signale x_1 und x_2 zerlegen können. Hierfür erhalten wir

$$F\big(\mathrm{x}_1(t)\big) = \int_0^{\tau_1} \frac{a}{\tau_1}t\mathrm{e}^{-\mathrm{j}\omega t}\,\mathrm{d}t = \frac{a}{\tau_1}\left(\frac{1}{\omega^2}(\mathrm{e}^{-\mathrm{j}\omega\tau_1} - 1) - \frac{\tau_1}{\mathrm{j}\omega}\mathrm{e}^{-\mathrm{j}\omega\tau_1}\right)$$

und mit (1.87)

$$F\big(\mathrm{x}_2(t)\big) = -\mathrm{e}^{-\frac{1}{2}\mathrm{j}\omega(\tau_1+\tau_2)}a(\tau_2 - \tau_1)\,\mathrm{si}\,\frac{\omega(\tau_2 - \tau_1)}{2}.$$

Für das dargestellte Signal x ist dann wegen (1.101)

$$F\big(x(t)\big) = F\big(x_1(t) + x_2(t)\big) = F\big(x_1(t)\big) + F\big(x_2(t)\big).$$

Eine Zerlegung von x in einfachere Signale (z.B. Sprung- und Rampensignale) ist nicht möglich, da das Fourier-Integral für diese Signale nicht konvergiert ($\mathbf{1}$, $\mathbf{1}^{-1} \notin L_1$).

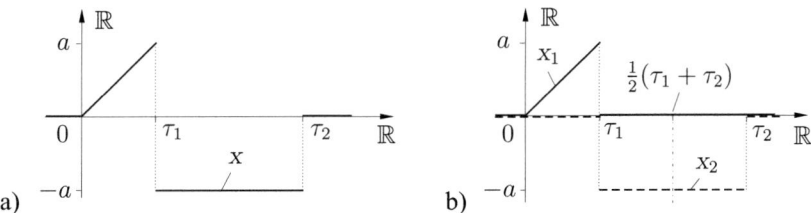

Bild 1.30: Zur Erläuterung von Beispiel 1.5: a) Signal; b) Zerlegung

Um die Fourier-Transformierten X nicht immer wieder neu berechnen zu müssen, stellt man sie in Korrespondenztafeln zusammen (Anhang am Schluss des Buches). Aus gegebenen Korrespondenzen können mit Hilfe der Regeln neue Korrespondenzen errechnet werden. Das demonstriert das nachfolgende Beispiel.

Beispiel 1.6 Gegeben sei ein Signal $x \in X_g$ durch

$$x(t) = \frac{\alpha(t - \tau)}{(\alpha^2 + (t - \tau)^2)^2} \qquad (\alpha > 0).$$

Gesucht sei $X(\omega) = F\big(x(t)\big)$.
Zunächst gilt

$$x(t) = x_1(t - \tau) \qquad \text{mit} \qquad x_1(t) = \frac{\alpha t}{(\alpha^2 + t^2)^2}$$

und

$$x_1(t) = \dot{x}_2(t) \qquad \text{mit} \qquad x_2(t) = -\frac{\alpha}{2(\alpha^2 + t^2)}.$$

Somit folgt

$$
\begin{aligned}
F\big(x(t)\big) &= \mathrm{e}^{-\mathrm{j}\omega\tau} F\big(x_1(t)\big) && \text{(Regel 2)} \\
&= \mathrm{e}^{-\mathrm{j}\omega\tau} \mathrm{j}\omega F\big(x_2(t)\big) && \text{(Regel 5)} \\
&= -\mathrm{e}^{-\mathrm{j}\omega\tau} \mathrm{j}\omega \frac{\pi}{2} \mathrm{e}^{-\alpha|\omega|} && \text{(Korrespondenz 6).}
\end{aligned}
$$

Zum Abschluss dieses Abschnitts über die Fourier-Transformation soll noch eine motivierende Bemerkung hinsichtlich der Anwendungen angeführt werden. Wir werden feststellen, dass bei bestimmten Systemen zwischen Eingangs- und Ausgangssignal ein relativ komplizierter Zusammenhang besteht. Dieser Zusammenhang vereinfacht sich beträchtlich, wenn man anstelle der Signale x ihre Fourier-Spektren X betrachtet. Man wird also

– wie noch näher auszuführen sein wird – bei der Untersuchung des Eingabe-Ausgabe-Verhaltens dieser Systeme zweckmäßig mit den Spektren rechnen, d.h. am Anfang der Rechnung den Übergang $x \to X$ vom Signal zum Spektrum vollziehen und am Ende das Ergebnis, das als Spektrum vorliegt, wieder in ein Signal überführen. Diese Betrachtungsweise ist möglich und legitim, weil die Abbildung $\mathcal{F} : \mathsf{X}_g \to \mathfrak{X}_g$ bijektiv und darüber hinaus $\mathcal{F}$ ein Isomorphismus zwischen dem linearen Raum X_g und dem (offenbar ebenfalls linearen) Raum $\mathfrak{X}_g$ ist (vgl. [26], Abschnitt 1.3.1.3), denn die Bijektivität und die Linearitätseigenschaft (1.101) von $\mathcal{F}$ sind nichts anderes als die Isomorphiebedingung für X_g und $\mathfrak{X}_g$.

1.2.2 Laplace-Transformation

1.2.2.1 Laplace-Integral

Ein wesentlicher Nachteil des Fourier-Integrals besteht darin, dass dieses Integral für technisch besonders interessante einfache Signale, z.B. für das Sprungsignal $\mathbf{1}$, das Rampensignal $r = \mathbf{1}^{-1}$ oder das harmonische Signal $\mathsf{x}_\sim$ nicht konvergiert, da diese Signale nicht absolut integrierbar sind ($\mathbf{1}$, r, $\mathsf{x}_\sim \notin \mathsf{L}_1$). Damit besitzen diese Signale auch kein Fourier-Spektrum. Das Fourier-Integral existiert aber sicherlich für ein Signal x_σ aus dem Raum $\mathsf{C}_T^1 \cap \mathsf{L}_1$, das in der Form

$$x_\sigma(t) = \mathrm{e}^{-\sigma t} \mathbf{1}(t) x(t) \qquad (\sigma > 0, \text{reell})$$

darstellbar ist. Dann kann man setzen

$$
\begin{aligned}
F\big(x_\sigma(t)\big) &= F\big(\mathrm{e}^{-\sigma t} \mathbf{1}(t) x(t)\big) = \int_0^\infty x(t) \mathrm{e}^{-(\sigma + \mathrm{j}\omega)t}\, dt & (1.104) \\
&= X_\sigma(\omega) = X(\sigma + \mathrm{j}\omega).
\end{aligned}
$$

Insbesondere existiert wegen (1.104) das soeben notierte Integral

$$\int_0^\infty x(t) \mathrm{e}^{-(\sigma + \mathrm{j}\omega)t}\, dt = X(\sigma + \mathrm{j}\omega) \tag{1.105}$$

für alle $\sigma > \gamma$, wenn die Signale x dem Signalraum

$$\mathsf{X}_\gamma = \big\{ x \mid x \in \mathsf{C}_T^1;\ x(t) = 0\ (t < 0);\ |x(t)| < K\mathrm{e}^{\gamma t}\ (t \geq 0) \big\} \tag{1.106}$$

angehören, da mit $x \in \mathsf{X}_\gamma$ für $\sigma > \gamma$ auch x_σ immer ein Element aus X_g ist. Dieser Signalraum X_γ wird, wie aus (1.106) ersichtlich, durch die Menge aller stückweise glatten Signale x gebildet, die für $t < 0$ verschwinden und deren Betrag für $t \geq 0$ nicht stärker anwächst ($\gamma > 0$) als eine Exponentialfunktion $K\mathrm{e}^{\gamma t}$ ($K \in \mathbb{R}^+$, $\gamma \in \mathbb{R}$).

Beispiel 1.7 Das Signal

$$x:\ x(t) = \begin{cases} a\mathrm{e}^{t^n} & t > 0,\ n \in \mathbb{N} \\ \frac{1}{2} & t = 0 \\ 0 & t < 0 \end{cases}$$

ist für $n = 1$ ein Element aus X_1 ($\gamma = 1$) wegen

$$|a\mathrm{e}^t| = |a|\mathrm{e}^t < 2|a|\mathrm{e}^{2t}$$

für $t > 0$. Für $n = 2$ z.B. aber liegt x für kein γ in X_γ, denn für beliebige γ und K ist für hinreichend große t immer

$$|a\mathrm{e}^{t^2}| > K\mathrm{e}^{\gamma t}.$$

Für die Anwendungen ist wesentlich, dass durch diesen Signalraum die meisten technisch interessanten Signale erfasst werden.

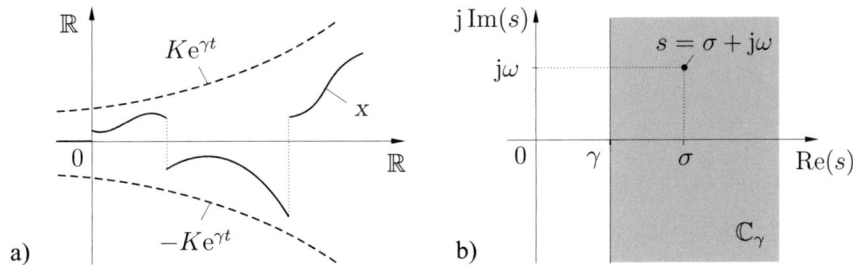

Bild 1.31: Zur Erläuterung des Laplace-Integrals: a) Signal; b) Konvergenzhalbebene

In Bild 1.31 ist dieser Zusammenhang grafisch veranschaulicht. Bild 1.31a zeigt die schematische Darstellung eines Signals $x \in \mathsf{X}_\gamma$. Die Signalwerte $x(t)$ werden durch den „Trichter" begrenzt, der durch $K\mathrm{e}^{\gamma t}$ und $-K\mathrm{e}^{\gamma t}$ gebildet wird.

In Bild 1.31b ist die komplexe Ebene dargestellt. Das Konvergenzgebiet des Integrals (1.105) – das sind alle Punkte $s = \sigma + \mathrm{j}\omega$ mit $\sigma > \gamma$ – ist darin grau gekennzeichnet. Dieses Konvergenzgebiet ist eine Halbebene

$$\mathbb{C}_\gamma = \big\{ s \mid \mathrm{Re}(s) > \gamma \big\}, \tag{1.107}$$

die *Konvergenzhalbebene*.

Ausgehend von den Gleichungen (1.84) und (1.85) der Fourier-Transformation erhalten wir für alle Signale $x \in \mathsf{X}_\gamma$ und für $\delta > \gamma$ (wegen $x_\delta \in \mathsf{X}_g$ und (1.104)) die Darstellung

$$\begin{aligned}
x_\delta(t) &= \mathrm{e}^{-\delta t}x(t) = F^{-1}\big(X_\delta(\omega)\big) \\
&= \frac{1}{2\pi} \int_{-\infty}^{\infty} X(\delta + \mathrm{j}\omega)\mathrm{e}^{\mathrm{j}\omega t}\,\mathrm{d}\omega
\end{aligned} \tag{1.108}$$

oder nach Multiplikation mit $\mathrm{e}^{\delta t}$

$$x(t) = \frac{1}{2\pi} \int_{-\infty}^{\infty} X(\delta + \mathrm{j}\omega)\mathrm{e}^{(\delta + \mathrm{j}\omega)t}\,\mathrm{d}\omega. \tag{1.109}$$

Durch die Substitution $s' = \delta + \mathrm{j}\omega$ ($\mathrm{d}s' = \mathrm{d}(\delta + \mathrm{j}\omega) = \mathrm{j}\mathrm{d}\omega$) folgt daraus schließlich

$$x(t) = \frac{1}{2\pi\mathrm{j}} \int_{\delta - \mathrm{j}\infty}^{\delta + \mathrm{j}\infty} X(s)\mathrm{e}^{st}\,\mathrm{d}s, \tag{1.110}$$

wenn noch zum Schluss wieder s statt s' geschrieben wird.

Der Integrationsweg bei diesem komplexen Integral ist eine Parallele zur imaginären Achse im Konvergenzgebiet $\mathbb{C}_\gamma$. Es gilt also, wenn für die komplexe Variable s allgemein

$$s = \sigma + \mathrm{j}\omega \qquad (1.111)$$

geschrieben wird,

$$s \in G_\delta = \big\{ s \mid \mathrm{Re}(s) = \sigma = \delta, \quad \delta > \gamma \big\}. \qquad (1.112)$$

Bild 1.32 zeigt die Darstellung des Integrationswegs G_δ.

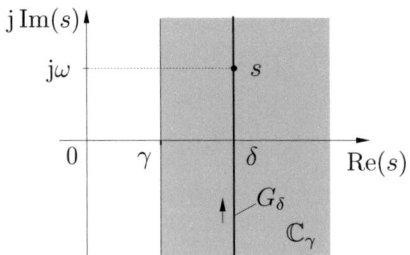

Bild 1.32: Integrationsweg

Zusammengefasst ergibt sich damit der folgende *Satz:*

Satz 1.2 Jedes Signal $x \in \mathsf{X}_\gamma$ ist in der Form

$$x(t) = \frac{1}{2\pi\mathrm{j}} \int_{\delta-\mathrm{j}\infty}^{\delta+\mathrm{j}\infty} X(s)\mathrm{e}^{st}\,\mathrm{d}s, \qquad (s \in G_\delta \subset \mathbb{C}_\gamma) \qquad (1.113)$$

darstellbar, wobei $X(s)$ nach der Vorschrift

$$X(s) = \int_0^\infty x(t)\mathrm{e}^{-st}\,\mathrm{d}t, \qquad (s \in \mathbb{C}_\gamma) \qquad (1.114)$$

berechnet werden kann.

Das zuletzt angegebene Integral (1.114) heißt *Laplace-Integral.* Das erste Integral (1.113) wird häufig als *Laplace-Umkehrintegral* bezeichnet.

Wir wollen nun für einige spezielle Signale das Laplace-Integral berechnen. Dabei wird stets vorausgesetzt, dass die betrachteten Signale Elemente des oben definierten Signalraums X_γ sind. Ist z.B. $x : x(t) = \mathrm{e}^t$ $(t \in \mathbb{R})$ gegeben, so ist $x \notin \mathsf{X}_\gamma$, wohl aber $x \cdot \mathbf{1}$ mit $x(t)\mathbf{1}(t) = \mathrm{e}^t\mathbf{1}(t)$ ein Element von X_γ. Man muss also – strenggenommen – jedes auf $\mathbb{R}$ definierte Signal x mit $x(t) \neq 0$ für $t < 0$ noch mit dem Sprungsignal $\mathbf{1}$ multiplizieren, um ein für $t < 0$ verschwindendes Signal zu erhalten. In Übereinstimmung mit den praktischen Gepflogenheiten und zur Vereinfachung der Schreibweise wird der Faktor $\mathbf{1}(t)$ aber häufig fortgelassen. Ist also im Zusammenhang mit dem Laplace-Integral ein Signal $x : \mathbb{R} \to \mathbb{R}$ durch $x(t)$ gegeben, so ist darunter in diesen Fällen $x(t)$ für $t > 0$ zu verstehen bzw. $x(t) = 0$ für $t < 0$ zu setzen.

Beispiel 1.8 Es sei x ein Sprungsignal mit der Höhe a, d.h.

$$x(t) = a\,\mathbf{1}(t - \tau)$$

und $\tau > 0$ (Bild 1.33a). Dann erhalten wir das Laplace-Integral

$$X(s) = \int_0^\infty a\mathbf{1}(t - \tau)\mathrm{e}^{-st}\,\mathrm{d}t = \int_\tau^\infty a\mathrm{e}^{-st}\,\mathrm{d}t = \frac{a}{-s}\,\mathrm{e}^{-st}\Big|_\tau^\infty = \frac{a}{s}\,\mathrm{e}^{-s\tau}. \tag{1.115}$$

Zur Sicherung der Konvergenz des Integrals muss $\mathrm{Re}(s) = \sigma > 0$ vorausgesetzt werden; andernfalls existiert beim Einsetzen der oberen Integralgrenze kein Grenzwert.

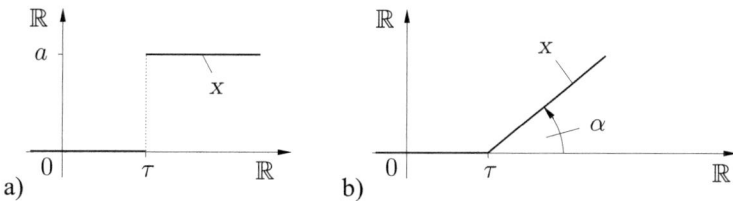

Bild 1.33: Spezielle Signale: a) Sprungsignal; b) Rampensignal

Beispiel 1.9 Für das in Bild 1.33b dargestellte Rampensignal mit

$$x(t) = \tan\alpha(t - \tau)\mathbf{1}(t - \tau) \qquad (\tau > 0)$$

erhalten wir

$$\begin{aligned} X(s) &= \int_\tau^\infty \tan\alpha(t - \tau)\mathbf{1}(t - \tau)\mathrm{e}^{-st}\,\mathrm{d}t = \tan\alpha\,\mathrm{e}^{-s\tau}\int_0^\infty t'\mathrm{e}^{-st'}\,\mathrm{d}t' \\ &= \frac{\tan\alpha}{s^2}\,\mathrm{e}^{-s\tau} \qquad (\mathrm{Re}(s) = \sigma > 0). \end{aligned} \tag{1.116}$$

Abschließend seien noch die folgenden allgemeinen *Eigenschaften* von X angeführt. Ist $x \in \mathsf{X}_\gamma$, so gilt:

a) Für reelle Signale $x : T \to \mathbb{R}$ ist das Laplace-Integral reellwertig, d.h. $X(s)$ ist reell für reelle s. Daraus ergibt sich, dass $X(s)$ den konjugiert komplexen Wert $\overline{X(s)}$ annimmt, falls anstelle von s der konjugiert komplexe Wert $\bar{s}$ eingesetzt wird; es gilt also

$$X(\bar{s}) = \overline{X(s)}. \tag{1.117}$$

b) Für alle $s = \sigma + \mathrm{j}\omega$ mit $\sigma \geq \delta > \gamma$, d.h. für alle $s \in \mathbb{C}_\delta = \big\{s \mid \mathrm{Re}(s) \geq \delta\big\}$, gilt

$$\lim_{s \to \infty} X(s) = 0. \tag{1.118}$$

c) Durch das Laplace-Integral wird jedem $x \in \mathsf{X}_\gamma$ und jedem $s \in \mathbb{C}_\gamma$ eine komplexe Zahl $X(s) \in \mathbb{C}$ zugeordnet. Die dadurch definierte Funktion

$$X : \ \mathbb{C}_\gamma \to \mathbb{C} \tag{1.119}$$

ist *regulär* für alle $s \in \mathbb{C}_\gamma$, d.h. X ist in der Konvergenzhalbebene beliebig oft nach s differenzierbar.

1.2.2.2 Laplace-Transformation

Durch das Laplace-Integral (1.114) wird eine bijektive Abbildung des Signalraums X_γ in den Signalraum

$$\mathfrak{X}_\gamma = \left\{ X \mid X(s) = \int_0^\infty \mathsf{x}(t)\mathrm{e}^{-st}\,\mathrm{d}t, \ \mathsf{x} \in \mathsf{X}_\gamma \right\} \tag{1.120}$$

vermittelt (Bild 1.34).

Die auf diese Weise definierte Abbildung wird mit $\mathcal{L}$ bezeichnet und heißt *Laplace-Transformation*; es gilt also:

$$\mathcal{L} : \mathsf{X}_\gamma \to \mathfrak{X}_\gamma, \qquad \mathcal{L}(\mathsf{x}) = X;$$

$$X(s) = \big(\mathcal{L}(\mathsf{x})\big)(s) = \int_0^\infty \mathsf{x}(t)\mathrm{e}^{-st}\,\mathrm{d}t. \tag{1.121}$$

Folgende Terminologie wird verwendet: Das Signal X heißt *Laplace-Transformierte* oder *Bild* des Signals x. Die Menge aller Signale X (der Signalraum $\mathfrak{X}_\gamma$) ist der *Bildbereich* der Laplace-Transformation.

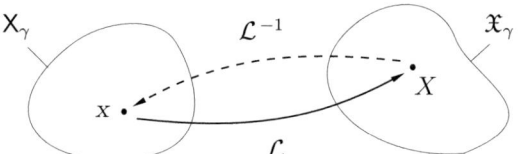

Bild 1.34: Veranschaulichung der Laplace-Transformation

Da die Abbildung $\mathcal{L}$ bijektiv ist, existiert eine inverse Abbildung, die wir mit $\mathcal{L}^{-1}$ bezeichnen. Diese Abbildung ist mit (1.113) durch

$$\mathcal{L}^{-1} : \mathfrak{X}_\gamma \to \mathsf{X}_\gamma, \qquad \mathcal{L}^{-1}(X) = \mathsf{x};$$

$$\mathsf{x}(t) = \big(\mathcal{L}^{-1}(X)\big)(t) = \frac{1}{2\pi\mathrm{j}} \int_{\delta-\mathrm{j}\infty}^{\delta+\mathrm{j}\infty} X(s)\mathrm{e}^{st}\,\mathrm{d}s \qquad (\delta > \gamma) \tag{1.122}$$

definiert. Dabei ist x das *Original* von X und die Menge aller Signale x (der Signalraum X_γ) der *Originalbereich* der Laplace-Transformation.

Ähnlich wie bei der Fourier-Transformation verwendet man in der technischen Literatur in den letzten Gleichungen die Schreibweise

$$\big(\mathcal{L}(\mathsf{x})\big)(s) = L\big(\mathsf{x}(t)\big) = X(s) \tag{1.123}$$

$$\big(\mathcal{L}^{-1}(X)\big)(t) = L^{-1}\big(X(s)\big) = \mathsf{x}(t), \tag{1.124}$$

so dass also gilt

$$L\big(\mathsf{x}(t)\big) = X(s) = \int_0^\infty \mathsf{x}(t)\mathrm{e}^{-st}\,\mathrm{d}t \tag{1.125}$$

$$L^{-1}\big(X(s)\big) = x(t) = \frac{1}{2\pi j} \int_{\delta-j\infty}^{\delta+j\infty} X(s)e^{st}\,ds. \tag{1.126}$$

Ebenso wie bei der Fourier-Transformation kann man auch hier mit Hilfe eines Korrespondenzsymbols schreiben

$$x(t) \;\circ\!\!-\!\!\bullet\; X(s) = \int_0^\infty x(t)e^{-st}\,dt \tag{1.127}$$

$$X(s) \;\bullet\!\!-\!\!\circ\; x(t) = \frac{1}{2\pi j} \int_{\delta-j\infty}^{\delta+j\infty} X(s)e^{st}\,ds. \tag{1.128}$$

Im Übrigen gelten zur Schreibweise von (1.123) und (1.124) die im Zusammenhang mit der Fourier-Transformation zu (1.95) und (1.96) notierten Bemerkungen sinngemäß.

Für die Laplace-Transformation gelten die am Schluss des Buches (Anhang) in einer Tafel zusammengestellten *Rechenregeln*. Die angegebenen Regeln lassen sich mit Hilfe der Definition des Laplace-Integrals (1.114) relativ leicht beweisen. Für einige Regeln sind die Beweise in den anschließenden Übungsaufgaben enthalten. Besonders zu beachten ist, dass der Verschiebungssatz (Regel 2) in der angegebenen Form nur für $\tau > 0$ gilt und dass in der Differenziationsregel (Regel 5) der auftretende Signalwert $x(+0)$ den Grenzwert von rechts bedeutet. Aus den Regeln können noch weitere Regeln abgeleitet werden; so ist z.B. mit Regel 5

$$L\big(\ddot{x}(t)\big) = s^2 X(s) - s\,x(+0) - \dot{x}(+0) \tag{1.129}$$

usw. Eine nähere Betrachtung der Rechenregeln lässt ferner bereits folgendes erkennen: *Relativ komplizierten Signaloperationen entsprechen relativ einfache Operationen bei den zugeordneten Laplace-Transformierten.*

So entspricht z.B. der komplizierten Operation der Integration eines Signals $x \in \mathsf{X}_\gamma$ die Multiplikation der Bildfunktion X mit dem Faktor $\frac{1}{s}$. Auch der komplizierten Faltung zweier Signale x_1 und x_2 entspricht die weniger komplizierte Multiplikation der zugeordneten Laplace-Transformierten X_1 und X_2. Es wird sich später zeigen, dass es gerade diese Vereinfachungen sind, die für die praktische Anwendung der Laplace-Transformation von Bedeutung sind.

Durch Berechnung der Laplace-Integrale für spezielle Signale $x \in \mathsf{X}_\gamma$ erhält man *Korrespondenzentafeln*, die für die Anwendungen sehr nützlich sind, da die Integrale für die Transformation in beiden Richtungen nicht immer wieder neu berechnet zu werden brauchen. Der Anfang einer solchen Korrespondenzentafel ist am Schluss des Buches in einer Tafel angegeben. Weitere Regeln und Korrespondenzen findet man in [5] und [10].

1.2.2.3 Anwendungen

Wir wollen nun die Laplace-Transformation in beiden Richtungen an einigen Beispielen demonstrieren. Zunächst wenden wir die Rechenregeln an.

Beispiel 1.10 Gegeben ist das in Bild 1.35 dargestellte Signal x, das in zwei Rampensignale zerlegt werden kann, so dass

$$x = x_1 + x_2$$

gilt. Damit lässt sich schreiben

$$x(t) = x_1(t) + x_2(t) = \frac{a}{\tau}\, t\, \mathbf{1}(t) - \frac{a}{\tau}(t - \tau)\mathbf{1}(t - \tau).$$

Nun ist wegen der Linearität (Regel 1)

$$L\big(x(t)\big) = L\big(x_1(t)\big) + L\big(x_2(t)\big),$$

und nach der Korrespondenzentafel (Zeile 3)

$$L\big(t\, \mathbf{1}(t)\big) = \frac{1}{s^2}.$$

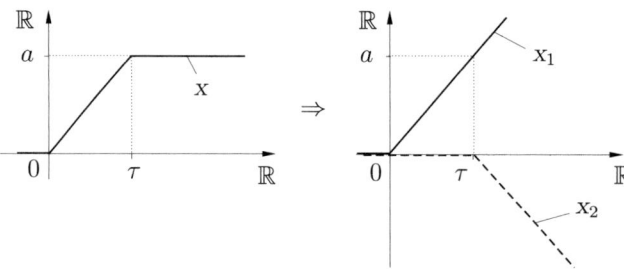

Bild 1.35: Signalzerlegung

Somit ergibt sich

$$L\big(x_1(t)\big) = \frac{a}{\tau}\,\frac{1}{s^2}$$

und nach dem Verschiebungssatz (Regel 2) weiterhin

$$L\big(x_2(t)\big) = -\frac{a}{\tau}\,\frac{1}{s^2}\,\mathrm{e}^{-s\tau},$$

so dass wir schließlich

$$L\big(x(t)\big) = \frac{a}{\tau s^2}(1 - \mathrm{e}^{-s\tau}) \tag{1.130}$$

erhalten.

Das Ergebnis des vorstehenden Beispiels lässt sich sofort für ein beliebiges Polygonsignal x_P verallgemeinern. Für ein solches Polygonsignal (Bild 1.13) haben wir mit (1.47) die Darstellung

$$x_P = \sum_i (\tan \alpha_i + \tan \beta_i)\mathcal{S}^{\tau_i}(\mathbf{1}^{-1})$$

bzw.

$$x_P(t) = \sum_i (\tan \alpha_i + \tan \beta_i)(t - \tau_i)\mathbf{1}(t - \tau_i)$$

gefunden. Hierfür erhalten wir das Laplace-Integral

$$X_P(s) = \sum_i (\tan \alpha_i + \tan \beta_i) \frac{e^{-s\tau_i}}{s^2}. \tag{1.131}$$

Dieser Ausdruck kann unmittelbar aus der grafischen Darstellung des Signals x_P abgelesen werden, wenn man die Winkel α_i und β_i sowie die Zeitpunkte τ_i aus dieser Darstellung entnimmt (Bild 1.13).

In entsprechender Weise verfährt man bei dem in Bild 1.14 dargestellten Treppensignal x_T. Aus (1.49) ergibt sich

$$x_T = \sum_i a_i \, \mathcal{S}^{\tau_i}(\mathbf{1})$$

bzw.

$$x_T(t) = \sum_i a_i \mathbf{1}(t - \tau_i).$$

Aus der Korrespondenzentabelle (Zeile 2) liest man unter Beachtung der Regeln 1 und 2 ab:

$$L\big(a\mathbf{1}(t - \tau)\big) = \frac{a}{s}\, e^{-s\tau},$$

so dass

$$X_T(s) = \sum_i a_i \frac{e^{-s\tau_i}}{s} \tag{1.132}$$

gilt. Auch dieser Ausdruck kann unmittelbar der grafischen Darstellung von x_T entnommen werden.

Für die Transformation in umgekehrter Richtung betrachten wir das folgende

Beispiel 1.11 Gegeben sei

$$X(s) = e^{-s\tau} \frac{3s^2 + 16s + 6}{s^3 + 4s^2 - 3s - 18} \cdot \frac{s}{s^2 + \omega_0^2}.$$

Gesucht wird $x(t)$. Zunächst setzen wir

$$X(s) = e^{-s\tau} X_1(s) X_2(s)$$

und zerlegen $X_1(s)$ in Partialbrüche:

$$X_1(s) = \frac{3s^2 + 16s + 6}{(s+3)^2(s-2)} = \frac{3}{(s+3)^2} + \frac{1}{s+3} + \frac{2}{s-2}.$$

Mit Hilfe der Korrespondenzen (Zeilen 2 und 3)

$$L^{-1}\left(\frac{1}{s}\right) = \mathbf{1}(t) \qquad \text{und} \qquad L^{-1}\left(\frac{1}{s^2}\right) = t\,\mathbf{1}(t)$$

und des Dämpfungssatzes (Regel 3)

$$L^{-1}\big(X(s - s_0)\big) = \mathrm{e}^{s_0 t}\, x(t)$$

erhalten wir die Zuordnungen

$$L^{-1}\left(\frac{3}{(s + 3)^2}\right) = 3t\mathrm{e}^{-3t}\,\mathbf{1}(t); \quad L^{-1}\left(\frac{1}{s + 3}\right) = \mathrm{e}^{-3t}\,\mathbf{1}(t); \quad L^{-1}\left(\frac{2}{s - 2}\right) = 2\mathrm{e}^{2t}\,\mathbf{1}(t).$$

Daraus ergibt sich

$$x_1(t) = \big((3t + 1)\mathrm{e}^{-3t} + 2\mathrm{e}^{2t}\big)\,\mathbf{1}(t).$$

Aus der Korrespondenzentafel (Zeile 7) entnimmt man

$$L^{-1}\big(X_2(s)\big) = L^{-1}\left(\frac{s}{s^2 + \omega_0^2}\right) = \cos\omega_0 t\,\mathbf{1}(t).$$

Dem Produkt $X_1(s)X_2(s)$ ist nach dem Faltungssatz (Regel 7) das Integral

$$\int_0^t x_1(\xi)x_2(t - \xi)\,\mathrm{d}\xi$$

zugeordnet. Nehmen wir nun noch den Verschiebungsfaktor $\mathrm{e}^{-s\tau}$ hinzu, so entspricht das nach dem Verschiebungssatz (Regel 2) einer zeitlichen Verschiebung des Signals x um den Betrag τ, so dass wir erhalten

$$x(t) = \int_0^{t - \tau} x_1(\xi)x_2(t - \tau - \xi)\,\mathrm{d}\xi.$$

Nach dem Einsetzen von x_1 und x_2 ergibt sich schließlich

$$x(t) = \int_0^{t - \tau} \big((3\xi + 1)\mathrm{e}^{-3\xi} + 2\mathrm{e}^{2\xi}\big)\cos\omega_0(t - \tau - \xi)\,\mathrm{d}\xi$$

oder nach Lösen des Integrals

$$x(t) = \frac{4}{\omega_0^2 + 4}\mathrm{e}^{2(t - \tau)} - \frac{9\mathrm{e}^{-3(t - \tau)}}{\omega_0^2 + 9}\left((t - \tau) + \frac{6}{\omega_0^2 + 9}\right)$$

$$- \frac{4\omega_0^4 + 18\omega_0^2 + 108}{\omega_0^6 + 22\omega_0^4 + 153\omega_0^2 + 324}\cos\omega_0(t - \tau)$$

$$+ \frac{3\omega_0^5 + 67\omega_0^3 + 270\omega_0}{\omega_0^6 + 22\omega_0^4 + 153\omega_0^2 + 324}\sin\omega_0(t - \tau) \qquad (t > \tau).$$

Für $t < \tau$ ist $x(t) = 0$.

Beispiel 1.12 Ein *Anwendungsbeispiel* der Laplace-Transformation in beiden Richtungen ist die im Bild 1.36 dargestellte RLC-Reihenschaltung. Nach dem Schließen des Schalters im Zeitpunkt $t = 0$ gilt für beliebige Zeitpunkte $t \geq 0$ die Differenzialgleichung

$$i(t)R + L\frac{\mathrm{d}i(t)}{\mathrm{d}t} + \frac{1}{C}\int_0^t i(\tau)\,\mathrm{d}\tau = u(t).$$

Mit $u(t)$ bezeichnen wir die Signalwerte der angeschlossenen Spannungsquelle, die als bekannt vorausgesetzt werden (Bild 1.37). Aus der obigen Gleichung erhalten wir für $t > 0$ den Zusammenhang zwischen den Signalen i und u:

$$i\,R + L\mathcal{D}(i) + \frac{1}{C}\mathcal{D}^{-1}(i) = u.$$

Diese Gleichung stellt den Zusammenhang zwischen i und u im Originalbereich dar. Gesucht ist das Signal i für $t > 0$.

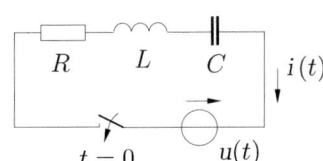

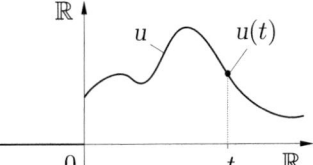

Bild 1.36: RLC-Reihenschaltung   **Bild 1.37:** Zeitverlauf der Spannung

Wir unterwerfen nun die die oben notierte Differenzialgleichung der Laplace-Transformation und beachten dabei besonders die Regeln 1, 5 und 6. Dann erhalten wir

$$RI(s) + L\big(sI(s) - i(+0)\big) + \frac{1}{C}\frac{1}{s}I(s) = U(s),$$

wobei

$$I(s) = L\big(i(t)\big)$$

und

$$U(s) = L\big(u(t)\big)$$

gesetzt wurde. Beachtet man nun noch, dass aus physikalischen Gründen $i(+0) = 0$ gilt, so folgt

$$\left(R + sL + \frac{1}{sC}\right)I(s) = U(s).$$

Diese Gleichung stellt den Zusammenhang zwischen den Signalen I und U im Bildbereich dar und ist wesentlich einfacher als der Zusammenhang im Originalbereich. Die gesuchte Lösung im Bildbereich lässt sich sofort angeben:

$$I(s) = \frac{U(s)}{R + sL + \frac{1}{sC}}. \tag{1.133}$$

Um die Lösung im Originalbereich zu erhalten, muss der letzte Ausdruck noch der inversen Laplace-Transformation unterworfen werden. Zunächst formen wir den Ausdruck noch etwas um und erhalten

$$I(s) = U(s)\frac{1}{L}\frac{s}{s^2 + \frac{R}{L} + \frac{1}{LC}} = U(s)\frac{1}{L}\frac{s}{(s - s_1)(s - s_2)}$$

mit den Nullstellen des Nennerpolynoms

$$s_{1,2} = -\frac{R}{2L} \pm \sqrt{\left(\frac{R}{2L}\right)^2 - \frac{1}{LC}}.$$

Setzen wir noch der Einfachheit halber $s_1 \neq s_2$ voraus, so lässt sich $I(s)$ in Partialbrüche zerlegen:

$$
\begin{aligned}
I(s) &= U(s)\frac{1}{L}\frac{s}{(s - s_1)(s - s_2)} = U(s)\frac{1}{L}\left(\frac{A}{s - s_1} + \frac{B}{s - s_2}\right) \\
&= U(s)\frac{1}{L}\left(\frac{s_1}{s_1 - s_2} \cdot \frac{1}{s - s_1} + \frac{s_2}{s_2 - s_1} \cdot \frac{1}{s - s_2}\right).
\end{aligned}
$$

Unter Berücksichtigung der Korrespondenzen (Zeile 4)

$$L^{-1}\left(\frac{1}{s - s_1}\right) = \mathrm{e}^{s_1 t}\mathbf{1}(t), \qquad L^{-1}\left(\frac{1}{s - s_2}\right) = \mathrm{e}^{s_2 t}\mathbf{1}(t)$$

und des Faltungssatzes ergibt die Rücktransformation schließlich

$$i(t) = \int_0^t u(t - \tau)\frac{1}{L}\left(\frac{s_1}{s_1 - s_2}\mathrm{e}^{s_1 \tau} + \frac{s_2}{s_2 - s_1}\mathrm{e}^{s_2 \tau}\right)\,\mathrm{d}\tau, \qquad (t > 0).$$

Die weitere Rechnung hängt davon ab, welche Zeitabhängigkeit die Signalwerte $u(t)$ haben. Ist z.B. $u(t) = U_0\mathbf{1}(t)$, d.h. im Zeitpunkt $t = 0$ wird eine Gleichspannung U_0 eingeschaltet, so ist

$$i(t) = \int_0^t \frac{U_0}{L}\left(\frac{s_1\mathrm{e}^{s_1\tau}}{s_1 - s_2} + \frac{s_2\mathrm{e}^{s_2\tau}}{s_2 - s_1}\right)\,\mathrm{d}\tau = \frac{U_0}{L} \cdot \frac{\mathrm{e}^{s_1 t} - \mathrm{e}^{s_2 t}}{s_1 - s_2}, \qquad (t > 0). \tag{1.134}$$

Es soll abschließend zu diesem Beispiel noch bemerkt werden, dass man bei der Lösung beliebiger gewöhnlicher linearer Differenzialgleichungen mit konstanten Koeffizienten in ähnlicher Weise verfahren kann. Die Laplace-Transformation kann deshalb zur Analyse aller Systeme angewandt werden, die sich durch derartige Gleichungen beschreiben lassen.

1.2.2.4 Inverse Laplace-Transformation

Wie die Anwendungsbeispiele des vorangegangenen Abschnitts zeigen, kann die inverse Laplace-Transformation in einfachen Fällen so vorgenommen werden, dass das Bildsignal X in Partialbrüche zerlegt wird und die zugehörigen Originalsignale x aus einer Korrespondenzentafel entnommen werden. Die Korrespondenzentafel und auch die Rechenregeln können also zur Transformation in beiden Richtungen verwendet werden. Das ergibt sich aus der Bijektivität der Abbildungen $\mathcal{L}$ bzw. $\mathcal{L}^{-1}$. Voraussetzung für die Anwendung dieses Verfahrens ist, dass eine hinreichend umfangreiche Korrespondenzentafel vorliegt.

Wie die inverse Laplace-Transformation in allgemeineren Fällen vorzunehmen ist, geht aus dem im Abschnitt 1.2.2.1 angegebenen Laplace-Umkehrintegral (1.113) hervor. Mit dem in Bild 1.32 dargestellten Integrationsweg gilt nämlich für alle $X \in \mathfrak{X}_\gamma$

$$x(t) = \frac{1}{2\pi\mathrm{j}} \int_{\delta-\mathrm{j}\infty}^{\delta+\mathrm{j}\infty} X(s)\mathrm{e}^{st}\,\mathrm{d}s \qquad (\delta > \gamma). \tag{1.135}$$

Bei der Berechnung dieses Integrals treten die zwei folgenden wesentlichen Probleme auf:

1. Welche Eigenschaften muss das Bildsignal X haben, damit $X \in \mathfrak{X}_\gamma$ gilt? Gibt es hinreichende Bedingungen für X, durch die gesichert wird, dass X wirklich Laplace-Transformierte eines Signals $x \in \mathsf{X}_\gamma$ ist?
2. Wie kann für ein $X \in \mathfrak{X}_\gamma$ das relativ komplizierte komplexe Umkehrintegral (1.135) in wichtigen Fällen berechnet werden?

Zunächst wenden wir uns dem ersten Problem zu und bemerken, dass die Existenz des Umkehrintegrals (1.135) für ein beliebiges X nicht bedeutet, dass das errechnete x ein Original zu X ist, d.h. dass auch $L\big(x(t)\big) = X(s)$ ist. Es gilt aber das folgende

Kriterium 1: Ein Bildsignal X gehört dem Signalraum $\mathfrak{X}_\gamma$ an ($X \in \mathfrak{X}_\gamma$), falls gilt (vgl. Bild 1.32):

a) Das Bildsignal

$$X \quad \text{ist regulär für alle} \quad s = \sigma + \mathrm{j}\omega \in \mathbb{C}_\gamma \tag{1.136}$$

(und reell für alle reellen $s \in \mathbb{C}_\gamma$).

b) Außerdem gilt (vgl. (1.118))

$$X(s) \to 0 \quad \text{für} \quad s \to \infty \quad \text{und} \quad s \in \mathbb{C}_\delta,\ \delta > \gamma. \tag{1.137}$$

c) Weiterhin ist

$$\int_{\delta-\mathrm{j}\infty}^{\delta+\mathrm{j}\infty} |X(s)|\,\mathrm{d}\omega < \infty \qquad (\delta > \gamma). \tag{1.138}$$

Das Kriterium 1 ist immer erfüllt, wenn das folgende Kriterium erfüllt ist:

Kriterium 1*:

a) Das Bildsignal X ist regulär in $\mathbb{C}_\gamma$.

b) $X(s)$ lässt sich in der folgenden Form darstellen:

$$\frac{N(s)}{s^{1+\varepsilon}} \qquad (\varepsilon > 0). \tag{1.139}$$

c) $N(s)$ ist beschränkt in $\mathbb{C}_\delta = \{s \mid \operatorname{Re}(s) \geq \delta\}$ $(\delta > \gamma)$:

$$|N(s)| < M \qquad \text{für} \qquad \operatorname{Re}(s) \geq \delta. \tag{1.140}$$

Die Bedingungen a) und b) sind, wie wir gesehen haben, notwendige Bedingungen.

Beispiel 1.13 Betrachten wir den Ausdruck

$$X(s) = \frac{1}{s\sqrt{s}},$$

so können wir feststellen, dass (für $\gamma = 0$) $X \in \mathfrak{X}_\gamma$ gilt, denn

a) X ist regulär für alle $s \in \mathbb{C}_0$, d.h. im Innern der rechten s-Halbebene $\operatorname{Re}(s) > 0$, und es ist $\frac{1}{\sigma\sqrt{\sigma}}$ reell $(\sigma \in \mathbb{C}_0)$.

b) Weiterhin erhalten wir

$$|X(s)| = \frac{1}{|s|^{3/2}} < \varepsilon \quad \text{für} \quad |s| > \left(\frac{2}{\varepsilon}\right)^{3/2}.$$

Es gilt deshalb erst recht $X(s) \to 0$ für $s \to \infty$ und $s \in \mathbb{C}_\varepsilon$ $(\varepsilon > 0)$.

c) Schließlich gilt noch

$$\int_{\varepsilon-j\infty}^{\varepsilon+j\infty} |X(s)|\,\mathrm{d}\omega = \int_{\varepsilon-j\infty}^{\varepsilon+j\infty} \frac{\mathrm{d}\omega}{(\sigma^2 + \omega^2)^{3/4}} < \infty \qquad \text{für} \qquad \varepsilon = \delta > 0.$$

Es ist also obiges X nach Kriterium 1 ein Element von $\mathfrak{X}_0$ $(\gamma = 0)$ und – wie leicht zu verifizieren – auch nach Kriterium 1*. Man kann für das obige Beispiel deshalb zeigen, dass

$$L^{-1}\left(\frac{1}{s\sqrt{s}}\right) = 2\sqrt{\frac{t}{\pi}}\,\mathbf{1}(t)$$

ist.

Etwas einfacher und oft ausreichend ist das nachfolgende Kriterium.

Kriterium 2: Ein Bildsignal X gehört dem Signalraum $\mathfrak{X}_\gamma$ an $(X \in \mathfrak{X}_\gamma)$, falls gilt:

a) X ist rational in s, d.h. $X(s)$ lässt sich auf die folgende Form bringen:

$$X(s) = \frac{\displaystyle\sum_{\mu=0}^{m} a_\mu s^\mu}{\displaystyle\sum_{\nu=0}^{n} b_\nu s^\nu} \qquad (a_\mu,\, b_\nu \in \mathbb{R}). \tag{1.141}$$

b) Es gilt

$$X(s) \to 0 \quad \text{für} \quad s \to \infty, \tag{1.142}$$

d.h. der Grad des Nennerpolynoms in (1.141) ist größer als der Grad des Zählerpolynoms ($n > m$, $b_n \neq 0$).

Beispiel 1.14 Wir betrachten die durch

$$X(s) = \frac{s(a_1 + a_2 s)}{b_0 + s^3}$$

gegebene rationale Funktion mit reellen Koeffizienten. Wir stellen fest, dass $X \in \mathfrak{X}_\gamma$ ist, denn es gilt:

a) X ist rational in s (und $a_1, a_2, b_0 \in \mathbb{R}$).

b) Der Zählergrad $m = 2$ ist kleiner als der Nennergrad $n = 3$.

Man kann zeigen, dass für dieses Beispiel mit $b_0 > 0$ und $\alpha = \sqrt[3]{b_0}$ gilt

$$L^{-1}\left(\frac{s(a_1 + a_2 s)}{b_0 + s^3}\right) = \frac{1}{3\alpha}(a_2\alpha - a_1)\mathrm{e}^{-\alpha t}\mathbf{1}(t)$$

$$+ \frac{1}{3\alpha}\mathrm{e}^{\frac{1}{2}\alpha t}\left((a_1 + 2a_2\alpha)\cos\frac{\sqrt{3}}{2}\alpha t + \sqrt{3}a_1\sin\frac{\sqrt{3}}{2}\alpha t\right)\mathbf{1}(t).$$

Ist festgestellt (z.B. mittels obiger Kriterien), dass X zu $\mathfrak{X}_\gamma$ (mit einem gewissen $\gamma \in \mathbb{R}$) gehört, so kann die Formel (1.135) notiert werden. Es bleibt dann die Frage nach einer brauchbaren Methode zur Berechnung des Umkehrintegrals auf der rechten Seite von (1.135).

Wir wenden uns nun dem oben angedeuteten zweiten Problem, der Berechnung des Umkehrintegrals, zu. Aus der Funktionentheorie sind zahlreiche Verfahren zur Berechnung komplexer Integrale bekannt. Mit deren Hilfe ist es möglich, das Laplace-Umkehrintegral in einfachen, aber wichtigen Fällen durch eine einfachere Rechenvorschrift zu ersetzen.

Wir nehmen nun an, dass bereits bekannt sei, dass X zu einem Funktionenraum (Menge) $\mathfrak{X}_\gamma$ mit einem gewissen γ gehört. Darüber hinaus sei X ein Bildsignal, das den folgenden *Voraussetzungen der Residuenmethode* genügt:

I. Das Bildsignal X ist im Endlichen bis auf *isolierte singuläre Stellen* $s_1, s_2, \ldots$ überall regulär (und eindeutig). Diese singulären Stellen können natürlich nur links von der im Bild 1.38 grau markiert dargestellen Konvergenzhalbebene $\mathbb{C}_\gamma$ liegen. Im Bild sind sie durch kleine Kreuze gekennzeichnet. Eine isolierte singuläre Stelle kann wesentlich singulär oder ein Pol sein.

II. Es gibt eine Folge (vgl. Bild 1.38)

$$(R_i)_{i\in\mathbb{N}} = (R_1, R_2, R_3, \ldots) \tag{1.143}$$

von Radien mit $R_i > \delta$ und $R_i \to \infty$ für $i \to \infty$, so dass auf der teilkreisförmigen Punktmenge

$$C_i = \left\{ s' \mid |s'| = R_i \wedge \sigma' \geq \delta \right\} \qquad (s' = \sigma' + \mathrm{j}\omega') \tag{1.144}$$

die Integrale

$$K_i = \int_{C_i} X(s)\mathrm{e}^{st}\,\mathrm{d}s \tag{1.145}$$

für $i \to \infty$ verschwinden.

Beispiel 1.15 Eine Funktion X (aus $\mathfrak{X}_\gamma$ mit $\gamma = 0$), die die Bedingungen I und II erfüllt, ist z.B. die meromorphe Funktion

$$X(s) = \frac{1}{s^2}\frac{\sinh as}{\cosh bs} \qquad (0 \leq a \leq b),$$

die als isolierte singuläre Stellen einfache Pole in $s = 0$ und $s = \pm\mathrm{j}(2\nu - 1)\frac{\pi}{2b}$ besitzt ($\nu \in \mathbb{N}$).

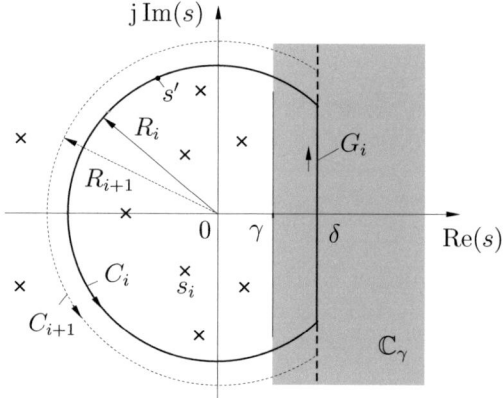

Bild 1.38: Zur Ableitung der Residuenformel

Diese Integrale sind also über die in Bild 1.38 noch anschaulich erklärten Wege (Kreisbögen C_i) zu berechnen, wobei diese Wege nicht über singuläre Stellen laufen ($s_k \notin C_i$).

Wir ergänzen nun die in Bild 1.38 dargestellten Integrationswege C_i durch Geradenstücke G_i zu geschlossenen Wegen und bilden das Integral

$$\frac{1}{2\pi\mathrm{j}} \oint_{G_i,C_i} X(s)\mathrm{e}^{st}\,\mathrm{d}s = \frac{1}{2\pi\mathrm{j}} \int_{G_i} X(s)\mathrm{e}^{st}\,\mathrm{d}s + \frac{1}{2\pi\mathrm{j}} \int_{C_i} X(s)\mathrm{e}^{st}\,\mathrm{d}s. \tag{1.146}$$

Die linke Seite der letzten Gleichung ergibt nach dem Residuensatz der Funktionentheorie die Summe der Residuen des Integranden $X(s)\mathrm{e}^{st}$ an den singulären Stellen von $X(s)$, die vom Integrationsweg eingeschlossen werden; also gilt

$$\sum_{|s_i|<R_i} \operatorname*{Res}_{s=s_i}\left(X(s)\mathrm{e}^{st} \right) = \frac{1}{2\pi\mathrm{j}} \int_{G_i} X(s)\mathrm{e}^{st}\,\mathrm{d}s + \frac{1}{2\pi\mathrm{j}} \int_{C_i} X(s)\mathrm{e}^{st}\,\mathrm{d}s. \tag{1.147}$$

Für $i \to \infty$ umfasst der geschlossene Weg alle singulären Stellen von $X(s)$, und auf der rechten Seite verschwindet das zweite Integral mit der angenommenen Voraussetzung II.

Damit folgt aus der letzten Gleichung

$$\sum_i \operatorname*{Res}_{s=s_i} \big(X(s)e^{st}\big) = \frac{1}{2\pi j} \int_{\delta-j\infty}^{\delta+j\infty} X(s)e^{st}\,ds = L^{-1}\big(X(s)\big), \tag{1.148}$$

wenn man noch beachtet, dass das Integral in der letzten Gleichung gerade das Laplace-Umkehrintegral (1.135) für eine Funktion $X \in \mathfrak{X}_\gamma$ ergibt.

Damit erhalten wir das folgende *Ergebnis*:

$$x(t) = L^{-1}\big(X(s)\big) = \sum_i \operatorname*{Res}_{s=s_i} \big(X(s)e^{st}\big) = \sum_i r_i, \qquad (t > 0). \tag{1.149}$$

Die Berechnung des relativ komplizierten Umkehrintegrals wird durch (1.149) auf die wesentlich einfachere Berechnung der Residuen von $X(s)e^{st}$ zurückgeführt .

Die Anwendung dieser Formel auf eine komplexe Funktion X ist natürlich nur dann zulässig, wenn $X \in \mathfrak{X}_\gamma$ und die eingangs angegebenen Voraussetzungen I und II erfüllt sind. Diese Residuenformel gilt also z.B. keineswegs für alle meromorphen Funktionen (bei denen speziell alle singulären Stellen Pole sind). Da es aber relativ schwierig ist, die Gültigkeit dieser Voraussetzungen von Fall zu Fall nachzuweisen, sollen noch die folgenden zwei einfacheren hinreichenden Bedingungen angegeben werden:

1. Die Voraussetzung I der Residuenmethode ist erfüllt, falls X eine meromorphe Funktion ist (d.h. X hat im Endlichen nur Pole, im Unendlichen möglicherweise eine wesentlich singuläre Stelle). Meromorphe Funktionen X lassen sich immer als Quotient zweier ganzer (überall im Endlichen differenzierbarer) Funktionen $Z(s)$ und $N(s)$ darstellen:

$$X(s) = \frac{Z(s)}{N(s)}.$$

Insbesondere können $Z(s)$ und (oder) $N(s)$ ganz rational sein. Damit erfüllen auch alle rationalen Funktionen X diese Voraussetzung.

2. Die Voraussetzungen I und II (und auch die Bedingung $X \in \mathfrak{X}_\gamma$, Kriterium 2) sind immer erfüllt für rationale Funktionen X, die im Unendlichen verschwinden (d.h. der Grad des Zählerpolynoms ist kleiner als der des Nennerpolynoms).

Es bleibt noch zu diskutieren, wie die Residuen möglichst zweckmäßig und einfach ermittelt werden können.

Aus der Funktionentheorie sind uns zur Berechnung der Residuen isolierter singulärer Stellen die folgenden für Pole geltenden Regeln bekannt:

Besitzt X an der Stelle $s = s_i$ einen m-fachen Pol (Pol m-ter Ordnung), so gilt

$$r_i = \operatorname*{Res}_{s=s_i} \big(X(s)e^{st}\big) = \frac{1}{(m-1)!} \lim_{s\to s_i} \frac{d^{m-1}}{ds^{m-1}} \big(X(s)e^{st}(s-s_i)^m\big). \tag{1.150}$$

Speziell erhalten wir z.B. für einen einfachen Pol $(m = 1)$

$$r_i = e^{s_i t} \lim_{s\to s_i} \big(X(s)(s-s_i)\big) \tag{1.151}$$

und für einen zweifachen Pol ($m = 2$)

$$r_i = e^{s_i t} \lim_{s \to s_i} (t f(s) + f'(s)) \qquad \text{mit} \quad f(s) = X(s)(s - s_i)^2. \tag{1.152}$$

Für den Fall rationaler Funktionen X erhalten wir speziell für

$$m = 1: \qquad r_i = e^{s_i t} \big(X(s)(s - s_i) \big) \big|_{s = s_i} \tag{1.153}$$

$$m = 2: \qquad r_i = e^{s_i t} \big(t f(s) + f'(s) \big) \big|_{s = s_i} \qquad \text{mit} \quad f(s) = X(s)(s - s_i)^2. \tag{1.154}$$

Diese eben genannten Berechnungsregeln dürfen also auf meromorphe, insbesondere rationale Funktionen angewandt werden.

Besonders erwähnt sei noch der Sonderfall, dass die meromorphe Funktion X (im Endlichen) nur einfache Pole enthält und in der Form

$$X(s) = \frac{Z(s)}{N(s)} \tag{1.155}$$

mit dem Zähler $Z(s)$ und Nenner $N(s)$ gegeben ist, wobei $Z(s)$ und $N(s)$ ganze (d.h. überall im Endlichen reguläre) Funktionen bezeichnen. Dann gilt mit (1.151) und $N(s_i) = 0$

$$
\begin{aligned}
r_i &= e^{s_i t} \lim_{s \to s_i} \frac{Z(s)(s - s_i)}{N(s)} = e^{s_i t} \lim_{s \to s_i} \frac{Z(s)}{\frac{N(s) - N(s_i)}{s - s_i}} \\
&= e^{s_i t} \frac{Z(s_i)}{N'(s_i)}.
\end{aligned}
\tag{1.156}
$$

Darin bezeichnet $N'(s_i)$ die erste Ableitung von N nach s an der Stelle $s = s_i$. Mit (1.149) gilt also schließlich für diesen Sonderfall

$$x(t) = L^{-1} \big(X(s) \big) = \sum_i \frac{Z(s_i)}{N'(s_i)} e^{s_i t}, \qquad (t > 0), \tag{1.157}$$

falls $X \in \mathcal{X}_\gamma$ und die Voraussetzungen I und II der Residuenmethode erfüllt sind. Die letzte Formel ist unter dem Namen *Heavisidescher Entwicklungssatz* bekannt.

Die Anwendung der Residuenformel (1.149) verdeutlicht noch das folgende

Beispiel 1.16 Gegeben sei

$$X(s) = \frac{3s^2 + 16s + 6}{s^3 + 4s^2 - 3s - 18} = \frac{3s^2 + 16s + 6}{(s + 3)^2 (s - 2)}.$$

Offensichtlich ist X rational und verschwindet im Unendlichen. Die Pole liegen bei $s_1 = 2$ (einfacher Pol) und $s_2 = -3$ (zweifacher Pol). Dann gilt mit (1.153) und (1.154)

$$x(t) = e^{s_1 t} \big(X(s)(s - s_1) \big) \big|_{s = s_1} + e^{s_2 t} \big(t f(s) + f'(s) \big) \big|_{s = s_2} \qquad (t > 0),$$

worin

$$f(s) = X(s)(s - s_2)^2 = \frac{3s^2 + 16s + 6}{s - 2}$$

und

$$f'(s) = \frac{(s-2)(6s+16) - (3s^2 + 16s + 6)}{(s-2)^2}$$

ist. Nach dem Einsetzen der Zahlenwerte $s_1 = 2$ und $s_2 = -3$ erhält man

$$x(t) = 2\mathrm{e}^{2t} + (3t+1)\mathrm{e}^{-3t} \qquad (t > 0),$$

oder auch

$$x(t) = \left(2\mathrm{e}^{2t} + (3t+1)\mathrm{e}^{-3t}\right)\mathbf{1}(t).$$

Für den praktischen Gebrauch der Residuenformel möge noch der folgende Hinweis dienen: Da es häufig sehr schwierig ist, zu prüfen, ob die Voraussetzungen für die Anwendung dieser Formel erfüllt sind oder nicht, oft sogar schwieriger als die Durchführung der Rücktransformation selbst, ist es zweckmäßig, diese Formel formal (ohne Prüfung der Anwendbarkeitsbedingungen) anzuwenden und anschließend zu überprüfen, ob die Laplace-Transformierte des erhaltenen Signals x wieder das Bildsignal X ergibt, von dem ausgegangen wurde.

1.2.3 Aufgaben zum Abschnitt 1.2

1.2-1 Gegeben ist das periodische Signal

$$x = a \sum_{k=-\infty}^{\infty} \mathcal{S}^{kT_0}\left(\mathbf{1} - \mathcal{S}^{\frac{T_0}{4}}(\mathbf{1})\right).$$

a) Man stelle $x(t)$ grafisch dar!

b) Man stelle $x(t)$ als komplexe Fourier-Reihe dar!

c) Man stelle die Reihenkoeffizienten $c(\omega_k) = c_k$ für $k = 0$, $k = \pm 1$, $k = \pm 2$, $k = \pm 3$, $k = \pm 4$ in der komplexen Ebene und $|c_k|$ über k grafisch dar!

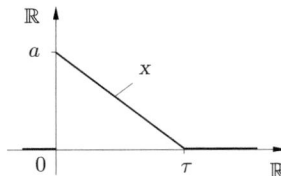

Bild 1.2-2: Signal x

1.2-2 Gegeben ist das in Bild 1.2-2 dargestellte Signal x.

a) Wie lautet für das Signal x das komplexe Fourier-Spektrum X:

$$X(\omega) = F\big(x(t)\big)?$$

b) Man berechne das Amplitudenspektrum ($|X(\omega)|$) sowie das Phasenspektrum ($\arg X(\omega)$) und skizziere qualitativ deren Abhängigkeit von ω!

1.2-3 Mit Hilfe der Lösung von Aufgabe 1.2-2 bestimme man das Fourier-Spektrum des durch

$$x(t) = \begin{cases} a\left(1 - \dfrac{|t|}{\tau}\right) & t \in [-\tau, \tau] \\ 0 & t \notin [-\tau, \tau] \end{cases}$$

gebenen Signals x und skizziere $|X(\omega)|$ und $\arg X(\omega)$!

1.2-4 a) Gegeben sei das Signal x mit

$$x(t) = \begin{cases} a \ (a > 0) & t \in [-\tau, \tau] \\ 0 & t \notin [-\tau, \tau] \end{cases}$$

Man bestimme $X(\omega)$!

b) Gegeben sei das Fourier-Spektrum X:

$$X(\omega) = \begin{cases} b \ (b > 0) & \omega \in [-\Omega, \Omega] \\ 0 & \omega \notin [-\Omega, \Omega] \end{cases}$$

Man berechne das zugehörige Signal x!

1.2-5 a) Man beweise die Richtigkeit des Ähnlichkeitssatzes der Fourier-Transformation

$$F\big(x(at)\big) = \frac{1}{a} X\left(\frac{\omega}{a}\right) \qquad (a \neq 0)!$$

b) Man berechne für das Signal x : $x(t) - \mathrm{e}^{-a|t|}$ $(a > 0)$ das Fourier-Spektrum und veranschauliche an diesem Beispiel für $a \gg 1$ und $a \ll 1$ qualitativ die Reziprozität von Zeitdauer und Bandbreite eines Signals!

1.2-6 Man berechne das Signal x für

$$X(\omega) = \frac{a\omega_0}{\omega^2 + \omega_0^2} \qquad (a > 0, \ \omega_0 > 0)$$

mit Hilfe der Residuenrechnung!

1.2-7 Man zeige die Gültigkeit der Parsevalschen Formel

$$\int_{-\infty}^{\infty} |x(t)|^2 \, \mathrm{d}t = \frac{1}{2\pi} \int_{-\infty}^{\infty} |X(\omega)|^2 \, \mathrm{d}\omega!$$

1.2-8 Man berechne die Laplace-Transformierten X : $X(s) = L\big(x(t)\big)$ für folgende Signale x:

a) $x(t) = a \, \mathbf{1}(t - \tau)$ c) $x(t) = \mathrm{e}^{\sigma_0 t} \cos \omega_0 t \, \mathbf{1}(t)$

b) $x(t) = \tan \alpha (t - \tau) \, \mathbf{1}(t - \tau)$ d) $x(t) = \sinh at \, \mathbf{1}(t)$!

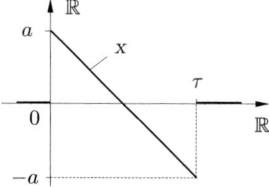

Bild 1.2-9: Signal x

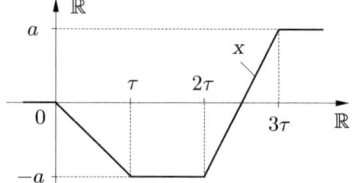

Bild 1.2-10: Signal x

1.2-9 Für das in Bild 1.2-9 dargestellte Signal x gebe man das Laplace-Integral $X(s)$ und das Fourier-Integral $X(\omega)$ an! Unter welchen Bedingungen kann $X(\omega)$ aus $X(s)$ abgelesen werden?

1.2-10 Man gebe die Laplace-Transformierte des in Bild 1.2-10 dargestellten Signals x an!

1.2-11 Man zeige die Gültigkeit folgender Regeln der Laplace-Transformation:

    a) $L\big(x(t-\tau)\big) = \mathrm{e}^{-s\tau} L\big(x(t)\big) \qquad (\tau > 0)$

    b) $L\left(\displaystyle\int_0^t x(\tau)\,\mathrm{d}\tau\right) = \dfrac{1}{s}\,L\big(x(t)\big)$

    c) $L\big(\dot{x}(t)\big) = s\,L\big(x(t)\big) - x(+0)$!

1.2-12 Aus einer Korrespondenzentabelle der Laplace-Transformation entnimmt man für das Signal x : $x(t) = \cos^2 t\,\mathbf{1}(t)$

$$L\big(\cos^2 t\,\mathbf{1}(t)\big) = \frac{1}{s}\,\frac{s^2+2}{s^2+4}.$$

Mit Hilfe der Regeln der Laplace-Transformation bestimme man für x_0 : $x_0(t) = \cos^2 \omega_0 t\,\mathbf{1}(t)$

    a) $L\big(x_0(t)\big)$;   b) $L\big(x_0(t-t_0)\big)$;   c) $L\big(\dot{x}_0(t)\big)$!

1.2-13 Gegeben ist das Bildsignal X:

$$X(s) = \frac{s-4}{s^3 + s^2 - 6s}.$$

Man bestimme das Originalsignal x!

1.2-14 Zu den folgenden Bildsignalen X bestimme man die Originalsignale x und skizziere $x(t)$:

    a) $X(s) = \dfrac{a}{\tau s^2}(1 - \mathrm{e}^{-s\tau}) - \dfrac{a}{s}\mathrm{e}^{-2s\tau}$

    b) $X(s) = \dfrac{s\,\mathrm{e}^{-s\tau}}{s^2 + 4}$!

1.2-15 Mit Hilfe des Residuenmethode berechne man

$$x(t) = L^{-1}\big(X(s)\big) = L^{-1}\left(\frac{s^2}{(s+1)^3}\right)!$$

1.2-16 Mit Hilfe des Heavisideschen Entwicklungssatzes bestimme man die Originalsignale x für

    a) $X(s) = \dfrac{s}{s^2 - 16}$;   b) $X(s) = \dfrac{a\sinh s\frac{\tau}{4}}{s\cosh s\frac{\tau}{4}}$ $(a > 0,\ \tau > 0)$!

1.2-17 Aus einer Korrespondenztabelle der Laplace-Transformation entnimmt man

$$L\big(t\,\mathbf{1}(t)\big) = \frac{1}{s^2} \qquad \text{und} \qquad L\left(2\sqrt{\frac{t}{\pi}}\,\mathbf{1}(t)\right) = \frac{1}{s\sqrt{s}}.$$

Mit Hilfe des Faltungssatzes bestimme man

$$x(t) = L^{-1}\left(\frac{1}{s^3\sqrt{s}}\right)!$$

1.2-18 Man löse die Differenzialgleichung

$$\dot{x}(t) + 3x(t) = x_0(t)$$

für $t > 0$ mit der Anfangsbedingung $x(+0) = 0$ und $x_0(t) = (\mathrm{e}^{2t} - 2)\mathbf{1}(t)$ mit Hilfe der Laplace-Transformation!

1.2-19 Ein Gleichstrommotor mit permanenter Erregung wird durch das Differenzialgleichungssystem

$$D + \Theta\dot{\omega}(t) = Ki(t) \qquad \text{(mechanische Gleichung)}$$

$$Ri(t) + L\dot{i}(t) + K\omega(t) = u(t) \qquad \text{(elektrische Gleichung)}$$

beschrieben.

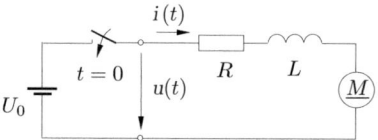

Bild 1.2-19: Gleichstrommotor

Man berechne die Winkelgeschwindigkeit ω, wenn zur Zeit $t = 0$ eine Gleichspannung U_0 eingeschaltet wird (Anfangsbedingungen: $\omega(+0) = 0$, $i(+0) = 0$)! Hierbei bezeichnen (vgl. Bild 1.2-19): D konstantes Lastmoment; Θ Trägheitsmoment des Ankers; K Motorkonstante; L, R Ankerinduktivität bzw. -widerstand.

1.3 Spezielle Signalräume

1.3.1 Normierte und vollständige Räume

1.3.1.1 Normierte Signalräume

Der Begriff des linearen Raumes ist im Abschnitt 3.1.1 in [26] näher erläutert. Wird in einem linearen Raum eine *Norm* eingeführt, so spricht man von einem *normierten (linearen) Raum*. Wir erläutern den Begriff der Norm zunächst am Beispiel des dreidimensionalen Anschauungsraums $L = (\mathbb{R}^3, \mathbb{R})$, für den wir auch oft kurz $\mathbb{R}^3$ schreiben.

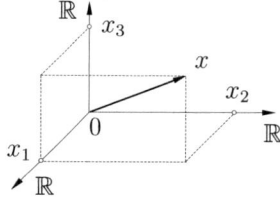

Bild 1.39: Dreidimensionaler linearer Raum

In Bild 1.39 ist eine Darstellung des linearen Raumes $\mathbb{R}^3$ angegeben. Jedem Punkt $x = (x_1, x_2, x_3) \in \mathbb{R}^3$ ist eine nichtnegative Zahl

$$\|x\| = \sqrt{x_1^2 + x_2^2 + x_3^2} = N(x) \tag{1.158}$$

zugeordnet, die in $\mathbb{R}^3$ anschaulich als Abstand des Punktes x vom Nullpunkt gedeutet werden kann. Man bezeichnet die so definierte Abbildung $N : \mathbb{R}^3 \to \mathbb{R}^+$ als *Norm* bzw. den Wert $N(x)$ als *Betrag* von x. Da es – wie wir noch sehen werden – mehrere Abbildungen dieser Art gibt, wollen wir sie durch einen zusätzlichen Index voneinander unterscheiden. Anstelle von (1.158) wollen wir genauer

$$\|x\|_E = N_E(x)$$

schreiben, da durch diese Norm die „Entfernung" von x vom Nullpunkt bestimmt wird (Bild 1.39). Die Entfernung zweier Punkte $x \in \mathbb{R}^3$ und $y \in \mathbb{R}^3$ kann damit ebenfalls angegeben werden; es gilt nämlich

$$\|x - y\|_E = \sqrt{(x_1 - y_1)^2 + (x_2 - y_2)^2 + (x_3 - y_3)^2} = \varrho(x, y). \tag{1.159}$$

Die durch (1.158) definierte Norm besitzt offensichtlich die folgenden Eigenschaften (*Normbedingungen*): Für beliebige $\alpha \in \mathbb{R}$ und $x, x', x'' \in \mathbb{R}^3$ gilt

a) $\|x\| = 0 \Leftrightarrow x = 0$ $\hspace{5cm}$ (1.160)

b) $\|\alpha x\| = |\alpha| \|x\|$ $\hspace{5cm}$ (1.161)

c) $\|x' + x''\| \leq \|x'\| + \|x''\|.$ $\hspace{4cm}$ (1.162)

Die letzte Gleichung wird durch Bild 1.40 veranschaulicht.

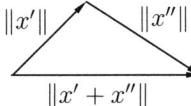

Bild 1.40: Veranschaulichung der Dreiecksungleichung

Die soeben für den dreidimensionalen Anschauungsraum durchgeführten Überlegungen lassen sich sofort auf beliebige lineare Räume übertragen, so z.B. auch auf lineare Signalräume (Abschnitt 1.2.1.1). Wir wollen also nun annehmen, es sei ein linearer Signalraum X gegeben. Dann gelten die folgenden Definitionen:

Definition 1.4 Jede Abbildung

$$N : \mathsf{X} \to \mathbb{R}^+, \qquad N(x) = \|x\|, \tag{1.163}$$

die die Normbedingungen (1.160) bis (1.162) erfüllt, heißt *Norm* auf X.

Definition 1.5 Der lineare Signalraum X zusammen mit einer Norm N heißt *normierter Signalraum* X_N.

Definition 1.6 Die Abbildung

$$\varrho : \mathsf{X} \times \mathsf{X} \to \mathbb{R}^+, \qquad \varrho(\mathsf{x}_1, \mathsf{x}_2) = \|\mathsf{x}_1 - \mathsf{x}_2\| \tag{1.164}$$

heißt *Metrik* des Signalraums X. Die Größe $\|\mathsf{x}_1 - \mathsf{x}_2\|$ bezeichnet man auch als *Abstand* der Signale x_1 und x_2 in X.

In einem normierten Signalraum wird also jedem Signal eine nichtnegative Zahl zugeordnet. Wir betrachten dazu folgende Beispiele, die zeigen, wie eine Norm definiert werden kann:

Beispiel 1.17 Gegeben sei die Menge aller im Intervall $[0, \infty)$ stückweise stetigen und beschränkten Signale. Zusammen mit der üblichen Funktionenaddition und der Multiplikation von Funktionen mit reellen Zahlen bildet diese Menge einen linearen Raum. Wir bezeichnen diese Menge mit $\mathsf{C}_T[0, \infty)$. In diesem linearen Signalraum kann eine Norm durch

$$N_C(x) = \|x\|_C = \sup_{t \geq 0} |x(t)| \tag{1.165}$$

eingeführt werden. Dabei wird das Supremum (d.h. die kleinste obere Schranke) des Betrages aller Signalwerte $x(t)$ für $t \geq 0$ gebildet (vgl. auch Bild 1.41a). Der Abstand zweier Signale nach dieser Norm ergibt sich aus

$$\varrho(x_1, x_2) = \|x_1 - x_2\|_C = \sup_{t \geq 0} |x_1(t) - x_2(t)|.$$

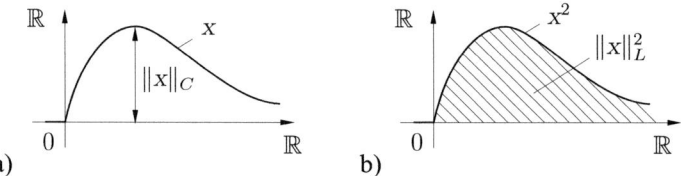

Bild 1.41: Veranschaulichung des Normbegriffs: a) Norm N_C; b) Norm N_L

Beispiel 1.18 Wir betrachten die Menge aller (beschränkten und) quadratisch (im Riemannschen Sinne) integrierbaren Signale, d.h. den Signalraum L_2. In diesem linearen Signalraum kann eine Norm N_L durch

$$N_L(x) = \|x\|_L = \sqrt{\int_{-\infty}^{\infty} x^2(t)\, dt} \tag{1.166}$$

definiert werden. Der Abstand $\varrho(x_1, x_2)$ zweier Signale x_1 und x_2 beträgt nach dieser Norm

$$\varrho(x_1, x_2) = \|x_1 - x_2\|_L = \sqrt{\int_{-\infty}^{\infty} (x_1(t) - x_2(t))^2\, dt}.$$

Die Veranschaulichung von (1.166) wird in Bild 1.41b gezeigt.

Beispiel 1.19 Im linearen Signalraum X_γ (Abschnitt 1.2.2.1) ist N_γ, definiert durch

$$N_\gamma(x) = \|x\|_\gamma = \int_0^{\infty} \mathrm{e}^{-\gamma t} |x(t)|\, dt, \tag{1.167}$$

eine Norm und damit

$$\varrho(x_1, x_2) = \|x_1 - x_2\|_\gamma = \int_0^{\infty} \mathrm{e}^{-\gamma t} |x_1(t) - x_2(t)|\, dt$$

eine Metrik.

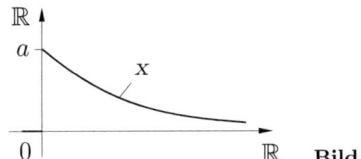

Bild 1.42: Signal x (Beispiel 1.20)

Beispiel 1.20 Wir betrachten als Beispiel das Signal x nach Bild 1.42. Es gilt:

$$x(t) = \begin{cases} 0 & t < 0 \\ ae^{-bt} & t \geq 0 \end{cases} \quad (a, b \in \mathbb{R}^+).$$

Offensichtlich gilt $x \in \mathsf{C}_T[0, \infty)$, $x \in \mathsf{L}_2$ und $x \in \mathsf{X}_\gamma$ ($\gamma > 0$), so dass nach (1.165)

$$N_C(x) = \|x\|_C = a$$

und nach (1.166)

$$N_L(x) = \|x\|_L = \sqrt{\int_0^\infty a^2 e^{-2bt} \, \mathrm{d}t} = \frac{a}{\sqrt{2b}}$$

berechnet werden kann. Für $N_\gamma(x)$ ergibt sich nach (1.167)

$$N_\gamma(x) = \|x\|_\gamma = \int_0^\infty e^{-\gamma t} a e^{-bt} \, \mathrm{d}t = \frac{a}{\gamma + b}.$$

1.3.1.2   Vollständige normierte Signalräume

Gegeben sei ein normierter Signalraum X_N. Wir betrachten eine Folge $(x_i)_{i\in\mathbb{N}}$ von Elementen $x_i \in \mathsf{X}_N$ dieses Signalraums (Bild 1.43). Sind die Signale x_i dieser Folge so beschaffen, dass der Abstand zweier aufeinander folgender Signale von einem gewissen Glied der Folge ab immer kleiner wird, so sprechen wir von einer *Fundamentalfolge*. Genauer ist dieser Begriff wie folgt definiert:

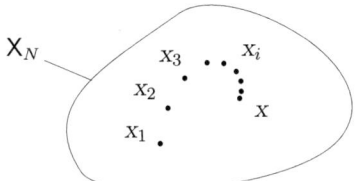

Bild 1.43: Folge in einem Signalraum

Definition 1.7 Eine Folge $(x_i)_{i\in\mathbb{N}}$ $(x_i \in \mathsf{X}_N)$ heißt genau dann eine Fundamentalfolge, wenn

$$\|x_i - x_j\| < \varepsilon \qquad \text{für} \qquad i, j > n(\varepsilon) \tag{1.168}$$

gilt $(n, i, j \in \mathbb{N}, \varepsilon > 0)$.

Ob eine Folge $(x_i)_{i \in \mathbb{N}}$ eine Fundamentalfolge ist oder nicht, hängt auch von der gewählten Norm des Signalraums ab, die ja den Abstand der einzelnen Signale der Folge bestimmt.

Fundamentalfolgen können konvergieren oder auch nicht. Eine Fundamentalfolge heißt genau dann *konvergent*, wenn es ein $x \in \mathsf{X}_N$ gibt, so dass

$$\|x_i - x\| < \varepsilon \qquad \text{für} \qquad i > n(\varepsilon) \tag{1.169}$$

bzw.

$$\|x_i - x\| \to 0 \qquad \text{für} \qquad i \to \infty \tag{1.170}$$

gilt, wofür man auch kürzer

$$\lim_{i \to \infty} x_i = x \tag{1.171}$$

schreibt. Das Signal x heißt *Grenzwert* der Folge $(x_i)_{i \in \mathbb{N}}$. Konvergiert $(x_i)_{i \in \mathbb{N}}$ (oder kürzer x_i) gegen x, so ist x auch immer der einzige Grenzwert.

Wir veranschaulichen die soeben definierten Begriffe durch nachstehende Beispiele:

Beispiel 1.21 Gegeben sei die Menge aller Treppensignale, d.h. der Signalraum X_T mit der Norm

$$N_C(x) = \sup |x(t)| \qquad (t \in \mathbb{R}).$$

Wir betrachten die Folge $(x_i)_{i \in \mathbb{N}}$ von Treppensignalen mit

$$x_i(t) = \left(1 - \frac{1}{i}\right)\left(\mathbf{1}(t) - \mathbf{1}(t-1)\right).$$

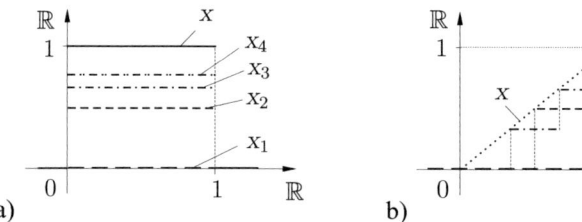

Bild 1.44: Folgen von Treppensignalen: a) Beispiel 1.21; b) Beispiel 1.22

Die Darstellung einiger Glieder dieser Folge wird in Bild 1.44a gezeigt. Zunächst untersuchen wir, ob die gegebene Folge $(x_i)_{i \in \mathbb{N}}$ eine Fundamentalfolge ist. Dazu bilden wir den Abstand der Signale x_i und x_j $(i, j \in \mathbb{N})$ bezüglich der gegebenen Norm und erhalten

$$\|x_i - x_j\|_C = \left|\frac{1}{j} - \frac{1}{i}\right|.$$

Man rechnet leicht nach, dass für alle $i, j > \frac{2}{\varepsilon}$

$$\left|\frac{1}{j} - \frac{1}{i}\right| < \varepsilon$$

gilt. Folglich ist die Bedingung (1.168) erfüllt und die gegebene Folge eine Fundamental-folge.

Wir untersuchen nun die Konvergenz der gegebenen Folge und stellen fest, dass für

$$x(t) = \mathbf{1}(t) - \mathbf{1}(t-1)$$

gilt

$$\|x - x_i\|_C = \frac{1}{i} < \varepsilon \qquad \text{für} \qquad i > \frac{1}{\varepsilon}$$

bzw.

$$\|x - x_i\|_C = \frac{1}{i} \to 0 \qquad \text{für} \qquad i \to \infty.$$

Damit ist die gegebene Folge eine konvergente Fundamentalfolge mit dem Grenzsignal $x : x(t) = \mathbf{1}(t) - \mathbf{1}(t-1)$. Wesentlich ist, dass das Grenzsignal x selbst ebenfalls ein Treppensignal ist, d.h. es ist $x \in \mathsf{X}_T$.

Beispiel 1.22 Es sei wieder die Menge X_T aller Treppensignale gegeben, und $N_C(x) = \sup |x(t)|$ definiere die Norm dieses Signalraums (ebenso wie im vorigen Beispiel). Wir untersuchen nun die Folge $(x_i)_{i \in \mathbb{N}}$ mit

$$x_i(t) = \frac{1}{i} \sum_{k=1}^{i} \mathbf{1}\left(t - \frac{k}{i}\right),$$

deren erste Glieder in Bild 1.44b dargestellt sind. Es kann gezeigt werden, dass es sich auch bei dieser Folge um eine Fundamentalfolge handelt. Die Folge ist jedoch nicht kon-vergent, da das Grenzsignal, das in Bild 1.44b punktiert eingezeichnet ist, nicht mehr zum betrachteten Signalraum gehört. (Das Grenzsignal ist kein Treppensignal; es gehört zum Signalraum C der stetigen Funktionen.) Es gibt also in X_T sowohl konvergente als auch nichtkonvergente Signalfolgen.

Im Zusammenhang mit den vorstehenden Ausführungen steht daher die folgende De-finition:

Definition 1.8 Ein normierter Signalraum X_N heißt genau dann *vollständig* (bezüglich der Norm dieses Signalraumes), wenn jede Fundamentalfolge $(x_i)_{i \in \mathbb{N}}$ aus X_N konvergent ist.

Als Beispiele seien noch erwähnt, dass die Signalräume C und $\mathsf{C}[0, \infty)$ der in $\mathbb{R}$ bzw. $\mathbb{R}^+ = [0, \infty)$ stetigen und beschränkten Signale vollständig bezüglich der Norm N_C sind, während z.B. der Signalraum X_T nicht vollständig bezüglich N_C und L_2 nicht vollständig bezüglich N_L ist.

1.3.2 Abbildungen in normierten Signalräumen

1.3.2.1 Stetige und beschränkte Operatoren

Im Abschnitt 1.1.1.2 wurden bereits einige Beispiele einstelliger Signaloperationen angegeben, durch die einem Signal x ein neues Signal y zugeordnet wird. Die Zeitverschiebung, die Differenziation und die Integration eines Signals sind z.B. solche Operationen. Wir wollen nun das zuletzt erwähnte Beispiel, die Integration eines Signals x, etwas genauer betrachten.

Gegeben sei ein Treppensignal $x \in \mathsf{X}_T[0,\infty)$ (der Signalraum $\mathsf{X}_T[0,\infty)$ bezeichne die Menge aller für $t \geq 0$ erklärten Treppensignale) entsprechend der Darstellung in Bild 1.45. Diesem Treppensignal wird durch die Signalabbildung $\mathcal{D}^{-1}$ (Integration) ein neues Signal

$$y = \mathcal{D}^{-1}(x) \in \mathsf{C}[0,\infty)$$

zugeordnet (Bild 1.45). Da diese Zuordnung für alle Elemente $x \in \mathsf{X}_T[0,\infty)$ gilt, gehört zu jedem Treppensignal $x \in \mathsf{X}_T[0,\infty)$ ein stetiges Signal $y \in \mathsf{C}[0,\infty)$. Durch $\mathcal{D}^{-1}$ wird also eine Abbildung

$$\mathcal{D}^{-1} : \mathsf{X}_T[0,\infty) \to \mathsf{C}[0,\infty)$$

vermittelt, d.h. eine Abbildung der Menge der für $t \geq 0$ definierten Treppensignale in die Menge der für $t \geq 0$ stetigen Signale. Diese Abbildung ist durch

$$\mathcal{D}^{-1}(x) = y : \quad y(t) = \int_0^t x(\tau)\,\mathrm{d}\tau$$

gegeben.

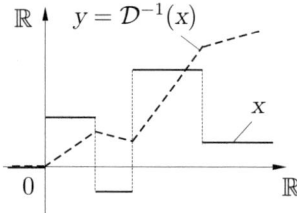
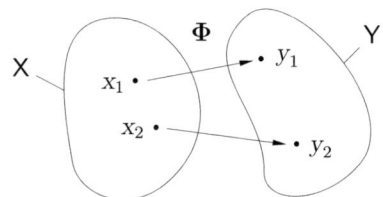

Bild 1.45: Signalabbildung $\mathcal{D}^{-1}$ **Bild 1.46:** Abbildung zwischen zwei Signalräumen

Die Verallgemeinerung des vorstehenden Beispiels ist in Bild 1.46 dargestellt. Gegeben ist ein normierter Signalraum X mit der Norm $\|\ldots\|_x$. Jedem Signal $x \in \mathsf{X}$ wird durch eine Abbildung Φ ein Signal y eines anderen normierten Signalraums Y mit der Norm $\|\ldots\|_y$ zugeordnet. Man bezeichnet eine solche Abbildung Φ eines normierten Raumes in einen anderen normierten Raum auch als *Operator* oder *Transformation*.

Als Beispiel sei hier die Laplace-Transformation $\Phi = \mathcal{L}$, $\Phi : \mathsf{X}_\gamma \to \mathfrak{X}_\gamma$ genannt, wo z.B. $\|x\|_\gamma$ eine Norm in X_γ und

$$\sup_{s \in \mathbb{C}_\gamma} \|X(s)\|$$

eine Norm in $\mathfrak{X}_\gamma$ ist.

Von besonderer Wichtigkeit sind spezielle Operatoren $\boldsymbol{\Phi}$, insbesondere *stetige* und *beschränkte* Operatoren. Ein Operator $\boldsymbol{\Phi} : \mathsf{X} \to \mathsf{Y}$ heißt *stetig*, wenn für alle $x_1, x_2 \in \mathsf{X}$ gilt

$$\|\boldsymbol{\Phi}(x_1) - \boldsymbol{\Phi}(x_2)\| \to 0 \qquad \text{für} \qquad \|x_1 - x_2\| \to 0. \tag{1.172}$$

Existiert eine positive reelle Zahl $M < \infty$ derart, dass für alle $x \in \mathsf{X}$ gilt

$$\|\boldsymbol{\Phi}(x)\|_y < M\|x\|_x, \tag{1.173}$$

so heißt der Operator $\boldsymbol{\Phi}$ *beschränkt*.

Kehren wir noch einmal zu unserem eingangs erwähnten Beispiel des Integrationsoperators

$$\mathcal{D}^{-1} : \ \mathsf{X}_T[0, \infty) \to \mathsf{C}[0, \infty)$$

zurück, so ist leicht einzusehen, dass dieser Operator stetig, aber nicht beschränkt ist, wenn in beiden Signalräumen die Norm

$$N_C(x) = \|x\|_C = \sup_{t \geq 0} |x(t)| \qquad \text{(analog für } y)$$

zugrunde gelegt wird.

Die erste Eigenschaft ergibt sich daraus, dass aus

$$\|x_1 - x_2\|_C = \sup_{t \geq 0} |x_1(t) - x_2(t)| = 0$$

folgt, dass

$$x_1(t) = x_2(t)$$

d.h. $x_1 = x_2$ gilt. Damit ist aber auch

$$\|\mathcal{D}^{-1}(x_1) - \mathcal{D}^{-1}(x_2)\|_C = \sup_{t \geq 0} \left| \int_0^t x_1(\tau)\,\mathrm{d}\tau - \int_0^t x_2(\tau)\,\mathrm{d}\tau \right| = 0.$$

Die zweite Eigenschaft ergibt sich dadurch, dass

$$\|\mathcal{D}^{-1}(x)\|_C = \sup_{t \geq 0} \left| \int_0^t x(\tau)\,\mathrm{d}\tau \right|$$

im Allgemeinen nicht beschränkt ist, während

$$\|x\|_C = \sup_{t \geq 0} |x(t)|$$

beschränkt bleibt (z.B. für $x(t) = \mathbf{1}(t)$).

1.3.2.2   Kontraktion

Bisher haben wir Operatoren des Typs $\Phi : \mathsf{X} \to \mathsf{Y}$ betrachtet, d.h. Abbildungen eines normierten Signalraums X in einen anderen normierten Signalraum Y. Ein Spezialfall liegt vor, wenn durch einen Operator Φ eine Abbildung eines normierten Signalraums X in sich selbst vermittelt wird (Bild 1.47). Wir haben es dann mit einem Operator vom Typ $\Phi : \mathsf{X} \to \mathsf{X}$ zu tun.

Bei einer Abbildung $\Phi : \mathsf{X} \to \mathsf{X}$ ist das einem Element $x \in \mathsf{X}$ zugeordnete Signal $\Phi(x) \in \mathsf{X}$ sicherlich im Allgemeinen nicht mit x identisch, d.h. es gilt $\Phi(x) \neq x$. Es erhebt sich aber die Frage, ob es ein Signal $x' \in \mathsf{X}$ gibt, welches auf sich selbst abgebildet wird, für das also

$$\Phi(x') = x' \tag{1.174}$$

gilt. Diese Frage wird durch den *Banachschen Fixpunktsatz* beantwortet. Bevor wir diesen Satz formulieren, soll noch die folgende Definition vorangestellt werden:

Definition 1.9 Ist X ein normierter Signalraum, so heißt eine Abbildung $\Phi : \mathsf{X} \to \mathsf{X}$ genau dann *Kontraktion*, wenn es eine reelle Zahl m ($0 < m < 1$) gibt, so dass für alle x_1, $x_2 \in \mathsf{X}$

$$\|\Phi(x_1) - \Phi(x_2)\| \leq m \, \|x_1 - x_2\| \tag{1.175}$$

gilt. Eine Kontraktion ist also eine spezielle beschränkte und stetige Abbildung.

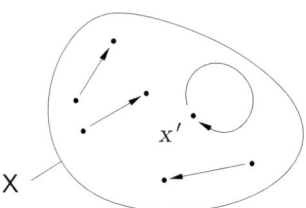

Bild 1.47: Abbildung eines Signalraumes in sich selbst

Der *Fixpunktsatz* lautet nun wie folgt:

Satz 1.3 Ist der normierte Raum X vollständig und ist die Abbildung $\Phi : \mathsf{X} \to \mathsf{X}$ eine Kontraktion, so hat die Operatorgleichung

$$\Phi(x) = x \tag{1.176}$$

genau eine Lösung $x = x'$. Diese Lösung heißt *Fixpunkt* des Raumes X.

Weiterhin gilt: Ist $x_0 \in \mathsf{X}$ ein beliebiges Signal aus dem vollständigen normierten Signalraum X und

$$\Phi(x_0) = x_1, \quad \Phi(x_1) = x_2, \quad \ldots, \quad \Phi(x_i) = x_{i+1}, \tag{1.177}$$

so ist

$$(x_i)_{i \in \mathbb{N}} = (x_1, x_2, x_3, \ldots) \tag{1.178}$$

eine Fundamentalfolge (also eine konvergente Folge, da X vollständig ist), und es ist

$$x' = \lim_{i \to \infty} x_i. \tag{1.179}$$

Das Grenzsignal der Fundamentalfolge ergibt also gerade die Lösung $x = x'$ der Operatorgleichung (1.176).

Zur Veranschaulichung betrachten wir das nachfolgende einfache

Beispiel 1.23 Es sei $\mathsf{X} = \mathsf{C}[0, T)$ der vollständige normierte Signalraum der für $0 \le t < T$ stetigen und beschränkten Signale x mit der Norm

$$\|x\|_C = \sup_{t \ge 0} |x(t)|$$

und $\mathbf{\Phi} : \mathsf{X} \to \mathsf{X}$ die durch

$$\mathbf{\Phi}(x) = 3\sqrt[5]{x}$$

gegebene Abbildung.

Zunächst bemerken wir, dass der Teilraum X' von X, der alle Signale $x \in \mathsf{X}$ mit $x(t) \ge 1$ (für alle $t \ge 0$) enthält, ebenfalls vollständig (und normiert) ist. In diesem Teilraum ist jedenfalls $\mathbf{\Phi}$ eine Kontraktion; denn es gilt für alle $t \ge 0$

$$|\Phi(x_1(t)) - \Phi(x_2(t))| \le \Phi'(1)|x_1(t) - x_2(t)|,$$

wenn noch $(\mathbf{\Phi}(x))(t) = \Phi(x(t)) = 3\sqrt[5]{x(t)}$ gesetzt wird, und damit auch wegen $\Phi'(1) = 3/5$

$$|\Phi(x_1(t)) - \Phi(x_2(t))| \le \frac{3}{5} \sup_{t \ge 0} |x_1(t) - x_2(t)|$$

und folglich sogar

$$\sup_{t \ge 0} |\Phi(x_1(t)) - \Phi(x_2(t))| \le \frac{3}{5} \sup_{t \ge 0} |x_1(t) - x_2(t)|$$

oder wegen (1.165)

$$\|\mathbf{\Phi}(x_1) - \mathbf{\Phi}(x_2)\|_C \le \frac{3}{5}\|x_1 - x_2\|_C.$$

Wir wollen nun den Fixpunkt dieser Abbildung berechnen, d.h. das Signal $x = x'$, das auf sich selbst abgebildet wird. Wir beginnen mit einem beliebigen $x_0 \in \mathsf{C}[0, T)$, z.B. mit

$$x_0(t) = \mathrm{e}^t \qquad (t \ge 0).$$

Dann erhalten wir

$$x_1(t) = (\mathbf{\Phi}(x_0))(t) = 3\sqrt[5]{x_0(t)} = 3\mathrm{e}^{t/5}$$

$$x_2(t) = (\mathbf{\Phi}(x_1))(t) = 3\sqrt[5]{x_1(t)} = 3^{(1+(1/5))}\mathrm{e}^{t/25}$$

$\dots$

$$x_i(t) = 3^{(1+(1/5)+(1/25)+\dots+(1/5)^{i-1})} e^{(1/5)^i t}.$$

Als Grenzsignal erhalten wir für $i \to \infty$ (geometrische Reihe!)

$$x(t) = 3^{\sum_{i=0}^{\infty} 5^{-i}} e^0 = 3^{5/4} = \sqrt[4]{3^5},$$

also eine konstante Funktion $x : \ x(t) = c$. Die gefundene Lösung kann man in diesem einfachen Beispiel natürlich auch sofort aus $\Phi(x(t)) = 3\sqrt[5]{x(t)} = x(t)$ ermitteln.

Wesentlich für die praktische Anwendung des Fixpunktsatzes ist, dass die Iterationsfolge selbstkorrigierend ist, d.h. wenn ein Glied der Fundamentalfolge falsch berechnet wurde, kann dieses Glied als Anfangsglied einer neuen Iterationsfolge aufgefasst werden, und die Rechnung kann fortgesetzt werden. Im Abschnitt 2.2.3.2 werden wir mit dem Fixpunktsatz nichtlineare Systeme berechnen.

1.3.3   Aufgaben zum Abschnitt 1.3

1.3-1 Gegeben ist der Signalraum C aller stetigen Signale x mit der Norm $\|x\|_C = \sup |x(t)|$. Man untersuche, ob die nachstehenden Folgen $(x_i)_{i \in \mathbb{N}}$ Fundamentalfolgen bilden und gegen welches Grenzsignal sie gegebenenfalls konvergieren:

$$\text{a)} \quad x_i(t) = \alpha \sin(i\omega_0 t) \qquad \text{b)} \quad x_i(t) = \left(\alpha + \frac{\beta}{i} \right) \cos(\omega_0 t) \qquad (\alpha, \beta, \omega_0 \in \mathbb{R})!$$

1.3-2 Gegeben ist der Signalraum L_2 aller quadratisch integrierbaren Signale x mit der Norm

$$\|x\|_L = \sqrt{\int_{-\infty}^{\infty} x^2(t)\,dt}.$$

Man untersuche die Konvergenz der Folge $(x_i)_{i \in \mathbb{N}}$ mit

$$x_i(t) = e^{-\frac{1}{i}\alpha t} \mathbf{1}(t) \qquad (\alpha > 0)$$

in L_2!

1.3-3 Gegeben ist die Signalabbildung

$$\boldsymbol{\Phi} : \ \boldsymbol{\Phi}(x) = 0{,}1(x^3 + 2x + 3).$$

    a) Man zeige, dass $\boldsymbol{\Phi} : \ \mathsf{X} \to \mathsf{X}$ eine Kontraktion ist, wenn X die Menge aller stetigen Signale x mit der Eigenschaft $0 \le x(t) \le 1$ ist und die Norm $\|x\|_C = \sup |x(t)|$ zugrunde gelegt wird!

    b) Man bestimme den Fixpunkt der Abbildung $\boldsymbol{\Phi} : \ \mathsf{X} \to \mathsf{X}$!

1.3-4 Gegeben ist der Signalraum C[0,1] (Menge aller im Intervall [0,1] stetigen Signale x) und die Signalabbildung $\boldsymbol{\Phi} : \ \mathsf{C}[0,1] \to \mathsf{C}[0,1]$:

$$\boldsymbol{\Phi}(x) = 0{,}1(\mathcal{D}^{-1}(x) + 1),$$

d.h. es gilt

$$(\boldsymbol{\Phi}(x))(t) = 0{,}1 \left(\int_0^t x(\tau)\,d\tau + 1 \right).$$

    a) Man zeige, dass $\boldsymbol{\Phi}$ eine kontrahierende Abbildung ist! (Es sei $\|x\|_C = \sup |x(t)|$.)

    b) Man bestimme iterativ die Lösung von $\boldsymbol{\Phi}(x) = x$! (Hinweis: Man beginne mit $x_0(t) = 0{,}1$!)

Kapitel 2

Nichtlineare Systeme

2.1 Systeme ohne Speicher

2.1.1 Alphabetabbildung

2.1.1.1 Einfaches statisches System

In den vorangegangenen Abschnitten wurden die mathematischen Grundlagen für die Analyse nichtlinearer und linearer analoger Systeme zusammengestellt. Bevor wir uns den linearen Systemen zuwenden, sollen einige grundsätzliche Fragen der Analyse nichtlinearer Systeme etwas näher untersucht werden, womit der zunehmenden Bedeutung dieser Systemklasse Rechnung getragen wird. Bei der Analyse nichtlinearer Systeme treten oft relativ komplizierte mathematische Zusammenhänge auf (z.B. nichtlineare Differenzialgleichungssysteme), die sich meist nur mit Hilfe numerischer Methoden behandeln lassen. Im Rahmen dieser Einführung können wir jedoch nur auf die Darstellung einiger weniger grundsätzlicher und allgemeiner Zusammenhänge eingehen.

Wir beginnen mit einem einfachen Beispiel. Die aus diesem Beispiel erhaltenen Aussagen sollen anschließend verallgemeinert werden.

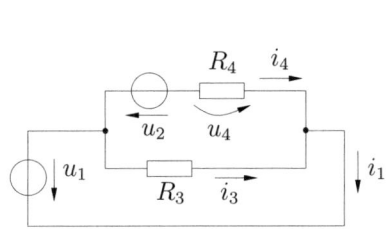

Bild 2.1: Elektrische Schaltung

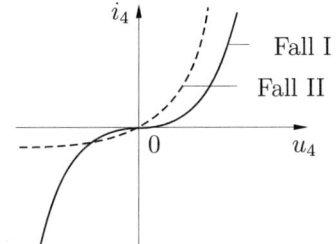

Bild 2.2: Strom-Spannungs-Kennlinien

Beispiel 2.1 Gegeben ist die elektrische Schaltung in Bild 2.1 mit zwei Gleichspannungsquellen und zwei Ohmschen Widerständen. In dieser Schaltung ist R_3 ein linearer Widerstand, ein Widerstand also, dessen Wert nicht vom hindurchfließenden Strom oder der angelegten Spannung abhängig ist, es gilt also

$$R_3 = \frac{u_3}{i_3} = \text{konst.},$$

und R_4 ein nichtlinearer Widerstand, dessen Strom-Spannungs-Kennlinie durch

$$i_4 = \begin{cases} \psi_I(u_4) = au_4^3 & \text{(Fall I)} \\ \psi_{II}(u_4) = a(e^{bu_4} - 1) & \text{(Fall II)} \end{cases}$$

gegeben ist. Diese Kennlinien sind für die beiden Fälle in Bild 2.2 skizziert.

Wegen der Gültigkeit der Kirchhoffschen Gesetze erhalten wir

$$i_1 = i_3 + i_4 = \frac{u_1}{R_3} + \psi_{I,II}(u_4)$$

und

$$u_4 = u_1 + u_2,$$

d.h. für den Strom i_1 erhalten wir

$$i_1 = \frac{u_1}{R_3} + \psi_{I,II}(u_1 + u_2) = \varphi(u_1, u_2).$$

Setzen wir nun noch die durch die Strom-Spannungs-Kennlinie für die beiden Fälle gegebenen Beziehungen ein, so ergibt sich für Fall I

$$\begin{aligned} i_1 &= \frac{u_1}{R_3} + \psi_I(u_1 + u_2) = \frac{u_1}{R_3} + a(u_1 + u_2)^3 \\ &= \frac{u_1}{R_3} + au_1^3 + au_2^3 + 3au_1^2 u_2 + 3au_1 u_2^2 \\ &= \varphi_I(u_1, u_2) \end{aligned}$$

bzw. für Fall II

$$\begin{aligned} i_1 &= \frac{u_1}{R_3} + \psi_{II}(u_1 + u_2) = \frac{u_1}{R_3} + a(e^{b(u_1+u_2)} - 1) \\ &= \varphi_{II}(u_1, u_2). \end{aligned}$$

Daraus ergibt sich das in Bild 2.3 dargestellte Schema. Das nichtlineare System wird durch ein Kästchen mit zwei Eingängen, an denen die Ursachen (Eingaben) u_1 und u_2 angelegt sind, und einem Ausgang, an dem die Wirkung (Ausgabe) i_1 auftritt, symbolisch beschrieben. Der Zusammenhang zwischen Ursache und Wirkung wird durch die Abbildung $\varphi: \varphi(u_1, u_2) = i_1$ vermittelt.

Die Verallgemeinerung dieses Beispiels führt uns zu dem in Bild 2.4 dargestellten Schema mit l Eingängen und einem Ausgang. Der Zusammenhang zwischen Ursache und Wirkung wird durch die Abbildung

$$\varphi: \varphi(x_1, x_2, \ldots, x_l) = y$$

vermittelt. Die Abbildung φ wird genauer auf folgende Weise definiert:

Definition 2.1 Ist

$$X = \mathbb{R}^l \tag{2.1}$$

das *Eingabealphabet* mit den *Buchstaben*

$$x = (x_1, x_2, \ldots, x_l) \in X \tag{2.2}$$

und

$$Y = \mathbb{R} \tag{2.3}$$

das *Ausgabealphabet* mit den *Buchstaben*

$$y \in Y, \tag{2.4}$$

so heißt die Abbildung

$$\varphi : \ \mathbb{R}^l \to \mathbb{R} \qquad (\text{bzw. } \varphi : \ X \to Y) \tag{2.5}$$

einfache Alphabetabbildung.

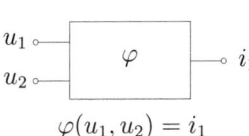

$\varphi(u_1, u_2) = i_1$

Bild 2.3: Schema zur Schaltung Bild 2.1

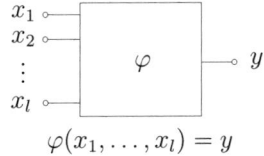

$\varphi(x_1, \ldots, x_l) = y$

Bild 2.4: Einfaches statisches System

Durch diese Abbildung wird jedem l-Tupel von Eingangsgrößen (also einem l-Tupel von reellen Zahlen) eine Ausgangsgröße (das ist ebenfalls wieder eine reelle Zahl) zugeordnet. Dabei kann es sich um beliebige physikalische (z.B. elektrische, mechanische o. ä.) Größen handeln.

Aus (2.1) bis (2.5) ergibt sich die folgende

Definition 2.2 Die durch die Mengen X (Eingabealphabet) und Y (Ausgabealphabet) zusammen mit der einfachen Alphabetabbildung $\varphi : \ X \to Y$ gebildete algebraische Struktur (X, Y, φ) heißt *einfaches statisches System.*

2.1.1.2 Polynomsysteme

Wir betrachten ein einfaches statisches System, dessen einfache Alphabetabbildung φ sich in der Form

$$\varphi = \varphi_0 : \ \varphi_0(x_1, x_2, \ldots, x_l) = \sum_{i_1=0}^{n_1} \sum_{i_2=0}^{n_2} \ldots \sum_{i_l=0}^{n_l} a_{i_1 i_2 \ldots i_l} x_1^{i_1} x_2^{i_2} \ldots x_l^{i_l} \tag{2.6}$$

darstellen lässt. Ein solches System heißt *Polynomsystem* (X, Y, φ_0).

Kehren wir noch einmal zu dem am Anfang des vorhergegangenen Abschnitts gegebenen Beispiel zurück, so ist sofort ersichtlich, dass im Fall I die Abbildung φ_I in der Form

$$\varphi_I = \varphi_0 : \quad \varphi_0(x_1, x_2) = a_{10}x_1 + a_{12}x_1x_2^2 + a_{21}x_1^2x_2 + a_{30}x_1^3 + a_{03}x_2^3$$

geschrieben werden kann, falls man $u_1 = x_1$ und $u_2 = x_2$ sowie

$$a_{10} = \frac{1}{R_3}, \qquad a_{12} = a_{21} = 3a, \qquad a_{30} = a_{03} = a$$

setzt. Es handelt sich also hier um eine einfache Alphabetabbildung in Polynomform, während wir z.B. im Fall II keine derartige Abbildung haben.

Solche Systeme können aber durch Polynomsysteme näherungsweise dargestellt werden, wenn man die Abbildung φ in eine Taylor-Reihe entwickelt. So erhalten wir z.B. im Fall II

$$
\begin{aligned}
i_1 &= \varphi(u_1, u_2) \\
&= \varphi(0,0) + \varphi_{u_1}(0,0)u_1 + \varphi_{u_2}(0,0)u_2 \\
&\quad + \frac{1}{2}\left(\varphi_{u_1,u_1}(0,0)u_1^2 + 2\varphi_{u_1,u_2}(0,0)u_1u_2 + \varphi_{u_2,u_2}(0,0)u_2^2\right) + \dots \\
&\approx \varphi_0(u_1, u_2) = \left(ab + \frac{1}{R_3}\right)u_1 + abu_2 + \frac{1}{2}ab^2(u_1^2 + 2u_1u_2 + u_2^2).
\end{aligned}
$$

($\varphi_{u_1}, \varphi_{u_2}, \varphi_{u_1,u_1}, \dots$) sind die partiellen Ableitungen von φ nach $u_1, u_2, \dots$)

2.1.1.3 Elementarsysteme

Aus (2.6) ist unmittelbar ersichtlich, welche *Elementarsysteme* (Schaltelemente) benötigt werden, wenn die einfache Alphabetabbildung φ_0 eines Polynomsystems realisiert werden soll.

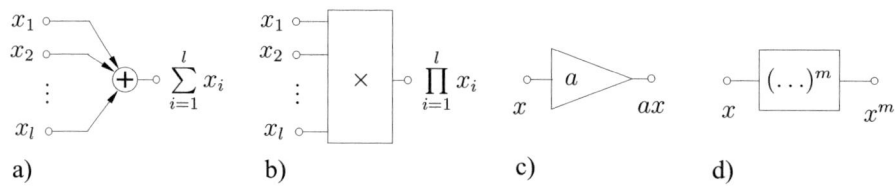

Bild 2.5: Grundschaltelemente: a)Addierglied; b)Multiplizierglied; c) Verstärker; d) Potenzierglied

Die Variablen $x_1, x_2, \dots, x_l$ müssen miteinander und mit Konstanten multipliziert und addiert werden. Zur Realisierung von φ_0 könnte man also grundsätzlich mit Addier- und Multipliziergliedern auskommen (Bild 2.5a,b). Um die Übersichtlichkeit der Realisierung zu erhöhen, wollen wir aber den Verstärker (Multiplikation mit einer Konstanten $a \in \mathbb{R}$) und das Potenzierglied als Grundschaltelemente mit hinzunehmen (Bild 2.5c,d). Die Wirkungsweise der Grundschaltelemente ist aus den Beschriftungen in Bild 2.5 unmittelbar ersichtlich. Zusammengefasst ergibt sich folgende Übersicht:

Addierglied:

$$y = \varphi(x_1, x_2, \ldots, x_l) = \sum_{i=1}^{l} x_i \qquad (2.7)$$

Multiplizierglied:

$$y = \varphi(x_1, x_2, \ldots, x_l) = \prod_{i=1}^{l} x_i \qquad (2.8)$$

Verstärker:

$$y = \varphi(x) = ax \qquad (a \in \mathbb{R}) \qquad (2.9)$$

Potenzierglied:

$$y = \varphi(x) = x^m \qquad (m \in \mathbb{N}) \qquad (2.10)$$

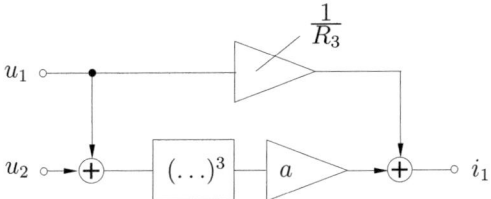

Bild 2.6: Blockschaltbild (Realisierung) der Schaltung Bild 2.1

Als Beispiel ist in Bild 2.6 die Realisierung des Polynomsystems (vgl. Beispiel von Bild 2.1) mit

$$\varphi_I = \varphi_0 : \ \varphi_0(u_1, u_2) = \frac{u_1}{R_3} + a(u_1 + u_2)^3 = i_1$$

angegeben. Es ist leicht einzusehen, dass sich mit den oben angegebenen Grundschaltelementen eine Realisierung einer Abbildung vom Typ (2.6) stets finden lässt. Allgemein gilt:

1. Jedes Elementarsystem ist (beliebig genau) realisierbar.

2. Jedes einfache statische System (X, Y, φ) ist durch ein Polynomsystem (X, Y, φ_0) und damit durch Elementarsysteme (beliebig genau) realisierbar.

2.1.1.4 Statisches System

Von dem bisher betrachteten System mit l Eingängen und einem Ausgang wollen wir nun zu einem System mit l Eingängen und m Ausgängen übergehen. Das allgemeine Schema wird in Bild 2.7 gezeigt. In diesem Fall ist

$$X = \mathbb{R}^l \qquad (2.11)$$

das *Eingabealphabet* mit den Buchstaben

$$x = (x_1, x_2, \ldots, x_l) \in X \tag{2.12}$$

und

$$Y = \mathbb{R}^m \tag{2.13}$$

das *Ausgabealphabet* mit den Buchstaben

$$y = (y_1, y_2, \ldots, y_m) \in Y. \tag{2.14}$$

Die Abbildung

$$\Phi : \mathbb{R}^l \to \mathbb{R}^m \qquad (\text{bzw. } \Phi : X \to Y) \tag{2.15}$$

heißt *Alphabetabbildung*. Damit erhalten wir die folgende

Definition 2.3 Die durch die Mengen X (Eingabealphabet) und Y (Ausgabealphabet) zusammen mit der einfachen Alphabetabbildung $\Phi : X \to Y$ gebildete algebraische Struktur (X, Y, Φ) heißt (abstraktes) *statisches System*.

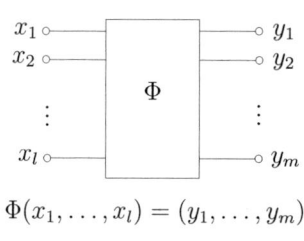

Bild 2.7: Statisches System

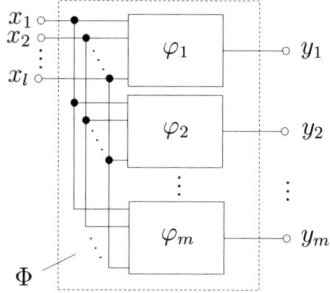

Bild 2.8: Blockschaltbild eines statischen Systems

Weiterhin gilt folgender Satz:

Satz 2.1 Jede Alphabetabbildung Φ eines statischen Systems wird durch m einfache Alpbabetabbildungen φ_i dargestellt, in Zeichen

$$\Phi(x_1, x_2, \ldots, x_l) = (y_1, y_2, \ldots, y_m) \Leftrightarrow \begin{cases} \varphi_1(x_1, x_2, \ldots, x_l) = y_1 \\ \vdots \\ \varphi_m(x_1, x_2, \ldots, x_l) = y_m \end{cases} \tag{2.16}$$

oder auch kürzer

$$\Phi = (\varphi_1, \varphi_2, \ldots, \varphi_m). \tag{2.17}$$

Dieser Satz ist für die Realisierung einer Alphabetabbildung Φ von Bedeutung, denn er besagt, dass eine Alphabetabbildung Φ durch m einfache Alphabetabbildungen $\varphi_1, \varphi_2, \ldots,$ φ_m realisiert werden kann. Anders ausgedrückt heißt das: Jedes statische System (X, Y, Φ) kann durch m einfache statische Systeme (X, Y, φ_i) $(i = 1, 2, \ldots, m)$ realisiert werden. Die Lösung wird in Bild 2.8 gezeigt. Sicherlich ist eine solche Lösung im Allgemeinen technisch unökonomisch. Hier kam es jedoch darauf an, die prinzipielle Möglichkeit der Realisierung darzustellen.

Beispiel 2.2 Ein statisches System mit zwei Eingängen und drei Ausgängen erhalten wir, wenn wir zur Schaltung Bild 2.1 zurückkehren und in der zugehörigen Blockschaltbildrealisierung Bild 2.6 noch zwei weitere Ausgänge hinzunehmen. Wir erhalten dann das Blockschaltbild Bild 2.9. Hier gilt mit $x_1 = u_1$ und $x_2 = u_2$

$$y_1 = \varphi_1(x_1, x_2) = \varphi_1(u_1, u_2) = \frac{u_1}{R_3} = i_3$$

$$y_2 = \varphi_2(x_1, x_2) = \varphi_2(u_1, u_2) = \frac{u_1}{R_3} + a(u_1 + u_2)^3 = i_1$$

$$y_3 = \varphi_3(x_1, x_2) = \varphi_3(u_1, u_2) = u_1 + u_2 = u_4.$$

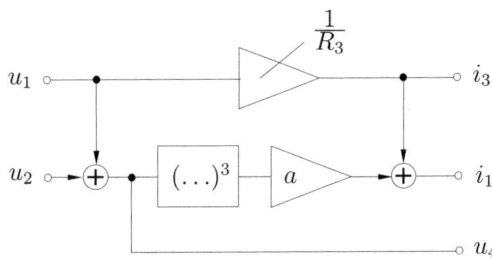

Bild 2.9: Erweitertes Blockschaltbild zur Schaltung Bild 2.1

Damit erhalten wir die Alphabetabbildung Φ des statischen Systems in folgender Darstellung:

$$\begin{aligned} \Phi(x_1, x_2) = \Phi(u_1, u_2) &= \left(\frac{u_1}{R_3}, \ \frac{u_1}{R_3} + a(u_1 + u_2)^3, \ u_1 + u_2 \right) \\ &= (i_3, \ i_1, \ u_4). \end{aligned}$$

2.1.2 Signalabbildung

2.1.2.1 Mehrdimensionale Signale

Bei den bisherigen Überlegungen spielte die Zeit keine Rolle. Es wurden stets nur feste (bzw. zeitliche konstante) Werte der Eingangs- und Ausgangsgrößen betrachtet. Gehen wir nun zu zeitlich veränderlichen Eingangsgrößen (Eingangssignalen) über, so erhalten wir auch zeitlich veränderliche Ausgangsgrößen. Zunächst seien die nachfolgenden Definitionen vorangestellt.

Definition 2.4 Es wird vereinbart:

a) Die *Zeitskala* sei gegeben durch die Menge

$$T = \mathbb{R} \tag{2.18}$$

mit den Elementen (Zeitpunkten) $t \in T$.

b) Das *Eingabesignal* x ist eine Abbildung

$$x \colon T \to X \qquad (X = \mathbb{R}^l), \tag{2.19}$$

wobei

$$x = (x_1, x_2, \ldots, x_l) \tag{2.20}$$

und

$$x_i \colon T \to \mathbb{R} \qquad (i = 1, 2, \ldots, l) \tag{2.21}$$

ist. Das Eingabesignal x wird also durch ein l-Tupel von reellen Zeitfunktionen gebildet (Bild 2.10a). Eine andere Form der Darstellung wird in Bild 2.10b gezeigt. Hier ist x (im Beispiel für $l = 3$) als Raumkurve dargestellt.

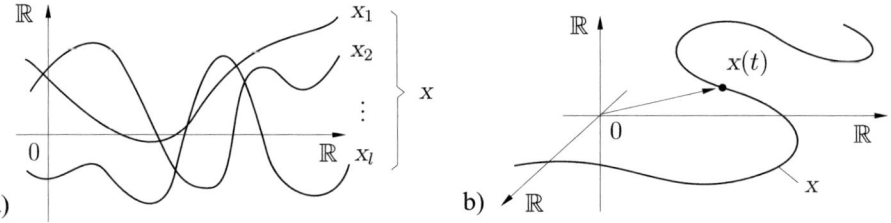

Bild 2.10: Darstellung eines mehrdimensionalen Signals: a) l eindimensionale Signale; b) Raumkurve

c) Analog hierzu ist das *Ausgabesignal*

$$y = (y_1, y_2, \ldots, y_m) \tag{2.22}$$

mit

$$y_j \colon T \to \mathbb{R} \qquad (j = 1, 2, \ldots, m) \tag{2.23}$$

eine Abbildung

$$y \colon T \to Y \qquad (Y = \mathbb{R}^m). \tag{2.24}$$

Das Eingabesignal x ist ein l-dimensionales und das Ausgabesignal y ein m-dimensionales Signal. Die Signalwerte für einen beliebigen Zeitpunkt t sind durch l- bzw. m-Tupel von reellen Zahlen gegeben, d.h. es ist

$$x(t) = (x_1(t), x_2(t), \ldots, x_l(t)) \tag{2.25}$$

bzw.

$$y(t) = (y_1(t), y_2(t), \ldots, y_m(t)). \tag{2.26}$$

d) Die Menge aller Eingabesignale x (d.h. die Menge aller Abbildungen $x : T \to X$) bezeichnen wir mit

$$\mathsf{X} = X^T. \tag{2.27}$$

Diese Menge heißt *Eingabesignalraum*. Analog dazu heißt die Menge aller Ausgabesignale y, also die Menge

$$\mathsf{Y} = Y^T \tag{2.28}$$

Ausgabesignalraum.

e) Jede Abbildung $\boldsymbol{\Phi}$, die einem Eingabesignal $x \in \mathsf{X}$ ein Ausgabesignal $y \in \mathsf{Y}$ zuordnet, heißt *Signalabbildung*. Es gilt also

$$\boldsymbol{\Phi} : \mathsf{X} \to \mathsf{Y}, \qquad \boldsymbol{\Phi}(x) = y. \tag{2.29}$$

Insbesondere schreibt man im Fall $m = 1$ anstelle $\boldsymbol{\Phi}$ besser $\boldsymbol{\varphi}$ und nennt

$$\boldsymbol{\varphi} : \mathsf{X} \to \mathbb{R}^T \tag{2.30}$$

einfache Signalabbildung.

Bei einer einfachen Signalabbildung wird also einem l-dimensionalen Eingabesignal $x = (x_1, x_2, \ldots, x_l)$ ein eindimensionales Ausgabesignal $y = y_1 : T \to \mathbb{R}$ zugeordnet. Man beachte, dass auf diese Weise eine Signalabbildung $\boldsymbol{\Phi}$ durch ein m-Tupel von einfachen Signalabbildungen darstellbar ist, also

$$\boldsymbol{\Phi} = (\boldsymbol{\varphi}_1, \boldsymbol{\varphi}_2, \ldots, \boldsymbol{\varphi}_m) \tag{2.31}$$

gilt, und damit

$$\boldsymbol{\Phi}(x_1, x_2, \ldots, x_l) = (y_1, y_2, \ldots, y_m)$$

mit

$$
\begin{aligned}
\boldsymbol{\varphi}_1(x_1, x_2, \ldots, x_l) &= y_1 \\
&\vdots \\
\boldsymbol{\varphi}_m(x_1, x_2, \ldots, x_l) &= y_m
\end{aligned}
$$

gleichbedeutend ist.

Als Beispiele seien noch die folgenden einfachen Signalabbildungen angeführt:

Beispiel 2.3 $(l = 1)$. Es sei

$$\boldsymbol{\varphi}(x) = y = \dot{x}.$$

Jedem Signal x wird seine erste zeitliche Ableitung zugeordnet. Diese Signalabbildung wurde im Abschnitt 1.1.1.2 mit $\mathcal{D}$ bezeichnet (vgl. (1.13)).

Beispiel 2.4 $(l = 1)$. Gegeben sei die einfache Signalabbildung $\boldsymbol{\varphi}(x) = y$ mit

$$y(t) = \begin{cases} 1 & x(t) \leq 1 \\ ax(t) & x(t) > 1 \end{cases} \quad (a \in \mathbb{R}).$$

Beispiel 2.5 $(l = 2)$. Es sei

$$\boldsymbol{\varphi}(x_1, x_2) = y = x_1 * x_2.$$

Die Operation $*$ ist die durch (1.19) erklärte Faltungsoperation.

Beispiel 2.6 $(l = 2)$. Wir betrachten $\boldsymbol{\varphi}(x_1, x_2) = y$ mit

$$y(t) = x_1(t) + x_2(t - 1).$$

Wie im Beispiel 2.5 wird auch hier einem zweidimensionalen Signal (x_1, x_2) (bzw. zwei eindimensionalen Signalen x_1 und x_2) ein neues (eindimensionales) Signal y zugeordnet.

2.1.2.2   Realisierung von Signalabbildungen

Wir wollen nun die Frage untersuchen, welche Signalabbildungen $\boldsymbol{\Phi}$ durch statische Systeme realisiert werden können.

Zunächst betrachten wir die durch (2.7) bis (2.10) definierten Elementarsysteme, die die nachfolgend zusammengestellten Elementarabbildungen $\boldsymbol{\varphi}$ realisieren:

Addierglied:

$$\boldsymbol{\varphi}(x_1, x_2, \ldots, x_l) = x_1 + x_2 + \ldots + x_l = y$$

$$y(t) = x_1(t) + x_2(t) + \ldots + x_l(t) = \varphi(x_1(t), x_2(t), \ldots, x_l(t)). \tag{2.32}$$

Multiplizierglied:

$$\boldsymbol{\varphi}(x_1, x_2, \ldots, x_l) = x_1 x_2 \cdots x_l = y$$

$$y(t) = x_1(t) x_2(t) \cdots x_l(t) = \varphi(x_1(t), x_2(t), \ldots, x_l(t)). \tag{2.33}$$

Verstärker:

$$\boldsymbol{\varphi}(x) = a\, x = y$$

$$y(t) = a\, x(t) = \varphi(x(t)). \tag{2.34}$$

Potenzierglied:

$$\boldsymbol{\varphi}(x) = x^n = y$$

$$y(t) = (x(t))^n = \varphi(x(t)). \tag{2.35}$$

Durch Zusammenschalten von Elementarsystemen zu einem statischen System können kompliziertere Signalabbildungen $\boldsymbol{\Phi}$ realisiert werden.

Beispiel 2.7 Für das bereits betrachtete statische System Bild 2.9 erhalten wir mit x_1 und x_2 (anstelle von u_1 und u_2) sowie y_1, y_2 und y_3 (anstelle von i_3, i_1 und u_4) die Gleichungen

$$
\begin{aligned}
y_1 &= \boldsymbol{\varphi}_1(x_1, x_2) = \frac{1}{R_3} x_1 \\
y_2 &= \boldsymbol{\varphi}_2(x_1, x_2) = \frac{1}{R_3} x_1 + a(x_1 + x_2)^3 \\
y_3 &= \boldsymbol{\varphi}_3(x_1, x_2) = x_1 + x_2.
\end{aligned}
$$

Daraus ergibt sich die Signalabbildung $\boldsymbol{\Phi}$:

$$
\boldsymbol{\Phi}(x_1, x_2) = (y_1, y_2, y_3) = \left(\frac{x_1}{R_3}, \ \frac{x_1}{R_3} + a(x_1 + x_2)^3, \ x_1 + x_2 \right).
$$

In den letzten Gleichungen gilt

$$
y_1(t) = (\boldsymbol{\varphi}_1(x_1, x_2))(t) = \frac{1}{R_3} x_1(t) = \varphi_1(x_1(t), x_2(t))
$$

$$
\begin{aligned}
y_2(t) &= (\boldsymbol{\varphi}_2(x_1, x_2))(t) = \left(\frac{x_1}{R_3} + a(x_1 + x_2)^3 \right)(t) \\
&= \frac{x_1(t)}{R_3} + a((x_1 + x_2)(t))^3 = \frac{x_1(t)}{R_3} + a(x_1(t) + x_2(t))^3 \\
&= \varphi_2(x_1(t), x_2(t))
\end{aligned}
$$

$$
y_3(t) = (\boldsymbol{\varphi}_3(x_1, x_2))(t) = x_1(t) + x_2(t) = \varphi_3(x_1(t), x_2(t)).
$$

Die einfachen Signalabbildungen $\boldsymbol{\varphi}_1$, $\boldsymbol{\varphi}_2$ und $\boldsymbol{\varphi}_3$ lassen sich damit durch die einfachen Alphabetabbildungen φ_1, φ_2 und φ_3 des statischen Systems ausdrücken.

Durch Verallgemeinerung der in dem letzten Beispiel enthaltenen Aussage erhalten wir den folgenden Satz:

Satz 2.2 Eine Signalabbildung

$$
\boldsymbol{\Phi} : \mathsf{X} \to \mathsf{Y}, \qquad \boldsymbol{\Phi}(x) = y,
$$

die durch m einfache Signalabbildungen

$$
\boldsymbol{\varphi}_i : \ \boldsymbol{\varphi}_i(x_1, x_2, \ldots, x_l) = y_i \qquad (i = 1, 2, \ldots, m)
$$

gegeben ist, lässt sich durch ein statisches System (X, Y, Φ), $\Phi = (\varphi_1, \varphi_2, \ldots, \varphi_m)$ genau dann (beliebig genau) realisieren, wenn für alle t gilt

$$
y_i(t) = (\boldsymbol{\varphi}_i(x_1, x_2, \ldots, x_l))(t) = \varphi_i(x_1(t), x_2(t), \ldots, x_l(t)) \tag{2.36}
$$

$$
(\varphi_i : \ \mathbb{R}^l \to \mathbb{R}, \qquad i = 1, 2, \ldots, m),
$$

wobei die φ_i $(i = 1, 2, \ldots, m)$ eine Alphabetabbildung

$$\Phi : X \to Y, \qquad \Phi(x) = y$$

des statischen Systems mit

$$\varphi_i : \varphi_i(x_1, x_2, \ldots, x_l) = y_i \qquad (i = 1, 2, \ldots, m)$$

darstellen.

Der Inhalt der Bedingung (2.36) besteht darin, dass sich die Ausgabesignalwerte $y_i(t)$ aus den Eingabesignalwerten $x_1(t), \ldots, x_l(t)$ im gleichen Zeitpunkt t mit Hilfe der einfachen Alphabetabbildungen φ_i berechnen lassen müssen. Da diese Alphabetabbildungen zeitinvariant sind, sind also gleichen Eingabesignalwerten $x(t)$ immer gleiche Ausgabesignalwerte $y(t)$ zugeordnet. Daraus ergibt sich, dass durch ein statisches System nicht jede beliebige Signalabbildung Φ realisiert werden kann.

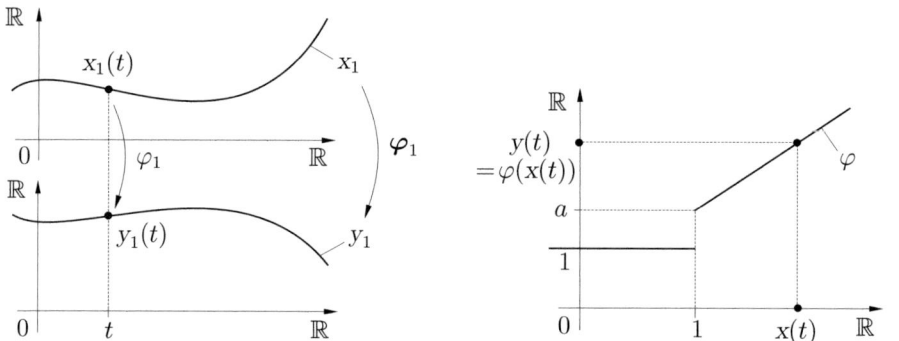

Bild 2.11: Alphabetabbildung und Signalabbildung   **Bild 2.12:** Alphabetabbildung (Beispiel 2.4)

In Bild 2.11 ist der Zusammenhang zwischen Alphabetabbildung φ_1 und Signalabbildung $\boldsymbol{\varphi}_1$ für ein statisches System mit einem Eingang und einem Ausgang $(l = m = 1)$ anschaulich dargestellt. Aus der durch φ_1 vermittelten Zuordnung der Signalwerte ergibt sich die Zuordnung der Signale, also die Signalabbildung $\boldsymbol{\varphi}_1$. Gleiche Eingabesignalwerte haben also immer gleiche Ausgabesignalwerte zur Folge.

Kehren wir nochmals zu den weiter oben angegebenen vier Beispielen von einfachen Signalabbildungen zurück, so stellen wir fest, dass die Signalabbildungen der Beispiele 2.3, 2.5 und 2.6 nicht durch statische Systeme realisierbar sind, da $y(t)$ nicht allein von $x(t)$ abhängig ist. So werden z.B. im Beispiel 2.3 zur Berechnung von $y(t) = \dot{x}(t)$ die Werte von $x(t)$ in der Umgebung des Punktes t benötigt, und im Beispiel 2.5 ist zur Berechnung des Faltungsintegrals sogar die Kenntnis der Signalwerte aus dem Intervall $(-\infty, t)$ erforderlich.

Lediglich im Beispiel 2.4 ist $y(t)$ allein von $x(t)$ abhängig. Die in diesem Beispiel betrachtete Signalabbildung $\boldsymbol{\varphi} : \boldsymbol{\varphi}(x) = y$ lässt sich durch die in Bild 2.12 gezeichnete Alphabetabbildung φ darstellen, so dass $y(t) = (\boldsymbol{\varphi}(x))(t) = \varphi(x(t))$ gilt.

2.1.2.3 Kleinsignalverhalten (Jacobi-Matrix)

Ein technisch sehr wichtiger Sonderfall liegt vor, wenn die Eingabesignale nur wenig um einen festen Wert schwanken. In diesem Fall erhalten wir bei hinreichend stetigen Alphabetabbildungen am Ausgang des statischen Systems ebenfalls geringe Schwankungen des Ausgabesignals um einen festen Wert. Interessiert man sich nur für diese Signalschwankungen bei genügend kleinen Eingabesignalwerten, so kann der Rechenaufwand erheblich herabgesetzt werden.

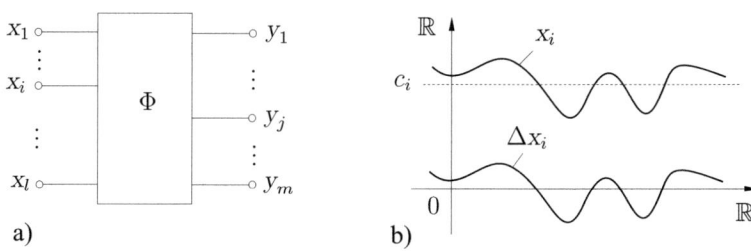

Bild 2.13: Zum Kleinsignalverhalten: a) Statisches System; b) Signal und Kleinsignal

In Bild 2.13a ist ein statisches System mit l Eingängen und m Ausgängen dargestellt. An einem beliebigen Eingang i ($i = 1, 2, \ldots, l$) liegt das Eingabesignal

$$x_i = c_i + \Delta x_i, \tag{2.37}$$

wobei für alle t

$$|\Delta x_i(t)| \ll |c_i| \tag{2.38}$$

gilt. Der Zeitverlauf von x_i ist in Bild 2.13b dargestellt. An einem beliebigen Ausgang j ($j = 1, 2, \ldots, m$) erhalten wir dann das Ausgabesignal

$$y_j = d_j + \Delta y_j. \tag{2.39}$$

Der Zusammenhang zwischen $d = (d_1, d_2, \ldots, d_m)$ und $c = (c_1, c_2, \ldots, c_l)$ wird durch die Alphabetabbildung Φ vermittelt, da c und d feste (konstante) Signalwerte bezeichnen ($c(t) = c$ bzw. $d(t) = d$):

$$d = \Phi(c). \tag{2.40}$$

Ausführlich geschrieben lautet (2.40)

$$(d_1, d_2, \ldots, d_m) = \Phi(c_1, c_2, \ldots, c_l). \tag{2.41}$$

Daraus ergibt sich speziell (vgl. (2.16))

$$d_j = \varphi_j(c_1, c_2, \ldots, c_l), \qquad (j = 1, \ldots, m). \tag{2.42}$$

Mit Hilfe der letzten Gleichung kann man die Schwankungen von y_j aus den Schwankungen von x berechnen. Dazu betrachten wir einen festen Zeitpunkt t und setzen

$$\begin{aligned} y_j(t) &= y_j & (j = 1, \ldots, m), \\ x_i(t) &= x_i & (i = 1, \ldots, l). \end{aligned} \tag{2.43}$$

Nun entwickeln wir

$$y_j = \varphi_j(x_1, x_2, \ldots, x_l) \tag{2.44}$$

in der Umgebung von $(x_1, x_2, \ldots, x_l) = (c_1, c_2, \ldots, c_l)$ in eine Taylor-Reihe und erhalten

$$y_j \approx \varphi_j(c_1, c_2, \ldots, c_l) + \sum_{i=1}^{l} \frac{\partial \varphi_j}{\partial x_i}(c_1, c_2, \ldots, c_l)(x_i - c_i). \tag{2.45}$$

Mit (2.42) und

$$\Delta x_i = x_i - c_i \tag{2.46}$$

sowie

$$\Delta y_j = y_j - d_j \tag{2.47}$$

folgt aus (2.45) mit hinreichender Genauigkeit

$$\Delta y_j = \sum_{i=1}^{l} \frac{\partial \varphi_j}{\partial x_i}(c_1, c_2, \ldots, c_l)\Delta x_i \qquad (j = 1, 2, \ldots, m). \tag{2.48}$$

Insgesamt erhalten wir also zusammengefasst

$$\Delta y = \begin{pmatrix} \Delta y_1 \\ \Delta y_2 \\ \vdots \\ \Delta y_m \end{pmatrix} = \begin{pmatrix} \frac{\partial \varphi_1}{\partial x_1} & \cdots & \frac{\partial \varphi_1}{\partial x_l} \\ \vdots & & \vdots \\ \frac{\partial \varphi_m}{\partial x_1} & \cdots & \frac{\partial \varphi_m}{\partial x_l} \end{pmatrix}_{x_i = c_i} \cdot \begin{pmatrix} \Delta x_1 \\ \Delta x_2 \\ \vdots \\ \Delta x_l \end{pmatrix} = A_0(c)\Delta x. \tag{2.49}$$

Die Matrix A_0 in (2.49) heißt *Jacobi-Matrix*. Sie enthält alle partiellen ersten Ableitungen der einfachen Alphabetabbildungen nach ihren Variablen.

In der letzten Gleichung kann bei kleinen Signalschwankungen Δx durch $\Delta x(t)$ bzw. Δy durch $\Delta y(t)$ ersetzt werden. Dann gilt für beliebige t

$$\Delta y(t) = A_0(c)\Delta x(t). \tag{2.50}$$

Da diese Gleichung für alle t gilt, kann t auch fortgelassen werden, und es gilt allgemein

$$\Delta y = A_0(c)\Delta x. \tag{2.51}$$

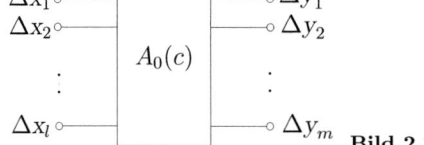

Bild 2.14: Statisches System bei Kleinsignalbetrieb

In Bild 2.14 ist der durch diese Gleichung vermittelte Zusammenhang schematisch dargestellt. Interessiert man sich lediglich für den Zusammenhang zwischen kleinen Signalschwankungen am Eingang und Ausgang, so kann das nichtlineare statische System durch seine Jacobi-Matrix beschrieben werden. Da c in (2.51) ein fester Wert ist, ist die Jacobi-Matrix $A_0(c)$ eine konstante Matrix. Der durch (2.51) zwischen kleinen Schwankungen von Eingabe- und Ausgabesignalen gegebene Zusammenhang ist also linear. Man spricht in diesem Zusammenhang auch häufig von einer *Linearisierung* des Systems bei Kleinsignalbetrieb. Wir wollen die einzelnen Elemente der Jacobi-Matrix nun noch anschaulich deuten. Dazu betrachten wir ein statisches System gemäß Bild 2.14, bei dem alle Eingabesignalschwankungen mit Ausnahme derjenigen am Eingang i verschwinden, d.h. es gilt

$$\Delta x_k = 0 \qquad (k = 1, 2, \ldots, l;\ k \neq i).$$

Die Schwankung des Ausgabesignals am Ausgang j $(j = 1, 2, \ldots, m)$ ist dann mit (2.49)

$$\Delta y_j = \left(\frac{\partial \varphi_j}{\partial x_i} \right)_{x_i = c_i} \Delta x_i. \tag{2.52}$$

Jedes Element der Jacobi-Matrix kann also als Proportionalitätsfaktor zwischen den Signalschwankungen eines bestimmten Eingangs und eines bestimmten Ausgangs aufgefasst werden.

Beispiel 2.8 Zur Verdeutlichung der Ausführungen betrachten wir das bereits am Ende des Abschnitts 2.1.1 angegebene Beispiel eines statischen Systems (Bild 2.9). Wir setzen nun

$$u_1(t) = u_{10} + U_1 \cos(\omega t + \psi_1)$$

$$u_2(t) = u_{20} + U_2 \cos(\omega t + \psi_2),$$

wobei

$$|U_1| \ll |u_{10}| \qquad \text{und} \qquad |U_2| \ll |u_{20}|$$

gelten soll. Die Signalschwankungen sind also in diesem Fall durch

$$\Delta u_1(t) = U_1 \cos(\omega t + \psi_1)$$

und

$$\Delta u_2(t) = U_2 \cos(\omega t + \psi_2)$$

gegeben. Mit den bereits am Ende des Abschnitts 2.1.1 angegebenen einfachen Alphabetabbildungen φ_1, φ_2 und φ_3 erhalten wir die Jacobi-Matrix

$$A_0(u_{10}, u_{20}) = \begin{pmatrix} \dfrac{\partial \varphi_1}{\partial u_1} & \dfrac{\partial \varphi_1}{\partial u_2} \\[2mm] \dfrac{\partial \varphi_2}{\partial u_1} & \dfrac{\partial \varphi_2}{\partial u_2} \\[2mm] \dfrac{\partial \varphi_3}{\partial u_1} & \dfrac{\partial \varphi_3}{\partial u_2} \end{pmatrix}_{u_{10}, u_{20}} = \begin{pmatrix} \dfrac{1}{R_3} & 0 \\[2mm] \dfrac{1}{R_3} + 3a(u_{10} + u_{20})^2 & 3a(u_{10} + u_{20})^2 \\[2mm] 1 & 1 \end{pmatrix}.$$

Daraus folgen mit (2.51) die Ausgabesignalschwankungen

$$\Delta i_3(t) = \frac{1}{R_3} U_1 \cos(\omega t + \psi_1)$$

$$\Delta i_1(t) = \left(\frac{1}{R_3} + 3a(u_{10} + u_{20})^2 \right) U_1 \cos(\omega t + \psi_1) + 3a(u_{10} + u_{20})^2 U_2 \cos(\omega t + \psi_2)$$

$$\Delta u_4(t) = U_1 \cos(\omega t + \psi_1) + U_2 \cos(\omega t + \psi_2).$$

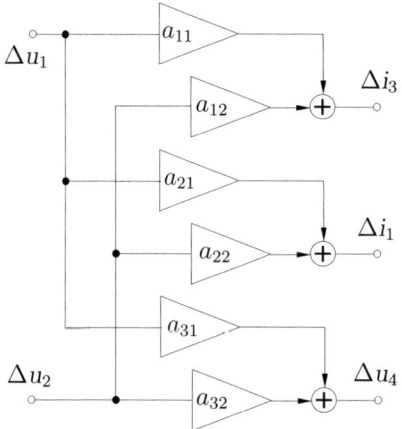

Bild 2.15: Zum Kleinsignalverhalten (Beispiel 2.8)

Der durch die Jacobi-Matrix zwischen Eingabe- und Ausgabesignalschwankungen vermittelte lineare Zusammenhang kann auch durch ein Blockschaltbild zum Ausdruck gebracht werden. Ersetzen wir im oben betrachteten Beispiel die Elemente von $A_0(u_{10}, u_{20})$ durch

$$A_0(u_{10}, u_{20}) = \begin{pmatrix} a_{11} & a_{12} \\ a_{21} & a_{22} \\ a_{31} & a_{32} \end{pmatrix},$$

so erhalten wir das in Bild 2.15 dargestellte Blockschaltbild.

2.1.3 Auflösung impliziter Beschreibungen

2.1.3.1 Implizite Beschreibung

In einigen praktisch wichtigen Fällen führt die Beschreibung von statischen Systemen nicht unmittelbar auf eine Alphabetabbildung $\Phi : X \to Y$, die durch eine explizite Vorschrift $\Phi(x) = y$ zur Berechnung des Funktionswerts y an der Stelle x gegeben ist, sondern auf eine Abbildung der Art

$$\Psi : X \times Y \to W = \mathbb{R}^k, \qquad \Psi(x, y) = w \qquad (k \in \mathbb{N}). \tag{2.53}$$

Der Zusammenhang zwischen Eingabe- und Ausgabesignalwert wird durch die Bedingung $w = 0$ festgelegt, d.h. es gilt

$$\Phi = \big\{ (x, y) \in X \times Y \mid \Psi(x, y) = 0 \big\}.$$

Damit Φ tatsächlich eine Abbildung ist, muss Ψ gewissen Regularitätsbedingungen genügen. Diese Bedingungen sind im Wesentlichen für alle $(x, y) \in X \times Y$ die stetige Differenzierbarkeit von Ψ und die Invertierbarkeit der Jacobi-Matrix von Ψ bezüglich des zweiten Arguments y (vgl. [20], Abschnitt 11). Sie sichern die Auflösbarkeit des Gleichungssystems

$$\Psi(x, y) = 0 \tag{2.54}$$

für einen gegebenen (festen) Eingabesignalwert $x \in X$ nach dem Ausgabesignalwert $y \in Y$. Das Gleichungssystem stellt somit eine implizite Beschreibung der Alphabetabbildung $\Phi : X \to Y$ dar.

Bemerkung: Mit dem Gleichungssystem (2.54) lassen sich auch allgemeinere Relationen $\sigma \subset X \times Y$ beschreiben, die nicht rechtseindeutig (d.h. keine Funktionen) sind. Ein einfaches Beispiel dafür ist die Darstellung eines Kreises durch

$$\Psi : \mathbb{R} \times \mathbb{R} \to \mathbb{R}, \qquad \Psi(x, y) = x^2 + y^2 - r^2 = 0 \qquad (r \in \mathbb{R}).$$

Die Funktion Ψ genügt nicht den oben genannten Regularitätsbedingungen; denn der Ausdruck $\partial \Psi(x, y) / \partial y = 2y$ ist an der Stelle $y = 0$ nicht invertierbar.

Nun kann man die Alphabetabbildung eines nichtlinearen Systems, die durch (2.54) beschrieben wird, in der Regel nicht durch einen geschlossenen Ausdruck angeben. Zur Illustration dieses Sachverhalts betrachten wir das folgende Beispiel.

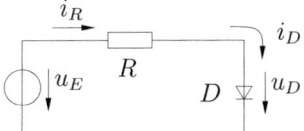

Bild 2.16: Nichtlineares Netzwerk (Beispiel 2.9)

Beispiel 2.9 Bei dem in Bild 2.16 angegebenen Netzwerk mit einem linearen Ohmschen Widerstand R und einer Diode D soll für eine Eingabe u_E die Spannung u_D über der Diode berechnet werden. Mit der Gleichung

$$i_D = I_0 \left(\exp \left(\frac{u_D}{u_T} \right) - 1 \right)$$

für die Diodenkennlinie folgt aus $i_D - i_R = 0$ unmittelbar der Ausdruck

$$I_0 \left(\exp \left(\frac{u_D}{u_T} \right) - 1 \right) - \frac{1}{R}(u_E - u_D) = 0,$$

aus dem man die implizite Darstellung

$$\psi(u_E, u_D) = RI_0 \left(\exp\left(\frac{u_D}{u_T} \right) - 1 \right) - u_E + u_D = 0 \tag{2.55}$$

sofort abliest. Wir schreiben im Fall $m = 1$ (System mit einem Ausgang) wieder ψ statt Ψ. Offensichtlich lässt sich $\psi(u_E, u_D) = 0$ nicht mit Hilfe elementarer Operationen nach u_D umstellen, obwohl eine eindeutige Zuordnung $u_E \rightarrow u_D$, d.h. die einfache Alphabetabbildung $\varphi: \ X \rightarrow Y$, $\varphi(u_E) = u_D$ existiert.

Bei vielen Anwendungen, beispielsweise in der Elektrotechnik und in der Mechanik, müssen zur hinreichend genauen Beschreibung realer Vorgänge, Einrichtungen und Geräte nichtlineare Systemmodelle herangezogen werden, deren Alphabetabbildung durch eine implizite Beschreibung gegeben ist. Bei der Analyse solcher Systeme ist man auf numerische Verfahren angewiesen, die eine punktweise Berechnung der (expliziten) Alphabetabbildung gestatten. Diese Verfahren arbeiten im Allgemeinen iterativ. Sie erzeugen ausgehend von einem vorgegebenen Startwert mit Hilfe einer dem Problem zugeordneten kontrahierenden Abbildung eine Folge von Werten, die unter gewissen Voraussetzungen gegen den gesuchten Signalwert konvergiert.

In den folgenden Abschnitten werden das gewöhnliche Iterationsverfahren und das bei vielen Anwendungen bewährte Newton-Verfahren vorgestellt.

2.1.3.2   Gewöhnliches Iterationsverfahren

Aus dem im Abschnitt 1.3.2.2 bereits beschriebenen Kontraktionsprinzip lässt sich ein einfacher Algorithmus zum Auffinden von Lösungen nichtlinearer algebraischer Gleichungssysteme ableiten. Dieses fundamentale Prinzip ist auf Gleichungen des speziellen Typs

$$y = F(y) \qquad (F: \ D_F \subset \mathbb{R}^m \rightarrow \mathbb{R}^m) \tag{2.56}$$

anwendbar. D_F bezeichnet den Definitionsbereich der Abbildung F. Eine Lösung $y' \in D_F$ von (2.56) heißt Fixpunkt der Abbildung F (vgl. auch (1.176)). Falls F eine kontrahierende Abbildung ist, hat die Abbildung F genau einen Fixpunkt y'. Das zu F gehörende *gewöhnliche Iterationsverfahren*

$$y_{k+1} = F(y_k) \qquad k = 0, 1, 2, \ldots \tag{2.57}$$

ist für jeden Startwert $y_0 \in D_F$ durchführbar, und die Folge der Iterierten y_k konvergiert gegen den Fixpunkt y' (vgl. [20]).

Bei den Anwendungen wird die Iteration (2.57) abgebrochen, wenn die Bedingung

$$\|y_{k+1} - y_k\| \leq \varepsilon \in \mathbb{R} \qquad (k \in \mathbb{N}) \tag{2.58}$$

erfüllt ist. Dabei bezeichnet $\|\ldots\|$ eine der im Abschnitt 1.3.1.1 angegebenen Normen, z.B. N_E. Die Abbruchschranke ε wählt man so klein wie nötig.

Die punktweise Berechnung der Alphabetabbildung eines durch das Gleichungssystem (2.54) beschriebenen statischen Systems geschieht nun folgendermaßen:

1. Es wird eine endliche Teilmenge X_d des Eingabealphabets festgelegt, für deren Elemente die Ausgabesignalwerte ermittelt werden sollen.

2. Dem Gleichungssystem (2.54) muss ein äquivalentes Gleichungssystem des Typs (2.56) zugeordnet werden. Eine solche Zuordnung kann auf verschiedene Weise erfolgen. Wichtig ist, dass die gesuchte Gleichung des Typs (2.56) den Voraussetzungen des Fixpunktsatzes genügt (Schritt 3). Als Beispiel geben wir die Zuordnungsvorschrift

$$y = F(x,y) := y - K\Psi(x,y)$$

an, wobei K eine reguläre Matrix bezeichnet. (Allgemeine Zuordnungen erhält man, wenn K durch eine von x und y abhängige Funktion gebildet wird.) In speziellen Fällen kann dieses Gleichungssystem durch Umstellung von (2.54) gefunden werden (vgl. dazu das nachfolgende Beispiel).

3. Es ist zu überprüfen, ob die Abbildung F bezüglich y für den gegebenen Wert x kontrahierend ist, d.h. ob die Bedingung (1.175) aus Abschnitt 1.3.2.2 erfüllt ist. Der Aufwand dafür wird in der Regel bedeutend höher sein als die Ausführung des Iterationsverfahrens (2.57), so dass man bei den Anwendungen meistens darauf verzichtet. Anhand der Iteriertenfolge $(y_k)_{k\in\mathbb{N}}$ kann die Konvergenz (Fixpunkt im Bereich physikalisch sinnvoller Werte) oder die Nichtkonvergenz (Divergenz oder periodische Iteriertenfolge) im Allgemeinen abgeschätzt werden.

4. Die Iteration für jedes $x \in X_d$ wird nach der Vorschrift

$$y_{k+1} = F(x, y_k), \qquad k = 0, 1, 2, \ldots,$$

beginnend mit einem vorgegebenen Startwert y_0, durchgeführt. Ist die Abbruchbedingung (2.58) erfüllt, so stellt die Iterierte y_{k+1} einen Näherungswert für den zu x gehörenden Ausgabesignalwert $y = \Phi(x)$ dar.

Bemerkung: Der angegebene Algorithmus eignet sich auch zur punktweisen Berechnung des Ausgabesignals y eines statischen Systems, dessen Signalabbildung Φ durch eine implizit dargestellte Alphabetabbildung gegeben ist. Aus der Zeitskala T wird eine endliche Teilmenge T_d von Stützstellen für ein gegebenes Eingabesignal x ausgewählt:

$$T_d = \{t_1, t_2, \ldots, t_N\} \subset T \qquad (N \in \mathbb{N}).$$

Mit $X_d = \{x(t_j) \mid t_j \in T_d\} \subset X$ ist dann die Menge der diskreten Werte des Eingabesignals x gegeben, für die im Schritt 4 die dazu gehörenden Ausgabesignalwerte berechnet werden können. Somit sind die durch T_d festgelegten Punkte des Ausgabesignals

$$\{(t_j, y(t_j)) \mid t_j \in T_d, y(t_j) \in Y\} \subset y$$

bestimmbar.

Der Vorteil des gewöhnlichen Iterationsverfahrens liegt in seiner einfachen Rechenvorschrift. Nachteilig stehen dem gegenüber die Voraussetzungen für seine Durchführbarkeit (Gleichungssystem des Typs (2.56) und kontrahierende Abbildung) und die geringe Konvergenzgeschwindigkeit. (Das Verfahren ist linear konvergent, vgl. [20].)

Beispiel 2.10 Wir wollen das in Bild 2.16 angegebene Netzwerk mit den (normierten) Werten $R = 100$, $I_0 = 10^{-8}$ und $u_T = 0,04$ für die Diodenkennlinie betrachten. Das Einsetzen dieser Zahlenwerte in die bereits oben abgeleitete Gleichung (2.55) ergibt

$$\psi(u_E, u_D) = 10^{-6}(\exp(25u_D) - 1) - u_E + u_D = 0.$$

Durch Umstellen erhält man sofort die zwei verschiedenen Gleichungen vom Typ (2.56), wobei wir zur Vereinfachung kurz $u_D = u$ setzen wollen:

$\alpha)$ $u = F_\alpha(u_E, u) = u_E - 10^{-6}(\exp(25u) - 1)$

$\beta)$ $u = F_\beta(u_E, u) = 0,04 \ln(1 + 10^6(u_E - u)).$

Es soll nun der zum Eingabewert $u_E = 10$ gehörende Spannungswert u berechnet werden. Aus physikalischen Gründen (das Netzwerk ist ein passives statisches System) wird u zwischen den Werten 0 und 10 liegen. Der Startwert u_0 ist demzufolge auf dem Intervall [0,10] zu wählen.

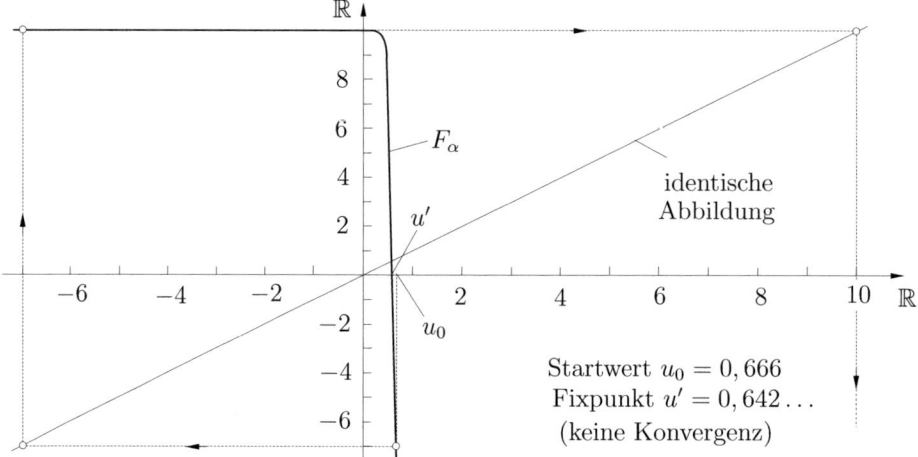

Bild 2.17: Gewöhnliche Iteration mit der Abbildung F_α

Die Iteration mit der Gleichung α liefert für beliebige Startwerte u_0 keine Lösung, d.h. das Verfahren konvergiert nicht. Diese Tatsache legt die Vermutung nahe, dass F_α keine kontrahierende Abbildung ist. Für eindimensionale Probleme ergibt sich aus dem Fixpunktsatz die leicht nachprüfbare Bedingung

$$\left| \frac{\partial F_\alpha(10, u)}{\partial u} \right| < 1$$

für Kontraktion (vgl. auch Abschnitt 1.3.2.2 und [20]). Die Abbildung erfüllt diese Bedingung nur für alle $u \in (-\infty, 0,4238\ldots)$, d.h. nur für eine Teilmenge des Definitionsbereiches von F_α. Wenn ein Fixpunkt existiert, dann müsste er außerhalb dieser Teilmenge liegen. Die in Bild 2.17 angegebene grafische Darstellung der Iteration $u_{k+1} = F_\alpha(10, u_k)$

für $k = 0, 1$ veranschaulicht diese Aussage. Die numerischen Werte der nichtkonvergenten Iteriertenfolge sind in der Tafel 2.1 zu finden. (Alle Rechnungen wurden mit Gleitkommazahlen durchgeführt, die neun Mantissenstellen besitzen.)

Tafel 2.1. Ergebnisse der gewöhnlichen Iteration ($\varepsilon = 10^{-9}$)

k	$u_{k+1} = F_\alpha(10, u_k)$	$u_{k+1} = F_\beta(10, u_k)$	$u_{k+1} = F_\beta(10, u_k)$
0	$0{,}666$	$9{,}5$	$0{,}0$
1	$-7{,}022$	$0{,}524$	$0{,}644$
2	$10{,}000001$	$0{,}642567$	$0{,}642058$
3	$-3{,}746 \cdot 10^{102}$	$0{,}642067266$	$0{,}642069442$
4	$10{,}000001$	$0{,}642069403$	$0{,}642069394$
5	$-3{,}746 \cdot 10^{102}$	$0{,}642069394$	Fixpunkt erreicht
6	$\ldots$	Fixpunkt erreicht	
7	$\ldots$		
	keine Konvergenz (Zyklus)		

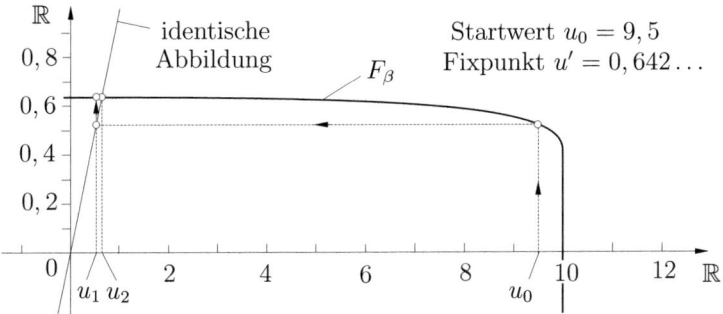

Bild 2.18: Gewöhnliche Iteration mit der Abbildung F_β

Die Iteration nach der Gleichung β mit $u_{k+1} = F_\beta(10, u_k)$, $k = 1, 2, \ldots$, liefert dagegen für alle Startwerte aus dem Definitionsbereich der Abbildung F_β konvergente Iteriertenfolgen. Eine Veranschaulichung für $u_0 = 9, 5$ ist in Bild 2.18 aufgezeichnet. Außerdem sind die numerischen Werte von zwei Iteriertenfolgen in der Tafel 2.1 hierzu angegeben. Im folgenden Abschnitt werden wir das gleiche Beispiel nochmals, jedoch mit einem anderen Iterationsverfahren behandeln.

2.1.3.3 Newton-Iteration

Auf der Grundlage des Linearisierungsprinzips kann eine ganze Klasse von Iterationsverfahren zur Lösung der Nullstellenaufgabe

$$F(y) = 0 \qquad (F: \ D_F \subset \mathbb{R}^m \to \mathbb{R}^m) \tag{2.59}$$

abgeleitet werden. Wir wollen uns hier nur mit dem *Newton-Verfahren* beschäftigen.

Mit der Linearisierung von F an der Stelle y_0 kann (2.59) durch

$$F(y_0) + A_0(y_0)(y - y_0) = 0 \tag{2.60}$$

approximiert werden. Dabei bezeichnet $A_0(y_0)$ die Jacobi-Matrix von F an der Stelle y_0, d.h. die Matrix aller partiellen Ableitungen von F nach dem Argument y an der Stelle y_0 (vgl. Abschnitt 2.1.2.3). Falls $A_0(y_0)$ regulär ist, lässt sich (2.60) nach dem linearen Term auflösen. Die Lösung des linearisierten Gleichungssystems stellt in gewisser Weise eine Näherungslösung für die ursprüngliche Aufgabe (2.59) dar. Die wiederholte Linearisierung an der Stelle der jeweiligen Näherungslösung und Auflösung des linearen Ersatzproblems (2.60) führt schließlich auf das Iterationsverfahren

$$y_{k+1} = y_k - \Delta y_k, \qquad k = 0, 1, 2, \ldots$$

$$A_0(y_k)\Delta y_k = F(y_k), \tag{2.61}$$

wobei der Startwert y_0 vorgegeben sein muss. Bezüglich des Beweises und der allgemeinen Eigenschaften des Verfahrens sei auf die Literatur verwiesen ([3], [20]).

Bemerkung: Das Einsetzen der zweiten Gleichung unter (2.61) in die erste führt auf den Ausdruck

$$y_{k+1} = y_k - A_0^{-1}(y_k)F(y_k),$$

der offensichtlich ein Gleichungssystem vom Typ (2.56) ist. Diese Form ist absichtlich nicht als Iterationsvorschrift angegeben worden, weil die Matrizeninversion bekanntlich den dreifachen Rechenaufwand gegenüber der Lösung des linearen Gleichungssystems mit einem Eliminationsverfahren erfordert.

Die Anwendung des Newton-Verfahrens auf die implizite Beschreibung (2.54) ergibt die folgende Rechenvorschrift:

1. Es wird eine endliche Menge $X_d \subset X$ von Eingabewerten x festgelegt, deren zugehörige Ausgabewerte y ermittelt werden sollen.

2. Die Iteration für jedes $x \in X_d$ wird, beginnend mit einem geeigneten Startwert y_0, nach der Vorschrift

$$y_{k+1} = y_k - \Delta y_k, \qquad k = 0, 1, 2, \ldots$$

   mit

$$\partial_2 \Psi(x, y_k)\Delta y_k = \Psi(x, y_k)$$

   durchgeführt. Das Symbol $\partial_2 \Psi(\ldots)$ bezeichnet die Jacobi-Matrix der Funktion Ψ bezüglich ihres zweiten Arguments. Ausführlich geschrieben erhält man an der Stelle (x, y) mit $y = (y_1, y_2, \ldots, y_m) \in Y$ den Ausdruck

$$\partial_2 \Psi(x, y) = \begin{pmatrix} \dfrac{\partial \psi_1(x, y)}{\partial y_1} & \cdots & \dfrac{\partial \psi_1(x, y)}{\partial y_m} \\ \vdots & & \vdots \\ \dfrac{\partial \psi_m(x, y)}{\partial y_1} & \cdots & \dfrac{\partial \psi_m(x, y)}{\partial y_m} \end{pmatrix}.$$

Als Abbruchbedingung wird

$$\|\Psi(x, y_{k+1})\| \leq \delta \in \mathbb{R} \tag{2.62}$$

oder/und die Bedingung (2.58) verwendet, je nach Forderung an die Lösungsgenauigkeit. Ist die Abbruchbedingung erfüllt, so gilt die Iterierte y_{k+1} als Näherungswert für $y = \Phi(x)$.

Das Newton-Verfahren ist ebenfalls zur punktweisen Berechnung des Ausgabesignals y eines statischen Systems mit dem Eingabesignal x geeignet. X_d ist dann wiederum die Menge der diskreten Werte $x(t_j)$, für die die Ausgangssignalwerte $y(t_j)$ bestimmt werden sollen (vgl. dazu Abschnitt 2.1.3.2).

Das Newton-Verfahren ist lokal konvergent, d.h. die Iteriertenfolge $(y_k)_{k\in\mathbb{N}}$ konvergiert gegen die Lösung, falls der Startwert y_0 „hinreichend nahe" am Lösungspunkt y' liegt. Man kann zeigen, dass es stets eine Umgebung U von y' gibt, deren Elemente Startwerte konvergenter Iteriertenfolgen sind (vgl. [20]). Das Nachprüfen der entsprechenden Bedingungen ist in der Regel wieder aufwendiger als die Durchführung der Iteration, so dass man bei den Anwendungen darauf verzichtet (vgl. Schritt 3 im Abschnitt 2.1.3.2).

Da das Verfahren (in der Nähe der Lösung) quadratisch konvergiert, sind nur wenige Iterationen notwendig, um die erforderliche Lösungsgenauigkeit zu erreichen. Deshalb wirkt sich auch der relativ hohe Aufwand zur Berechnung der Jacobi-Matrizen und zur Auflösung der linearen Gleichungssysteme nicht nachteilig aus.

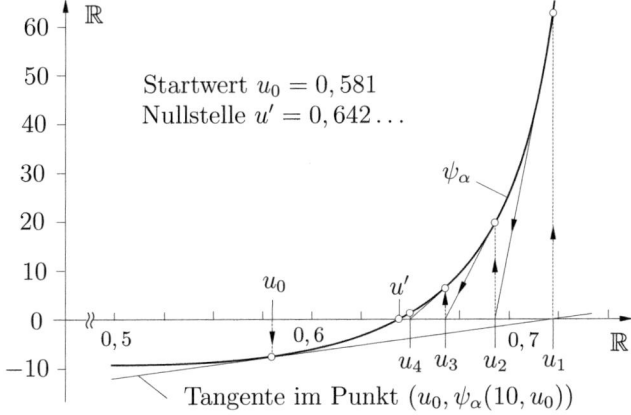

Bild 2.19: Newton-Iteration mit $\psi_\alpha(10, u) = 0$

Beispiel 2.11 Zur Veranschaulichung betrachten wir wieder das in Bild 2.16 dargestellte Netzwerk mit den oben (im Abschnitt 2.1.3.2) angegebenen Zahlenwerten. Ausgehend von (2.55) erhält man, wenn man zur Vereinfachung wieder $u_D = u$ setzt, die beiden Gleichungen

$\alpha)$ $\quad \psi_\alpha(u_E, u) = 10^{-6}(\exp(25u) - 1) + u - u_E = 0$

$\beta)$ $\quad \psi_\beta(u_E, u) = 25u - \ln(1 + 10^6(u_E - u)) = 0.$

Für $u_E = 10$ und Wahl der Startwerte u_0 aus dem Intervall [0,10] konvergiert das Newton-Verfahren bei beiden Gleichungen. (Es ist in den vorliegenden Fällen sogar global konvergent, d.h. die Konvergenzbereiche fallen mit den Definitionsbereichen der Abbildungen ψ_α und ψ_β zusammen.) Bild 2.19 zeigt die grafische Veranschaulichung der Iteration mit der Gleichung α. In der Tafel 2.2 sind drei Iteriertenfolgen angegeben, die wiederum mit neunstelligen Gleitkommazahlen berechnet wurden.

Tafel 2.2. Ergebnisse der Newton-Iteration ($\varepsilon = 10^{-9}$)

k	u_k aus $\psi_\alpha(10, u) = 0$	u_k aus $\psi_\beta(10, u) = 0$	u_k aus $\psi_\beta(10, u) = 0$
0	0,581	9,5	0,0
1	0,723	1,189	0,642155
2	0,688	0,642143	0,642069393
3	0,661	0,642069394	Lösung erreicht
4	0,645832	Lösung erreicht	
5	0,642240		
6	0,642069757		
7	0,642069394		
8	Lösung erreicht		

Die numerischen Ergebnisse weisen darauf hin, dass die Gleichung β für die Iteration besser geeignet ist (wie schon bei der gewöhnlichen Iteration, vgl. Tafel 2.1). Beginnt man bei der Gleichung α mit dem Startwert $u_0 = 0$, dann sind etwa 300 Iterationen erforderlich ($u_{306} = 0,645834522$), um in den „Einzugsbereich" der quadratischen Konvergenz des Newton-Verfahrens zu gelangen. Bei der Gleichung β sind dagegen dafür höchstens 2 Iterationen für alle $u_0 \in [0, 10]$ notwendig.

Bemerkung: Bei den Anwendungen des lokal konvergenten Newton-Verfahren ist es oft schwierig, einen geeigneten in der Nähe der Lösung liegenden Startwert anzugeben. Die Lösung soll ja erst ermittelt werden. Einen Ausweg bieten die sogenannten Einbettungsverfahren, die das ursprüngliche Problem (2.59) in eine parameterabhängige Folge von Gleichungssystemen einbetten (vgl. dazu [3], [20]). Im Zusammenhang mit solchen Verfahren hat die Newton-Iteration zur Lösung nichtlinearer Gleichungssysteme eine breite Anwendung gefunden.

2.1.4   Aufgaben zum Abschnitt 2.1

2.1-1 Für die in Bild 2.1-1 dargestellte Schaltung sind die Strom-Spannungs-Kennlinien der Widerstände wie folgt gegeben:

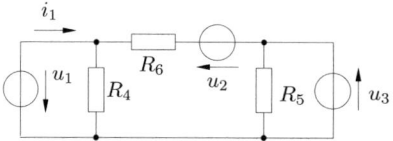

Bild 2.1-1: Nichtlineare elektrische Schaltung

Für R_4 gilt $i_4 = \alpha_4 u_4^3 + \beta_4 u_4$ ($\alpha_4 > 0, \beta_4 > 0$);
für R_5 gilt $i_5 = \beta_5 u_5$ ($\beta_5 > 0$);
für R_6 gilt $i_6 = \alpha_6 u_6^3$ ($\alpha_6 > 0$).

a) Man berechne die einfache Alphabetabbildung φ : $\varphi(u_1, u_2, u_3) = i_1$!

b) Geben Sie eine Realisierung von φ durch ein Blockschaltbild an!

c) Welchen Strom i_1 erhält man mit $\alpha_4 = \alpha_6 = 0,1 \text{A/V}^3$ und $\beta_4 = \beta_5 = 0,2 \text{ A/V}$ für die Fälle:

I)	$u_1 = 1\text{V}$,	$u_2 = u_3 = 0\text{V}$;
II)	$u_2 = 1\text{V}$,	$u_1 = u_3 = 0\text{V}$;
III)	$u_3 = 1\text{V}$,	$u_1 = u_2 = 0\text{V}$;
IV)	$u_1 = u_2 = u_3 = 1\text{V}$?	

2.1-2 Bild 2.1-2 zeigt die Blockschaltung eines nichtlinearen statischen Systems.

a) Man bestimme die einfachen Alphabetabbildungen $y_1 = \varphi_1(x_1, x_2)$, $y_2 = \varphi_2(x_1, x_2)$ und $y_3 = \varphi_3(x_1, x_2)$!

b) Was erhält man für die Alphabetabbildung Φ : $\Phi(x_1, x_2) = (y_1, y_2, y_3)$? Welchen Wert hat $\Phi(2, 1)$?

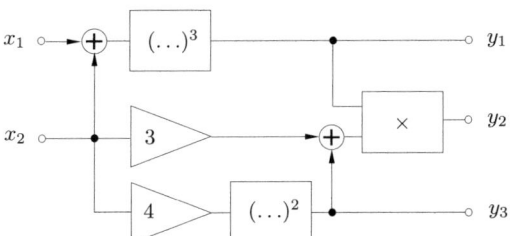

Bild 2.1-2: Nichtlineares statisches System

2.1-3 Für das in Bild 2.1-2 (Aufgabe 2.1-2) dargestellte nichtlineare statische System berechne man die Ausgabesignalwerte $y_1(t)$, $y_2(t)$ und $y_3(t)$, falls gilt

$$x_1(t) = 2 + 0,01 \sin \omega_1 t \qquad \text{und} \qquad x_2(t) = 1 + 0,01 \cos \omega_2 t!$$

Man löse die Aufgabe mit den Methoden zur Berechnung des Kleinsignalverhaltens!

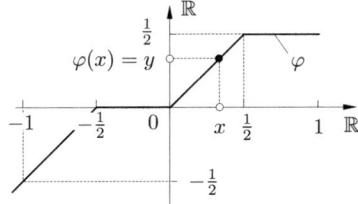

Bild 2.1-4: Einfache Alphabetabbildung φ

2.1-4 Ein nichtlineares statisches System habe die in Bild 2.1-4 dargestellte einfache Alphabetabbildung φ : $y = \varphi(x)$. Man berechne das Ausgabesignal y für die Eingabe x : $x(t) = \sin(2\pi/T_0)t$ und skizziere qualitativ den Zeitverlauf $y(t)$!

2.2   Systeme mit Speicher

2.2.1   Alphabetabbildung

2.2.1.1   Zustandsgleichungen

Wie weiter oben bereits festgestellt wurde, gibt es eine Vielzahl sehr wichtiger Signalabbildungen (z.B. die Integration oder die Differenziation eines Signals), die sich nicht durch ein statisches System realisieren lassen. Die Anzahl der realisierbaren Signalabbildungen lässt sich beträchtlich erweitern, wenn wir ein neues Grundschaltelement, das *Integrierglied* (Bild 2.20), hinzunehmen.

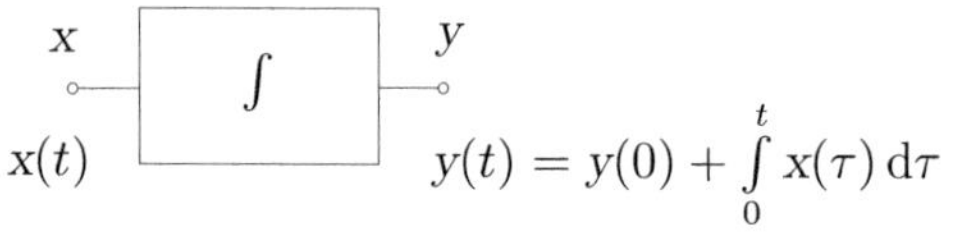

Bild 2.20:   Integrierglied

Durch das Integrierglied wird eine Signalabbildung $\mathcal{D}_0^{-1} : \mathcal{D}_0^{-1}(x) = y$ mit

$$y(t) = \left(\mathcal{D}_0^{-1}(x)\right)(t) = y(0) + \int_0^t x(\tau)\,d\tau \tag{2.63}$$

bzw.

$$\dot{y}(t) = x(t) \tag{2.64}$$

realisiert. Offensichtlich hat dieses Schaltelement Speichereigenschaften, denn der Ausgabesignalwert $y(t)$ an der Stelle t wird aus den im vorangegangenen Intervall gegebenen Eingabesignalwerten bestimmt. Durch die Hinzunahme dieses neuen Grundschaltelements gelangen wir zu einer neuen Systemklasse. Bevor wir auf die allgemeinen Eigenschaften dieser neuen Systemklasse näher eingehen, betrachten wir zwei einfache Beispiele.

Beispiel 2.12 Gegeben ist die Blockschaltung Bild 2.21. Wir wollen die Gleichungen aufstellen, die es gestatten, dieses System zu beschreiben. Zu diesem Zweck werden an den Ausgängen der Integrierglieder Zwischengrößen z_ν eingeführt, in unserem Beispiel z_1 und z_2. Diese Zwischengrößen spielen zunächst die Rolle von Hilfsvariablen. Aus der Schaltung Bild 2.21 können nun die folgenden Gleichungen abgelesen werden:

$$\begin{aligned}
\dot{z}_1(t) &= a x_1(t) &&= f_1(x_1(t)) \\
\dot{z}_2(t) &= z_1(t)(z_2(t))^2 &&= f_2(z_1(t), z_2(t)) \\
y_1(t) &= (z_1(t))^2 (z_2(t))^4 &&= g_1(z_1(t), z_2(t)) \\
y_2(t) &= (z_2(t))^2 &&= g_2(z_2(t)) \\
y_3(t) &= z_2(t) + x_2(t) &&= g_3(z_2(t), x_2(t)).
\end{aligned} \tag{2.65}$$

Die ersten beiden Gleichungen ergeben einen Zusammenhang zwischen den Hilfsvariablen und der Eingabe (nichtlineares Differenzialgleichungssystem), und die übrigen Gleichungen verknüpfen die Ausgabe, die Zwischenvariablen und die Eingabe. Zur Berechnung von $y(t) = (y_1(t), y_2(t), y_3(t))$ müssten zunächst $z_1(t)$ und $z_2(t)$ als Lösungen des nichtlinearen Differenzialgleichungssystems bestimmt werden und anschließend in die dritte bis fünfte

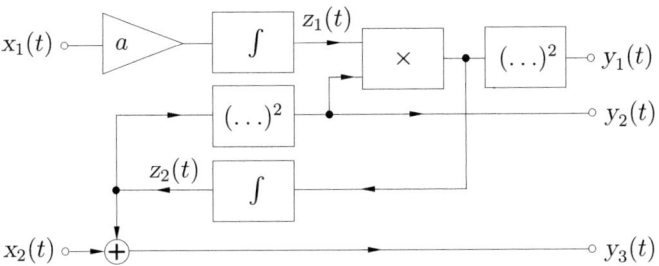

Bild 2.21: Schaltung mit Integriergliedern

Gleichung eingesetzt werden. Offensichtlich kann die Lösung in allgemeineren Fällen sehr schwierig werden, so dass man häufig auf numerische Lösungsmethoden angewiesen ist.

Führen wir in (2.65) anstelle der Alphabetabbildungen f_ν bzw. g_μ noch die Signalabbildungen f_ν bzw. g_μ ein, so lässt sich dieses Gleichungssystem auch in der Form

$$
\begin{aligned}
\dot{z}_1 &= a \cdot x_1 &&= f_1(x_1) \\
\dot{z}_2 &= z_1(z_2)^2 &&= f_2(z_1, z_2) \\
y_1 &= (z_1)^2(z_2)^4 &&= g_1(z_1, z_2) \\
y_2 &= (z_2)^2 &&= g_2(z_2) \\
y_3 &= z_2 + x_2 &&= g_3(z_2, x_2)
\end{aligned}
\tag{2.66}
$$

darstellen, das sich schließlich noch mit (2.63) wie folgt umformen lässt:

$$
\begin{aligned}
z_1 &= \mathcal{D}_0^{-1}(a \cdot x_1) &&= \mathcal{D}_0^{-1}(f_1(x_1)) \\
z_2 &= \mathcal{D}_0^{-1}(z_1(z_2)^2) &&= \mathcal{D}_0^{-1}(f_2(z_1, z_2)) \\
y_1 &= (z_1)^2(z_2)^4 &&= g_1(z_1, z_2) \\
y_2 &= (z_2)^2 &&= g_2(z_2) \\
y_3 &= z_2 + x_2 &&= g_3(z_2, x_2).
\end{aligned}
\tag{2.67}
$$

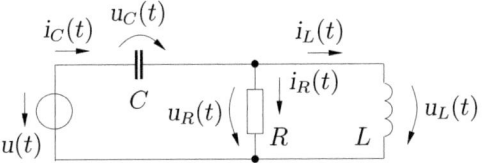

Bild 2.22: *RLC*-Schaltung

Beispiel 2.13 Als weiteres Beispiel betrachten wir die in Bild 2.22 dargestellte *RLC*-Schaltung eines elektrischen Netzwerks. Anstelle der Signalwerte $x(t)$ bezeichnen wir, wie in der Netzwerktheorie üblich, die (Signal-)Werte der Ströme und Spannungen mit $i(t)$ bzw. $u(t)$. Für die nichtlinearen Schaltelemente R, L und C sollen die folgenden Beziehungen (Kennlinien) gelten:

Widerstand $\quad i_R(t) = \eta_R(u_R(t))$

Induktivität $\quad i_L(t) = \eta_L(\Phi(t))$

Kapazität $\quad u_C(t) = \eta_C(Q(t))$.

Außerdem gelten die Gleichungen

$$u_L(t) = \dot{\Phi}(t) \qquad \text{und} \qquad i_C(t) = \dot{Q}(t),$$

worin $\Phi(t)$ den Magnetfluss und $Q(t)$ die Ladung bezeichnen. Mit Hilfe der Kirchhoffschen Gesetze erhalten wir nun

$$u(t) = u_C(t) + u_L(t) = \eta_C(Q(t)) + \dot{\Phi}(t)$$

und

$$\dot{Q}(t) = i_C(t) = i_R(t) + i_L(t) = \eta_R(u_R(t)) + \eta_L(\Phi(t)).$$

Aus diesen Gleichungen folgt mit

$$u_R(t) = u(t) - u_C(t) = u_L(t)$$

nach kurzer Umstellung

$$
\begin{aligned}
\dot{\Phi}(t) &= u(t) - \eta_C(Q(t)) &&= f_1(Q(t), u(t)) \\
\dot{Q}(t) &= \eta_L(\Phi(t)) + \eta_R(u(t) - \eta_C(Q(t))) &&= f_2(\Phi(t), Q(t), u(t)) \\
u_L(t) &= u(t) - \eta_C(Q(t)) &&= g_1(Q(t), u(t)) \\
u_C(t) &= \eta_C(Q(t)) &&= g_2(Q(t)).
\end{aligned}
\tag{2.68}
$$

Dabei wurden u_L und u_C willkürlich als Ausgangsgrößen (Ausgabesignale) gewählt.

Das Gleichungssystem (2.68) hat den gleichen Aufbau wie das im ersten Beispiel erhaltene Gleichungssystem (2.65). Das wird unmittelbar ersichtlich, wenn man in (2.68) die Substitutionen

$$\Phi(t) = z_1(t), \qquad Q(t) = z_2(t), \qquad u_L(t) = y_1(t), \qquad u_C(t) = y_2(t), \qquad u(t) = x(t)$$

vornimmt. Das legt die Vermutung nahe, dass Gleichungssysteme des Typs (2.65) bzw. (2.68) eine allgemeine Form des Zusammenhangs von Ursache und Wirkung bei einer bestimmten Systemklasse charakterisieren. Es lässt sich allgemein zeigen, dass diese Vermutung richtig ist. Jedes System, das dem Kausalitätsprinzip unterliegt, d.h. die Wirkung $y(t)$ zur Zeit t hängt nur von $x(\tau)$ für $\tau \leq t$ und von $y(\tau)$ für $\tau < t$ ab, lässt eine solche Systembeschreibung zu. Die elektrischen Netzwerke sind spezielle Systeme, die dem Kausalitätsprinzip genügen, aber es sind sicherlich nicht die einzigen Systeme, für die das zutrifft.

Die in den betrachteten Beispielen an den Ausgängen der Integrierglieder eingeführten Hilfsvariablen z_ν werden auch als *Zustandsvariable (Zustandssignale)* bezeichnet. Am Beispiel des elektrischen Netzwerks ist sofort einleuchtend, dass diese Bezeichnung sinnvoll ist. Bei einer elektrischen Schaltung wird ihr Zustand (wenn man dieses Wort im Sinne der Umgangssprache auffasst) durch die Ladung auf den in ihr enthaltenen Kapazitäten sowie durch das Magnetfeld (d.h. den Magnetfluss) der in ihr enthaltenen Induktivitäten charakterisiert. Die Ladung Q und der Magnetfluss Φ spielten in (2.68) aber gerade die Rolle der Hilfsvariablen.

Die Verallgemeinerung der in den letzten beiden Beispielen enthaltenen Aussagen führt zu dem in Bild 2.23 dargestellten Schema eines Systems mit l Eingängen, m Ausgängen und n Zustandsvariablen. Ein solches System wird nach Vorstehendem durch die Gleichungen (*Zustandsgleichungen*)

$$\begin{aligned}
\dot{z}_\nu(t) &= f_\nu(z_1(t), \ldots, z_n(t); x_1(t), \ldots, x_l(t)) & (\nu = 1, 2, \ldots, n) \\
y_\mu(t) &= g_\mu(z_1(t), \ldots, z_n(t); x_1(t), \ldots, x_l(t)) & (\mu = 1, 2, \ldots, m)
\end{aligned} \tag{2.69}$$

beschrieben.

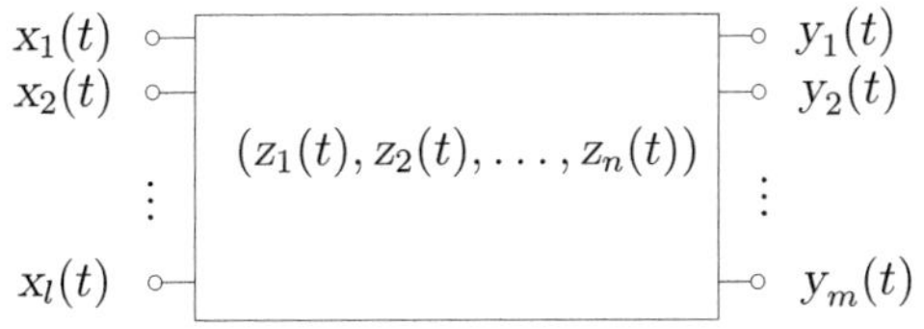

Bild 2.23: Dynamisches System (Schema)

Mit Hilfe von (2.63) lässt sich dieses Gleichungssystem bei Einführung der Signalabbildungen auch auf die Form

$$\begin{aligned}
z_\nu &= \mathcal{D}_0^{-1}(f_\nu(z_1, \ldots, z_n; x_1, \ldots, x_l)) & (\nu = 1, 2, \ldots, n) \\
y_\mu &= g_\mu(z_1, \ldots, z_n; x_1, \ldots, x_l) & (\mu = 1, 2, \ldots, m)
\end{aligned} \tag{2.70}$$

bringen. Aus diesen Gleichungen ergibt sich durch Elimination der Zustandsvariablen $z_1, \ldots, z_n$ (Lösung des Differenzialgleichungssystems für die z_ν) der Zusammenhang

$$(y_1, \ldots, y_m) = \boldsymbol{\Phi}(z_1(0), \ldots, z_n(0); x_1, \ldots, x_l), \tag{2.71}$$

für den wir auch kürzer

$$y = \boldsymbol{\Phi}(z(0), x) \qquad z(0) = (z_1(0), \ldots, z_n(0))$$

oder

$$y = \boldsymbol{\Phi}(x)$$

schreiben werden. Es handelt sich um den Zusammenhang zwischen Eingabesignal x, Anfangszustand $z(0)$ (Anfangswerte der Lösungen des Differenzialgleichungssystems für die z_ν) und Ausgabesignal y, der durch eine bestimmte Signalabbildung $\boldsymbol{\Phi} = \boldsymbol{\Phi}(z(0), \cdot)$ vermittelt wird. $\boldsymbol{\Phi}$ ist jetzt aber keine statische Abbildung mehr, d.h. $y(t)$ ist nicht mehr allein von $x(t)$ (und $z(0)$) abhängig, sondern auch von den Werten $x(\tau)$ für $\tau < t$ ($t \geq 0$). Damit ist $y(t)$ also allgemein eine Funktion von x, t und $z(0)$, in Zeichen

$$y(t) = G(t, z(0), x),$$

wobei gilt

$$G(t, z(0), x_1) = G(t, z(0), x_2)$$

für $x_1(\tau) = x_2(\tau)$ im Intervall $(0, t)$. Zu jedem Anfangszustand $z(0)$ gehört eine Signalabbildung $\boldsymbol{\Phi} = \boldsymbol{\Phi}(z(0), \cdot) : \mathsf{X} \to \mathsf{Y}$, und die Menge aller möglichen Abbildungen $\boldsymbol{\Phi}$ heißt Abbildungsfamilie $\underline{\boldsymbol{\Phi}}$ des Systems (vgl. [26], Abschnitt 2.3.2.2).

Ein System der soeben betrachteten Art bezeichnet man genauer als *dynamisches System*. Dieser durch die obigen einführenden Überlegungen nicht scharf gefasste Begriff soll im folgenden Abschnitt näher präzisiert werden.

2.2.1.2 Dynamisches System

Um zu einer hinreichend allgemeinen Definition des Begriffs des dynamischen Systems zu gelangen, werden zusätzlich zu den im Abschnitt 2.1.2.1 für das statische System eingeführten Definition und Begriffen (2.18) bis (2.31) noch weitere Begriffe eingeführt.

Definition 2.5 Es wird vereinbart:

a) Die Menge

$$Z = \mathbb{R}^n \tag{2.72}$$

heißt *Zustandsalphabet* (*Zustandsraum*). Die Elemente

$$z = (z_1, z_2, \ldots, z_n) \in Z \tag{2.73}$$

dieser Menge heißen *Zustände* ($z_i \in \mathbb{R}$).

b) Die Abbildung z der Zeitmenge T, für die nun allgemein die Menge $T = \mathbb{R}^+$ genommen wird, in das Zustandsalphabet, in Zeichen

$$z : T \to Z, \tag{2.74}$$

heißt *Zustandstrajektorie* (oder *Zustandssignal*).

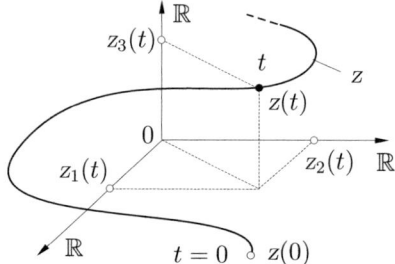

Bild 2.24: Zustandstrajektorie ($n = 3$)

Für den Sonderfall $n = 3$ ist in Bild 2.24 eine Zustandstrajektorie z im dreidimensionalen Raum dargestellt. Jeder Punkt $z(t)$ auf der Trajektorie bezeichnet den Zustand des Systems im Zeitpunkt t. Für $t = 0$ erhalten wir den *Anfangszustand* $z(0)$ des Systems.

Das Zustandssignal z ist n-dimensional, d.h. es gilt

$$z = (z_1, z_2, \ldots, z_n),$$

wobei die

$$z_i : T \to \mathbb{R}$$

gewöhnliche eindimensionale Signale („Zustandsvariable") sind.

Wir wollen nun die Zustandsgleichungen (2.69) des dynamischen Systems in einer etwas vereinfachten Form darstellen.

Zunächst wird anstelle von (2.69) häufig kurz

$$\dot{z}_\nu = f_\nu(z, x) \qquad (\nu = 1, 2, \ldots, n) \tag{2.75}$$
$$y_\mu = g_\mu(z, x) \qquad (\mu = 1, 2, \ldots, m) \tag{2.76}$$

mit den Abkürzungen $z = z(t)$ und $x = x(t)$ geschrieben. Die Abbildungen f_ν bzw. g_μ sind vom Typ

$$f_\nu : Z \times X \to \mathbb{R} \qquad \text{und} \qquad g_\mu : Z \times X \to \mathbb{R} \tag{2.77}$$

bzw. mit $Z = \mathbb{R}^n$ und $X = \mathbb{R}^l$

$$f_\nu : \mathbb{R}^{n+q} \to \mathbb{R} \qquad \text{und} \qquad g_\mu : \mathbb{R}^{n+q} \to \mathbb{R}. \tag{2.78}$$

Es handelt sich also in beiden Fällen um einfache Alphabetabbildungen (vgl. Abschnitt 2.1.1.1). Das ist insofern von Bedeutung, als dadurch gewährleistet wird, dass ein dynamisches System auf ein statisches System unter Hinzunahme von Integriergliedern zurückgeführt werden kann.

Die in (2.75) gegebenen n Abbildungen $f_1, f_2, \ldots, f_n$ können zu einer einzigen Abbildung

$$f : Z \times X \to Z \tag{2.79}$$

bzw.

$$f : \mathbb{R}^{n+q} \to \mathbb{R}^n$$

zusammengefasst werden. Analog dazu ergeben die m Abbildungen $g_1, g_2, \ldots, g_m$ in (2.76) zusammengefasst eine Abbildung

$$g : Z \times X \to Y \tag{2.80}$$

bzw.

$$g : \mathbb{R}^{n+q} \to \mathbb{R}^m.$$

Mit Hilfe dieser Abbildungen können die $m + n$ Zustandsgleichungen (2.75) und (2.76) zu zwei Gleichungen

$$\begin{aligned} \dot{z} &= f(z, x) \\ y &= g(z, x) \end{aligned} \tag{2.81}$$

zusammengefasst werden, wobei entsprechend der eingeführten Symbolik gilt:

$$\dot{z} = \dot{z}(t), \qquad z = z(t), \qquad x = x(t), \qquad y = y(t).$$

Zusammengefasst erhalten wir also das folgende Ergebnis:

Die von einem dynamischen System (im Sinne der obigen einführenden Betrachtungen) erzeugte Familie $\underline{\Phi}$ von Signalabbildungen

$$\Phi : \mathsf{X} \to \mathsf{Y}, \qquad \Phi(x) = y$$

lässt sich durch Hinzunahme eines Zustandsalphabets Z in der Form

$$
\begin{aligned}
f &: Z \times X \to Z, & f(z(t), x(t)) &= \dot{z}(t) \\
g &: Z \times X \to Y, & g(z(t), x(t)) &= y(t)
\end{aligned}
\tag{2.82}
$$

darstellen.

Die Abbildung f heißt *Überführungsfunktion* und die Abbildung g *Ergebnisfunktion*. Bei beiden Abbildungen handelt es sich um Alphabetabbildungen eines statischen Systems im Sinne von Abschnitt 2.1.1.4.

Nach Vorstehendem kann nun durch Umkehrung der Überlegungen der Begriff des dynamischen Systems in einer jede Ungenauigkeit ausschließenden Weise wie folgt präzisiert werden:

Definition 2.6 Die Mengen $X = \mathbb{R}^l$ (Eingabealphabet), $Y = \mathbb{R}^m$ (Ausgabealphabet) und $Z = \mathbb{R}^n$ (Zustandsalphabet) zusammen mit den (gewissen Stetigkeitsbedingungen genügenden) Abbildungen

$$f : Z \times X \to Z \qquad \text{und} \qquad g : Z \times X \to Y$$

bilden ein (abstraktes) *zeitkontinuierliches dynamisches System* (X, Y, Z, f, g) mit den Zustandsgleichungen

$$
\begin{aligned}
\dot{z}(t) &= f(z(t), x(t)) \\
y(t) &= g(z(t), x(t)).
\end{aligned}
\tag{2.83}
$$

Zur Lösung des Zustandsgleichungssystems (2.83) sind im folgenden Abschnitt 2.2.2 einige Grundgedanken dargelegt. Wesentlich ist, dass die Abbildungen $f_1, f_2, \ldots, f_n$ gewisse Stetigkeitsvoraussetzungen erfüllen.

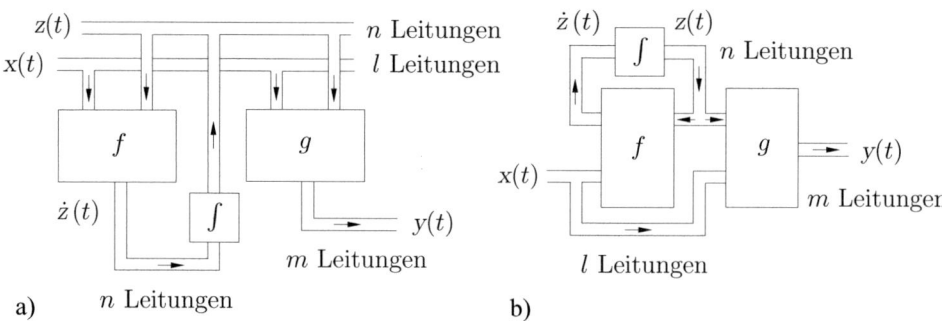

Bild 2.25: Blockschaltbild des dynamischen Systems: a) erste Form; b) zweite Form

Aus (2.83) ergibt sich, dass das dynamische System durch ein Blockschaltbild (Modell) nach Bild 2.25a dargestellt werden kann. Dieses Modell enthält zwei statische Systeme, die die Alphabetabbildungen f und g realisieren, sowie einen Integratorblock. Dabei ist zu beachten, dass das f realisierende statische System genauer aus n einfachen statischen Systemen (mit je $n+l$ Eingängen und je einem Ausgang) besteht, die die einfachen Alphabetabbildungen $f_1, f_2, \ldots, f_n$ realisieren. Entsprechend ist das g realisierende statische System aus m einfachen statischen Systemen zusammengesetzt. Der Integratorblock enthält insgesamt n Integrierglieder mit je einem Eingang und einem Ausgang.

Bild 2.25a ist nicht die einzige Möglichkeit der Darstellung des Blockschaltbildes eines dynamischen Systems. Bild 2.25b zeigt eine weitere Möglichkeit der Darstellung, die in der Literatur häufig anzutreffen ist.

Zum Abschluss dieses Abschnitts soll nochmals ausdrücklich auf die enge Verwandtschaft zwischen dem hier behandelten statischen System und dem kombinatorischen Automaten (vgl. [26], Abschnitt 2.2.1.3) einerseits und dem dynamischen System und dem sequentiellen Automaten (vgl. [26], Abschnitt 2.3.1) andererseits hingewiesen werden. Der wesentliche Unterschied besteht in der Art der verarbeiteten Signale und dem Ersetzen des Speichers des digitalen Systems durch einen Integrator beim analogen System. Daraus ergibt sich auch, dass das Modell (Blockschaltbild Bild 2.25a) des dynamischen Systems dem Modell des sequentiellen Automaten formal entspricht.

2.2.2 Allgemeine Eigenschaften des dynamischen Systems

2.2.2.1 Erweiterte Überführungsfunktion

Genügt die Zustandsgleichung

$$\dot{z}(t) = f(z(t), \mathsf{x}(t)) \tag{2.84}$$

den Bedingungen des Existenz- und Eindeutigkeitssatzes (oder des Fixpunktsatzes) im Gebiet $D \subset T \times Z$ des *Phasenraums* $T \times Z$, so existiert in diesem Gebiet genau eine Lösung z, wenn noch verlangt wird, dass z den Phasenpunkt $(t, z) \in D$ enthält (Bild 2.26), nämlich $z(t) = z$.

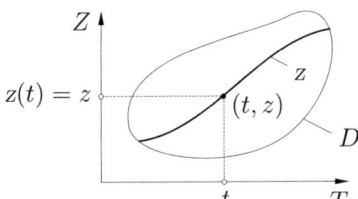

Bild 2.26: Phasenraum $T \times Z$ und Zustandstrajektorie z

Damit ist allgemein z eine Funktion von (t, z) und x, und für $z(t')$ $(t' \geq t)$ kann damit

$$z' = z(t') = F(t', t, z, \mathsf{x}) \tag{2.85}$$

gesetzt werden, wenn auch (t', z') in D liegt. Ebenso gilt dann für $t \leq \tau \leq t'$

$$z' = F(t', \tau, \overline{z}, \mathsf{x}) \tag{2.86}$$

mit

$$\overline{z} = F(\tau, t, z, x).\tag{2.87}$$

Aus (2.86) und (2.87) ergibt sich die grundlegende Kompositionseigenschaft der *erweiterten Überführungsfunktion* F: Für $\tau \in [t, t']$ gilt

$$F(t', t, z, x) = F(t', \tau, F(\tau, t, z, x), x) = z(t').\tag{2.88}$$

Als weitere Eigenschaft von F ergibt sich aus (2.84) die Unabhängigkeit der Lösung z vom absoluten Zeitpunkt t, d.h. es gilt (Bild 2.27)

$$F(t', t, z, x) = F(t' - t, 0, z, x'),\tag{2.89}$$

wobei x' durch (vgl. (1.12))

$$x'(\tau') = x(\tau' + t) = \left(\mathcal{S}^{-t}(x)\right)(\tau')\tag{2.90}$$

gegeben ist.

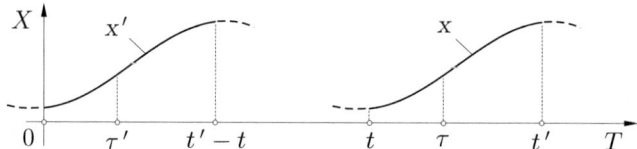

Bild 2.27: Zeitinvariantes System und Eingabesignal x

Damit kann (2.88) mit der Abkürzung

$$F(t' - t, 0, z, x') = \overline{F}(t' - t, z, x')\tag{2.91}$$

in der Form

$$\overline{F}(t' - t, z, x') = \overline{F}(t' - \tau, \overline{F}(\tau - t, z, x'), \mathcal{S}^{-(\tau-t)}(x'))\tag{2.92}$$

oder auch

$$\overline{F}(\tau_1 + \tau_2, z, x') = \overline{F}(\tau_2, \overline{F}(\tau_1, z, x'), \mathcal{S}^{-\tau_1}(x'))\tag{2.93}$$

geschrieben werden, wenn noch

$$t' - \tau = \tau_2 \qquad \text{und} \qquad \tau - t = \tau_1$$

gesetzt wird.

Diese für die allgemeine Theorie des dynamischen Systems wichtige Abbildungseigenschaft (2.93) erhält eine symmetrische Form, wenn man noch die Signaloperation

$$x = x_1 \mid_{\tau_1} x_2\tag{2.94}$$

einführt, die durch

$$x(t) = \begin{cases} x_1(t) & 0 \le t < \tau_1 \\ x_2(t - \tau_1) & \tau_1 \le t < \tau_2 \end{cases}$$

definiert ist. Die Beziehung (2.93) lautet dann mit $x' = x$

$$\overline{F}(\tau_1 + \tau_2, z, x) = \overline{F}(\tau_2, \overline{F}(\tau_1, z, x_1), x_2)$$

und bildet in dieser Form das „zeitkontinuierliche" Analogon zu einem entsprechenden, für Automaten geltenden Zusammenhang ([26], Abschnitt 2.3.2.2).

Durch Einsetzen der Lösung

$$z(t) = \overline{F}(t, z, x)$$

von (2.84) in die zweite Gleichung von (2.83) findet man den bereits im Abschnitt 2.2.1.1 angegebenen Ausdruck

$$y(t) = g(\overline{F}(t, z, x), x(t)) = G(t, z(0), x),$$

aus dem sich leicht noch folgende allgemeine Eigenschaft der Systemabbildung (*Input-Output-Abbildung*) ableiten lässt:

$$y(t) = G(t, z(0), x_1) \,|_{\tau_1} \, G(t, z(\tau_1), x_2)$$

oder (vgl. Abschnitt 2.2.1.1)

$$y = \boldsymbol{\Phi}(z(0), x_1) \,|_{\tau_1} \, \boldsymbol{\Phi}(z(\tau_1), x_2).$$

Auch diese Systemeigenschaft findet ihr „zeitdiskretes" Gegenstück in der Automatentheorie [26].

2.2.2.2 Phasenporträt, Bifurkation

Die wesentlichen Verhaltenseigenschaften eines dynamischen Systems werden durch seine erweiterte Überführungsfunktion F bestimmt. Wir beschränken uns hier auf den einfachsten Fall des zeitinvarianten Systems mit konstanter Eingabe $x = c$. Dann gilt mit (2.85)

$$z' = z(t) = F(t, z, c) = F_c(t, z), \qquad z = z(0). \tag{2.95}$$

Im Weiteren werden wir den Index c fortlassen.

Um einen Einblick in das grundsätzliche Verhalten des Zustandes z' zu erhalten, genügt es, die Menge ζ_z aller „durchlaufenen" Zustände z' bei gegebenem Anfangszustand z zu betrachten, also die als *Orbit* bezeichnete Menge

$$\zeta_z = \bigcup_{t \ge 0} z(t) = \bigcup_{t \ge 0} F(t, z). \tag{2.96}$$

Bild 2.28 zeigt die grafische Veranschaulichung. Verschiedene Orbits ζ_{z_1}, ζ_{z_2} ($z_1 \ne z_2$) sind disjunkt ($\zeta_{z_1} \cap \zeta_{z_2} = \emptyset$), sie können sich also nicht „kreuzen" oder „ineinanderlaufen". Das ergibt sich aus der Eigenschaft der Abbildungen $F_t = F(t, \cdot)$, die bezüglich der Komposition $\circ$ eine Gruppe bilden ($F_{t_1} \circ F_{t_2} = F_{t_1+t_2}$, F_0 neutrales Element, $F_{-t} = F_t^{-1}$ inverses Element), so dass nicht nur jedem $z \in \zeta_z$ genau ein $z' = F(t, z)$ $(t > 0)$ „nachfolgen", sondern auch nur ein $z'' = F(-t, z)$ „vorangehen" kann.

Eine Gesamtheit $\mathcal{P} = \{\, \zeta_{z_1}, \zeta_{z_2}, \ldots \}$, $(z_i \in Z)$ verschiedener Orbits nennt man *Zustandsporträt* (*Phasenporträt*, *Phasenfluss*) des dynamischen Systems. Dieses Porträt $\mathcal{P}$ vermittelt einen Einblick in das grundsätzliche Zustandsverhalten eines dynamischen Systems. Es gibt für die durch $z \in Z$ „laufenden" Orbits nur drei Verhaltensmöglichkeiten:

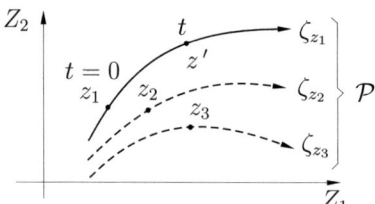

Bild 2.28: Orbit und Zustandsporträt

a) Es ist

$$F(t, z) = z \quad \text{für alle } t \in T :$$

In diesem Fall reduziert sich $\zeta_z = \{z\}$ auf einen *singulären Punkt* $z \in Z$, den Fixpunkt z von $F_c(t, \cdot)$.

b) Es ist

$$F(t, z) = z \quad \text{für } t = n\tau \quad (n = 0, 1, 2, \ldots; \tau > 0) :$$

Hier ist ζ_z ein *geschlossener Orbit*; jeder Zustand $z' \in \zeta_z$ wird nach einer *Periode* τ erneut angenommen.

c) Weder Fall a) noch Fall b) tritt ein, d.h.

$$F(t, z) \neq z \quad \text{für alle } t \in T \quad (t \neq 0).$$

Der Zustand $z = F(0, z)$ wird für kein $t > 0$ noch einmal angenommen; ζ_z ist ein *regulärer Orbit*.

Beispiel 2.14 Wir betrachten im Raum $\mathbb{R}^2$ das durch die (vereinfachten) Zustandsgleichungen (in Polarkoordinaten $(z_1(t), z_2(t)) = (r(t), \varphi(t))$) beschriebene System

$$\begin{aligned}
\dot{r}(t) &= -(a + r^2(t))r(t) \quad (a < 0) && (2.97) \\
\dot{\varphi}(t) &= \omega.
\end{aligned}$$

Die Lösungen $z = (r(t), \varphi(t))$ lauten

$$\begin{aligned}
r^2(t) &= \frac{ar_0^2 \mathrm{e}^{-2at}}{r_0^2(1 - \mathrm{e}^{-2at}) + a} \quad (r(0) = r_0) && (2.98) \\
\varphi(t) &= \omega t \quad (\varphi(0) = \varphi_0 = 0).
\end{aligned}$$

Die zugehörigen Orbits $\zeta_{(r_0,0)}$ „nähern" sich spiralförmig mehr und mehr einer kreisförmigen *Grenzmenge* (*Grenzzyklus*) mit dem Radius $R = \sqrt{|a|}$ (Bild 2.29a). Ist der Anfangswert $r_0 > R$, so findet eine Annäherung von außen, für $r_0 < R$ von innen statt, vorausgesetzt, für den Abbildungsparameter gilt $a < 0$. Für $a > 0$ ändert sich das Zustandsporträt $\mathcal{P}$, jetzt laufen alle Orbits (spiralförmig) auf den Ursprung $z = (0,0)$ zu (Bild 2.29b), d.h. auf eine punktförmige Grenzmenge $\{(0,0)\}$. Nur wenn der Anfangswert $(r_0,0)$ auf dem Grenzzyklus liegt ($r_0 = \sqrt{|a|} = R$), wird der Grenzzyklus selbst zum Orbit (Orbit vom Typ a)). Für den Anfangswert $(0,0)$ gibt es nur den singulären Orbit $\zeta_{(0,0)} = \{(0,0)\}$ (Orbit vom Typ b)). Wie Bild 2.29 zeigt, werden Orbits ζ_z, deren Startpunkte z in der Nähe der Grenzmenge (Typ a) bzw. b)) liegen, von dieser Menge „angezogen"; man nennt eine solche Grenzmenge deshalb auch *Attraktor* des Systems.

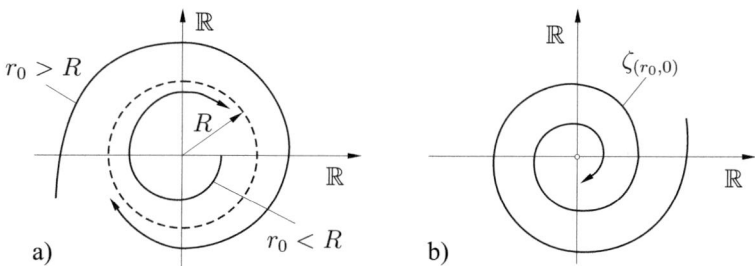

Bild 2.29: Reguläre Orbits:

a) kreisförmige Grenzmenge (Grenzzyklus); b) punktförmige Grenzmenge (Fixpunkt)

Wir betrachten die Überführungsfunktion (2.97) nun allgemeiner als Funktion von a. Ändert sich a von negativen zu positiven Werten, so muss sich das Zustandsporträt $\mathcal{P}$ bei $a = 0$ sprunghaft ändern; es geht von dem Porträt nach Bild 2.29a in das Porträt nach Bild 2.29b über. Dieses Verhaltensphänomen bezeichnet man als *Bifurkation*, und a heißt auch *Bifurkationsparameter*.

2.2.2.3 Lorenz-System, Chaos

Die im betrachteten Beispiel (2.98) (System mit zweidimensionalem Zustandsraum) auftretenden Grenzmengen sind von sehr einfacher geometrischer Struktur. Es sind dies auch bereits die einzigen Typen von Grenzmengen, die im zweidimensionalen Raum $\mathbb{R}^2$ möglich sind. Aber schon im dreidimensionalen Raum $\mathbb{R}^3$ können Grenzmengen wesentlich komplizierterer geometrischer Struktur auftreten. Dabei bezeichnet man als Grenzmenge eines Punktes $z \in Z$ allgemein die Menge $\Gamma_z \subset Z$ aller Punkte $z' \in Z$, für die eine Folge mit $t_n \to \infty$ existiert, so dass $F(t_n, z) \to z'$ gilt.

Das bekannteste Beispiel für ein dynamisches System mit einer „pathologisch" kompliziert strukturierten Grenzmenge („*seltsamer*" *Attraktor*) ist das *Lorenz-System*. Mit $(z_1, z_2, z_3) = (x, y, z)$ und $x = x(t)$, $y = y(t)$, $z = z(t)$, $(x, y, z) \in \mathbb{R}^3$ ist es definiert durch

$$\begin{aligned}
\dot{x} &= -ax + ay \\
\dot{y} &= -xz + bx - y \\
\dot{z} &= xy - cz.
\end{aligned} \qquad (2.99)$$

Man kann zeigen, dass für bestimmte Werte der Parameter a, b, c „fast alle" Orbits $\zeta_{(x_0,y_0,z_0)}$ dieses Systems auf eine Grenzmenge $\Gamma \subset \mathbb{R}^3$ zulaufen, der man in sinnvoller Weise nur eine nichtganzzahlige Dimension $D(\Gamma)$ zuordnen kann. Diese *(Hausdorff-) Dimension* ist für „gewöhnliche" Grenzmengen (Attraktoren) mit dem üblichen (topologischen) Dimensionsbegriff identisch und ergibt z.B. für den Punktattraktor (Bild 2.29b) den Wert 0, für den Ringattraktor (Bild 2.29a) den Wert 1. Der Lorenz-Attraktor Γ hat die (numerisch ermittelte) Dimension

$$D(\Gamma) \approx 2,06 \pm 0,01.$$

Das Lorenz-System (2.99) hat (für spezielle Parameter) aber noch eine weitere ungewöhnliche Eigenschaft: Seine Orbits $\zeta_{(x,y,z)}$ besitzen eine extrem starke Sensibilität gegenüber Änderungen der Startwerte (x, y, z), was dazu führt, dass zwei zunächst eng benachbarte Orbits sehr schnell auseinanderlaufen und dabei jede „Ähnlichkeit" verlieren. Ein Maß für die Intensität dieses Auseinanderlaufens ist der *Ljapunov-Exponent*, der im eindimensionalen Fall durch

$$\lambda(z) = \lim_{t \to \infty} \frac{1}{t} \ln \left| \frac{\mathrm{d}z'}{\mathrm{d}z} \right|, \qquad \frac{\mathrm{d}z'}{\mathrm{d}z} = \frac{\partial F(t, z)}{\partial z} \tag{2.100}$$

definiert ist (Bild 2.30). Im mehrdimensionalen Fall gilt ein entsprechend verallgemeinerter Ausdruck. Bei auseinanderdriftenden Trajektorien bzw. Orbits ist $\lambda > 0$, andernfalls gilt $\lambda < 0$. Für das Lorenz-System findet man – abhängig von dem Parametertripel (a, b, c) – Werte $\lambda > 2$.

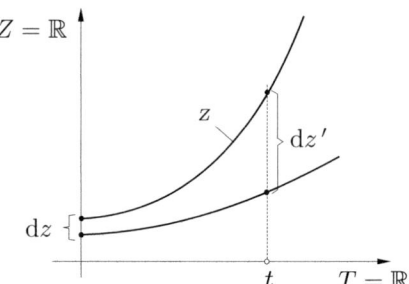

Bild 2.30: Ljapunov-Exponent

Da realen Systemen niemals „genau bestimmbare" (exakt messbare) Startwerte zugeordnet werden können, ist eine Vorhersage (Berechenbarkeit) des Systemverhaltens bei großer Startwertsensibilität ($\lambda > 0$) praktisch nicht möglich. Man bezeichnet ein solches irreguläres Systemverhalten deshalb auch als *chaotisch*. Bei chaotischem Verhalten verliert daher der Kausalitätsbegriff seine ursprüngliche Bedeutung.

Es gibt derzeit keine verbindliche und zwingend begründete Definition des Begriffs „Chaos", so dass man die dynamischen Systeme bzw. deren mögliche Verhaltensweisen nicht exakt in chaotische und nichtchaotische klassifizieren kann. Man muss sich deshalb auf die Angabe typischer Merkmale und Merkmalskenngrößen – von denen hier nur einige genannt wurden – beschränken [13],[19].

2.2.3 Lösung der Zustandsgleichungen

2.2.3.1 Existenz und Eindeutigkeit

Die Lösung der Zustandsgleichungen (2.83)

$$\begin{array}{rcl} \dot{z}(t) & = & f(z(t), x(t)) \\ y(t) & = & g(z(t), x(t)) \end{array}$$

erfolgt dadurch, dass zunächst die erste Gleichung gelöst und anschließend $z(t)$ in die zweite Gleichung eingesetzt wird. Das Hauptproblem ist dabei die Lösung des nichtlinearen Differenzialgleichungssystems

$$\dot{z}(t) = f(z(t), x(t)). \tag{2.101}$$

Zur Einführung in die Problematik betrachten wir ein einfaches Beispiel, bei dem wir noch annehmen wollen, dass das Differenzialgleichungssystem (2.101) nur eine einzige Gleichung enthält, d.h. es ist nur eine Zustandsvariable $z_1(t) = z(t)$ vorhanden.

Es sei also als Beispiel die nichtlineare Differenzialgleichung ($\dot{z} = \dot{z}(t)$, $z = z(t)$)

$$\dot{z} = 3\sqrt[3]{az^2} = f(z) \qquad (a > 0)$$

gegeben (x sei ein konstantes Signal, so dass keine Abhängigkeit von x auftritt). Die gegebene Differenzialgleichung ist vom Bernoullischen Typ und kann durch den Ansatz

$$u = \sqrt[3]{z}$$

gelöst werden. Wir erhalten dann mit

$$z = u^3$$

die lineare Differenzialgleichung

$$3u^2\dot{u} = 3\sqrt[3]{a}\,u^2 \qquad \text{bzw.} \qquad \dot{u} = \sqrt[3]{a} \quad (u \neq 0)$$

mit der Lösung

$$u(t) = \sqrt[3]{a}\,(t - c),$$

woraus sich

$$z(t) = a(t - c)^3$$

ergibt ($c \in \mathbb{R}$ Integrationskonstante). Da außerdem noch $z(t) = 0$ eine Lösung ist, erhalten wir eine Menge Z_L von Lösungen z (Bild 2.31), z.B. die Lösungen

$$\begin{array}{rcll} z_I(t) & = & a(t - c)^3 & (c \in \mathbb{R}) \\ z_{II}(t) & = & 0 & \\ z_{III}(t) & = & \left\{ \begin{array}{ll} 0 & t \leq t_2 \\ a(t - t_2)^3 & t > t_2. \end{array} \right. \end{array}$$

Besteht für z eine Anfangsbedingung, z.B.

$$z(t_1) = k_1 \neq 0,$$

so wird dadurch genau eine Lösung z aus der Lösungsmenge Z_L festgelegt, nämlich

$$z(t) = a(t - c_1)^3$$

mit

$$c_1 = t_1 - \sqrt[3]{\frac{k_1}{a}}.$$

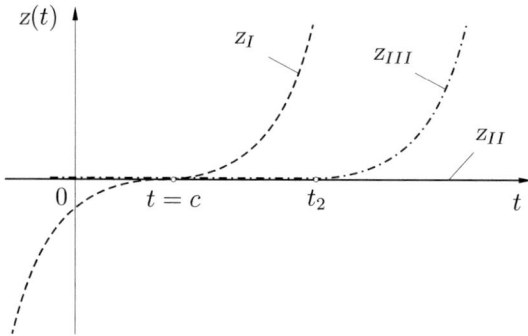

Bild 2.31: Lösungen der Differenzialgleichung (Beispiel)

Eine andere Anfangsbedingung, z.B.

$$z(t_2) = 0,$$

wird von vielen Lösungen erfüllt, so von

$$
\begin{aligned}
z(t) &= a(t - t_2)^3, \\
z(t) &= 0, \\
z(t) &= \begin{cases} 0 & t \leq t_3 \\ a(t - t_3)^3 & t > t_3 \end{cases} \quad (t_3 > t_2).
\end{aligned}
$$

Daraus ergibt sich die Frage, unter welchen Bedingungen für die Überführungsfunktion f genau eine Lösung von

$$\dot{z}(t) = f(z(t), x(t))$$

existiert. Die Lösung dieser Frage ist mit dem Existenz- und Eindeutigkeitssatz der Theorie gewöhnlicher Differenzialgleichungen (vgl. [16]) oder durch Rückführung auf den Fixpunktsatz (Abschnitt 1.3.2.2) möglich.

Nach dem genannten Satz existiert eine eindeutige, durch den Punkt (t, z) des Definitionsgebietes $D \subset T \times Z$ von $f(\cdot, x(\cdot))$ verlaufenden Lösung z, wenn $f(z, x(t))$ und $f_z(z, x(t))$ in D stetig sind (f_z ist die partielle Ableitung von f nach z).

Bei dem eben betrachteten Beispiel $f(z, x(t)) = f(z)$ ist f_z in $z = 0$ unstetig, was zur Folge hat, dass durch den Punkt $(t, 0)$ mehrere Lösungskurven (Zustandstrajektorien) verlaufen.

Im Weiteren untersuchen wir das Lösungsproblem von (2.101) mit Hilfe des Fixpunktsatzes. Hierzu betrachten wir zunächst den (mit (2.101) zusammenhängenden) Ausdruck

$$z'(t) = (\mathcal{D}_0^{-1}(f(z, x)))(t) = z_0 + \int_0^t f(z(\tau), x(\tau)) \, d\tau, \tag{2.102}$$

worin

$$z_0 = z'(0) \in \mathbb{R}^n \tag{2.103}$$

einen festen Anfangszustand bezeichnet. Außerdem sei x (der Einfachheit halber) ein festes Signal und $t \in [0, T]$. Damit wird durch (2.102) jedem gegebenen Signal z ein neues Signal z' zugeordnet, d.h. die rechte Seite von (2.102) definiert eine Abbildung

$$\mathsf{F} : \; \mathsf{C}[0, T] \to \mathsf{C}[0, T] \tag{2.104}$$

($\mathsf{C}[0, T]$ ist die Menge aller im Intervall $[0, T]$ stetigen Signale), wenn wir uns auf stetige Signale z' und x beschränken und f in $Z \times X$ ebenfalls stetig ist. Für die so durch (2.102) definierte Abbildung F gilt also (bei festem $z'(0)$ und x):

$$z' = \mathsf{F}(z) \tag{2.105}$$

bzw. anstelle von (2.102)

$$z'(t) = (\mathsf{F}(z))(t) = G(z, t). \tag{2.106}$$

In Bild 2.32 ist diese Abbildung für einen zweidimensionalen Zustandsraum ($Z = \mathbb{R}^2$) anschaulich dargestellt.

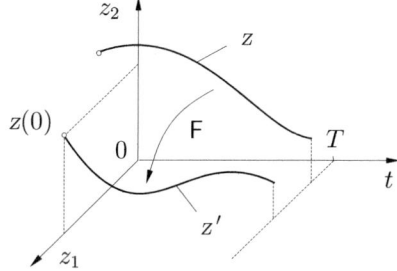

Bild 2.32: Veranschaulichung der Abbildung F

Das Problem besteht nun darin, ein solches Signal $z \in \mathsf{C}[0, T]$ aufzufinden, dass die Gleichung

$$z = \mathsf{F}(z) \tag{2.107}$$

erfüllt wird, d.h. es ist aus der Menge aller im Intervall $[0, T]$ stetigen Signale das Signal z aufzufinden, das durch F auf sich selbst abgebildet wird. Der Zusammenhang dieser Aufgabe mit dem Fixpunktsatz wird sofort ersichtlich, wenn F eine kontrahierende Abbildung ist. Es gilt nämlich der folgende

Satz 2.3

a) Es gibt genau eine Lösung von $z = F(z)$, falls F den Bedingungen des Fixpunktsatzes genügt (wenn F eine Kontraktion ist).

b) Die Lösung z genügt der Anfangsbedingung

$$z(0) = z_0 \qquad (z_0 \in \mathbb{R}^n).$$

c) Ist z_0 ein beliebiges Signal aus $C[0, T]$, so gilt mit

$$z_1 = F(z_0), \qquad z_2 = F(z_1), \qquad \ldots, \qquad z_{i+1} = F(z_i) \tag{2.108}$$

die Gleichung

$$z_i(0) = z(0) = z_0 \qquad (i = 1, 2, 3, \ldots), \tag{2.109}$$

und es existiert der Grenzwert

$$\lim_{i \to \infty} z_i = z \tag{2.110}$$

(vgl. auch Bild 2.33).

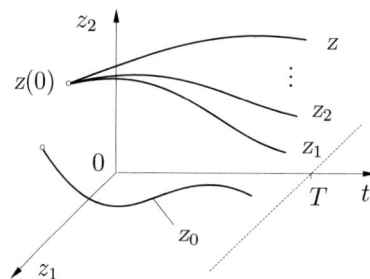

Bild 2.33: Zur Anwendung des Fixpunktsatzes

d) Jede Lösung von

$$\dot{z}(t) = f(z(t), x(t))$$

mit der Anfangsbedingung $z(0) = z_0$ ist auch Lösung von

$$z(t) = (F(z))(t) = z_0 + \int_0^t f(z(\tau), x(\tau)) \, d\tau$$

und umgekehrt.

2.2.3.2 Iterationslösung

Nach den bisherigen Ausführungen kann die Lösung des nichtlinearen Differenzialglei-chungssystems

$$\dot{z}(t) = f(z(t), x(t))$$

auf zweierlei Wegen erfolgen:

a) In einfachen Sonderfällen (z.B. wenn nur eine Zustandsvariable auftritt) verfährt man nach den Methoden der Analysis, indem man versucht, die gegebenen Differenzial-gleichungen auf bestimmte Standardtypen zurückzuführen, für die Lösungsmethoden bekannt sind.

b) In allgemeineren Fällen kann man versuchen, mit Hilfe des Fixpunktsatzes nach dem oben beschriebenen Verfahren eine Lösung zu finden. Ausgangspunkt ist die Gleichung

$$z'(t) = z_0 + \int_0^t f(z(\tau), x(\tau)) \, d\tau = (\mathsf{F}(z))(t),$$

in die wir den gegebenen Anfangszustand z_0, die gegebene Eingabe x und ein beliebiges „Startsignal" z_0 einsetzen. Dann erhalten wir

$$z_1(t) = z_0 + \int_0^t f(z_0(\tau), x(\tau)) \, d\tau = (\mathsf{F}(z_0))(t).$$

Das so erhaltene Signal z_1 erfüllt bereits die Anfangsbedingung und wird wieder in die Ausgangsgleichung eingesetzt. Auf diese Weise erhält man

$$z_2(t) = z_0 + \int_0^t f(z_1(\tau), x(\tau)) \, d\tau = (\mathsf{F}(z_1))(t)$$

usw. Das Verfahren wird so lange fortgesetzt, bis im betrachteten Zeitintervall die Signalwerte $z(t)$ und $(\mathsf{F}(z))(t)$ mit hinreichender Genauigkeit übereinstimmen.

Am Beispiel der anfangs betrachteten Differenzialgleichung

$$\dot{z} = 3\sqrt[3]{az^2} = f(z) \qquad (a > 0) \tag{2.111}$$

soll nun noch die Iterationslösung mit $z_0 = 0$ demonstriert werden. Wir prüfen zunächst, unter welchen Bedingungen die durch (2.111) definierte Abbildung F eine Kontraktion bestimmt. Es ist wegen $z_0 = 0$

$$z'(t) = (\mathsf{F}(z))(t) = 3a^{\frac{1}{3}} \int_0^t (z(\tau))^{\frac{2}{3}} \, d\tau$$

und somit für $0 \le t \le T$

$$
\begin{aligned}
|z_1'(t) - z_2'(t)| &\le 3a^{\frac{1}{3}} \int_0^t \left| (z_1(\tau))^{\frac{2}{3}} - (z_2(\tau))^{\frac{2}{3}} \right| \, d\tau \\
&\le 3a^{\frac{1}{3}} \int_0^T \sup_{0 \le \tau \le T} \left| (z_1(\tau))^{\frac{2}{3}} - (z_2(\tau))^{\frac{2}{3}} \right| \, d\tau \\
&= 3a^{\frac{1}{3}} T \sup_{0 \le \tau \le T} \left| (z_1(\tau))^{\frac{2}{3}} - (z_2(\tau))^{\frac{2}{3}} \right|.
\end{aligned}
$$

Folglich gilt auch

$$\sup_{0 \le t \le T} \left| (z_1'(t))^{\frac{2}{3}} - (z_2'(t))^{\frac{2}{3}} \right| \le 3a^{\frac{1}{3}} T \sup_{0 \le \tau \le T} \left| (z_1(\tau))^{\frac{2}{3}} - (z_2(\tau))^{\frac{2}{3}} \right|.$$

Werden nur Signale z mit $|z(t)| \ge z_0 > 0$ für alle $t \in (0, T]$ zugelassen, so gilt wegen

$$\left| \frac{z_1^{\frac{2}{3}} - z_2^{\frac{2}{3}}}{z_1 - z_2} \right| \le \left| \frac{\mathrm{d}}{\mathrm{d}z} z^{\frac{2}{3}} \right|_{\mathrm{Min}(z_1, z_2)} = \left| \frac{2}{3} z_*^{-\frac{1}{3}} \right|_{z_* = \mathrm{Min}(z_1, z_2)}$$

und

$$\sup_{0 \le \tau \le T} \left| (z_1(\tau))^{\frac{2}{3}} - (z_2(\tau))^{\frac{2}{3}} \right| = \sup_{0 \le \tau \le T} \left| \frac{(z_1(\tau))^{\frac{2}{3}} - (z_2(\tau))^{\frac{2}{3}}}{z_1(\tau) - z_2(\tau)} \right| |z_1(\tau) - z_2(\tau)|$$

$$\le \sup_{0 \le \tau \le T} \left| \mathrm{Max}\left(\frac{2}{3} \left| (z_1(\tau))^{-\frac{1}{3}} \right|, \frac{2}{3} \left| (z_2(\tau))^{-\frac{1}{3}} \right| \right) \right| |z_1(\tau) - z_2(\tau)|$$

$$\le \frac{2}{3} z_0^{-\frac{1}{3}} \sup_{0 \le \tau \le T} |z_1(\tau) - z_2(\tau)|$$

und mit (1.165)

$$\| \mathsf{F}(z_1) - \mathsf{F}(z_2) \| \le 2T \left(\frac{a}{z_0} \right)^{\frac{1}{3}} \| z_1 - z_2 \| = m \| z_1 - z_2 \| \qquad (m < 1)$$

für hinreichend kleines T.

Beginnen wir nun die Iteration mit

$$z_0(t) = t,$$

so erhalten wir

$$z_1(t) = \int_0^t 3\sqrt[3]{a\tau^2}\, \mathrm{d}\tau = \frac{9}{5} a^{\frac{1}{3}} t^{\frac{5}{3}} \approx 1,8\, a^{0,333}\, t^{1,667}$$

$$z_2(t) = \int_0^t 3\sqrt[3]{a\, \frac{81}{25} a^{\frac{2}{3}} \tau^{\frac{10}{3}}}\, \mathrm{d}\tau \approx 2,103\, a^{0,555}\, t^{2,111}$$

usw. Nach dem zehnten Iterationsschritt ergibt sich

$$z_{10}(t) \approx 1,133\, a^{0,983}\, t^{2,965}$$

und nach dem zwanzigsten Iterationsschritt

$$z_{20}(t) \approx 1,004\, a^{0,999}\, t^{2,999}.$$

Dieses Ergebnis stimmt bereits recht gut mit der exakten Lösung

$$z(t) = a\, t^3$$

überein.

2.2.3.3 Numerische Integration

In diesem Abschnitt wollen wir weitere (allgemeine) Methoden zur numerischen Lösung des nichtlinearen Differenzialgleichungssystems

$$\dot{z}(t) = f(z(t), x(t))$$

mit dem Anfangswert $z(t_0) = z_0$ angeben. Sie beruhen auf der Diskretisierung der Zeitskala T und der lokalen Approximation der Lösungsfunktion z an den Stützstellen durch spezielle Funktionen. Im Folgenden werden einige für das Verständnis notwendige Grundbegriffe eingeführt und die prinzipielle Vorgehensweise anhand zweier ausgewählter einfacher Verfahren demonstriert.

Der Definitionsbereich $T \subset \mathbb{R}$ der Zeitfunktionen x, y und z wird durch eine Menge T_N von diskreten Stützstellen ersetzt. Der Einfachheit halber betrachten wir zunächst die Menge

$$T_N = \left\{ t_j \in T \mid t_{j+1} = t_j + h, \ j = 0, 1, 2, \ldots, N; \ h \in \mathbb{R} \right\} \qquad (2.112)$$

äquidistanter diskreter Stützstellen t_j. Das Symbol h bezeichnet die Schrittweite. Das *Diskretisierungsverfahren*, im Zusammenhang mit der Lösung von Differenzialgleichungen auch *numerisches Integrationsverfahren* genannt, berechnet, ausgehend vom Anfangswert $z(t_0) = z_0$, zwei Folgen

$$(z_j)_{j \in \underline{N}} \qquad \text{und} \qquad (\dot{z}_j)_{j \in \underline{N}} \qquad (\underline{N} = \{1, 2, \ldots, N\}), \qquad (2.113)$$

deren Elemente z_j bzw. $\dot{z}_j$ Näherungswerte für die gesuchten Funktionswerte liefern, die die exakte Lösung z bzw. deren Ableitung $\dot{z}$ an den Stützstellen t_j annehmen (vgl. [7]):

$$z(t_j) \approx z_j \qquad \text{bzw.} \qquad \dot{z}(t_j) \approx \dot{z}_j.$$

Die Differenz

$$e(t_j, h) = z_j - z(t_j) \qquad (2.114)$$

bezeichnet den *globalen Diskretisierungsfehler*. Ein Integrationsverfahren heißt konvergent, wenn

$$\lim_{h \to 0, N \to \infty} \text{Max}_{j \in \underline{N}} \| e(t_j, h) \| = 0 \qquad (2.115)$$

gilt. Dabei bezeichnet $\| \ldots \|$ wiederum eine der im Abschnitt 1.3.1.1 angegebenen Normen, z.B. N_E.

Unter der Voraussetzung, dass z hinreichend glatt ist, kann man für $h \to 0$ das asymptotische Verhalten des Diskretisierungsfehlers ableiten (vgl. [3]):

$$\| e(t_j, h) \| \leq K h^p \qquad (K \in \mathbb{R}^+, p \in \mathbb{N}). \qquad (2.116)$$

K bezeichnet eine positive Konstante, die nicht nur vom Diskretisierungsverfahren, sondern auch noch von der zu integrierenden Differenzialgleichung abhängt, und p die *Ordnung des Integrationsverfahrens*. Wie man aus (2.116) abliest, ist die Größe der Ordnung ein Maß für die Genauigkeit, mit der die Näherungswerte z_j (für $h \to 0$) ermittelt werden können. Der Diskretisierungsfehler ist ein reiner Verfahrensfehler und hat nichts mit dem Rundungsfehler zu tun, der infolge des Rechnens mit Zahlen entsteht, die eine endliche Mantissenlänge besitzen.

Ohne Kenntnis der exakten Lösung z lassen sich für den globalen Diskretisierungsfehler nur gewisse Schranken angeben, deren Berechnung sehr aufwendig ist. Deshalb wird bei der numerischen Integration zur Fehlerabschätzung auf den nur vom Verfahren abhängigen *lokalen Diskretisierungsfehler* zurückgegriffen (vgl. [3], [7]).

Da die Konvergenzaussagen (2.115) und (2.116) nur für $h \to 0$ zutreffen, sind für die Anwendungen noch weitere Aussagen über die Eigenschaften eines Integrationsverfahrens für $h > 0$ notwendig, um mit möglichst wenigen Stützstellen die gesuchte Funktion z im interessierenden Intervall (das in der Regel eine echte Teilmenge von T ist) so genau wie nötig berechnen zu können. Die meisten bekannten Verfahren lassen aber eine Vergrößerung der Schrittweite h über einen bestimmten, vom zu integrierenden Differenzialgleichungssystem abhängigen Wert h_g nicht zu. Die Ausführung weniger Integrationsschritte mit $h > h_g$ hat zur Folge, dass die Norm von z_j sehr stark anwächst. Die Ursache dafür ist eine rapide Vergrößerung des Diskretisierungsfehlers, der für $h > h_g$ nicht mehr der Bedingung (2.116) genügt. Einen solchen Effekt bezeichnet man als *numerische Instabilität*.

Zur Charakterisierung eines Diskretisierungsverfahrens gehört demzufolge noch die Angabe seines *Stabilitätsbereichs D*, der mangels besserer Kritcricn nur für lineare Differenzialgleichungssysteme folgendermaßen definiert ist:

Definition 2.7 Die Menge D der komplexen Werte $h\lambda$, für die das numerische Integrationsverfahren eine abklingende Lösungsfolge $(z_j)_{j \in \underline{N}}$ der linearen Testdifferenzialgleichung

$$\dot{z}(t) = \lambda z(t) \qquad (\lambda \in \mathbb{C}, \ \mathrm{Re}(\lambda) > 0, \ z(t_0) = z_0)$$

erzeugt, heißt Stabilitätsbereich des Verfahrens.

Aus dieser Definition folgt, dass bei Anwendung des Verfahrens auf ein lineares Differenzialgleichungssystem mit abklingenden Lösungen in der Regel der Eigenwert λ_{max} mit dem maximalen Betrag die Grenzschrittweite h_g festlegt. Detaillierte Ausführungen dazu sind in [3], [7] und in der dort zitierten Fachliteratur zu finden.

Für nichtlineare Differenzialgleichungen gibt es noch kein allgemeingültiges Stabilitätskriterium. Man betrachtet deshalb ersatzweise die Eigenwerte der Jacobi-Matrizen und hofft, dass der Stabilitätsbereich D noch sinnvolle Aussagen zur Schrittweitenwahl bzw. -begrenzung liefert. Die Ergebnisse aus der Praxis rechtfertigen diese Vorgehensweise. Die Diskretisierung (2.112) ist also so zu wählen, dass sowohl die aus dem lokalen Diskretisierungsfehler sich ergebenden Genauigkeitsforderungen als auch die Bedingung $h \in D$ erfüllt sind.

Leistungsfähige Integrationsverfahren enthalten eine automatische Schrittweiten- und Ordnungssteuerung, die in Abhängigkeit von einer vorgegebenen Fehlerschranke stets den maximal möglichen, dem aktuellen Lösungsverlauf angepassten Wert für die Schrittweite h verwenden. Die Diskretisierung der Zeitskala wird während der Rechnung festgelegt und führt auf nichtäquidistante Stützstellen t_j. Die Eigenschaften und den Anwendungsbereich solcher Verfahren kennenzulernen erfordert das Studium der Fachliteratur (z.B. [3], [7]) und liegt außerhalb des Anliegens dieses Lehrbuchs.

Wir wollen im Weiteren zwei einfache Integrationsverfahren angeben, die zugleich stellvertretend für zwei wichtige Klassen von Verfahren betrachtet werden können.

Explizites Euler-Verfahren: Die Integrationsformel lautet

$$z_{j+1} = z_j + h\dot{z}_j. \tag{2.117}$$

Durch Einsetzen des Differenzialgleichungssystems

$$\dot{z}(t) = f(z(t), x(t))$$

in (2.117) erhält man die Rechenvorschrift

$$z_{j+1} = z_j + hf(z_j, x_j) \qquad (j = 0, 1, 2, \dots, N), \tag{2.118}$$

mit der, ausgehend von Anfangswert $z(t_0) = z_0$, die Folge $(z_j)_{j\in\underline{N}}$ rekursiv ermittelt werden kann. Die Ordnung des Verfahrens ist $p = 1$ und sein Stabilitätsbereich

$$D_{EE} = \big\{ h\lambda \mid |1 + h\lambda| < 1 \big\} \subset \mathbb{C}.$$

Das explizite Euler-Verfahren besitzt, wie alle zur Klasse der expliziten Integrationsverfahren gehörenden Diskretisierungsverfahren, eine relativ einfache Rechenvorschrift (nur Funktionsauswertungen) und einen beschränkten Stabilitätsbereich. Bei der Lösung von Differenzialgleichungssystemen mit stark unterschiedlichen Eigenwerten erfordert die letztgenannte Eigenschaft eine hohe Anzahl von Integrationsschritten, um den gesamten Funktionsverlauf z zu berechnen, denn die Länge des Integrationsintervalls wird durch den betragsmäßig kleinsten Eigenwert λ_{min} des Differenzialgleichungssystems festgelegt.

Beispielsweise führen die dynamischen Modelle praktisch interessanter elektrischer Netzwerke auf Eigenwertverhältnisse $|\lambda_{max}|/|\lambda_{min}|$ von 10^5 bis 10^{10}. Solche als steif bezeichnete Differenzialgleichungssysteme sind mit einem expliziten Verfahren praktisch nicht integrierbar, weil die erforderliche große Anzahl von Integrationsschritten einerseits zu aufwendig ist und andererseits wegen des Rechnens mit beschränkter Mantissenlänge der Computerzahlen die vielen Rechenoperationen zu einer unzulässigen Verfälschung der Ergebnisse durch „Auflaufen" von Rundungsfehlern führen (vgl. das folgende Beispiel in Bild 2.34).

Implizites Euler-Verfahren: Die Integrationsformel lautet in diesem Fall

$$z_{j+1} = z_j + h\dot{z}_{j+1}. \tag{2.119}$$

Das Einsetzen des Differenzialgleichungssystems in (2.119) führt auf das nichtlineare Gleichungssystem

$$z_{j+1} = z_j + hf(z_{j+1}, x_{j+1}) \qquad (j = 0, 1, 2, \dots, N). \tag{2.120}$$

Ausgehend vom Anfangswert $z(t_0) = z_0$, kann durch wiederholte Lösung von (2.120) mit einem geeigneten Iterationsverfahren (vgl. Abschnitt 2.1.3) die Folge $(z_j)_{j\in\underline{N}}$ ermittelt werden. Das implizite Euler-Verfahren besitzt ebenfalls die Ordnung $p = 1$. Sein Stabilitätsbereich

$$D_{IE} = \left\{ h\lambda \ \Big| \ \frac{1}{|1 - h\lambda|} < 1 \right\} \subset \mathbb{C}$$

enthält aber im Gegensatz zu (2.118) die gesamte linke Halbebene der Gaußschen Zahlenebene.

Diese Eigenschaft gestattet die Wahl der Schrittweite allein in Abhängigkeit von der durch den lokalen Diskretisierungsfehler kontrollierten Genauigkeitsforderung und ist demzufolge Voraussetzung für die Integration mit variabler, dem Lösungsverlauf angepasster Schrittweite.

Gerade zur Lösung steifer Differenzialgleichungssysteme sind Verfahren mit in der linken Halbebene unbeschränktem bzw. sehr großem Stabilitätsbereich geeignet, weil nach Abklingen der schnellen Vorgänge im Funktionsverlauf von z die Schrittweite um Größenordnungen erhöht werden kann. Dieser Vorteil muss durch einen größeren Rechenaufwand zur Lösung des nichtlinearen Gleichungssystems in jedem Integrationsschritt erkauft werden.

Zur Lösung von (2.120) bietet sich zunächst wegen der Form der vorliegenden Gleichung die gewöhnliche Iteration an. Die rechte Seite von (2.120) stellt aber nur dann eine kontrahierende Abbildung dar, wenn h hinreichend klein ist. Man erhält somit Schrittweiten, die etwa h_g der expliziten Verfahren entsprechen. Die Konvergenzforderung des Iterationsverfahrens beschränkt damit den Wert für h, so dass die Vorteile des impliziten Integrationsverfahrens nicht zum Tragen kommen.

Verwendet man dagegen das Newton-Verfahren zur Lösung der algebraischen Gleichungssysteme, so kann die Schrittweite im Allgemeinen durch das Integrationsverfahren festgelegt werden. Wie die Anwendungen zeigen, muss nur in Ausnahmefällen eine Schrittweitenreduktion wegen Nichtkonvergenz des Newton-Verfahrens erfolgen. Die Iterationsvorschrift lautet in diesem Fall

$$z_{j+1,k+1} = z_{j+1,k} - \Delta z_{j+1,k} \qquad (k = 0, 1, 2, \ldots) \tag{2.121}$$

mit

$$(E - h\partial_1 f(z_{j+1,k}, x_{j+1}))\Delta z_{j+1,k} = z_{j+1,k} - z_{j,k} - hf(z_{j+1,k}, x_{j+1}),$$

wobei j den Zeitschritt, k den Iterationsschritt und $\partial_1 f(\ldots)$ die Jacobi-Matrix der Funktion f bezüglich ihres ersten Arguments bezeichnen. Als Startwert $z_{j+1,0}$ wird entweder die Lösung zum vorhergehenden Zeitpunkt t_j verwendet oder ein Schätzwert für den aktuellen Zeitpunkt t_{j+1}, der beispielsweise mit einer expliziten Integrationsformel berechnet wird (vgl. [3], [7]).

Nur die wenigsten Diskretisierungsverfahren, die zur Klasse der impliziten Integrationsverfahren gehören, besitzen einen in der linken Halbebene unbeschränkten Stabilitätsbereich. In den meisten Fällen ist er auch hier beschränkt, aber oftmals doch noch wesentlich größer als bei den expliziten Verfahren.

Bemerkung: Analog zu den statischen Systemen (vgl. Abschnitt 2.1.3.1) führt in einigen Fällen die Beschreibung nichtlinearer dynamischer Systeme nicht unmittelbar auf explizite

Differenzialgleichungssysteme, wie sie die Zustandsgleichungen darstellen, sondern auf ein sogenanntes Algebrodifferenzialgleichungssystem (ADGS) der Form

$$F(v(t), \dot{v}(t), t) = 0 \qquad (F : \mathbb{R}^q \times \mathbb{R}^q \times T \to \mathbb{R}^q)$$

mit $q \geq n$. Dieses ADGS lässt sich mit impliziten Diskretisierungsverfahren direkt integrieren. Verfahren auf dieser Basis, die darüber hinaus die Elemente der Jacobi-Matrix mit Hilfe der symbolischen Differenziation berechnen und bei der Lösung der linearen Gleichungssysteme die in der Regel vorhandene schwache Besetztheit der Jacobi-Matrix ausnutzen, ermöglichen die numerische Integration von Differenzialgleichungssystemen mit mehreren 1000 Gleichungen in praktikablen Rechenzeiten.

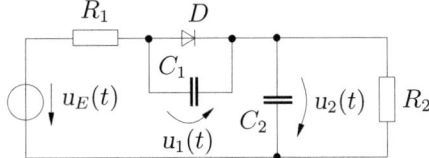

Bild 2.34: Gleichrichterschaltung

Beispiel 2.15 Für das in Bild 2.34 angegebene Netzwerk sollen die Spannungen u_1 und u_2 im Intervall $T_1 = [0, 20] \subset T$, für $u_1(0) = u_2(0) = 0$ berechnet werden, wobei die Diodenkennlinie durch die Gleichung

$$i_D(t) = I_0 \left(\exp \frac{u_D(t)}{u_T} - 1 \right)$$

beschrieben wird und das Eingangssignal u_E den sinusförmigen Verlauf

$$u_E(t) = U_0 \sin \omega t$$

aufweist. Die Zustandsbeschreibung mit den Zustandsvariablen u_1 und u_2 führt auf das Differenzialgleichungssystem

$$\dot{u}_1(t) = \frac{1}{R_1 C_1} \left(u_E(t) - u_1(t) - u_2(t) - R_1 I_0 \left(\exp \frac{u_1(t)}{u_T} - 1 \right) \right) = f_1(u_1(t), u_2(t), u_E(t))$$

$$\dot{u}_2(t) = \frac{1}{R_1 C_2} \left(u_E(t) - u_1(t) - u_2(t) \right) - \frac{u_2(t)}{R_2 C_2} = f_2(u_1(t), u_2(t), u_E(t)).$$

Mit den (normierten) Werten $R_1 = 0,001$; $R_2 = 0,1$; $C_1 = 8 \cdot 10^{-5}$; $C_2 = 100$; $I_0 = 10^{-6}$; $u_T = 0,04$; $U_0 = 10$ und $\omega = 0,1\pi$ folgt daraus

$$\dot{u}_1(t) = 1,25 \cdot 10^7 \left(u_E(t) - u_1(t) - u_2(t) - 10^{-9} \left(\exp\left(25 u_1(t)\right) - 1 \right) \right)$$

$$\dot{u}_2(t) = 10 \left(u_E(t) - u_1(t) \right) - 10,1 \, u_2(t).$$

Auf Grund der sehr verschiedenen Kapazitätswerte (C_1 stellt die Kapazität des *pn*-Übergangs der Diode D dar, und C_2 ist die Kapazität des Ladekondensators) ergeben sich sehr unterschiedliche Eigenwerte der Jacobi-Matrix des Differenzialgleichungssystems. Im Fall $u_1(t) < 0$ (Diode gesperrt, $i_D(t) \approx 0$) erhält man $\lambda_1 \approx -1,25 \cdot 10^7$ und $\lambda_2 \approx -0,1$.

Infolge des Stromflusses durch die Diode verändern sich die Eigenwerte. Für die zum maximalen Diodenstrom $i_D(t) \approx 318$ im Netzwerk der Gleichrichterschaltung gehörende Spannung $u_1(t) \approx 0,783$ ergeben sich die Werte $\lambda_1 \approx -3,3 \cdot 10^8$ und $\lambda_2 \approx -3$.

Bei der Verwendung des expliziten Euler-Verfahrens zur numerischen Integration folgt für negativ reelle Eigenwerte aus dem Stabilitätsbereich D_{EE}

$$|1 + h\lambda| < 1 \Leftrightarrow 0 < h < -\frac{2}{\lambda}.$$

Da die letzte Bedingung für alle Eigenwerte gelten muss, legt schließlich $\lambda_{max} = \lambda_1 \approx -3,3 \cdot 10^8$ die maximale Schrittweite h_g fest:

$$0 < h < h_g = -\frac{2}{\lambda_{max}} \approx 6,06 \cdot 10^{-9}.$$

Die Berechnung der Lösungsfunktionen u_1 und u_2 im Intervall T_1 mit dem expliziten Euler-Verfahren erfordert demzufolge mindestens $3,3 \cdot 10^9$ Integrationsschritte, was mit einer relativ hohen Rechenzeit verbunden ist. Diese Diskussion zeigt deutlich, dass explizite Integrationsverfahren zur Lösung steifer Differenzialgleichungssysteme ungeeignet sind.

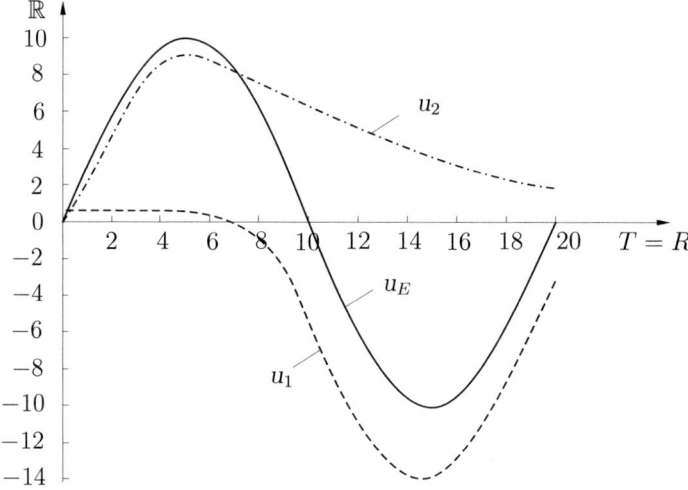

Bild 2.35: Signalverläufe von u_E, u_1 und u_2 im Intervall $T_1 = [0, 20]$

Bei der Verwendung des impliziten Euler-Verfahrens wird die Schrittweite durch den Stabilitätsbereich D_{IE} nicht begrenzt. Die numerische Integration mit einem solchen Verfahren, das zusätzlich eine automatische Schrittweitensteuerung gestattet, benötigt 191 Schritte im Intervall T_1, wenn als maximaler relativer lokaler Diskretisierungsfehler 10^{-3} vorgegeben wird. Die berechneten Signalverläufe sind in Bild 2.35 angegeben.

2.2.4 Aufgaben zum Abschnitt 2.2

2.2-1 Für das in Bild 2.2-1 dargestellte dynamische System ist das Zustandsgleichungssystem in der Form

$$\dot{z}_\nu(t) = f_\nu(z_1(t), z_2(t), z_3(t), x_1(t), x_2(t)) \qquad (\nu \in \{1, 2, 3\})$$
$$y_\mu(t) = g_\mu(z_1(t), z_2(t), z_3(t), x_1(t), x_2(t)) \qquad (\mu \in \{1, 2, 3, 4\})$$

anzugeben!

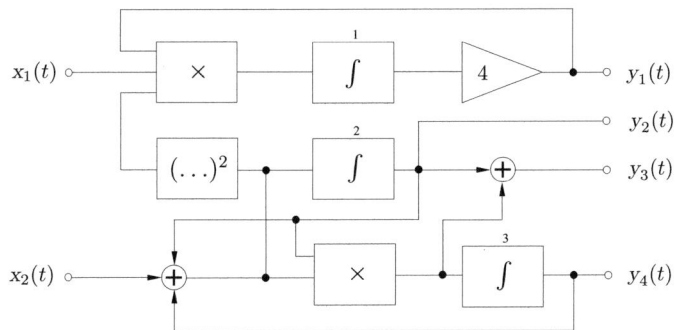

Bild 2.2-1: Nichtlineares dynamisches System

2.2-2 Gegeben ist ein elektrisches Netzwerk (Bild 2.2-2) mit den in der folgenden Tabelle aufgeführten Schaltelementen:

u_1, u_2	Spannungsquellen,			
L_2	lineare Induktivität mit	$i_{L_2}(t)$	$= \alpha\,\Phi_2(t)$	$(\alpha > 0)$,
C_2	nichtlineare Kapazität mit	$u_{C_2}(t)$	$= \beta\,(Q_2(t))^3$	$(\beta > 0)$,
C_3	lineare Kapazität mit	$u_{C_3}(t)$	$= \gamma\,Q_3(t)$	$(\gamma > 0)$,
R_3	nichtlinearer Widerstand mit	$i_{R_3}(t)$	$= \delta\,(u_{R_3}(t))^5$	$(\delta > 0)$.

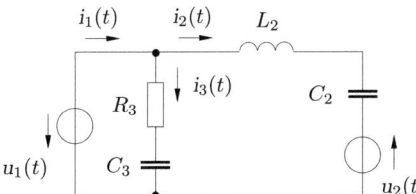

Bild 2.2-2: Nichtlineares elektrisches Netzwerk

a) Man stelle die Zustandsgleichungen in der Form

$$\dot{\Phi}_2(t) = f_1(\Phi_2(t), Q_2(t), Q_3(t), u_1(t), u_2(t))$$
$$\dot{Q}_2(t) = f_2(\Phi_2(t), Q_2(t), Q_3(t), u_1(t), u_2(t))$$
$$\dot{Q}_3(t) = f_3(\Phi_2(t), Q_2(t), Q_3(t), u_1(t), u_2(t))$$
$$i_1(t) = g_1(\Phi_2(t), Q_2(t), Q_3(t), u_1(t), u_2(t))$$
$$u_{L_2}(t) = g_2(\Phi_2(t), Q_2(t), Q_3(t), u_1(t), u_2(t))$$

auf!

b) Man gebe eine Realisierung (Blockschaltbild) des dynamischen Systems an!

2.2-3 Die in Bild 2.2-3 dargestellte Schaltung enthält einen nichtlinearen Widerstand R, für den $i_R(t) = \alpha\,(u_R(t))^3$ gilt ($\alpha > 0$).

a) Man stelle die Zustandsgleichungen

$$\dot{u}_C(t) = f(u_C(t), u_E(t))$$
$$i_R(t) = g(u_C(t), u_E(t))$$

auf!

b) Man löse die Zustandsgleichungen für $u_E(t) = U_0 \mathbf{1}(t)$ (Einschalten einer Gleichspannung U_0 im Zeitpunkt $t = 0$), wenn der Anfangszustand durch $u_C(0) = 0$ gegeben ist!

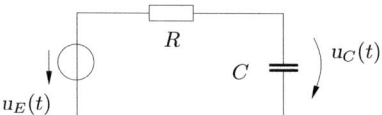

Bild 2.2-3: Nichtlineare RC-Schaltung

2.2-4 Für die Schaltung Bild 2.2-3 (vgl. Aufgabe 2.2-3) ergibt sich die Zustandsgleichung

$$\dot{u}_C(t) = \frac{\alpha}{C}(u_E(t) - u_C(t))^3 = f(u_C(t), u_E(t)).$$

Man löse diese Gleichung für $u_E(t) = U_0 \mathbf{1}(t)$ (Einschalten einer Gleichspannung U_0 im Zeitpunkt $t = 0$) für den Anfangszustand $u_C(0) = 0$ durch Iteration, beginnend mit $u_{C0}(t) = 0$, und vergleiche die Lösung mit der exakten Lösung von Aufgabe 2.2-3b! (Hinweis: Man führe drei Iterationsschritte aus!).

Kapitel 3

Lineare zeitkontinuierliche Systeme

3.1 Zustandsdarstellung

3.1.1 Systembeschreibung

3.1.1.1 Zustandsgleichungen

Die Lösung der Zustandsgleichungen vereinfacht sich erheblich, wenn wir zu linearen Systemen übergehen. In diesem Fall sind die Überführungsfunktion f und die Ergebnisfunktion g lineare Abbildungen. Wir setzen also nun voraus, dass die Alphabete X (Eingabealphabet), Y (Ausgabealphabet) und Z (Zustandsalphabet) lineare Räume mit dem Körper der reellen Zahlen als Operatorbereich (vgl. [26], Abschnitt 3.1.1.1) und den Elementen

$$
\begin{aligned}
x &= (x_1, x_2, \ldots, x_l) &= (x_1(t), x_2(t), \ldots, x_l(t)) &\in X \\
y &= (y_1, y_2, \ldots, y_m) &= (y_1(t), y_2(t), \ldots, y_m(t)) &\in Y \\
z &= (z_1, z_2, \ldots, z_n) &= (z_1(t), z_2(t), \ldots, z_n(t)) &\in Z
\end{aligned} \tag{3.1}
$$

bilden.

Im Fall linearer Abbildungen f und g können die Zustandsgleichungen (2.69) auf die folgende Form gebracht werden (vgl. [26], Abschnitt 3.2.1.1):

$$
\begin{aligned}
\dot{z}_\nu(t) &= f_\nu(z_1(t), \ldots, z_n(t); x_1(t), \ldots, x_l(t)) = \sum_{i=1}^{n} \alpha_{\nu i} z_i(t) + \sum_{i=1}^{l} \beta_{\nu i} x_i(t) \\
y_\mu(t) &= g_\mu(z_1(t), \ldots, z_n(t); x_1(t), \ldots, x_l(t)) = \sum_{i=1}^{n} \gamma_{\mu i} z_i(t) + \sum_{i=1}^{l} \delta_{\mu i} x_i(t)
\end{aligned} \tag{3.2}
$$

$$(\nu = 1, 2, \ldots, n; \quad \mu = 1, 2, \ldots, m).$$

In diesen Gleichungen sind die Koeffizienten $\alpha_{\nu i}$, $\beta_{\nu i}$, $\gamma_{\mu i}$ und $\delta_{\mu i}$ reelle Zahlen.

Die insgesamt $m + n$ Gleichungen (3.2) lassen sich kürzer in Matrizenschreibweise darstellen. Man erhält dann die *Zustandsgleichungen des linearen Systems*

$$
\begin{aligned}
\dot{z}(t) &= Az(t) + Bx(t) &= f(z(t), x(t)) \\
y(t) &= Cz(t) + Dx(t) &= g(z(t), x(t))
\end{aligned} \tag{3.3}
$$

mit den Matrizen

$$A = \begin{pmatrix} \alpha_{11} & \cdots & \alpha_{1n} \\ \vdots & & \vdots \\ \alpha_{n1} & \cdots & \alpha_{nn} \end{pmatrix}; \quad B = \begin{pmatrix} \beta_{11} & \cdots & \beta_{1l} \\ \vdots & & \vdots \\ \beta_{n1} & \cdots & \beta_{nl} \end{pmatrix};$$

$$C = \begin{pmatrix} \gamma_{11} & \cdots & \gamma_{1n} \\ \vdots & & \vdots \\ \gamma_{m1} & \cdots & \gamma_{mn} \end{pmatrix}; \quad D = \begin{pmatrix} \delta_{11} & \cdots & \delta_{1l} \\ \vdots & & \vdots \\ \delta_{m1} & \cdots & \delta_{ml} \end{pmatrix}.$$

(3.4)

Die Elemente $x = x(t)$, $y = y(t)$, $z = z(t)$ der linearen Räume X, Y, Z werden in dieser Darstellung als Spaltenmatrizen (Vektoren) geschrieben, d.h. es ist

$$x(t) = \begin{pmatrix} x_1(t) \\ \vdots \\ x_l(t) \end{pmatrix}; \quad y(t) = \begin{pmatrix} y_1(t) \\ \vdots \\ y_m(t) \end{pmatrix}; \quad z(t) = \begin{pmatrix} z_1(t) \\ \vdots \\ z_n(t) \end{pmatrix}.$$

(3.5)

Beispiel 3.1 Wir betrachten die bereits im Abschnitt 2.2.1.1 (Bild 2.22) angegebene elektrische RLC-Schaltung. Dabei wollen wir nun aber annehmen, dass die in dieser Schaltung enthaltenen Schaltelemente R, L und C linear sind, d.h. es gilt speziell

$$i_R(t) = \eta_R(u_R(t)) = \frac{u_R(t)}{R}; \qquad i_L(t) = \eta_L(\Phi(t)) = \frac{\Phi(t)}{L}; \qquad u_C(t) = \eta_C(Q(t)) = \frac{Q(t)}{C}.$$

Die bereits im Abschnitt 2.2.1.1 für diese Schaltung aufgestellten Zustandsgleichungen (2.68) bleiben natürlich gültig. Sie müssen lediglich für die vorgegebenen linearen Funktionen η_R, η_L und η_C spezialisiert werden, so dass wir erhalten:

$$\begin{aligned}
\dot{\Phi}(t) &= & -\frac{1}{C}Q(t) &+ u(t) \\
\dot{Q}(t) &= \frac{1}{L}\Phi(t) & -\frac{1}{RC}Q(t) &+ \frac{1}{R}u(t) \\
u_L(t) &= & -\frac{1}{C}Q(t) &+ u(t) \\
u_C(t) &= & \frac{1}{C}Q(t). &
\end{aligned}$$

In Matrizenform lautet dieses Gleichungssystem übersichtlicher

$$\begin{pmatrix} \dot{\Phi}(t) \\ \dot{Q}(t) \end{pmatrix} = \begin{pmatrix} 0 & -\frac{1}{C} \\ \frac{1}{L} & -\frac{1}{RC} \end{pmatrix} \begin{pmatrix} \Phi(t) \\ Q(t) \end{pmatrix} + \begin{pmatrix} 1 \\ \frac{1}{R} \end{pmatrix} u(t)$$

(3.6)

$$\begin{pmatrix} u_L(t) \\ u_C(t) \end{pmatrix} = \begin{pmatrix} 0 & -\frac{1}{C} \\ 0 & \frac{1}{C} \end{pmatrix} \begin{pmatrix} \Phi(t) \\ Q(t) \end{pmatrix} + \begin{pmatrix} 1 \\ 0 \end{pmatrix} u(t)$$

mit den Matrizen

$$
A = \begin{pmatrix} 0 & -\dfrac{1}{C} \\[2mm] \dfrac{1}{L} & -\dfrac{1}{RC} \end{pmatrix}; \quad
B = \begin{pmatrix} 1 \\[2mm] \dfrac{1}{R} \end{pmatrix}; \quad
C = \begin{pmatrix} 0 & -\dfrac{1}{C} \\[2mm] 0 & \dfrac{1}{C} \end{pmatrix}; \quad
D = \begin{pmatrix} 1 \\[2mm] 0 \end{pmatrix}.
$$

3.1.1.2 Modell

Wie aus den Zustandsgleichungen (3.3) des linearen dynamischen Systems hervorgeht, wird die Überführungsfunktion f durch die Matrizen A und B und die Ergebnisfunktion g durch die Matrizen C und D bestimmt. Das in Bild 2.25a angegebene Blockschaltbild des dynamischen Systems kann nun für den Sonderfall des linearen Systems spezialisiert werden. Wir erhalten dann das in Bild 3.1 dargestellte Modell des linearen dynamischen Systems.

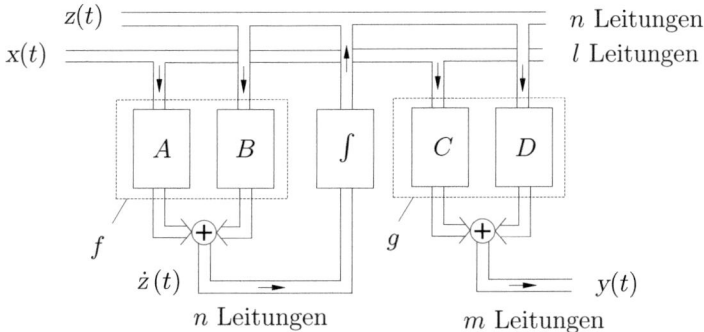

Bild 3.1: Blockschaltbild des zeitkontinuierlichen linearen dynamischen Systems

Bei der Einführung der Zustandsvariablen im Abschnitt 2.2.1.1 wurde relativ willkürlich vorgegangen, indem am Ausgang eines jeden Speicherglieds eine Hilfsvariable (Zustandsvariable) angenommen wurde. Prinzipiell hätte man solche Hilfsvariablen auch an anderen sinnvoll ausgewählten Stellen im Innern des dynamischen Systems einführen können. Man erhält dann ebenfalls ein (verändertes) Zustandsgleichungssystem mit (veränderten) Zustandsvariablen. Der Satz von Zustandsvariablen, der zu einem System gehört, ist dem System also nicht eindeutig zugeordnet. Man kann von einem gegebenen Satz von Zustandsvariablen eines Systems immer zu einem neuen Satz von Zustandsvariablen übergehen, wobei es gleichgültig ist, ob diese neuen Zustandsvariablen real im System auftretende physikalische Größen repräsentieren oder nicht.

In dem zuletzt betrachteten Beispiel am Ende des vorangegangenen Abschnitts wurden der Magnetfluss Φ und die Ladung Q als Zustandsvariable betrachtet. Wir wollen das Zustandsgleichungssystem (3.6) nun so umformen, dass die neuen Zustandsvariablen i_L (Strom durch die Induktivität L) und u_C (Spannung über der Kapazität C) im Gleichungssystem auftreten. Wegen

$$
\Phi(t) = L\, i_L(t) \qquad \text{und} \qquad Q(t) = C u_C(t)
$$

besteht zwischen den neuen und alten Zustandsvariablen die Transformationsgleichung

$$\begin{pmatrix} \Phi(t) \\ Q(t) \end{pmatrix} = \begin{pmatrix} L & 0 \\ 0 & C \end{pmatrix} \begin{pmatrix} i_L(t) \\ u_C(t) \end{pmatrix}$$

mit der nichtsingulären quadratischen Transformationsmatrix

$$T = \begin{pmatrix} L & 0 \\ 0 & C \end{pmatrix}.$$

Setzen wir diese Transformationsbeziehung in (3.6) ein, so ergibt sich

$$T \begin{pmatrix} \dot{i}_L(t) \\ \dot{u}_C(t) \end{pmatrix} = AT \begin{pmatrix} i_L(t) \\ u_C(t) \end{pmatrix} + Bu(t)$$

$$\begin{pmatrix} u_L(t) \\ u_C(t) \end{pmatrix} = CT \begin{pmatrix} i_L(t) \\ u_C(t) \end{pmatrix} + Du(t).$$

Nach Multiplikation der ersten Gleichung von links mit T^{-1} ergibt sich weiter

$$\begin{pmatrix} \dot{i}_L(t) \\ \dot{u}_C(t) \end{pmatrix} = T^{-1}AT \begin{pmatrix} i_L(t) \\ u_C(t) \end{pmatrix} + T^{-1}Bu(t).$$

Damit haben wir die neuen Zustandsgleichungen mit den veränderten Zustandsvariablen erhalten. Sie lauten

$$\begin{pmatrix} \dot{i}_L(t) \\ \dot{u}_C(t) \end{pmatrix} = A^* \begin{pmatrix} i_L(t) \\ u_C(t) \end{pmatrix} + B^*u(t)$$

$$\begin{pmatrix} u_L(t) \\ u_C(t) \end{pmatrix} = C^* \begin{pmatrix} i_L(t) \\ u_C(t) \end{pmatrix} + D^*u(t),$$

(3.7)

wobei gilt

$$A^* = T^{-1}AT = \begin{pmatrix} 0 & -\frac{1}{L} \\ \frac{1}{C} & -\frac{1}{CR} \end{pmatrix}; \qquad B^* = T^{-1}B = \begin{pmatrix} \frac{1}{L} \\ \frac{1}{CR} \end{pmatrix};$$

$$C^* = CT = \begin{pmatrix} 0 & -1 \\ 0 & 1 \end{pmatrix}; \qquad D^* = D = \begin{pmatrix} 1 \\ 0 \end{pmatrix}.$$

Das Blockschaltbild des linearen dynamischen Systems mit den veränderten Zustandsvariablen i_L und u_C ist in Bild 3.2 dargestellt.

Die oben am Beispiel erläuterte Methode des Wechsels der Zustandsvariablen kann allgemein angewandt werden. Man nennt in diesem Zusammenhang zwei Systeme von Zustandsgleichungen (3.3) *ähnlich*, wenn sie durch eine bijektive lineare Abbildung (vermittelt durch eine nichtsinguläre Matrix T)

$$\mu: \ Z \to Z, \qquad \mu(z^*) = Tz^* = z$$

ineinander übergeführt werden können. Daraus ergibt sich, dass zwei Zustandsgleichungssysteme mit den Matrizen (A, B, C, D) und (A^*, B^*, C^*, D^*) genau dann ähnlich sind, wenn gilt

$$A^* = T^{-1}AT; \qquad B^* = T^{-1}B; \qquad C^* = CT; \qquad D^* = D.$$

Ähnliche Zustandsgleichungen beschreiben die gleiche Abbildungsfamilie von Signalabbildungen.

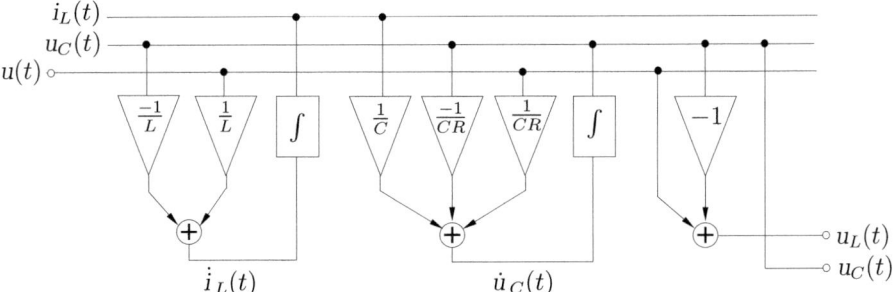

Bild 3.2: Modell der linearen RLC-Schaltung nach Bild 2.22

3.1.2   Systemcharakteristiken

3.1.2.1   Zustandsgleichungen im Bildbereich

Die Zustandsgleichungen (3.3) des linearen Systems sollen nun mit Hilfe der Laplace-Transformation gelöst werden. Zunächst schreiben wir noch einmal die ν-te Zeile der ersten Gleichung von (3.3) auf und erhalten

$$\dot{z}_\nu(t) = \sum_{i=1}^{n} \alpha_{\nu i} z_i(t) + \sum_{i=1}^{l} \beta_{\nu i} x_i(t) \qquad (\nu = 1, 2, \ldots, n). \tag{3.8}$$

Unterwerfen wir beide Seiten dieser Gleichung der Laplace-Transformation, so erhalten wir mit Hilfe der Differenziationsregel (Regel 4, Tabelle im Anhang)

$$sZ_\nu(s) - z_\nu(0) = \sum_{i=1}^{n} \alpha_{\nu i} Z_i(s) + \sum_{i=1}^{l} \beta_{\nu i} X_i(s) \qquad (\nu = 1, 2, \ldots, n). \tag{3.9}$$

In dieser Gleichung und in den folgenden ist zu beachten, dass wir im Zusammenhang mit der Laplace-Transformation in Übereinstimmung mit der Differenziationsregel unter $z_\nu(0)$ den Grenzwert von rechts verstehen, also $z_\nu(0) = z_\nu(+0)$. Fassen wir in (3.9) die n Gleichungen zu einer Matrizengleichung zusammen, so erhalten wir weiter

$$sZ(s) - z(0) = AZ(s) + BX(s), \tag{3.10}$$

worin A und B die bereits in (3.4) erklärten Matrizen bedeuten und

$$Z(s) = \begin{pmatrix} Z_1(s) \\ \vdots \\ Z_n(s) \end{pmatrix} \quad \text{bzw.} \quad X(s) = \begin{pmatrix} X_1(s) \\ \vdots \\ X_l(s) \end{pmatrix} \tag{3.11}$$

ist. Aus (3.10) folgt ferner

$$(sE - A)Z(s) = z(0) + BX(s) \tag{3.12}$$

mit der n-reihigen Einheitsmatrix

$$E = \begin{pmatrix} 1 & 0 & 0 & \ldots & 0 \\ 0 & 1 & 0 & & \vdots \\ 0 & 0 & \ddots & 0 & 0 \\ \vdots & & 0 & 1 & 0 \\ 0 & \ldots & 0 & 0 & 1 \end{pmatrix}. \tag{3.13}$$

Da die Matrix $(sE - A)$ nicht für alle s singulär sein kann, können wir (3.12) von links mit $(sE - A)^{-1}$ multiplizieren und erhalten die Lösung

$$Z(s) = (sE - A)^{-1}z(0) + (sE - A)^{-1}BX(s). \tag{3.14}$$

Die zweite Gleichung von (3.3) kann analog hierzu behandelt werden und liefert

$$Y(s) = CZ(s) + DX(s). \tag{3.15}$$

Die letzten beiden Gleichungen sind die Lösungen der Zustandsgleichungen im Bildbereich.

Mit den folgenden Definitionen lassen sich diese Lösungen noch etwas einfacher und übersichtlicher schreiben.

Definition 3.1 Es wird vereinbart:

a) Die Matrix

$$(sE - A)^{-1} = \frac{(sE - A)^+}{\det(sE - A)} = \Phi(s) \tag{3.16}$$

heißt *Fundamentalmatrix* des linearen Systems *im Bildbereich*. Es gilt genauer

$$\Phi(s) = \begin{pmatrix} \Phi_{11}(s) & \ldots & \Phi_{1n}(s) \\ \vdots & & \vdots \\ \Phi_{n1}(s) & \ldots & \Phi_{nn}(s) \end{pmatrix}.$$

b) Die Determinante

$$\det(sE - A) = s^n + b_1 s^{n-1} + b_2 s^{n-2} + \ldots + b_{n-1}s + b_n = \varphi_A(s) \tag{3.17}$$

heißt *charakteristisches Polynom* des linearen Systems.

c) Die Matrix

$$(sE - A)^+ = (sE - A)^{-1}\varphi_A(s) \tag{3.18}$$

ist die *adjungierte Matrix* des linearen Systems.

Mit der oben definierten Fundamentalmatrix $\Phi(s)$ lassen sich die Lösungen (3.14) und (3.15) der Zustandsgleichungen nun übersichtlicher in der Form

$$\begin{array}{rcl} Z(s) & = & \Phi(s)z(0) + \Phi(s)BX(s) \\ Y(s) & = & CZ(s) + DX(s) \end{array} \tag{3.19}$$

darstellen.

Beide Gleichungen lassen sich noch zu einer *Eingabe-Ausgabe-Beziehung* (*Input-Output-Gleichung*) zusammenfassen, indem man $Z(s)$ eliminiert. Diese Gleichung lautet

$$Y(s) = C\Phi(s)z(0) + (C\Phi(s)B + D)X(s). \tag{3.20}$$

Die in (3.20) enthaltene Matrix

$$C\Phi(s)B + D = G(s) = \begin{pmatrix} G_{11}(s) & \dots & G_{1l}(s) \\ \vdots & & \vdots \\ G_{m1}(s) & \dots & G_{ml}(s) \end{pmatrix} \tag{3.21}$$

heißt *Übertragungsmatrix* oder *Gewichtsmatrix im Bildbereich*. Mit ihrer Hilfe kann die Eingabe-Ausgabe-Gleichung kürzer in der Form

$$Y(s) = C\Phi(s)z(0) + G(s)X(s) \tag{3.22}$$

geschrieben werden.

Die Ausgabe $Y(s)$ im Bildbereich setzt sich, wie aus der letzten Gleichung ersichtlich ist, aus zwei Summanden zusammen, von denen der erste hauptsächlich durch den Anfangszustand $z(0)$ des Systems und der zweite hauptsächlich durch die Eingabe $X(s)$ (im Bildbereich) bestimmt wird. Ist $X(s) = 0$ (keine Eingabe), so ist

$$Y(s) = Y_f(s) = C\Phi(s)z(0) \tag{3.23}$$

die *freie Ausgabe*, und ist $z(0) = 0$, so ist

$$Y(s) = Y_e(s) = G(s)X(s) \tag{3.24}$$

die *erzwungene Ausgabe* (jeweils im Bildbereich). Wir werden in den folgenden Abschnitten auf diese beiden Komponenten der Ausgabe noch näher zu sprechen kommen.

3.1.2.2 Zustandsgleichungen im Zeitbereich

Wir wollen nun die soeben im Bildbereich erhaltenen Lösungen der Zustandsgleichungen in den Originalbereich (Zeitbereich) transformieren. Das geschieht mit Hilfe der inversen Laplace-Transformation unter Berücksichtigung des Faltungssatzes (Regel 7, Tabelle im Anhang). Dann ergibt sich aus (3.19)

$$
\begin{aligned}
z(t) &= \varphi(t)z(0) + \int_0^t \varphi(t-\tau)Bx(\tau)\,\mathrm{d}\tau \\
y(t) &= Cz(t) + Dx(t).
\end{aligned}
\tag{3.25}
$$

Die in diesen Gleichungen enthaltene Matrix

$$
\varphi(t) = \begin{pmatrix} \varphi_{11}(t) & \cdots & \varphi_{1n}(t) \\ \vdots & & \vdots \\ \varphi_{n1}(t) & \cdots & \varphi_{nn}(t) \end{pmatrix}
\tag{3.26}
$$

ist die *Fundamentalmatrix* des linearen Systems *im Zeitbereich*. Die Elemente dieser Matrix sind die inversen Laplace-Transformierten der Elemente von $\Phi(s)$, d.h. es gilt

$$
\varphi_{ij}(t) = L^{-1}\big(\Phi_{ij}(s)\big).
\tag{3.27}
$$

Ist die Fundamentalmatrix $\varphi(t)$ des linearen Systems bekannt, so kann mit Hilfe von (3.25) bei gegebenem Anfangszustand $z(0)$ und gegebener Eingabe x den Zustand $z(t)$ des Systems zu jedem beliebigen Zeitpunkt $t > 0$ berechnet werden.

Eliminiert man $z(t)$ in (3.25), so erhält man ebenfalls wieder eine Eingabe-Ausgabe-Gleichung. Diese Gleichung lautet

$$
y(t) = C\varphi(t)z(0) + \int_0^t \big(C\varphi(t-\tau)B + D\delta(t-\tau)\big)x(\tau)\,\mathrm{d}\tau,
\tag{3.28}
$$

wenn man noch die Eigenschaft (1.39) des Impulssignals δ beachtet. Die Matrix

$$
C\varphi(t)B + D\delta(t) = g(t) = \begin{pmatrix} g_{11}(t) & \cdots & g_{1l}(t) \\ \vdots & & \vdots \\ g_{m1}(t) & \cdots & g_{ml}(t) \end{pmatrix}
\tag{3.29}
$$

ist die *Gewichtsmatrix im Originalbereich*. Man kann leicht nachrechnen, dass ihre Elemente, die *Gewichtsfunktionen* g_{ij} die inversen Laplace-Transformierten der Elemente von G sind:

$$
g_{ij}(t) = L^{-1}\big(G_{ij}(s)\big).
\tag{3.30}
$$

Mit Hilfe der Gewichtsmatrix kann die Eingabe-Ausgabe-Gleichung einfacher in der Form

$$
y(t) = C\varphi(t)z(0) + \int_0^t g(t-\tau)x(\tau)\,\mathrm{d}\tau
\tag{3.31}
$$

geschrieben werden.

Ähnlich wie (3.22) zerfällt die letzte Gleichung wieder in zwei Summanden. Für das Eingabesignal $x = 0$ (Nullsignal, keine Eingabe) erhalten wir den durch den Anfangszustand $z(0)$ bestimmten freien Vorgang, d.h. die *freie Ausgabe*

$$y(t) = y_f(t) = C\varphi(t)z(0), \tag{3.32}$$

und für $z(0) = 0$ ergibt sich die durch die Eingabe x *erzwungene Ausgabe*

$$y(t) = y_e(t) = \int_0^t g(t - \tau)x(\tau)\,\mathrm{d}\tau. \tag{3.33}$$

Man spricht im letzten Fall auch von einer Erregung des Systems aus dem Nullzustand $z(0) = 0$ heraus. Bei praktischen Problemen (z.B. beim Einschalten einer energielosen elektrischen Schaltung) haben wir es sehr häufig mit diesem Sonderfall zu tun, so dass es erforderlich ist, hierauf noch näher einzugehen (Abschnitt 3.2). Zuvor sollen jedoch die Systemcharakteristiken $\varphi(t)$ und $g(t)$ noch etwas ausführlicher betrachtet werden.

3.1.2.3 Fundamentalmatrix

Es lässt sich zeigen, dass die Fundamentalmatrix $\varphi(t)$ durch die Matrizenreihe

$$\varphi(t) = \mathrm{e}^{At} = E + A\frac{t}{1!} + A^2\frac{t^2}{2!} + A^3\frac{t^3}{3!} + \ldots \tag{3.34}$$

dargestellt werden kann, worin A die in (3.4) erklärte Matrix aus den Zustandsgleichungen bedeutet. E ist wieder die Einheitsmatrix.

Der Beweis für die Richtigkeit von (3.34) ergibt sich wie folgt: Ersetzen wir die rechts stehende Reihe zur Abkürzung durch $\psi(t)$, so kann nach t differenziert werden, und es ist

$$\begin{aligned}\dot{\psi}(t) &= A + A^2\frac{t}{1!} + A^3\frac{t^2}{2!} + \ldots \\ &= A\left(E + A\frac{t}{1!} + A^2\frac{t^2}{2!} + \ldots\right) = A\psi(t).\end{aligned}$$

Gehen wir auf beiden Seiten dieser Gleichung zu den Laplace-Transformierten über, so ergibt sich mit Berücksichtigung der Differenziationsregel

$$s\Psi(s) - \psi(0) = A\Psi(s),$$

und mit $\psi(0) = E$ folgt

$$s\Psi(s) - E = A\Psi(s).$$

Nach Umstellung dieser Gleichung erhält man

$$(sE - A)\Psi(s) = E$$

bzw.

$$\Psi(s) = (sE - A)^{-1} = \Phi(s);$$

folglich gilt im Originalbereich $\psi(t) = \varphi(t)$, was zu zeigen war.

Aus (3.34) ergeben sich eine Reihe von Eigenschaften, die wir nun kurz zusammenstellen:

a) Durch Differenziation von (3.34) erhält man

$$\dot{\varphi}(t) = A e^{At} = e^{At} A;$$

folglich gilt

$$A\varphi(t) = \varphi(t)A \tag{3.35}$$

und

$$\dot{\varphi}(0) = A. \tag{3.36}$$

b) Setzt man in (3.34) $t = 0$, so folgt

$$\varphi(0) = E. \tag{3.37}$$

c) Setzen wir in (3.34) $t = t_1 + t_2$, so folgt

$$\varphi(t_1 + t_2) = e^{A(t_1 + t_2)} = e^{At_1} e^{At_2} = \varphi(t_1)\varphi(t_2). \tag{3.38}$$

d) Setzen wir in der letzten Gleichung $t_1 = t$ und $t_2 = -t$, so erhalten wir mit (3.37)

$$\varphi(0) = E = \varphi(t)\varphi(-t)$$

und daraus

$$\varphi(-t) = (\varphi(t))^{-1}. \tag{3.39}$$

$\varphi(t)$ ist eine nichtsinguläre Matrix.

Die Berechnung der Fundamentalmatrix $\varphi(t)$ kann über den Umweg der Laplace-Transformation mittels

$$\varphi(t) = L^{-1}\big((sE - A)^{-1}\big)$$

erfolgen. Eine direkte Berechnung von $\varphi(t)$ aus A über die Reihe (3.34) erfordert die Berechnung einer größeren Anzahl von Matrizenmultiplikationen, um hinreichend viele Glieder der Reihe zu erhalten. Ein weiteres Verfahren zur Berechnung von $\varphi(t)$ gründet sich auf das nachfolgende *Theorem von Sylvester:*

Hat eine Matrix A nur einfache Eigenwerte s_i $(i = 1, 2, \ldots, n)$, so gilt für (konvergente) Matrizenpotenzreihen

$$\varphi(A) = \sum_{i=1}^{\infty} a_i A^i \tag{3.40}$$

die Darstellung

$$\varphi(A) = \sum_{i=1}^{n} \varphi(s_i) R(s_i), \tag{3.41}$$

worin $R(s_i)$ Matrizen bedeuten, die durch

$$R(s_i) = \frac{\prod\limits_{j=1}^{n}(s_j E - A)}{\prod\limits_{j=1}^{n}(s_j - s_i)} \qquad (i \neq j) \tag{3.42}$$

gebildet werden.

Beispiel 3.2 Betrachten wir als Beispiel die Matrix

$$A = \begin{pmatrix} 0 & 1 \\ -2 & -3 \end{pmatrix}$$

mit dem charakteristischen Polynom

$$\varphi_A(s) = \det(sE - A) = s^2 + 3s + 2 = (s+1)(s+2)$$

und den Eigenwerten

$$s_1 = -1 \qquad \text{bzw.} \qquad s_2 = -2,$$

so erhalten wir die R-Matrizen

$$R(s_1) \;\; = \frac{s_2 E - A}{s_2 - s_1} \;\; = \frac{1}{-1}\begin{pmatrix} -2 & -1 \\ 2 & 1 \end{pmatrix} = \begin{pmatrix} 2 & 1 \\ -2 & -1 \end{pmatrix}$$

$$R(s_2) \;\; = \frac{s_1 E - A}{s_1 - s_2} \;\; = \begin{pmatrix} -1 & -1 \\ 2 & 2 \end{pmatrix}.$$

Mit $\varphi(A) = e^{At}$ ergibt sich schließlich aus (3.41)

$$\begin{aligned}
e^{At} &= \varphi(s_1)R(s_1) + \varphi(s_2)R(s_2) \\[2mm]
&= e^{-t}\begin{pmatrix} 2 & 1 \\ -2 & -1 \end{pmatrix} + e^{-2t}\begin{pmatrix} -1 & -1 \\ 2 & 2 \end{pmatrix} \\[2mm]
&= \begin{pmatrix} 2e^{-t} - e^{-2t} & e^{-t} - e^{-2t} \\ -2e^{-t} + 2e^{-2t} & -e^{-t} + 2e^{-2t} \end{pmatrix} = \varphi(t).
\end{aligned}$$

Das Verfahren lässt sich auch auf mehrfache Eigenwerte ausdehnen.

3.1.2.4 Gewichtsmatrix

Befindet sich das lineare System im Nullzustand

$$z(0) = 0 = \begin{pmatrix} 0 \\ \vdots \\ 0 \end{pmatrix},$$

so gilt bei Eingabe des Signals x für die Ausgabe die Beziehung (3.24), d.h. es ist

$$Y(s) = Y_e(s) = G(s)X(s).$$

Schreiben wir die μ-te Gleichung dieses aus m einzelnen Gleichungen bestehenden Gleichungssystems auf, so erhalten wir

$$Y_\mu(s) = \sum_{k=1}^{l} G_{\mu k}(s)X_k(s).$$

Nehmen wir nun an, dass an allen Eingängen mit Ausnahme des ν-ten Eingangs das Eingabesignal $x_k = 0$ $(k \neq \nu)$ anliegt, so vereinfacht sich die letzte Gleichung derart, dass von der rechts stehenden Summe nur noch ein Glied übrigbleibt, d.h. es folgt

$$Y_\mu(s) = G_{\mu\nu}(s)X_\nu(s). \tag{3.43}$$

Durch Umstellung der letzten Gleichung ergibt sich noch

$$G_{\mu\nu}(s) = \frac{Y_\mu(s)}{X_\nu(s)}. \tag{3.44}$$

Diese Gleichung lässt die folgende Interpretation der Elemente $G_{\mu\nu}(s)$ der Übertragungsmatrix $G(s)$ zu: Das Ausgabesignal y_μ ist die Wirkung am Ausgang μ wenn am Eingang ν die Ursache x_ν eingegeben wird und alle anderen Eingänge nicht erregt werden. Man kann deshalb sagen: Die Übertragungsfunktion $G_{\mu\nu}$ ergibt sich aus dem Quotienten der Laplace-Transformierten der Wirkung am Ausgang μ und der Laplace-Transformierten der Ursache am Eingang ν, als „Gleichung" formuliert

$$G_{\mu\nu}(s) = \frac{L\big(\text{Wirkung am Ausgang } \mu\big)}{L\big(\text{Ursache am Eingang } \nu\big)}. \tag{3.45}$$

Man nennt $G_{\mu\nu}$ darum auch häufig *Übertragungsfunktion* vom Eingang ν zum Ausgang μ.

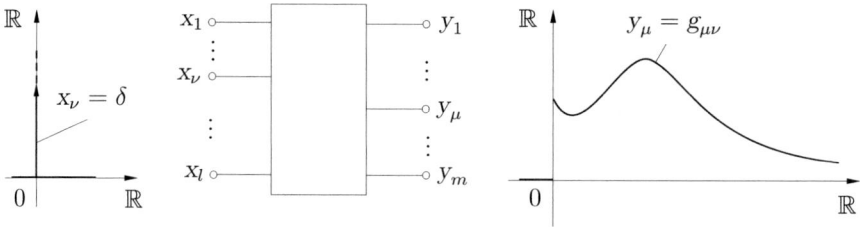

Bild 3.3: Impulsantwort des zeitkontinuierlichen linearen Systems

Übertragen wir (3.43) unter Beachtung des Faltungssatzes der Laplace-Transformation in den Zeitbereich, so entsteht

$$y_\mu(t) = \int_0^t g_{\mu\nu}(t - \tau)x_\nu(\tau)\,d\tau. \tag{3.46}$$

Diese Darstellung gestattet eine anschauliche Interpretation der Elemente $g_{\mu\nu}(t)$ der Gewichtsmatrix $g(t)$ im Zeitbereich. Setzen wir nämlich

$$x_\nu(t) = \delta(t),$$

d.h. der ν-te Eingang des Systems wird durch das Impulssignal δ erregt (während alle anderen Eingänge nicht erregt werden), so folgt aus (3.46) mit (1.39)

$$y_\mu(t) = \int_0^t g_{\mu\nu}(t-\tau)\delta(\tau)\,\mathrm{d}\tau = g_{\mu\nu}(t). \tag{3.47}$$

Als Reaktion des Systems auf das Impulssignal δ am Eingang ν erhalten wir am Ausgang μ also gerade die Gewichtsfunktion $g_{\mu\nu}$. Man nennt $g_{\mu\nu}$ deshalb auch häufig die *Impulsantwort* des Systems bezüglich Eingang ν und Ausgang μ (Bild 3.3).

3.1.2.5 Beispiel

Zur Illustration der in den vorausgegangenen Abschnitten definierten Begriffe betrachten wir abschließend noch ein ausführlich durchgerechnetes Beispiel.

Gegeben sei das lineare elektrische *RLC*-Netzwerk Bild 2.22, von dem wir annehmen wollen, dass die Schaltelemente so dimensioniert sind, dass die Nebenbedingung

$$\frac{1}{(2CR)^2} < \frac{1}{LC}$$

erfüllt ist. Wählen wir i_L und u_C als Zustandsvariable und u_L und u_C als Ausgabe, so erhalten wir bei der Eingabe von u die Zustandsgleichungen (vgl. auch (3.7))

$$\begin{pmatrix} \dot{i}_L(t) \\ \dot{u}_C(t) \end{pmatrix} = \begin{pmatrix} 0 & -\frac{1}{L} \\ \frac{1}{C} & -\frac{1}{RC} \end{pmatrix} \begin{pmatrix} i_L(t) \\ u_C(t) \end{pmatrix} + \begin{pmatrix} \frac{1}{L} \\ \frac{1}{CR} \end{pmatrix} u(t)$$

$$\begin{pmatrix} u_L(t) \\ u_C(t) \end{pmatrix} = \begin{pmatrix} 0 & -1 \\ 0 & 1 \end{pmatrix} \begin{pmatrix} i_L(t) \\ u_C(t) \end{pmatrix} + \begin{pmatrix} 1 \\ 0 \end{pmatrix} u(t)$$

mit den Zustandsmatrizen

$$A = \begin{pmatrix} 0 & -\frac{1}{L} \\ \frac{1}{C} & -\frac{1}{RC} \end{pmatrix}; \quad B = \begin{pmatrix} \frac{1}{L} \\ \frac{1}{CR} \end{pmatrix}; \quad C = \begin{pmatrix} 0 & -1 \\ 0 & 1 \end{pmatrix}; \quad D = \begin{pmatrix} 1 \\ 0 \end{pmatrix}.$$

Aus der Matrix A erhalten wir zunächst die Fundamentalmatrix $\Phi(s)$ im Bildbereich, nämlich

$$\begin{aligned} \Phi(s) &= (sE - A)^{-1} = \begin{pmatrix} s & \frac{1}{L} \\ -\frac{1}{C} & s+\frac{1}{CR} \end{pmatrix}^{-1} \\ &= \frac{1}{s(s+\frac{1}{CR})+\frac{1}{CL}} \begin{pmatrix} s+\frac{1}{CR} & -\frac{1}{L} \\ \frac{1}{C} & s \end{pmatrix} \end{aligned}$$

mit dem charakteristischen Polynom

$$\varphi_A(s) = s^2 + s\frac{1}{CR} + \frac{1}{CL} = (s - s_1)(s - s_2),$$

wobei mit Berücksichtigung der oben angegebenen Nebenbedingung

$$s_{1,2} = -\frac{1}{2CR} \pm \mathrm{j}\sqrt{\frac{1}{CL} - \frac{1}{(2CR)^2}} = -\sigma_0 \pm \mathrm{j}\omega_0$$

gilt. Damit ist also

$$\Phi(s) \;=\; \begin{pmatrix} \dfrac{s + \dfrac{1}{CR}}{(s - s_1)(s - s_2)} & \dfrac{-\dfrac{1}{L}}{(s - s_1)(s - s_2)} \\[4mm] \dfrac{\dfrac{1}{C}}{(s - s_1)(s - s_2)} & \dfrac{s}{(s - s_1)(s - s_2)} \end{pmatrix} = \begin{pmatrix} \Phi_{11}(s) & \Phi_{12}(s) \\ \Phi_{21}(s) & \Phi_{22}(s) \end{pmatrix}$$

gegeben.

Die Übertragungsmatrix $G(s)$ erhalten wir aus

$$G(s) \;=\; C\Phi(s)B + D$$

$$=\; \frac{1}{(s - s_1)(s - s_2)} \begin{pmatrix} 0 & -1 \\ 0 & 1 \end{pmatrix} \begin{pmatrix} s + \dfrac{1}{CR} & -\dfrac{1}{L} \\ \dfrac{1}{C} & s \end{pmatrix} \begin{pmatrix} \dfrac{1}{L} \\ \dfrac{1}{CR} \end{pmatrix} + \begin{pmatrix} 1 \\ 0 \end{pmatrix}$$

$$=\; \begin{pmatrix} \dfrac{s^2}{(s - s_1)(s - s_2)} \\[4mm] \dfrac{s\dfrac{1}{CR} + \dfrac{1}{CL}}{(s - s_1)(s - s_2)} \end{pmatrix} = \begin{pmatrix} G_{11}(s) \\ G_{21}(s) \end{pmatrix}.$$

Nun kann die Eingabe-Ausgabe-Gleichung im Bildbereich aufgeschrieben werden. Sie lautet mit $U(s) = L\big(u(t)\big)$

$$\begin{pmatrix} U_L(s) \\ U_C(s) \end{pmatrix} = C\Phi(s) \begin{pmatrix} i_L(0) \\ u_C(0) \end{pmatrix} + G(s)U(s)$$

bzw. ausgeschrieben

$$U_L(s) \;=\; \frac{-\dfrac{1}{C}i_L(0) - s\,u_C(0)}{(s - s_1)(s - s_2)} + \frac{s^2}{(s - s_1)(s - s_2)} U(s)$$

$$U_C(s) \;=\; \frac{\dfrac{1}{C}i_L(0) + s\,u_C(0)}{(s - s_1)(s - s_2)} + \frac{s\dfrac{1}{CR} + \dfrac{1}{CL}}{(s - s_1)(s - s_2)} U(s).$$

Im Originalbereich erhalten wir, indem wir jedes Element von $\Phi(s)$ der inversen Laplace-Transformation unterwerfen, die Fundamentalmatrix

$$
\varphi(t) = \begin{pmatrix} \mathrm{e}^{-\sigma_0 t}\left(\cos\omega_0 t + \frac{\sigma_0}{\omega_0}\sin\omega_0 t\right) & -\frac{1}{\omega_0 L}\,\mathrm{e}^{-\sigma_0 t}\sin\omega_0 t \\[2mm] \frac{1}{\omega_0 C}\,\mathrm{e}^{-\sigma_0 t}\sin\omega_0 t & \mathrm{e}^{-\sigma_0 t}\left(\cos\omega_0 t - \frac{\sigma_0}{\omega_0}\sin\omega_0 t\right) \end{pmatrix}
$$

$$
= \begin{pmatrix} \varphi_{11}(t) & \varphi_{12}(t) \\ \varphi_{21}(t) & \varphi_{22}(t) \end{pmatrix}.
$$

Daraus ergibt sich die Gewichtsmatrix

$$
g(t) = C\varphi(t)B + D\delta(t)
$$

$$
= \begin{pmatrix} 0 & -1 \\ 0 & 1 \end{pmatrix} \begin{pmatrix} \varphi_{11}(t) & \varphi_{12}(t) \\ \varphi_{21}(t) & \varphi_{22}(t) \end{pmatrix} \begin{pmatrix} \frac{1}{L} \\[2mm] \frac{1}{CR} \end{pmatrix} + \begin{pmatrix} 1 \\ 0 \end{pmatrix}\delta(t)
$$

$$
= \begin{pmatrix} \delta(t) - \frac{1}{CR}\,\mathrm{e}^{-\sigma_0 t}\left(\cos\omega_0 t + \left(\frac{R}{\omega_0 L} - \frac{\sigma_0}{\omega_0}\right)\sin\omega_0 t\right) \\[3mm] \frac{1}{CR}\,\mathrm{e}^{-\sigma_0 t}\left(\cos\omega_0 t + \left(\frac{R}{\omega_0 L} - \frac{\sigma_0}{\omega_0}\right)\sin\omega_0 t\right) \end{pmatrix} = \begin{pmatrix} g_{11}(t) \\ g_{21}(t) \end{pmatrix}.
$$

Dieses Ergebnis kann man natürlich auch erhalten, indem man $G(s)$ elementeweise der inversen Laplace-Transformation unterzieht.

Die Eingabe-Ausgabe-Gleichung im Zeitbereich lautet nun

$$
\begin{pmatrix} u_L(t) \\ u_C(t) \end{pmatrix} = C\varphi(t)\begin{pmatrix} i_L(0) \\ u_C(0) \end{pmatrix} + \int_0^t g(t-\tau)u(\tau)\,\mathrm{d}\tau
$$

$$
= \begin{pmatrix} 0 & -1 \\ 0 & 1 \end{pmatrix}\begin{pmatrix} \varphi_{11}(t) & \varphi_{12}(t) \\ \varphi_{21}(t) & \varphi_{22}(t) \end{pmatrix}\begin{pmatrix} i_L(0) \\ u_C(0) \end{pmatrix} + \int_0^t \begin{pmatrix} g_{11}(t-\tau) \\ g_{21}(t-\tau) \end{pmatrix}u(\tau)\,\mathrm{d}\tau.
$$

Wird diese Gleichung ausführlich ausgeschrieben, so ergibt sich

$$
u_L(t) = -\frac{i_L(0)}{\omega_0 C}\,\mathrm{e}^{-\sigma_0 t}\sin\omega_0 t - u_C(0)\,\mathrm{e}^{-\sigma_0 t}\left(\cos\omega_0 t - \frac{\sigma_0}{\omega_0}\sin\omega_0 t\right)
$$

$$
+ \int_0^t \left(\delta(t-\tau) - \frac{\mathrm{e}^{-\sigma_0(t-\tau)}}{CR}\left(\cos\omega_0(t-\tau)\right.\right.
$$

$$
+ \left.\left.\left(\frac{R}{\omega_0 L} - \frac{\sigma_0}{\omega_0}\right)\sin\omega_0(t-\tau)\right)\right)u(\tau)\,\mathrm{d}\tau
$$

$$
u_C(t) = \frac{i_L(0)}{\omega_0 C}\,\mathrm{e}^{-\sigma_0 t}\sin\omega_0 t + u_C(0)\,\mathrm{e}^{-\sigma_0 t}\left(\cos\omega_0 t - \frac{\sigma_0}{\omega_0}\sin\omega_0 t\right)
$$

$$
+ \int_0^t \frac{\mathrm{e}^{-\sigma_0(t-\tau)}}{CR}\left(\cos\omega_0(t-\tau) + \left(\frac{R}{\omega_0 L} - \frac{\sigma_0}{\omega_0}\right)\sin\omega_0(t-\tau)\right)u(\tau)\,\mathrm{d}\tau.
$$

Zur Berechnung des freien Vorgangs nehmen wir an, dass $u(t) = 0$ ist (die Spannungsquelle wird durch einen Kurzschluss ersetzt) und dass $i_L(0) = I_0$ und $u_C(0) = U_0$ gilt, d.h. der

Anfangszustand des Systems ist durch die in den Schaltelementen L und C gespeicherte Anfangsenergie

$$W_m = \frac{1}{2} L I_0^2 \qquad \text{bzw.} \qquad W_e = \frac{1}{2} C U_0^2$$

gegeben. Dann folgt aus den letzten Gleichungen

$$u_{Lf}(t) = -\frac{I_0}{\omega_0 C} e^{-\sigma_0 t} \sin \omega_0 t - U_0 e^{-\sigma_0 t} \left(\cos \omega_0 t - \frac{\sigma_0}{\omega_0} \sin \omega_0 t \right)$$

$$u_{Cf}(t) = \frac{I_0}{\omega_0 C} e^{-\sigma_0 t} \sin \omega_0 t + U_0 e^{-\sigma_0 t} \left(\cos \omega_0 t - \frac{\sigma_0}{\omega_0} \sin \omega_0 t \right).$$

Der freie Vorgang ist in Bild 3.4a qualitativ grafisch dargestellt.

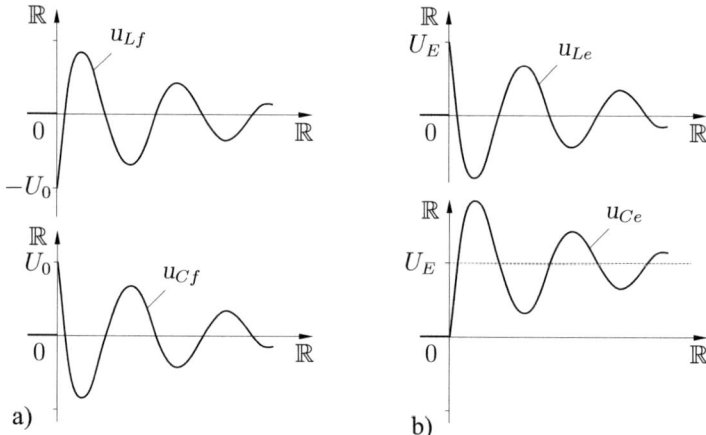

Bild 3.4: Beispiel *RLC*-Schaltung: a) freie Ausgabe; b) erzwungene Ausgabe

Zur Berechnung des erzwungenen Vorgangs nehmen wir den energielosen Anfangszustand $i_L(0) = 0$ und $u_C(0) = 0$ (d.h. den Nullzustand) des Systems an und untersuchen die Reaktion des Systems (d.h. die Ausgabe) für den speziellen Fall, daß am Eingang eine Gleichspannung U_E eingeschaltet wird. Dann gilt also $u(t) = U_E \mathbf{1}(t)$, und wir erhalten durch Berechnung der Integrale

$$u_{Le}(t) = U_E e^{-\sigma_0 t} \left(\cos \omega_0 t - \frac{\sigma_0}{\omega_0} \sin \omega_0 t \right)$$

$$u_{Ce}(t) = U_E \left(1 - e^{-\sigma_0 t} \left(\cos \omega_0 t - \frac{\sigma_0}{\omega_0} \sin \omega_0 t \right) \right).$$

Die qualitative grafische Darstellung des erzwungenen Vorgangs wird in Bild 3.4b gezeigt. Die etwas mühsame Ausrechnung der Integrale kann vermieden werden, wenn man den erzwungenen Vorgang sofort aus

$$\begin{pmatrix} U_L(s) \\ U_C(s) \end{pmatrix} = G(s) U(s) = G(s) \frac{U_E}{s}$$

durch Laplace-Rücktransformation bestimmt.

3.1.3 Aufgaben zum Abschnitt 3.1

3.1-1 Für die in Bild 3.1-1 dargestellte *RLC*-Reihenschaltung mit dem Eingabesignal u und dem Ausgabesignal u_L sind die Zustandsgleichungen

a) mit Φ und Q,

b) mit i_L und u_C als Zustandsvariable aufzustellen!

c) Man skizziere das Blockschaltbild des linearen Systems!

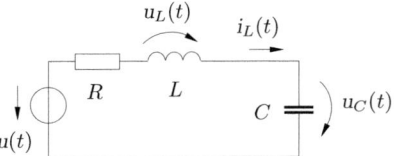

Bild 3.1-1: *RLC*-Reihenschaltung

3.1-2 Mit Hilfe des Ansatzes

$$\ddot{u}_L(t) + a_1 \dot{u}_L(t) + a_2 u_L(t) = b_0 \ddot{u}(t) + b_1 \dot{u}(t) + b_2 u(t)$$

leite man aus den in Aufgabe 3.1-1b erhaltenen Zustandsgleichungen eine Differenzialgleichung für $u_L(t)$ her!

3.1-3 Für das in Bild 3.1-3 dargestellte lineare System (Motor mit Last) sind die Zustandsgleichungen mit der Eingabe x (Spannung u), der Ausgabe y (Drehwinkel α) und den Zustandsvariablen $z_1 = \alpha$, $z_2 = \dot{\alpha} = \omega$ und $z_3 = i$ aufzustellen! Es bedeuten: Θ Trägheitsmoment, ϱ Reibungskoeffizient ($m_\varrho(t) = \varrho\dot{\alpha}(t)$), K Motorkonstante ($m_{el}(t) = Ki(t)$).

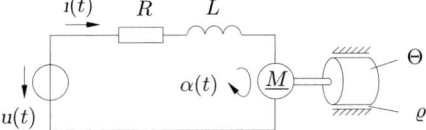

Bild 3.1-3: Motor mit Last

3.1-4 Für die Schaltung Bild 3.1-4 sind die Zustandsgleichungen aufzustellen. Es seien

$$\begin{pmatrix} u_{C3} \\ i_{L2} \end{pmatrix} \text{ Zustandsvariable; } \quad \begin{pmatrix} i_1 \\ u_2 \end{pmatrix} \text{ Eingabe; } \quad \begin{pmatrix} i_{R4} \\ u_{R2} \end{pmatrix} \text{ Ausgabe.}$$

Die Systemmatrizen A, B, C und D sind anzugeben!

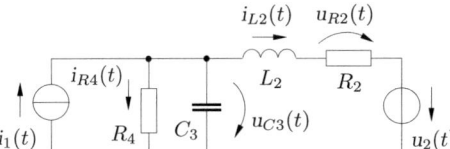

Bild 3.1-4: *RLC*-Schaltung

3.1-5 Ein lineares System werde durch die Differenzialgleichung

$$\ddot{y}(t) + a\dot{y}(t) + by(t) = x(t)$$

beschrieben.

a) Man stelle die Zustandsgleichungen auf! (Hinweis: Man führe die Zustandsvariablen $z_1 = y$ und $z_2 = \dot{y}$ ein!)

b) Man gebe eine Realisierung des linearen Systems an!

3.1-6 Ein (autonomes) lineares System werde durch das Differenzialgleichungssystem

$$\begin{aligned} \dot{z}_1(t) &= -z_1(t) - z_2(t) \\ \dot{z}_2(t) &= z_1(t) - z_2(t) \end{aligned} \qquad \text{und} \quad z(0) = \begin{pmatrix} 2 \\ 3 \end{pmatrix}$$

beschrieben.

a) Man bestimme die Fundamentalmatrix $\varphi(t)$

α) mit Hilfe der Laplace-Transformation, β) durch Reihenentwicklung!

b) Man zeige an diesem Beispiel, dass $\varphi(t)$ die Eigenschaften

$$\alpha)\ \varphi(0) = E; \qquad \beta)\ \varphi(t_1 + t_2) = \varphi(t_1)\varphi(t_2); \qquad \gamma)\ \varphi^{-1}(t) = \varphi(-t)$$

besitzt!

c) Man bestimme den Zustand $z(t_1)$ des Systems für $t_1 > 0$! Was erhält man für $t \to \infty$?

3.1-7 Für ein System mit zwei Eingängen und zwei Ausgängen und den Systemmatrizen

$$A = \begin{pmatrix} -2 & -1 \\ 2 & -5 \end{pmatrix}; \quad B = \begin{pmatrix} 1 & 0 \\ 0 & -2 \end{pmatrix}; \quad C = \begin{pmatrix} 2 & 0 \\ 0 & 2,5 \end{pmatrix}; \quad D = \begin{pmatrix} 0 & 0 \\ 0 & 0 \end{pmatrix}$$

bestimme man die Übertragungsmatrix $G(s)$ und die Gewichtsmatrix $g(t)$!

3.1-8 Gegeben ist ein System mit den Systemmatrizen

$$A = \begin{pmatrix} -2 & 0 \\ 1 & -1 \end{pmatrix}; \quad B = \begin{pmatrix} 3 \\ 1 \end{pmatrix}; \quad C = (-2 \ \ 2); \quad D = 0$$

und der Eingabe $x(t) = \mathbf{1}(t)$.

a) Berechnen Sie die Zustandstrajektorie z für den Anfangszustand

$$z(0) = \begin{pmatrix} 1 \\ 2 \end{pmatrix}$$

und stellen Sie diese grafisch dar!

b) Berechnen und skizzieren Sie die Ausgabe y!

3.1-9 Für die in Bild 3.1-1 dargestellte RLC-Reihenschaltung (vgl. Aufgabe 3.1-1) gelten die Zustandsgleichungen

$$\begin{aligned} \dot{i}_L(t) &= -\frac{R}{L} i_L(t) + \frac{1}{L} u_C(t) + \frac{1}{L} u(t) \\ \dot{u}_C(t) &= \frac{1}{C} i_L(t) \\ u_L(t) &= -R i_L(t) - u_C(t) + u(t). \end{aligned} \qquad \begin{array}{l} \text{Zahlenwerte:} \\ R = 1\,\Omega,\ L = 0,5\,\text{H},\ C = 0,2\,\text{F}. \end{array}$$

a) Man gebe die Matrizen A, B, C und D an!

b) Man berechne die Matrizen $\Phi(s)$ und $G(s)$ und gebe die Eingabe-Ausgabe-Gleichung im Bildbereich für den Anfangszustand $i_L(0) = I_0$, $u_C(0) = U_0$ an!

c) Wie lautet das charakteristische Polynom $\varphi_A(s)$?

d) Man berechne $\varphi(t)$ und gebe die Lösung der Zustandsgleichungen (Zustand und Ausgabe) im Zeitbereich an!

e) Für $u(t) = 0$, $I_0 = 0$ und $U_0 = 1\text{V}$ skizziere man qualitativ den freien Vorgang (Zustandstrajektorie und Ausgabe)!

Hinweise:

1. Alle Aufgaben sind zur Vereinfachung mit normierten (dimensionslosen) physikalischen Größen und Zahlenwerten zu lösen!

2. Man benutze die Korrespondenzen

$$L^{-1}\left(\frac{1}{s^2 + 2s + 10}\right) = \tfrac{1}{3}\,\mathrm{e}^{-t}\sin 3t\,\mathbf{1}(t)$$

$$L^{-1}\left(\frac{s}{s^2 + 2s + 10}\right) = \mathrm{e}^{-t}(\cos 3t - \tfrac{1}{3}\sin 3t)\,\mathbf{1}(t).$$

3.1-10 Ein Gleichstromgenerator mit konstanter Erregung (Bild 3.1-10) wird durch das Differenzialgleichungssystem

$$L\,\dot{i}(t) + R\,i(t) = K\omega(t)$$

$$\Theta\,\dot{\omega}(t) + K\,i(t) = m(t)$$

beschrieben. Es sei weiterhin

$$\left(\frac{R}{2L}\right)^2 > \frac{K^2}{\Theta L}$$

(K Generatorkonstante; Θ Trägheitsmoment des Ankers; ω Winkelgeschwindigkeit).

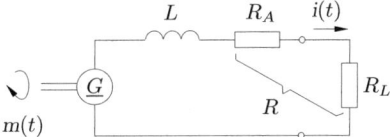

$m(t)$

Bild 3.1-10: Gleichstromgenerator mit Last

a) Man stelle die Zustandsgleichungen in Matrizenform auf! (i und ω seien Zustandsvariable, das Antriebsmoment m die Eingabe und der erzeugte Strom i die Ausgabe.)

b) Berechnen Sie die Matrizen $\Phi(s)$ und $G(s)$!

c) Was erhält man für den Strom $I(s)$ im Bildbereich, wenn von $t = 0$ an ein konstantes Antriebsmoment wirkt, d.h. $m(t) = M_0\mathbf{1}(t)$, unter Berücksichtigung des Anfangszustands $i(0) = I_0$, $\omega(0) = \omega_0$?

d) Welcher Strom $i(t)$ ergibt sich unter diesen Bedingungen?

e) Für $i(0) = 0$ und $\omega(0) = 0$ skizziere man qualitativ den Anlaufvorgang $i(t)$ für $t > 0$ (erzwungener Vorgang)!

3.2   Systeme im Nullzustand

3.2.1   Allgemeine Systemcharakteristiken

3.2.1.1   Grundgleichungen

Der Einfachheit halber wollen wir in den folgenden Abschnitten nur Systeme mit einem Eingang und einem Ausgang ($l = m = 1$) betrachten. Die Verallgemeinerung der

Ausführungen für Systeme mit l Eingängen und m Ausgängen ist in vielen Fällen unter Berücksichtigung der in den vorhergehenden Abschnitten angegebenen allgemeinen Gleichungen leicht möglich.

Für Systeme mit einem Eingang und einem Ausgang erhalten wir die Zustandsgleichungen nach (3.3) in der Form

$$
\begin{aligned}
\dot{z}(t) &= Az(t) + Bx(t) \\
y(t) &= Cz(t) + Dx(t)
\end{aligned}
\tag{3.48}
$$

mit

$$
A = \begin{pmatrix} \alpha_{11} & \cdots & \alpha_{1n} \\ \vdots & & \vdots \\ \alpha_{n1} & \cdots & \alpha_{nn} \end{pmatrix}; \quad B = \begin{pmatrix} \beta_1 \\ \vdots \\ \beta_n \end{pmatrix}; \quad C = (\gamma_1 \ldots \gamma_n); \quad D = \delta,
\tag{3.49}
$$

d.h. die Matrizen B und C reduzieren sich auf eine Spalten- bzw. Zeilenmatrix und die Matrix D geht in eine reelle Zahl über.

Wir betrachten in den folgenden Abschnitten weiter nur solche Systeme, die aus dem Nullzustand heraus erregt werden, d.h. es gilt grundsätzlich

$$
z(0) = 0.
\tag{3.50}
$$

Man erhält dann aus (3.20)

$$
Y(s) = (C\Phi(s)B + D)X(s)
\tag{3.51}
$$

oder, da die Matrix $C\Phi(s)B + D$ nur ein einziges Element enthält, kurz

$$
Y(s) = G(s)X(s).
\tag{3.52}
$$

Man nennt G die *Übertragungsfunktion* des Systems. Die letzte Gleichung lässt sich unter Beachtung des Faltungssatzes der Laplace-Transformation leicht in den Originalbereich überführen. Wir erhalten dann

$$
y(t) = \int_0^t g(t - \tau)x(\tau)\,d\tau,
\tag{3.53}
$$

worin g die *Gewichtsfunktion* des Systems bezeichnet.

Durch (3.52) und (3.53) sind zwei sehr wichtige Grundformeln gegeben, die den Zusammenhang zwischen Ursache und Wirkung (Eingabe und Ausgabe) bei einem linearen System im Nullzustand beschreiben. Besonders einfach ist dieser Zusammenhang im Bildbereich. Hier erhalten wir die Laplace-Transformierte der Wirkung, indem wir die Laplace-Transformierte der Ursache mit der Übertragungsfunktion G multiplizieren. In Bild 3.5 ist dieser Zusammenhang nochmals schematisch dargestellt.

Wird das System am Eingang durch das Impulssignal δ erregt, so erhält man mit

$$
X(s) = L\big(\delta(t)\big) = 1
$$

die Wirkung

$$Y(s) = G(s) \cdot 1 = G(s) \tag{3.54}$$

oder im Zeitbereich

$$y(t) = g(t). \tag{3.55}$$

Die Gewichtsfunktion des Systems ist also gerade die Reaktion des Systems auf das Impulssignal (daher auch die Bezeichnung *Impulsantwort*).

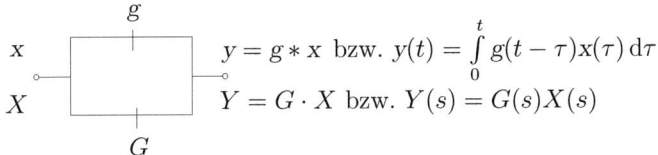

$$y = g * x \text{ bzw. } y(t) = \int\limits_0^t g(t - \tau)x(\tau)\,\mathrm{d}\tau$$

$$Y = G \cdot X \text{ bzw. } Y(s) = G(s)X(s)$$

Bild 3.5: System mit einem Eingang und einem Ausgang (Schema)

Die Gewichtsfunktion (Impulsantwort) bzw. deren Laplace-Transformierte, die Übertragungsfunktion, kann als wichtigste Systemcharakteristik des linearen Systems im Nullzustand angesehen werden. Sie wird deshalb im Zusammenhang mit weiteren Systemkenngrößen in den weiteren Ausführungen einen zentralen Platz einnehmen. Bevor wir jedoch auf diese Zusammenhänge näher eingehen, wollen wir einige allgemeine Eigenschaften der Übertragungs- bzw. Gewichtsfunktion etwas genauer untersuchen.

3.2.1.2 Übertragungsfunktion und Gewichtsfunktion

Mit Hilfe von (3.51) und den in (3.49) angegebenen Matrizen kann die Übertragungsfunktion durch

$$G(s) = (\gamma_1 \ldots \gamma_n) \left(\begin{pmatrix} s & \ldots & 0 \\ \vdots & & \vdots \\ 0 & \ldots & s \end{pmatrix} - \begin{pmatrix} \alpha_{11} & \ldots & \alpha_{1n} \\ \vdots & & \vdots \\ \alpha_{n1} & \ldots & \alpha_{nn} \end{pmatrix} \right)^{-1} \begin{pmatrix} \beta_1 \\ \vdots \\ \beta_n \end{pmatrix} + \delta \tag{3.56}$$

berechnet werden, worin die Matrizenelemente α_{ij}, β_i, γ_i und δ reelle Zahlen sind. Nach Ausführung der Matrizenoperationen erhält man die Darstellung

$$G(s) = \frac{a_0 s^n + a_1 s^{n-1} + \ldots + a_{n-1} s + a_n}{s^n + b_1 s^{n-1} + \ldots + b_{n-1} s + b_n}, \tag{3.57}$$

wobei die Koeffizienten des Zähler- und Nennerpolynoms wieder reelle Zahlen sind ($a_\nu, b_\nu \in \mathbb{R}$) und so gekürzt wurde, dass der konstante Koeffizient bei der höchsten Potenz des Nennerpolynoms zu eins wird ($b_0 = 1$). Wesentlich ist, dass G eine reellwertige rationale Funktion der komplexen Variablen s ist, d.h. $G(s)$ ist reell für reelle Werte der Variablen s.

Berechnet man die Nullstellen von Zähler- und Nennerpolynom, so kann $G(s)$ auch in Produktform

$$G(s) = a_0 \frac{(s - s_1')(s - s_2') \ldots (s - s_{k'}')}{(s - s_1)(s - s_2) \ldots (s - s_k)} \qquad (a_0 \in \mathbb{R}) \tag{3.58}$$

dargestellt werden. In der letzten Gleichung wurden die Nullstellen der Übertragungsfunktion mit s_i' ($i = 1, 2, \ldots, k'$) und die Pole mit s_i ($i = 1, 2, \ldots, k$) bezeichnet. Es ist üblich, die Pole und Nullstellen der Übertragungsfunktion in der komplexen s-Ebene grafisch darzustellen. Dabei bezeichnet man die Pole durch kleine Kreuze ($\times$) und die Nullstellen durch kleine Kreise ($\circ$). In Bild 3.6 ist ein Beispiel des auf diese Weise entstehenden *Pol-Nullstellen-Planes* (abgekürzt: PN-Plan) der Übertragungsfunktion eines Systems dargestellt.

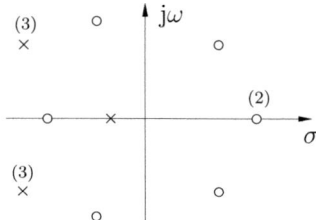

Bild 3.6: Pol-Nullstellen-Plan (Beispiel)

In dieser Darstellung wurden gleichzeitig einige weitere Eigenschaften von $G(s)$ berücksichtigt, die noch erwähnt werden sollen:

a) Es ist durchaus möglich, dass in (3.58) Pole und Nullstellen mehrfach auftreten. Ist z.B. $G(s)$ in der Form

$$G(s) = \frac{\ldots (s - s_i')^p \ldots}{\ldots (s - s_i)^q \ldots} \tag{3.59}$$

darstellbar, so hat $G(s)$ in $s = s_i'$ eine p-fache Nullstelle und in $s = s_i$ einen q-fachen Pol. Die Vielfachheit wird im PN-Plan an die Pole und Nullstellen herangeschrieben. (So haben wir in Bild 3.6 z.B. zwei dreifache Pole und eine zweifache Nullstelle.)

b) Da $G(s)$ reellwertig ist, können die Pole und Nullstellen von $G(s)$ nur in konjugiert komplexen Paaren oder auf der reellen Achse liegend auftreten. Konjugiert komplexe Pole und Nullstellen haben stets die gleiche Vielfachheit.

c) Verschwindet in (3.57) der Koeffizient an der höchsten Potenz des Zählerpolynoms, so ist $G(\infty) = 0$. Andernfalls gilt

$$G(\infty) = a_0 \neq 0. \tag{3.60}$$

Es ist offensichtlich nicht möglich, dass der Grad des Zählerpolynoms den des Nennerpolynoms übersteigt. (Das folgt aus (3.56).)

Wenden wir uns nun der Gewichtsfunktion g näher zu. Da $G(s)$ im Unendlichen möglicherweise nicht verschwindet, kann die Residuenmethode zur inversen Laplace-Transformation von $G(s)$ nicht unmittelbar angewandt werden. Zerlegen wir aber

$$G(s) = \overline{G}(s) + G(\infty), \tag{3.61}$$

indem wir den nicht verschwindenden Anteil $G(\infty)$ als Summanden abspalten, so erhalten wir mit $L^{-1}(1) = \delta(t)$ die Gewichtsfunktion g:

$$g(t) = L^{-1}\big(\overline{G}(s)\big) + G(\infty)\delta(t). \tag{3.62}$$

Die inverse Laplace-Transformation von $G(s)$ ist nun ohne weiteres mit Hilfe der Residuen-methode durchführbar, da $\overline{G}(s)$ voraussetzungsgemäß im Unendlichen verschwindet und außerdem eine rationale Funktion ist. Bei Anwendung von (1.150) und (1.151) erhalten wir damit die folgenden Ergebnisse:

Enthält $\overline{G}(s)$ nur einfache Pole an den Stellen $s = s_i$, so setzt sich $\overline{g}(t)$ aus Summanden der Form

$$\overline{g}_i(t) = \mathrm{e}^{s_i t}\big(\overline{G}(s)(s - s_i)\big)\Big|_{s=s_i} \tag{3.63}$$

zusammen, d.h. es gilt

$$\overline{g}(t) = \sum_i \overline{g}_i(t). \tag{3.64}$$

Treten noch k-fache Pole an den Stellen $s = s_i$ auf, so kommen in dieser Summe noch Summanden der Form

$$\overline{g}_i(t) = \frac{1}{(k-1)!} \frac{\mathrm{d}^{(k-1)}}{\mathrm{d}s^{(k-1)}} \big(\overline{G}(s)\mathrm{e}^{st}(s - s_i)^k\big)\Big|_{s=s_i} \tag{3.65}$$

vor. Der Ausdruck (3.65) kann auch in der Form

$$\overline{g}_i(t) = \mathrm{e}^{s_i t} \sum_{m=0}^{k-1} F_m(s_i)t^m \tag{3.66}$$

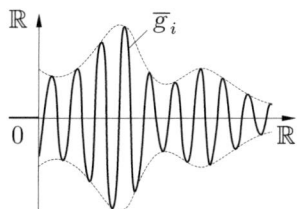

Bild 3.7: Zeitverlauf einer Komponente der Impulsantwort

geschrieben werden, was sich leicht bestätigen lässt, wenn man in (3.65) die $(k-1)$-te Ableitung mit Hilfe der Produktregel der Differenzialrechnung ausrechnet. Für ein kon-jugiert komplexes Polpaar k-ter Ordnung (das ist der allgemeine Fall) erhalten wir zwei Ausdrücke der Form (3.66), die wegen der Reellwertigkeit von $\overline{g}_i(t)$ zueinander konju-giert komplexe Werte annehmen müssen. Da die Summe zweier konjugiert komplexer Ausdrücke aber gerade den doppelten Realteil eines Summanden ergibt, ist der einem k-fachen konjugiert komplexen Polpaar zugeordnete Summand $\overline{g}_i(t)$, der in $\overline{g}(t)$ enthalten ist, durch

$$\overline{g}_i(t) = 2\operatorname{Re}\left(\mathrm{e}^{s_i t} \sum_{m=0}^{k-1} F_m(s_i)t^m\right) = 2\mathrm{e}^{\sigma_i t}\left|\sum_{m=0}^{k-1} F_m(s_i)t^m\right|\cos(\omega_i t + \alpha_i) \tag{3.67}$$

mit

$$\alpha_i = \arg \sum_{m=0}^{k-1} F_m(s_i) t^m \tag{3.68}$$

gegeben ($s_i = \sigma_i + j\omega_i$). Der grundsätzliche Zeitverlauf einer solchen Komponente der Gewichtsfunktion ist in Bild 3.7 dargestellt. Bild 3.8 zeigt die qualitative Darstellung der Gewichtsfunktionen (Impulsantworten) für einige besonders einfache Sonderfälle.

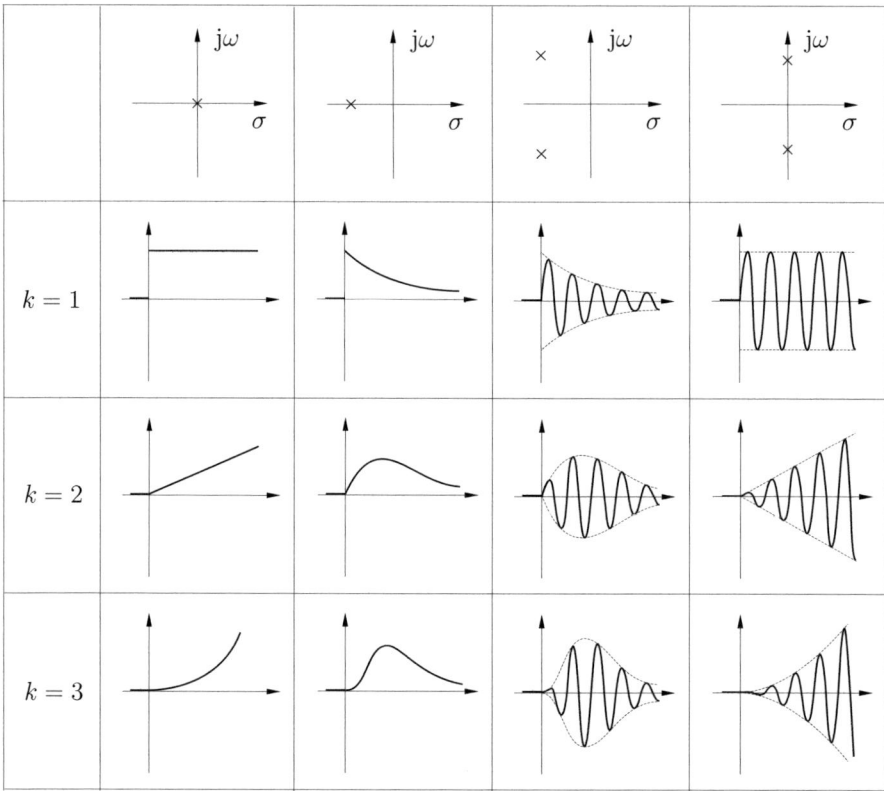

Bild 3.8: Gewichtsfunktionen (Impulsantworten) für einige spezielle Polkonfigurationen

3.2.1.3 Vereinfachte Methoden der Analyse

Das Ziel der nachfolgenden Überlegungen soll sein, zu einem gegebenen System durch Analyse die Übertragungsfunktion G zu bestimmen. Der grundsätzliche Weg zur Lösung dieser Aufgabe wurde bereits skizziert: Zunächst müssen die Zustandsgleichungen des Systems aufgestellt werden, aus denen man die Matrizen A, B, C und D abliest, danach kann $G(s)$ mit Hilfe von (3.56) berechnet werden. Dieser Rechenweg, der zwar grundsätzlich zum Ziel führt, ist aber viel zu langwierig und umständlich. Für einfache Fälle (bei nicht zu komplizierten Systemen) gibt es eine Reihe von Methoden, die bedeutend schneller zum Ziel führen. Zwei dieser Methoden sollen nun kurz dargestellt werden.

I. Verallgemeinerte symbolische Methode: Die folgende Methode hat ihren Namen von ihrer Ähnlichkeit zur symbolischen Methode der Wechselstromlehre erhalten und ist insbesondere für die Analyse elektrischer Netzwerke (*RLC*-Schaltungen) geeignet. Betrachten wir den in Bild 3.9a dargestellten allgemeinen Zweig eines *RLC*-Netzwerks, das sich im Nullzustand befindet. Bezeichnen wir den Zweigstrom mit i und die Zweigspannung mit u, so gilt die Differenzialgleichung

$$R\,i(t) + L\,\dot{i}(t) + \frac{1}{C}\int_0^t i(\tau)\,\mathrm{d}\tau - u_E(t) = u(t). \tag{3.69}$$

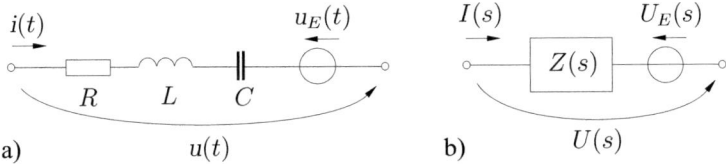

Bild 3.9: Allgemeiner Netzwerkzweig: a) Original; b) Bild

Bei Anwendung der Laplace-Transformation geht diese Gleichung über in

$$\left(R + sL + \frac{1}{sC}\right) I(s) - U_E(s) = U(s). \tag{3.70}$$

Diese Gleichung kann aber sofort aus Bild 3.9a abgelesen werden, wenn man nur der *RLC*-Reihenschaltung den symbolischen Widerstand

$$Z(s) = R + sL + \frac{1}{sC} \tag{3.71}$$

zuordnet und die Kirchhoffschen Regeln formal wie bei einem nur aus Ohmschen Widerständen bestehenden Netzwerk anwendet. Wir erhalten damit den in Bild 3.9b dargestellten symbolischen Netzwerkzweig mit dem symbolischen Zweigstrom I und der symbolischen Zweigspannung U. Verfährt man in der beschriebenen Weise mit allen Zweigen des Netzwerks, so erhält man ein zugeordnetes *symbolisches Netzwerk*.
Die Regeln für das Auffinden des symbolischen Netzwerks lauten:

1. Jedem Widerstand R wird der symbolische Widerstand R zugeordnet.

2. Jeder Induktivität L wird der symbolische Widerstand sL zugeordnet.

3. Jeder Kapazität C wird der symbolische Widerstand $1/sC$ zugeordnet.

4. Alle Ströme i und Spannungen u (bzw. Spannungsquellen u_E) des Netzwerks werden durch die zugehörigen Laplace-Transformierten I und U (bzw. U_E) ersetzt.

In dem so gefundenen symbolischen Netzwerk gelten alle Kirchhoffschen Regeln wie in einem nur aus Ohmschen Widerständen bestehenden Netzwerk, wenn die symbolischen Widerstände wie Ohmsche Widerstände und die symbolischen Ströme und Spannungen wie wirkliche Ströme und Spannungen behandelt werden. Weiterhin gelten alle aus den Kirchhoffschen Regeln für lineare Netzwerke abgeleiteten Regeln, so z.B. die Stromteilerregel, die Spannungsteilerregel, der Überlagerungssatz usw., die dem Elektrotechniker von der Grundausbildung her wohlbekannt sind.

Die Analogie zur symbolischen Methode der Wechselstromlehre ist offensichtlich: Anstelle des symbolischen Widerstands

$$Z(s) = R + sL + \frac{1}{sC}$$

haben wir in der Wechselstromlehre den symbolischen (komplexen) Widerstand

$$Z(\mathrm{j}\omega) = R + \mathrm{j}\omega L + \frac{1}{\mathrm{j}\omega C}$$

und anstelle der Laplace-Transformierten der Ströme und Spannungen die komplexen Ströme und Spannungen.

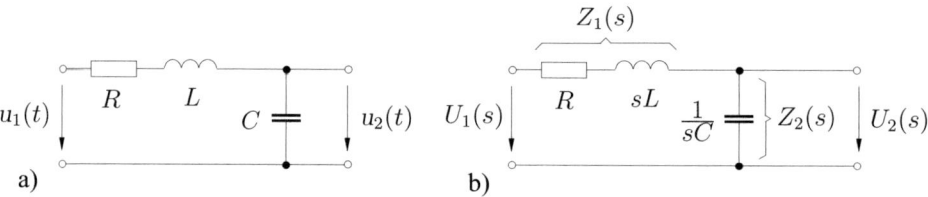

Bild 3.10: *RLC*-Schaltung: a) Original; b) Bild

Beispiel 3.3 Betrachten wir noch ein einfaches Beispiel zur Illustration der dargelegten Methode. Gegeben sei die *RLC*-Schaltung Bild 3.10a mit der Eingabe u_1 (Ursache) und der Ausgabe u_2 (Wirkung). Mit Hilfe der Regeln 1 bis 4 geht die Schaltung in Bild 3.10b über. (Dieser Schritt kann beim praktischen Rechnen ebenfalls noch eingespart werden; die symbolischen Größen können sofort in die Originalschaltung eingetragen werden.) Nun erhalten wir mit Hilfe der Spannungsteilerregel

$$\frac{U_2(s)}{U_1(s)} = \frac{Z_2(s)}{Z_1(s) + Z_2(s)} = \frac{\frac{1}{sC}}{\frac{1}{sC} + R + sL} = \frac{1}{s^2 LC + sCR + 1}.$$

Da $U_2(s)$ der Ausgabe $Y(s)$ und $U_1(s)$ der Eingabe $X(s)$ entsprechen, ist folglich die gesuchte Übertragungsfunktion des Systems

$$G(s) = \frac{U_2(s)}{U_1(s)} = \frac{1}{s^2 LC + sCR + 1} = \frac{1}{LC} \frac{1}{(s - s_1)(s - s_2)}$$

mit

$$s_{1,2} = -\frac{R}{2L} \pm \sqrt{\left(\frac{R}{2L}\right)^2 - \frac{1}{LC}}.$$

Mit Hilfe von $G(s)$ kann nun die Ausgabe u_2 für eine beliebige Eingabe u_1 berechnet werden. Ist z.B. $u_1(t) = U_0\mathbf{1}(t)$ (Einschalten einer Gleichspannung U_0 zur Zeit $t = 0$), so ist

$$U_1(s) = \frac{U_0}{s}$$

und, falls $s_1 \neq s_2$ gilt,

$$
\begin{aligned}
u_2(t) &= L^{-1}\big(G(s)U_1(s)\big) \\
&= \sum \mathrm{Res}\left(\frac{1}{LC}\frac{1}{(s-s_1)(s-s_2)}\frac{U_0}{s}\,\mathrm{e}^{st}\right) \\
&= \frac{U_0}{LC}\left(\frac{1}{s_1 s_2} + \frac{1}{s_1(s_1-s_2)}\mathrm{e}^{s_1 t} + \frac{1}{s_2(s_2-s_1)}\mathrm{e}^{s_2 t}\right).
\end{aligned}
$$

Wie das vorstehende Beispiel zeigte und durch weitere Beispiele bestätigt werden kann, führt die verallgemeinerte symbolische Methode in Verbindung mit den Regeln der Elektrotechnik bei nicht allzu komplizierten RLC-Schaltungen sehr schnell zum Ziel, d.h. zur gesuchten Übertragungsfunktion G. Das relativ komplizierte Aufstellen der Zustandsgleichungen (bzw. Differenzialgleichungen) des Systems, deren Laplace-Transformation und Auflösung können bei dieser Methode umgangen werden. Es liegt deshalb der Gedanke nahe, die Grundidee dieser für RLC-Netzwerke so vorteilhaften Methode – das Ablesen der Gleichungen im Bildbereich aus der Schaltung – auch dann anzuwenden, wenn das System als Blockschaltung mit Integratoren, Verstärkern und Addiergliedern vorliegt.

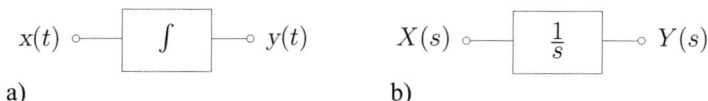

a)   b)

Bild 3.11: Integrator: a) Original; b) Bild

In diesem Fall geht ein Integrator (Bild 3.11a), der der Differenzialgleichung

$$\dot{y}(t) = x(t)$$

genügt, in einen „symbolischen Integrator", d.h. einen Verstärker (Bild 3.11b) über, für den

$$sY(s) = X(s)$$

oder

$$Y(s) = \frac{1}{s}X(s) \tag{3.72}$$

gilt. Beim Übergang zur symbolischen Blockschaltung ist also jeder Integrator durch einen Verstärker mit dem Verstärkungsfaktor $1/s$ zu ersetzen. Aus der so erhaltenen Blockschaltung werden die Gleichungen im Bildbereich sofort abgelesen.

Beispiel 3.4 Gegeben ist das lineare System Bild 3.12a im Nullzustand in Form eines Blockschaltbildes. Das transformierte Blockschaltbild wird in Bild 3.12b gezeigt. (Diese Schaltung wird man beim praktischen Rechnen nicht erst neu aufzeichnen.) Aus Bild 3.12b liest man die folgenden Gleichungen ab:

$$
\begin{aligned}
s\,Z_1(s) &= Z_2(s) \\
s\,Z_2(s) &= -17Z_1(s) - 2Z_2(s) + X(s) \\
Y(s) &= 9Z_1(s) + 3Z_2(s).
\end{aligned}
\tag{3.73}
$$

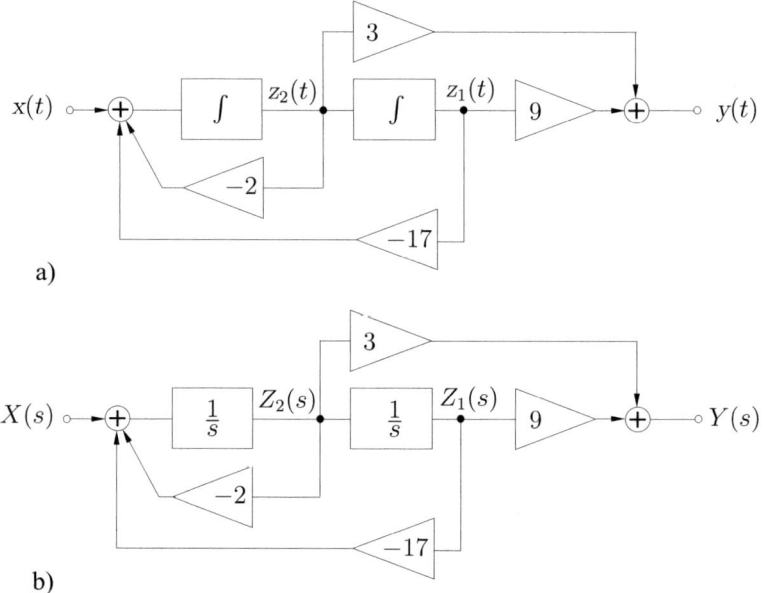

a)

b)

Bild 3.12: Blockschaltbild eines linearen Systems (Beispiel 3.4): a) Original; b) Bild

Nach Eliminieren von $Z_2(s)$ aus den ersten beiden Gleichungen ergibt sich

$$
s^2 Z_1(s) = -17Z_1(s) - 2sZ_1(s) + X(s)
$$

und daraus

$$
Z_1(s) = \frac{X(s)}{s^2 + 2s + 17} \qquad \text{bzw.} \qquad Z_2(s) = \frac{sX(s)}{s^2 + 2s + 17}.
$$

Nach Einsetzen in die dritte Gleichung des obigen Gleichungssystems erhalten wir die gesuchte Übertragungsfunktion

$$
\frac{Y(s)}{X(s)} = G(s) = \frac{3s + 9}{s^2 + 2s + 17}.
\tag{3.74}
$$

II. Methode der Signalflussgraphen: Wie das vorhergehende Beispiel zeigte, ist zur Berechnung der Übertragungsfunktion ein lineares Gleichungssystem zu lösen, falls das System als Blockschaltung gegeben ist und die das System beschreibenden Gleichungen im Bildbereich daraus abgelesen werden. Die Lösung eines solchen linearen Gleichungssystems kann mit Hilfe der nachfolgend beschriebenen Methode gefunden werden, ohne dass diese Gleichungen erst aufgeschrieben werden müssen. Dabei wird aus dem Blockschaltbild ein sogenannter *Signalflussgraph* abgelesen, aus dem die gesuchte Übertragungsfunktion nach bestimmten Regeln ermittelt werden kann.

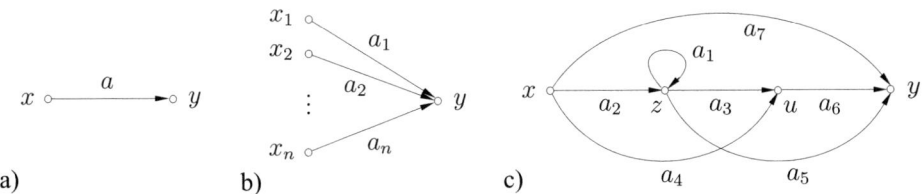

Bild 3.13: Einfache Signalflussgraphen: a) Gleichung (3.75); b) Gleichung (3.76); c) Gleichung (3.77)

Ein Signalflussgraph besteht aus Knoten und orientierten Zweigen. Die Knoten repräsentieren die Variablen des Systems (z.B. die Signale X, Y, Z im Bildbereich usw.) und die Zweige die Beziehungen zwischen ihnen. Die Zweige sind neben ihrer Orientierung noch durch ihr Gewicht (Transmission) gekennzeichnet. Besteht zwischen zwei Variablen x und y die Beziehung

$$y = a\,x, \tag{3.75}$$

so wird dieser Zusammenhang durch den Signalflussgraphen Bild 3.13a zum Ausdruck gebracht. Gilt in einem allgemeineren Fall

$$y = a_1 x_1 + a_2 x_2 + \ldots + a_n x_n, \tag{3.76}$$

so kann diese Gleichung durch den Signalflussgraphen Bild 3.13b dargestellt werden. Haben wir mehrere Variable, z.B. u, x, y, z, die durch ein lineares Gleichungssystem, z.B.

$$
\begin{aligned}
z &= a_1 z + a_2 x \\
u &= a_3 z + a_4 x \\
y &= a_5 z + a_6 u + a_7 x,
\end{aligned}
\tag{3.77}
$$

miteinander verknüpft sind, so erhalten wir den in Bild 3.13c dargestellten Signalflussgraphen. Offensichtlich wird eine durch einen Knoten repräsentierte Variable immer durch die in diesen Knoten einmündenden Zweige bestimmt, d.h. es gilt (3.76), während die fortführenden Zweige die Variable nicht beeinflussen. Zur Auflösung des Gleichungssystems (3.77) nehmen wir an, dass x eine gegebene (unabhängige) Variable und y die gesuchte (abhängige) Variable ist. Die übrigen Variablen u und z seien zu eliminierende Zwischenvariable. Es ist also das Ziel der Auflösung des Gleichungssystems, zwischen x und y eine Beziehung der Form (3.75), d.h. $y = a\,x$, herzustellen. Das bedeutet im Signalflussgraphen Bild 3.13c, dass dieser Graph so zu vereinfachen ist, dass er bis auf einen einzigen Zweig reduziert wird (Bild 3.13a).

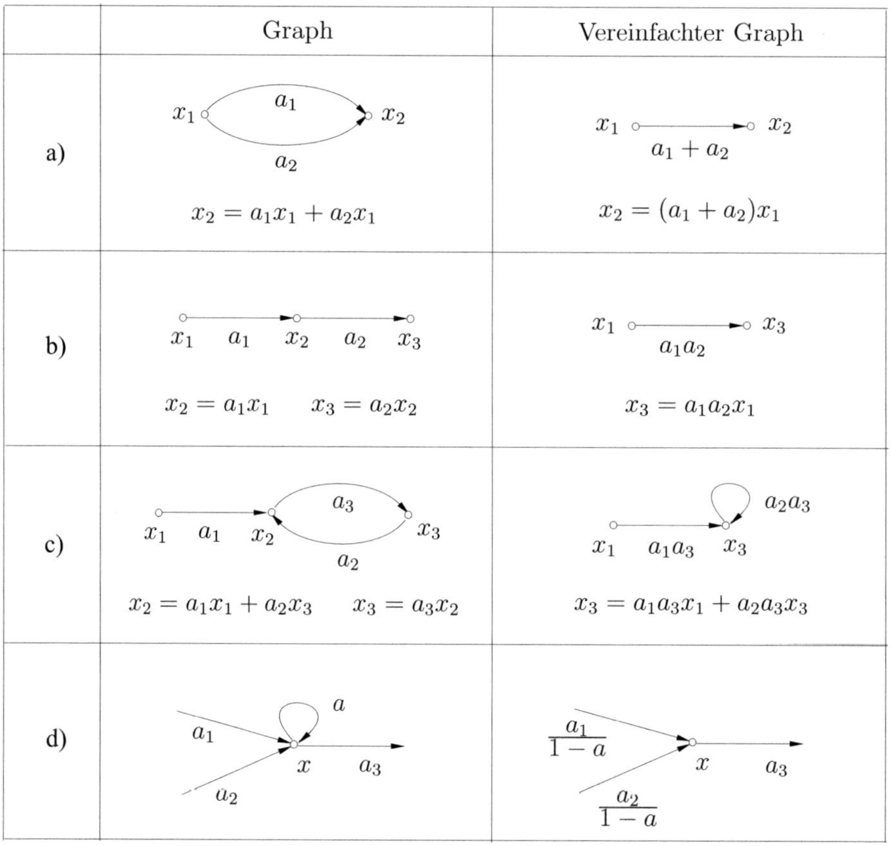

	Graph	Vereinfachter Graph
a)	$x_1 \quad \overset{a_1}{\underset{a_2}{\longrightarrow}} \quad x_2$ $$x_2 = a_1 x_1 + a_2 x_1$$	$x_1 \circ \overset{}{\underset{a_1 + a_2}{\longrightarrow}} x_2$ $$x_2 = (a_1 + a_2)x_1$$
b)	$x_1 \quad a_1 \quad x_2 \quad a_2 \quad x_3$ $$x_2 = a_1 x_1 \quad x_3 = a_2 x_2$$	$x_1 \circ \overset{}{\underset{a_1 a_2}{\longrightarrow}} \circ x_3$ $$x_3 = a_1 a_2 x_1$$
c)	$x_1 \quad a_1 \quad x_2 \overset{a_3}{\underset{a_2}{\longrightarrow}} x_3$ $$x_2 = a_1 x_1 + a_2 x_3 \quad x_3 = a_3 x_2$$	$x_1 \quad \overset{}{\underset{a_1 a_3}{\longrightarrow}} x_3 \quad \overset{a_2 a_3}{\circlearrowright}$ $$x_3 = a_1 a_3 x_1 + a_2 a_3 x_3$$
d)	$\overset{a_1}{\searrow} \overset{a}{\circlearrowright} \atop x \quad a_3 \atop \overset{a_2}{\nearrow}$	$\dfrac{a_1}{1-a} \searrow \atop x \quad a_3 \atop \dfrac{a_2}{1-a} \nearrow$

Bild 3.14: Regeln zur Vereinfachung von Signalflussgraphen: a) bis d): Regel 1 bis Regel 4

Zur Vereinfachung (Reduktion) von Signalflussgraphen gelten die folgenden Regeln, die leicht einzusehen sind:

1. Gleichorientierte parallele Zweige können zu einem Zweig zusammengefasst werden, wobei sich die Gewichte addieren (Bild 3.14a).

2. Enthält ein Knoten nur einen hinführenden und einen fortführenden Zweig, so kann der Knoten fortgelassen und die beiden Zweige durch einen neuen Zweig ersetzt werden. Das Gewicht des neuen Zweiges ergibt sich aus dem Produkt der Gewichte der beiden zusammengefassten Zweige (Bild 3.14b).

3. Entgegengesetzt orientierte parallele Zweige können nach der in Bild 3.14c dargestellten Weise eliminiert werden, wobei eine Schlinge entsteht.

4. Eine Schlinge mit dem Gewicht a kann aufgelöst werden, indem man alle Gewichte der zum betreffenden Knoten hinführenden Zweige mit dem Gewicht $1/(1-a)$ multipliziert (Bild 3.14d).

Es gibt noch eine Anzahl weiterer Regeln, die weniger wichtig sind und deshalb hier nicht mehr aufgezählt werden sollen.

Beispiel 3.5 Die praktische Handhabung dieser Regeln soll nun noch an einem einfachen Beispiel verdeutlicht werden. Wir benutzen dazu das bereits angegebene Blockschaltbild eines linearen Systems (Bild 3.12b). Die Gleichungen, die dieses Systems beschreiben, wurden bereits in (3.73) angegeben. Sie lassen sich auch in der Form

$$Z_1(s) = \frac{1}{s} Z_2(s)$$
$$Z_2(s) = -\frac{17}{s} Z_1(s) - \frac{2}{s} Z_2(s) + \frac{1}{s} X(s)$$
$$Y(s) = 9Z_1(s) + 3Z_2(s)$$

notieren. Zu diesem Gleichungssystem gehört der Signalflussgraph Bild 3.15a. Beim praktischen Rechnen wird der Signalflussgraph sofort aus der Schaltung 3.12b abgelesen, ohne das Gleichungssystem erst aufzuschreiben.

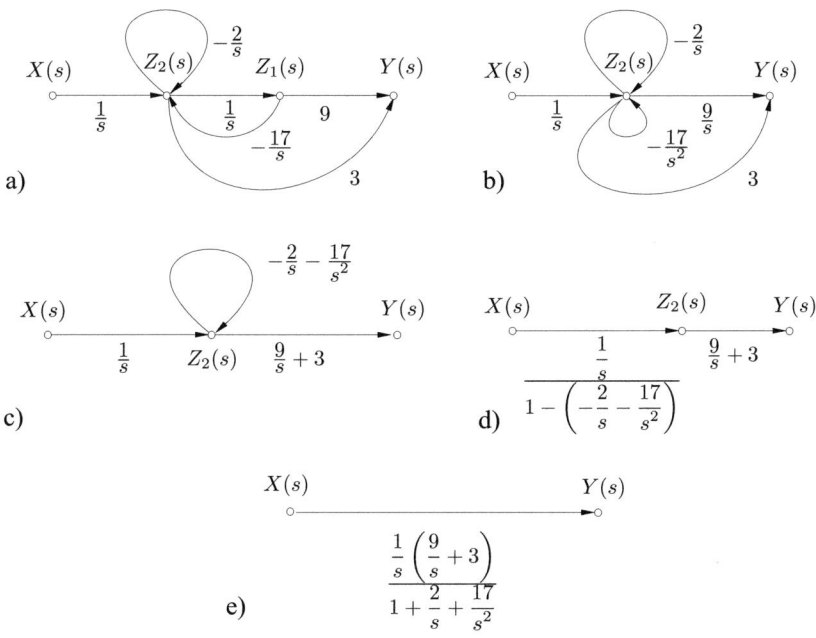

Bild 3.15: Vereinfachung des Signalflussgraphen zu Bild 3.12: a) bis e): Schritte 1 bis 5

Der Signalflussgraph Bild 3.15a soll nun unter Beachtung der angegebenen Regeln schrittweise reduziert werden. Zunächst erhalten wir durch Eliminieren von Z_1 nach Regel 3 den Signalflussgraphen Bild 3.15b. Fassen wir nun noch die beiden Schlingen und die beiden zu Y führenden Zweige nach Regel 1 zusammen, so entsteht Bild 3.15c. Die

Auflösung der Schlinge nach Regel 4 ergibt anschließend Bild 3.15d und die Zusammenfassung der verbleibenden Zweige nach Regel 2 schließlich die gesuchte Lösung, so dass wir ablesen können

$$Y(s) = \frac{\frac{1}{s}}{1 + \frac{2}{s} + \frac{17}{s^2}} \left(\frac{9}{s} + 3\right) X(s).$$

Die gesuchte Übertragungsfunktion lautet damit (wie bereits früher in (3.74) errechnet wurde)

$$G(s) = \frac{\frac{9}{s^2} + \frac{3}{s}}{1 + \frac{2}{s} + \frac{17}{s^2}} = \frac{3s + 9}{s^2 + 2s + 17}.$$

Es sei noch darauf hingewiesen, dass die Reduktion eines Signalflussgraphen in komplizierteren Fällen recht mühsam werden kann. Man verwendet in diesen Fällen eine allgemeinere Formel, mit deren Hilfe die gesuchte Übertragungsfunktion zwischen zwei beliebigen Knoten des Graphen direkt hingeschrieben werden kann, wenn man gewisse geschlossene und nichtgeschlossene Wege im Graphen systematisch aufsucht und deren Gewichte nach bestimmten Vorschriften miteinander verknüpft (*Formel von Mason*). Außerdem sei bemerkt, dass es sich bei der Methode der Signalflussgraphen um ein Verfahren zur Lösung linearer Gleichungssysteme handelt, das auch zur Analyse elektrischer Netzwerke (*RLC*-Schaltungen) verwendet werden kann. Der interessierte Leser sei auf die einschlägige Fachliteratur verwiesen (z.B. [17]).

3.2.1.4 Systemmodell

Weiterhin soll nun die Frage untersucht werden, ob es möglich ist, einer gegebenen rationalen Funktion G ein Systemmodell so zuzuordnen, dass dieses System die Übertragungsfunktion G annimmt. Aus dem Systemmodell können dann über die Zustandsgleichungen die Zustandsmatrizen A, B, C und D bestimmt werden, so dass wir auf diese Weise eine vollständige Charakterisierung des Systems über $G(s)$ erhalten. Es sei an dieser Stelle bereits festgestellt, dass diese Aufgabe nicht eindeutig lösbar ist. Zu einer gegebenen Übertragungsfunktion G können mehrere unterschiedliche Systemmodelle gefunden werden, denen auch entsprechend unterschiedliche Zustandsmatrizen zugeordnet sind. Aus der Vielzahl der möglichen Lösungen sei hier nur eine wiedergegeben.

Vorgegeben sei die Übertragungsfunktion durch

$$G(s) = \frac{a_n + a_{n-1}s + a_{n-2}s^2 + \ldots + a_1 s^{n-1} + a_0 s^n}{b_n + b_{n-1}s + b_{n-2}s^2 + \ldots + b_1 s^{n-1} + s^n}$$

gemäß (3.57). Daraus ergibt sich durch Umstellung

$$(b_n + b_{n-1}s + \ldots + b_1 s^{n-1})G(s) + s^n G(s) = a_n + a_{n-1}s + \ldots + a_1 s^{n-1} + a_0 s^n$$

und weiter

$$G(s) = \left(a_0 + \frac{a_1}{s} + \ldots + \frac{a_n}{s^n}\right) - \left(\frac{b_1}{s} + \frac{b_2}{s^2} + \ldots + \frac{b_n}{s^n}\right) G(s).$$

Mit $G(s) = Y(s)/X(s)$ folgt schließlich

$$Y(s) = \left(a_0 + \frac{a_1}{s} + \ldots + \frac{a_n}{s^n}\right) X(s) - \left(\frac{b_1}{s} + \frac{b_2}{s^2} + \ldots + \frac{b_n}{s^n}\right) Y(s).$$

Wir setzen nun

$$Y(s) = a_0 X(s) + Z_1(s), \tag{3.78}$$

wobei

$$Z_1(s) = \left(\frac{a_1}{s} + \frac{a_2}{s^2} + \ldots + \frac{a_n}{s^n}\right) X(s) - \left(\frac{b_1}{s} + \frac{b_2}{s^2} + \ldots + \frac{b_n}{s^n}\right) Y(s)$$

und weiter

$$Z_1(s) = \frac{a_1}{s} X(s) + \frac{Z_2(s)}{s} - \frac{b_1}{s} Y(s), \tag{3.79}$$

mit

$$Z_2(s) = \left(\frac{a_2}{s} + \ldots + \frac{a_n}{s^{n-1}}\right) X(s) - \left(\frac{b_2}{s} + \ldots + \frac{b_n}{s^{n-1}}\right) Y(s)$$

usw., bis sich schließlich

$$Z_{n-1}(s) = \frac{a_{n-1}}{s} X(s) + \frac{Z_n(s)}{s} - \frac{b_{n-1}}{s} Y(s) \tag{3.80}$$

$$Z_n(s) = \frac{a_n}{s} X(s) - \frac{b_n}{s} Y(s) \tag{3.81}$$

ergibt. Aus den Gleichungen (3.78) bis (3.81) erhält man das in Bild 3.16 dargestellte Systemmodell im Bildbereich.

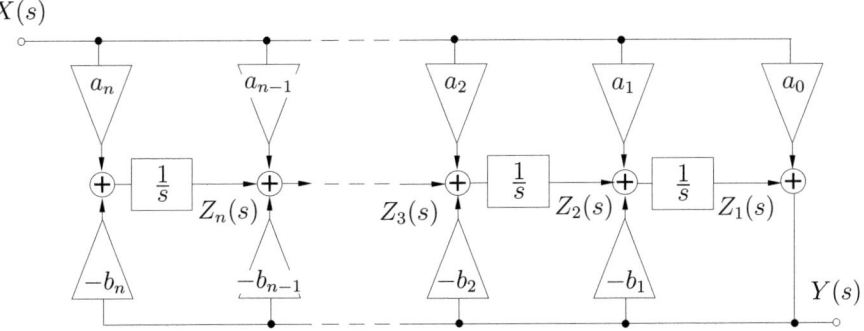

Bild 3.16: Schaltbild des linearen zeitkontinuierlichen Systems im Bildbereich

3.2.1.5 Zustandsgleichungen und Differenzialgleichung

Wir wollen nun für das oben entwickelte Systemmodell die Zustandsgleichungen aufstellen. Indem wir die Gleichungen (3.79) bis (3.81) und (3.78) in dieser Reihenfolge aufschreiben und jeweils mit s durchmultiplizieren, erhalten wir das Gleichungssystem

$$
\begin{aligned}
s\,Z_1(s) &= Z_2(s) &+ a_1 X(s) &- b_1 Y(s) \\
s\,Z_2(s) &= Z_3(s) &+ a_2 X(s) &- b_2 Y(s) \\
\vdots\quad &\qquad \vdots &\qquad \vdots &\qquad \vdots \\
s\,Z_{n-1}(s) &= Z_n(s) &+ a_{n-1} X(s) &- b_{n-1} Y(s) \\
s\,Z_n(s) &= &a_n X(s) &- b_n Y(s) \\
Y(s) &= Z_1(s) &+ a_0 X(s).
\end{aligned}
\tag{3.82}
$$

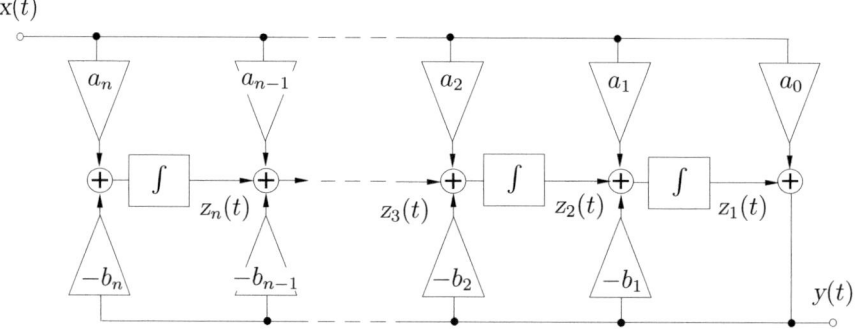

Bild 3.17: Schaltbild des linearen zeitkontinuierlichen Systems im Originalbereich

Setzen wir nun noch die letzte Gleichung in die ersten n Gleichungen ein und gehen in den Originalbereich über, so erhalten wir unter Berücksichtigung des verschwindenden Anfangszustands die Zustandsgleichungen

$$
\begin{aligned}
\dot z_1(t) &= z_2(t) &- b_1 z_1(t) &+ (a_1 - b_1 a_0)x(t) \\
\dot z_2(t) &= z_3(t) &- b_2 z_1(t) &+ (a_2 - b_2 a_0)x(t) \\
\vdots\quad &\quad\vdots &\quad\vdots &\quad\vdots \\
\dot z_{n-1}(t) &= z_n(t) &- b_{n-1} z_1(t) &+ (a_{n-1} - b_{n-1} a_0)x(t) \\
\dot z_n(t) &= &- b_n z_1(t) &+ (a_n - b_n a_0)x(t) \\
y(t) &= &z_1(t) &+ a_0 x(t),
\end{aligned}
\tag{3.83}
$$

aus denen wir die Systemmatrizen

$$
A = \begin{pmatrix}
-b_1 & 1 & 0 & \ldots & 0 & 0 \\
-b_2 & 0 & 1 & \ldots & 0 & 0 \\
-b_3 & 0 & 0 & \ldots & 0 & 0 \\
\vdots & & & & & \vdots \\
-b_{n-1} & 0 & 0 & \ldots & 0 & 1 \\
-b_n & 0 & 0 & \ldots & 0 & 0
\end{pmatrix}
\;;\quad
B = \begin{pmatrix}
a_1 - b_1 a_0 \\
a_2 - b_2 a_0 \\
\vdots \\
a_n - b_n a_0
\end{pmatrix}\;;
\tag{3.84}
$$

$$
C = \begin{pmatrix} 1 & 0 & 0 \ldots 0 & 0 \end{pmatrix};
\qquad\qquad
D = a_0
$$

ablesen können. Die Schaltung im Originalbereich zeigt Bild 3.17. Es sei nochmals betont, dass die Zustandsdarstellung (3.83) mit den Matrizen A, B, C und D ebenso wie die Schaltungen Bild 3.16 bzw. Bild 3.17 nur eine Möglichkeit zur Realisierung von

$$G(s) = \frac{a_0 s^n + a_1 s^{n-1} + \ldots + a_{n-2} s^2 + a_{n-1} s + a_n}{s^n + b_1 s^{n-1} + \ldots + b_{n-2} s^2 + b_{n-1} s + b_n}$$

bilden. Es gibt noch eine Vielzahl weiterer Zustandsdarstellungen mit anderen Matrizen A, B, C und D, die $G(s)$ ebenfalls realisieren (vgl. Abschnitt 3.1.1.2).

Es soll nun noch gezeigt werden, dass jeder Übertragungsfunktion G eine Differenzialgleichung n-ter Ordnung zugeordnet ist, die Eingabesignal x und Ausgabesignal y miteinander verknüpft. Zur Ableitung dieser Differenzialgleichung transformieren wir (3.82) unter Berücksichtigung des Anfangszustands $z(0) = 0$ in den Originalbereich zurück und erhalten

$$\begin{aligned}
\dot{z}_1(t) &= z_2(t) &+ a_1 x(t) &- b_1 y(t) \\
\dot{z}_2(t) &= z_3(t) &+ a_2 x(t) &- b_2 y(t) \\
&\vdots & \vdots & \vdots \\
\dot{z}_{n-1}(t) &= z_n(t) &+ a_{n-1} x(t) &- b_{n-1} y(t) \\
\dot{z}_n(t) &= &+ a_n x(t) &- b_n y(t) \\
y(t) &= z_1(t) &+ a_0 x(t).
\end{aligned} \tag{3.85}$$

Wir eliminieren nun die Zustandsvariablen auf folgende Weise: Zunächst wird die letzte Gleichung einmal differenziert und $\dot{z}_1(t)$ aus der ersten Gleichung eingesetzt, danach die erhaltene Gleichung wieder differenziert und $\dot{z}_2(t)$ aus der zweiten Gleichung eingesetzt usw. In dieser Weise fortfahrend erhalten wir

$$\begin{aligned}
\dot{y}(t) &= \dot{z}_1(t) + a_0 \dot{x}(t) \\
&= z_2(t) + a_1 x(t) - b_1 y(t) + a_0 \dot{x}(t) \\
\ddot{y}(t) &= \dot{z}_2(t) + a_1 \dot{x}(t) - b_1 \dot{y}(t) + a_0 \ddot{x}(t) \\
&= z_3(t) + a_2 x(t) - b_2 y(t) + a_1 \dot{x}(t) - b_1 \dot{y}(t) + a_0 \ddot{x}(t) \\
&\vdots \quad \vdots \quad \vdots
\end{aligned} \tag{3.86}$$

Nach dem Einsetzen der vorletzten Gleichung aus (3.85) ergibt sich die gesuchte Differenzialgleichung n-ter Ordnung

$$y^{(n)}(t) + b_1 y^{(n-1)}(t) + \ldots + b_{n-1} \dot{y}(t) + b_n y(t) = a_0 x^{(n)}(t) + \ldots + a_{n-1} \dot{x}(t) + a_n x(t). \tag{3.87}$$

Unterziehen wir beide Seiten dieser Differenzialgleichung der Laplace-Transformation, so erhalten wir

$$s^n Y(s) + \ldots + b_{n-1} s\, Y(s) + b_n Y(s) = a_0 s^n X(s) + \ldots + a_{n-1} s\, X(s) + a_n X(s). \tag{3.88}$$

Dabei ist zu beachten, dass die auf beiden Seiten der Gleichung bei Anwendung der Differenziationsregel auftretenden Anfangswerte von $x(t)$ und $y(t)$, nämlich $x(0)$, $\dot{x}(0)$, $\ddot{x}(0)$, ..., $y(0)$, $\dot{y}(0)$, ... usw., nicht etwa verschwinden, sondern sich gegenseitig aufheben, wenn sich das System im Nullzustand befindet. Aus (3.88) kann nun sofort auch wieder die Übertragungsfunktion

$$G(s) = \frac{Y(s)}{X(s)} = \frac{a_0 s^n + a_1 s^{n-1} + \ldots + a_{n-1} s + a_n}{s^n + b_1 s^{n-1} + \ldots + b_{n-1} s + b_n}$$

abgelesen werden.

3.2.2   Frequenzcharakteristiken

3.2.2.1   Stationärer und flüchtiger Vorgang

Wir betrachten nun ein System im Nullzustand mit einem Eingang und einem Ausgang, das durch eine Exponentialschwingung (harmonisches Signal)

$$x_\sim(t) = \hat{X} e^{\sigma_0 t} \cos(\omega_0 t + \varphi_x) \qquad (t \geq 0) \tag{3.89}$$

erregt wird. Offensichtlich kann das Eingabesignal $x_\sim$ auch in der Form

$$x_\sim(t) = \frac{1}{2} \left(\underline{X} e^{s_0 t} + \overline{X} e^{\bar{s}_0 t} \right) = \mathrm{Re}(\underline{X} e^{s_0 t}) \qquad (t \geq 0) \tag{3.90}$$

mit den Abkürzungen

$$\underline{X} = \hat{X} e^{j \varphi_x}, \qquad \overline{X} = \hat{X} e^{-j \varphi_x} \tag{3.91}$$

und

$$s_0 = \sigma_0 + j\omega_0, \qquad \bar{s}_0 = \sigma_0 - j\omega_0 \tag{3.92}$$

dargestellt werden. Die Laplace-Transformierte dieses Eingabesignals lautet

$$X_\sim(s) = L\big(x_\sim(t)\big) = \frac{1}{2} \left(\frac{\underline{X}}{s - s_0} + \frac{\overline{X}}{s - \bar{s}_0} \right). \tag{3.93}$$

Damit kann mit Hilfe von (3.52) das Ausgabesignal im Bildbereich angegeben werden, nämlich

$$Y(s) = G(s) X_\sim(s) = \frac{1}{2} \left(\frac{\underline{X}\, G(s)}{s - s_0} + \frac{\overline{X}\, G(s)}{s - \bar{s}_0} \right).$$

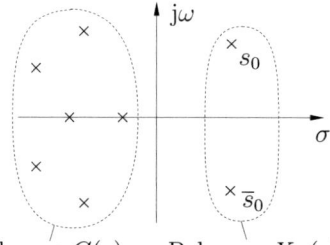

Pole von $G(s)$ Pole von $X_\sim(s)$ **Bild 3.18:** Pole von $X_\sim(s)$ und $G(s)$

Zur Berechnung des Ausgabesignals muss der letzte Ausdruck in den Zeitbereich überführt werden. Da $G(s)$ rational ist und $Y(s)$ im Unendlichen verschwindet, kann die Residuenmethode für diese Rücktransformation angewandt werden. Schreiben wir die Residuen an den Polstellen s_0 bzw. $\bar{s}_0$ und an den Polstellen von $G(s)$ getrennt auf, so erhalten wir für $t > 0$

$$\begin{aligned}
y(t) &= L^{-1}\big(Y(s)\big) \\
&= \sum_{s = s_0, s = \bar{s}_0} \mathrm{Res} \big(Y(s)\, e^{st}\big) + \sum_{\text{Pole von } G(s)} \mathrm{Res} \big(Y(s)\, e^{st}\big) \\
&= y_\sim(t) + y_{fl}(t). \tag{3.94}
\end{aligned}$$

Das Ausgabesignal zerfällt damit in zwei Komponenten, die wir zur Abkürzung mit $y_\sim$ und y_{fl} bezeichnen und nun getrennt ausrechnen wollen.

Die Berechnung von $y_\sim(t)$ liefert für $t > 0$ nach den Regeln der Residuenmethode

$$
\begin{aligned}
y_\sim(t) &= \frac{1}{2} \sum \operatorname*{Res}_{s=s_0,s=\overline{s}_0} \left(\frac{\underline{X}\,G(s)\,\mathrm{e}^{st}}{s - s_0} + \frac{\overline{X}\,G(s)\,\mathrm{e}^{st}}{s - \overline{s}_0} \right) \\
&= \frac{1}{2} \left(\underline{X}\,G(s_0)\,\mathrm{e}^{s_0 t} + \overline{X}\,G(\overline{s}_0)\,\mathrm{e}^{\overline{s}_0 t} \right)
\end{aligned}
$$

oder, da die Summe zweier konjugiert komplexer Zahlen bekanntlich den zweifachen Realteil ergibt,

$$
\begin{aligned}
y_\sim(t) &= \operatorname{Re}\left(\underline{X}\,G(s_0)\,\mathrm{e}^{s_0 t} \right) & (3.95) \\
&= |\underline{X}\,G(s_0)|\,\mathrm{e}^{\sigma_0 t} \cos(\omega_0 t + \varphi_y) & (t > 0) & \quad (3.96)
\end{aligned}
$$

mit

$$
\varphi_y = \arg \underline{X}\,G(s_0). \qquad (3.97)
$$

Wie (3.96) zeigt, ist $y_\sim(t)$ eine Wirkung vom gleichen Typ wie die Erregung $x_\sim(t)$ gemäß (3.89), lediglich Amplitude und Phasenwinkel sind unterschiedlich. Man bezeichnet die Komponente $y_\sim$ der Wirkung als *stationären Vorgang*.

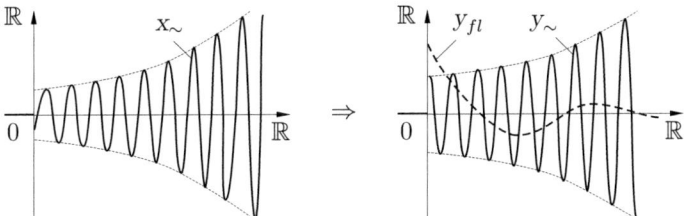

Bild 3.19: Stationärer Vorgang $y_\sim$ und flüchtiger Vorgang y_{fl}

Die zweite Komponente y_{fl} der Wirkung wird durch die Summe der Residuen an den Polstellen von $G(s)$ bestimmt:

$$
y_{fl}(t) = \sum_{\text{Pole von } G(s)} \operatorname{Res} \frac{1}{2} \left(\frac{\underline{X}\,G(s)\,\mathrm{e}^{st}}{s - s_0} + \frac{\overline{X}\,G(s)\,\mathrm{e}^{st}}{s - \overline{s}_0} \right), \qquad (t > 0).
$$

Die Berechnung der Residuen an den Polstellen s_i von $G(s)$ liefert Summanden der Form

$$
y_{fl,i}(t) = \mathrm{e}^{s_i t} \sum_{m=0}^{k-1} F_m(s_i) t^m, \qquad (3.98)
$$

wenn s_i ein k-facher Pol ist (vgl. auch (3.66)). Wesentlich ist dabei jedoch, dass alle Polstellen von $G(s)$ einen negativen Realteil haben (Bild 3.18). Dadurch verschwinden alle Summanden von $y_{fl}(t)$ wegen des Faktors $\mathrm{e}^{s_i t}$ nach hinreichend langer Zeit ($t \to \infty$); es gilt also

$$
\lim_{t \to \infty} y_{fl}(t) = 0. \qquad (3.99)
$$

Man nennt die Komponente y_{fl} der Wirkung deshalb auch den *flüchtigen Vorgang*.

Die Eigenschaft der Übertragungsfunktion G, nur Polstellen s_i mit negativem Realteil zu haben, hängt eng mit der Frage der Stabilität des Systems zusammen. Wir werden in einem gesonderten Abschnitt auf diese Problematik näher eingehen.

Zusammengefasst erhalten wir also am Ausgang eines linearen Systems bei harmonischer Erregung die in Bild 3.19 schematisch dargestellten Ausgangssignale. Nach hinreichend langer Zeit, d.h. nach dem Abklingen des flüchtigen Vorgangs, erhalten wir am Ausgang ebenfalls ein harmonisches Signal.

Beispiel 3.6 Zur Illustration der Zusammenhänge betrachten wir die in Bild 3.20 dargestellte elektrische Schaltung, an deren Eingang die Spannung

$$u_1(t) = u_{1\sim}(t) = \hat{U}_1 \cos(\omega_0 t + \varphi_1) \qquad (t \geq 0)$$

angelegt wird. Gesucht ist die Ausgangsspannung $u_2(t)$. Mit Hilfe der verallgemeinerten symbolischen Methode erhalten wir (Spannungsteilerregel!)

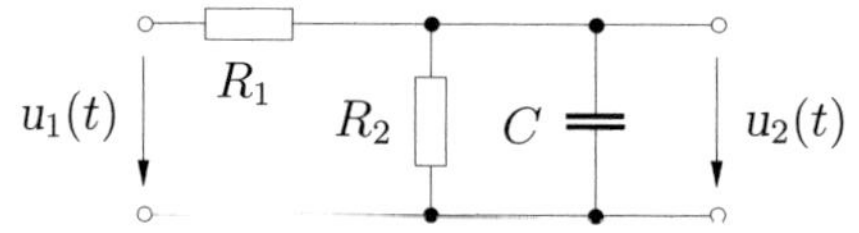

Bild 3.20: RC-Schaltung (Beispiel 3.6)

$$
\begin{aligned}
G(s) &= \frac{U_2(s)}{U_1(s)} = \frac{R_2 \| \frac{1}{sC}}{R_1 + \left(R_2 \| \frac{1}{sC}\right)} = \frac{R_2}{sCR_1R_2 + R_1 + R_2} \\
&= \frac{1}{CR_1} \frac{1}{s - s_1}; \qquad s_1 = -\frac{R_1 + R_2}{CR_1R_2}; \qquad a \| b = \frac{ab}{a+b};
\end{aligned}
$$

und mit Hilfe von (3.93)

$$U_1(s) = \frac{1}{2}\left(\frac{U_1}{s - s_0} + \frac{\overline{U}_1}{s - \overline{s}_0}\right); \qquad \begin{aligned} U_1 &= \hat{U}_1 e^{j\varphi_1}, & s_0 &= j\omega_0, \\ \overline{U}_1 &= \hat{U}_1 e^{-j\varphi_1}, & \overline{s}_0 &= -j\omega_0. \end{aligned}$$

Daraus ergibt sich

$$U_2(s) = G(s)U_1(s) = \frac{1}{2}\frac{1}{CR_1}\frac{1}{s - s_1}\left(\frac{U_1}{s - s_0} + \frac{\overline{U}_1}{s - \overline{s}_0}\right).$$

Die Rücktransformation mit Hilfe der Residuenmethode liefert für $t > 0$ nach einiger Zwischenrechnung den stationären Vorgang

$$
\begin{aligned}
u_{2\sim}(t) &= \sum_{s=j\omega_0, s=-j\omega_0} \operatorname{Res}\left(\frac{1}{2CR_1(s - s_1)}\left(\frac{U_1}{s - j\omega_0} + \frac{\overline{U}_1}{s + j\omega_0}\right)\right) \\
&= \frac{\hat{U}_1 R_2}{\sqrt{(R_1 + R_2)^2 + (\omega_0 CR_1R_2)^2}} \cos\left(\omega_0 t + \varphi_1 - \arctan\frac{\omega_0 CR_1R_2}{R_1 + R_2}\right)
\end{aligned}
$$

und den flüchtigen Vorgang

$$u_{2fl}(t) = \operatorname*{Res}_{s=s_1} \left(\frac{1}{2CR_1(s-s_1)} \left(\frac{\underline{U}_1}{s-j\omega_0} + \frac{\overline{\underline{U}}_1}{s+j\omega_0} \right) \right)$$

$$= \frac{\hat{U}_1}{CR_1} \frac{s_1\cos\varphi_1 - \omega_0\sin\varphi_1}{s_1^2 + \omega_0^2} e^{s_1 t} \qquad \left(s_1 = -\frac{R_1+R_2}{CR_1R_2} \right).$$

Insgesamt ist dann

$$u_2(t) = u_{2\sim}(t) + u_{2fl}(t).$$

3.2.2.2 Vereinfachte Berechnung des stationären Vorganges

In vielen Fällen interessiert man sich lediglich für den stationären Vorgang am Ausgang des Systems, insbesondere dann, wenn am Eingang ein harmonisches Signal mit konstanter Amplitude (d.h. $\sigma_0 = 0$) anliegt. In der Wechselstromlehre werden derartige Fragen ausgiebig behandelt [14].

Wir haben also im vorliegenden Fall das Eingabesignal

$$x_\sim(t) = \hat{X}\cos(\omega_0 t + \varphi_x) = \operatorname{Re}(\underline{X}\,e^{j\omega_0 t}) \tag{3.100}$$

und erhalten dazu mit (3.95) das stationäre Ausgabesignal

$$y_\sim(t) = \operatorname{Re}\left(\underline{X}\,G(j\omega_0)\,e^{j\omega_0 t} \right) \tag{3.101}$$

$$= \operatorname{Re}\left(\underline{Y}\,e^{j\omega_0 t} \right) = |\underline{Y}|\cos(\omega_0 t + \arg\underline{Y})$$

mit

$$\underline{Y} = G(j\omega_0)\,\underline{X}. \tag{3.102}$$

Zur Berechnung des stationären Ausgabesignals ist also lediglich die Kenntnis von $\underline{Y}$ erforderlich. Diese Größe kann mit Hilfe der letzten Gleichung sofort berechnet werden, wenn die Übertragungsfunktion G des Systems gegeben ist.

Die letzte Gleichung ist gleichzeitig die Grundlage für ein vereinfachtes Verfahren zur Berechnung des stationären Vorganges, das unter der Bezeichnung *symbolische Methode der Wechselstromlehre* bekannt ist. Bei diesem Verfahren wird jedem Signal $a_\sim$ der Form

$$a_\sim(t) = \hat{A}\cos(\omega_0 t + \varphi_a)$$

eine komplexe Amplitude

$$\underline{A} = \hat{A}\,e^{j\varphi_a}$$

zugeordnet. Insbesondere gelten also für das stationäre Eingabesignal $x_\sim$ und das zugehörige stationäre Ausgabesignal $y_\sim$ die Zuordnungen

$$x_\sim(t) \rightarrow \underline{X} = \hat{X}\,e^{j\varphi_x}, \qquad y_\sim(t) \rightarrow \underline{Y} = \hat{Y}\,e^{j\varphi_y}. \tag{3.103}$$

Ist das Eingabesignal $x_\sim$ und damit auch $\underline{X}$ gegeben und die Übertragungsfunktion G des Systems bekannt, so kann mit der bereits weiter oben angegebenen Beziehung die komplexe Ausgabeamplitude

$$\underline{Y} = G(j\omega_0)\,\underline{X}$$

berechnet werden, indem man in $G(s)$ für $s = j\omega_0$ setzt. Durch Übergang zum Realteil erhält man dann schließlich das gesuchte stationäre Ausgabesignal

$$y_\sim(t) = \mathrm{Re}\left(\underline{Y}\,e^{j\omega_0 t}\right).$$

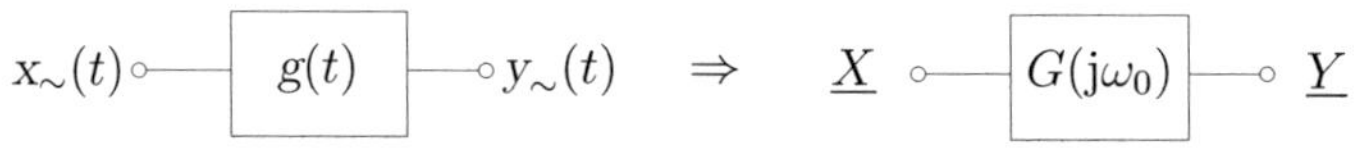

$$x_\sim(t)\circ\!\!-\!\!\boxed{\;g(t)\;}\!\!-\!\!\circ y_\sim(t) \quad \Rightarrow \quad \underline{X}\;\circ\!\!-\!\!\boxed{\;G(j\omega_0)\;}\!\!-\!\!\circ\;\underline{Y}$$

Bild 3.21: Zur symbolischen Methode der Wechselstromlehre

In Bild 3.21 ist der Grundgedanke der symbolischen Methode, das Ersetzen der stationären Signale durch komplexe Amplituden, schematisch veranschaulicht.

Beispiel 3.7 Kehren wir abschließend noch einmal zu dem bereits behandelten Beispiel Bild 3.20 zurück, so erhalten wir nach dem vereinfachten Verfahren

$$\underline{U}_1 = \hat{U}_1\,e^{j\varphi_1}$$

und

$$G(j\omega_0) = \frac{R_2\|\dfrac{1}{j\omega_0 C}}{R_1 + \left(R_2\|\dfrac{1}{j\omega_0 C}\right)} = \frac{R_2}{j\omega_0 C R_1 R_2 + R_1 + R_2}.$$

Daraus folgt

$$\underline{U}_2 = \frac{R_2\hat{U}_1\,e^{j\varphi_1}}{j\omega_0 C R_1 R_2 + R_1 + R_2}$$

und schließlich

$$
\begin{aligned}
u_{2\sim}(t) &= \mathrm{Re}\left(\underline{U}_2\,e^{j\omega_0 t}\right)\\
&= \frac{\hat{U}_1 R_2}{\sqrt{(R_1 + R_2)^2 + (\omega_0 C R_1 R_2)^2}}\cos\left(\omega_0 t + \varphi_1 - \arctan\frac{\omega_0 C R_1 R_2}{R_1 + R_2}\right).
\end{aligned}
$$

3.2.2.3 Ortskurve, Dämpfung und Phase

Durch Umstellung von (3.102) erhalten wir die Gleichung

$$G(j\omega_0) = \frac{\underline{Y}}{\underline{X}} = \frac{\hat{Y}\,e^{j\varphi_y}}{\hat{X}\,e^{j\varphi_x}} = \frac{\hat{Y}}{\hat{X}}\,e^{j(\varphi_y - \varphi_x)}. \tag{3.104}$$

Die komplexen Amplituden $\underline{X}$ und $\underline{Y}$ können anschaulich durch Zeiger in der komplexen Ebene dargestellt werden (Bild 3.22).

Fassen wir $\omega_0 = \omega$ als variable Frequenz auf und setzen speziell

$$\underline{X} = 1, \tag{3.105}$$

so erhalten wir

$$\underline{Y} = G(\mathrm{j}\omega). \tag{3.106}$$

Bei der Darstellung in der komplexen Ebene durchläuft in diesem Fall die Spitze des Zeigers $\underline{Y}$ eine Kurve, wenn die Frequenz ω verändert wird. Durch Messung der komplexen Ausgangsamplitude $\underline{Y}$ kann damit gleichzeitig $G(\mathrm{j}\omega)$ gemessen werden. Verändert man die Messfrequenz ω über alle Punkte des Intervalls $[0, \infty)$, so erhält man die in Bild 3.23 dargestellte *Ortskurve* des Systems, genauer die Ortskurve der Übertragungsfunktion des Systems. Da G eine reellwertige Funktion ist, liegen die Punkte der Ortskurve für negative Frequenzen $\omega \in (-\infty, 0)$ spiegelbildlich zur reellen Achse, wie in Bild 3.23 gestrichelt angedeutet.

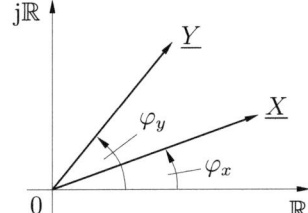

Bild 3.22: Komplexe Amplituden

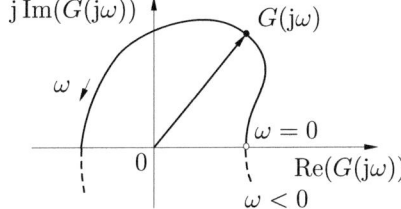

Bild 3.23: Ortskurve der Übertragungsfunktion

Aus (3.104) können noch die folgenden Definitionen abgeleitet werden:

a) Der Betrag der Übertragungsfunktion

$$|G(\mathrm{j}\omega)| = \frac{\hat{Y}}{\hat{X}} = A(\omega) \tag{3.107}$$

ist der *Amplitudenfrequenzgang* und das Argument

$$-\arg G(\mathrm{j}\omega) = \varphi_x - \varphi_y = b(\omega) \tag{3.108}$$

der *Phasenfrequenzgang* (das *Phasenmaß* oder kurz die *Phase*) des Systems. Mit Hilfe dieser Größen kann der *Frequenzgang* $G(\mathrm{j}\omega)$ in der Form

$$G(\mathrm{j}\omega) = A(\omega)\,\mathrm{e}^{-\mathrm{j}b(\omega)}. \tag{3.109}$$

dargestellt werden.

b) Bilden wir den negativen Logarithmus des Frequenzgangs, so erhalten wir das *Übertragungsmaß*

$$-\ln G(\mathrm{j}\omega) = -\ln A(\omega) + \mathrm{j}b(\omega) = g(\omega). \tag{3.110}$$

Der Realteil des Übertragungsmaßes

$$-\ln A(\omega) = a(\omega) \tag{3.111}$$

ist die *Dämpfung* oder das *Dämpfungsmaß*, so dass wir das Übertragungsmaß auch in der Form

$$g(\omega) = a(\omega) + \mathrm{j}b(\omega) \tag{3.112}$$

darstellen können.

3.2.2.4 Allpass und Mindestphasensystem

Bisher haben wir die Beziehungen aufgeschrieben, die es gestatten, für ein lineares System mit der Übertragungsfunktion G ($G(s)$ bzw. $G(\mathrm{j}\omega)$) die Dämpfung $a(\omega)$ (bzw. den Amplitudenfrequenzgang $A(\omega)$) und die Phase $b(\omega)$ auszurechnen.

Wir wollen nun folgende Fragen etwas näher untersuchen:

a) Ist es möglich, aus der Dämpfung $a(\omega)$ bzw. aus $A(\omega)$ die Übertragungsfunktion G ($G(\mathrm{j}\omega)$ bzw. $G(s)$) zu bestimmen?

b) Da Dämpfung und Phase eines Systems aus derselben Übertragungsfunktion abgeleitet werden, muss zwischen diesen Größen ein Zusammenhang bestehen, der auf den Zusammenhang zwischen Realteil und Imaginärteil von Funktionen mit bestimmten Regularitätseigenschaften zurückzuführen ist. Wie kann ein solcher Zusammenhang gefunden werden?

Zur Beantwortung der ersten Frage ist zunächst zu bemerken, dass der Übergang von $A(\omega)$ zu $G(\mathrm{j}\omega)$ nicht eindeutig ist; denn es gilt

$$|G_1(\mathrm{j}\omega)| = |G_2(\mathrm{j}\omega)| \Leftrightarrow G_1(s) = G_2(s)G_A(s), \tag{3.113}$$

wobei

$$|G_A(\mathrm{j}\omega)| = 1$$

ist. Das bedeutet, dass die Übertragungsfunktionen zweier Systeme mit identischen Dämpfungen sich durch den Faktor einer Übertragungsfunktion G_A mit der Eigenschaft $|G_A(\mathrm{j}\omega)| = 1$ unterscheiden können.

Daraus ergibt sich die folgende

Definition 3.2 Ein System, dessen Übertragungsfunktion G_A die Eigenschaft

$$|G_A(\mathrm{j}\omega)| = 1 \tag{3.114}$$

hat, heißt *Allpass*. (Allgemeiner kann man auch schreiben $|G_A(\mathrm{j}\omega)| = k \in \mathbb{R}^+$.)

Beispiel 3.8 Wir betrachten die Schaltung Bild 3.24 mit

$$G_A(s) = \frac{U_2(s)}{U_1(s)} = \frac{R - sL}{R + sL}.$$

Offensichtlich ist

$$|G_A(j\omega)| = \frac{\sqrt{R^2 + (\omega L)^2}}{\sqrt{R^2 + (\omega L)^2}} = 1$$

und damit die Schaltung ein Allpass.

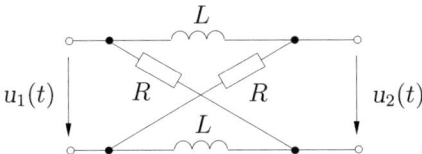

$$u_1(t) \qquad R \qquad R \qquad u_2(t)$$

Bild 3.24: Allpass (Beispiel 3.8)

Allgemein lässt sich zeigen, dass jedes System einen Allpass darstellt, dessen Übertragungsfunktion in der Form

$$G_A(s) = \frac{f(-s)}{f(s)} \tag{3.115}$$

geschrieben werden kann, worin $f(s)$ ein für reelle s reellwertiges Polynom ist, das nur Nullstellen mit negativem Realteil hat. Es gilt dann nämlich

$$|G_A(j\omega)| = \frac{|f(-j\omega)|}{|f(j\omega)|} = 1. \tag{3.116}$$

Da die Nullstellen von $f(s)$ gerade die Polstellen von $G_A(s)$ sind und die Nullstellen von $f(-s)$ – das sind die Nullstellen von $G_A(s)$ – gerade spiegelbildlich zur imaginären Achse zu denen von $f(s)$ liegen, ergibt sich für einen Allpass stets ein Pol-Nullstellen-Plan der in Bild 3.25a dargestellten Art. Zu jedem Pol in der linken s-Halbebene gibt es genau eine spiegelbildlich zur imaginären Achse liegende Nullstelle der gleichen Ordnung in der rechten s-Halbebene.

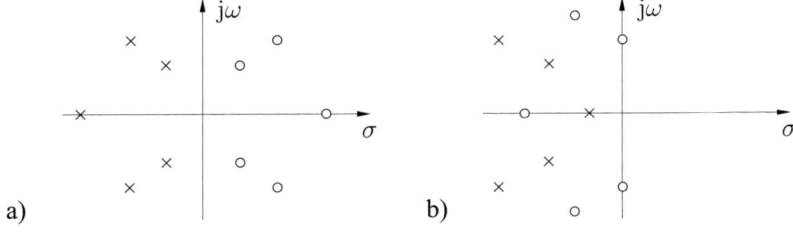

Bild 3.25: Pol-Nullstellen-Plan (Beispiele): a) Allpass; b) Mindestphasensystem

Wie wir gesehen haben, hat die Übertragungsfunktion eines Allpasses Nullstellen nur im Innern der rechten s-Halbebene und sonst nirgends. Den Gegensatz hierzu bildet ein System, dessen Übertragungsfunktion G_M im Innern der rechten s-Halbebene keine Null-stellen besitzt, d.h. die Nullstellen liegen im Innern der linken s-Halbebene oder auf der imaginären Achse. Der Pol-Nullstellen-Plan eines solchen Systems ist in Bild 3.25b darge-stellt. Man nennt solch ein System ein *Mindestphasensystem*. Die Bezeichnung rührt da-her, dass ein solches System von allen Systemen mit gleicher Dämpfung bei sinusförmiger Erregung die geringste Phasenwinkeländerung zwischen Eingangs- und Ausgangssignal aufweist, wenn die Frequenz von Null bis Unendlich verändert wird. Ein Beispiel eines Mindestphasensystems ist die Schaltung Bild 3.20.

Von besonderer Wichtigkeit ist der folgende Satz:

Satz 3.1 Die Übertragungsfunktion G eines Systems ist stets in das Produkt zweier Übertragungsfunktionen zerlegbar, so dass ein Faktor die Übertragungsfunktion G_A eines Allpasses und der andere Faktor die Übertragungsfunktion G_M eines Mindestphasensy-stems bildet, in Zeichen:

$$G(s) = G_A(s)\, G_M(s) \tag{3.117}$$

Der Beweis dieses Satzes kann grafisch-anschaulich in der in Bild 3.26 gezeigten Weise er-folgen. Zunächst werden spiegelbildlich zur imaginären Achse zu den Nullstellen von $G(s)$ der rechten s-Halbebene in die linke s-Halbebene Pol-Nullstellen-Paare eingezeichnet, die sich gegenseitig aufheben, so dass $G(s)$ nicht verändert wird. Anschließend werden die Pole der neu hinzugenommenen Pol-Nullstellen-Paare mit den spiegelbildlich dazu rechts liegenden Nullstellen zu $G_A(s)$ zusammengefasst. Alle danach noch verbleibenden Pole und Nullstellen bilden die Übertragungsfunktion G_M des Mindestphasensystems. Jedes beliebige System lässt sich damit als rückwirkungsfreie Kettenschaltung eines Allpasses und eines Mindestphasensystems realisieren (Bild 3.26).

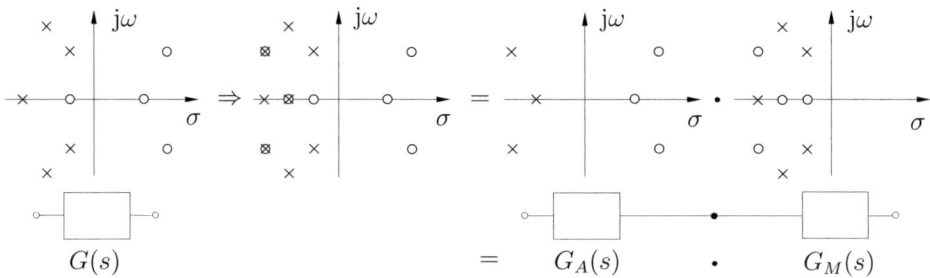

Bild 3.26: Zerlegung eines Systems in Allpass und Mindestphasensystem (Beispiel)

Kehren wir nun zu der anfangs aufgeworfenen Frage nach der Berechnung der Über-tragungsfunktion G aus dem Amplitudenfrequenzgang $A(\omega)$ (bzw. der Dämpfung $a(\omega)$) zurück, so ergibt sich aus (3.113) in Zusammenhang mit den letzten Ausführungen, dass ein solcher Übergang für ein Mindestphasensystem eindeutig ist. Es ergibt sich damit der folgende

Satz 3.2 Jeder Funktion $A(\omega)$ mit der Eigenschaft

$$(A(\omega))^2 = \frac{\sum_i \alpha_i \omega^{2i}}{\sum_i \beta_i \omega^{2i}} = R(\omega^2) \tag{3.118}$$

und

$$0 \leq R(\omega^2) \leq K \tag{3.119}$$

ist eindeutig ein Mindestphasensystem mit $G(s) = G_M(s)$ zugeordnet.

Es lässt sich zeigen, dass die Eigenschaften (3.118) und (3.119) notwendig und hinreichend für den Betrag der Übertragungsfunktion eines Systems sind, deren Pole im Innern der linken s-Halbebene liegen (stabiles System). Das Betragsquadrat der Übertragungsfunktion ist eine nichtnegative beschränkte rationale Funktion in ω^2, und jede derartige Funktion kann als Betragsquadrat der Übertragungsfunktion eines Systems aufgefasst werden.

Die Berechnung der Übertragungsfunktion G, d.h. $G(s) = G_M(s)$, eines (Mindestphasen-)Systems kann auf folgendem Wege durchgeführt werden, wenn der Amplitudenfrequenzgang $A(\omega)$ des Systems gegeben ist:

1. Man bilde

$$(A(\omega))^2 = R(\omega^2). \tag{3.120}$$

Die rationale Funktion $R(\omega^2)$ ergibt sich sofort, wenn $A(\omega)$ selbst eine rationale Funktion ist. Ist $A(\omega)$ als Messkurve gegeben, so muss zunächst eine geeignete Approximation von $(A(\omega))^2$ durch eine in ω^2 rationale Funktion gefunden werden.

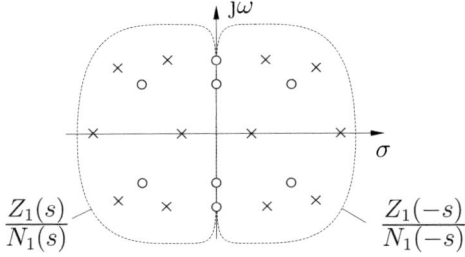

Bild 3.27: Zerlegung von $R(-s^2)$

2. Man substituiere in der letzten Gleichung $j\omega$ durch s bzw. ω^2 durch $-s^2$. Dann erhält man eine rationale Funktion in $-s^2$, die sich stets in der Form

$$R(-s^2) = \frac{Z_1(s)Z_1(-s)}{N_1(s)N_1(-s)} \tag{3.121}$$

darstellen lässt.

In Bild 3.27 ist diese Zerlegung anschaulich dargestellt. Besitzt $R(-s^2)$ in $s = s_\nu$ einen komplexen Pol, so ist wegen $s^2 = (-s)^2$ auch $s = -s_\nu$ ein komplexer Pol. Da zu jedem komplexen Pol auch der zugehörige konjugiert komplexe Pol auftritt, treten die Pole (und dasselbe gilt auch für die Nullstellen) stets in Quadrupeln auf, falls sie nicht reell sind. Auf der imaginären Achse liegende Nullstellen sind deshalb stets von geradzahliger Ordnung. Die Zerlegung von $R(-s^2)$ gemäß (3.121) wird nun so durchgeführt, dass $Z_1(s)$ keine Nullstellen mit $\sigma > 0$ und $N_1(s)$ keine Nullstellen mit $\sigma \geq 0$ enthält. Die auf der imaginären Achse liegenden Nullstellen von $R(-s^2)$ von geradzahliger Ordnung werden zur Hälfte zu $Z_1(s)$ und zur Hälfte zu $Z_1(-s)$ gezählt.

3. Die durch diese Zerlegung erhaltene Funktion G mit

$$G(s) = \frac{Z_1(s)}{N_1(s)} \tag{3.122}$$

ist die gesuchte Übertragungsfunktion. Es lässt sich zeigen, dass G Übertragungsfunktion eines Mindestphasensystems ist, d.h. es gilt

$$G(s) = G_M(s)$$

und außerdem realisiert $G(s)$ den vorgegebenen Amplitudenfrequenzgang $A(\omega)$:

$$|G(\mathrm{j}\omega)| = A(\omega).$$

Es soll nun noch gezeigt werden, wie die Übertragungsfunktion G aus dem grafisch vorgegebenen Verlauf der Dämpfung $a(\omega)$ sehr einfach abgelesen werden kann, wenn man annimmt, dass $G(s)$ nur reelle Pole und Nullstellen besitzt. (Bei komplexen Polen und Nullstellen ist das Verfahren etwas komplizierter.) Gehen wir zunächst von der Übertragungsfunktion in Produktform

$$G(s) = K \frac{(s - \sigma_1')(s - \sigma_2')\ldots(s - \sigma_{n'}')}{(s - \sigma_1)(s - \sigma_2)\ldots(s - \sigma_n)} \tag{3.123}$$

aus, so lautet die zugehörige Dämpfung nach (3.111)

$$\begin{aligned}
a(\omega) &= -\ln|G(\mathrm{j}\omega)| \\
&= -\ln|K| + \sum_{i=1}^{n}\ln(\omega^2 + \sigma_i^2)^{1/2} - \sum_{i=1}^{n'}\ln(\omega^2 + \sigma_i'^2)^{1/2} \\
&= a(0) + \sum_{i=1}^{n}\ln\left(1 + \left(\frac{\omega}{\sigma_i}\right)^2\right)^{1/2} - \sum_{i=1}^{n'}\ln\left(1 + \left(\frac{\omega}{\sigma_i'}\right)^2\right)^{1/2}.
\end{aligned} \tag{3.124}$$

Die Dämpfung $a(\omega)$ des Systems setzt sich also aus einer konstanten Grunddämpfung

$$a(0) = -\ln|K| + \sum_{i=1}^{n}\ln|\sigma_i| - \sum_{i=1}^{n'}\ln|\sigma_i'| \tag{3.125}$$

und einer Summe elementarer Dämpfungen der Form

$$a_\nu(\omega) = \ln\left(1 + \left(\frac{\omega}{\sigma_\nu}\right)^2\right)^{1/2} \tag{3.126}$$

zusammen. Diese Elementardämpfung hat (aufgetragen über $\ln\omega$) einen sehr einfachen grundsätzlichen Verlauf. Für $\ln\omega < \ln\sigma_\nu$ ist $a_\nu(\omega)$ im Wesentlichen gleich Null, während $a_\nu(\omega)$ für $\ln\omega > \ln\sigma_\nu$ in der Hauptsache den Verlauf einer Geraden annimmt (Bild 3.28).

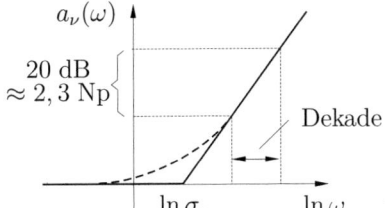

Bild 3.28: Dämpfung eines einfachen reellen Pols

Die Steigung dieser Geraden beträgt für eine Frequenzänderung von 1:10, also je Frequenzdekade

$$\ln\frac{10\omega}{\sigma_\nu} - \ln\frac{\omega}{\sigma_\nu} = \ln 10\,\mathrm{Np} = 20\,\mathrm{dB}.$$

Die maximale Abweichung zwischen dem in Bild 3.28 gestrichelt eingezeichneten exakten Dämpfungsverlauf und den asymptotischen Geraden liegt an der Stelle $\omega = \sigma_\nu$ und beträgt $\ln\sqrt{2}\,\mathrm{Np} = 3\,\mathrm{dB}$.

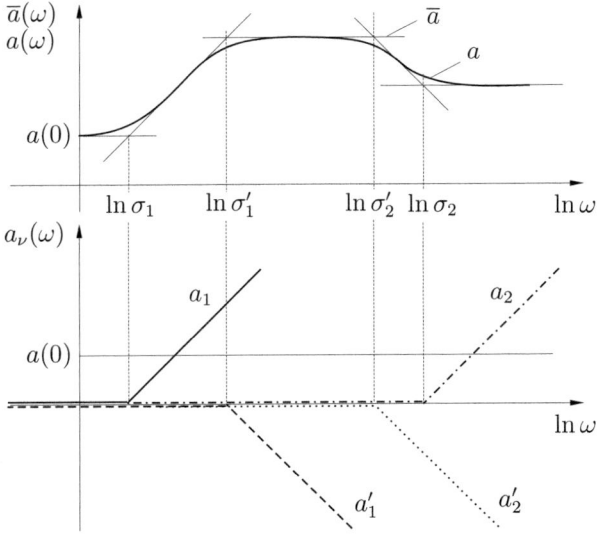

Bild 3.29: Dämpfungsapproximation

Bild 3.29 zeigt, wie eine vorgegebene Dämpfungskurve $\overline{a}(\omega)$ durch eine realisierbare Dämpfung $a(\omega)$ approximiert werden kann. Die grafisch gegebene und über $\ln\omega$ in Neper aufgetragene Dämpfungskurve $\overline{a}(\omega)$ wird dabei durch Geradenstücken approximiert, die sämtlich die Steigung $m \cdot 2,3$ Np/Dekade ($m \in \mathbb{Z}$) haben. Dann lässt sich $\overline{a}(\omega)$ als Summe von elementaren Teilfunktionen auffassen, die entweder parallel zur ω-Achse verlaufen oder die Form geknickter Geraden haben. Die Knickpunkte liefern dabei die Pole und Nullstellen, wobei den nach oben geknickten Geraden Pole und den nach unten geknickten Geraden Nullstellen entsprechen. Die Zahl m gibt die Ordnung (Vielfachheit) des Pols bzw. der Nullstelle an. In unserem Beispiel erhalten wir die Nullstellen

$$s_1' = \sigma_1'; \qquad s_2' = \sigma_2'$$

und die Pole

$$s_1 = \sigma_1; \qquad s_2 = \sigma_2$$

und damit

$$G(s) = G_M(s) = K \frac{(s - \sigma_1')(s - \sigma_2')}{(s - \sigma_1)(s - \sigma_2)},$$

wobei die Konstante K aus (3.125) bestimmt werden kann. Sie lautet

$$K = \mathrm{e}^{-a(0)} \frac{\sigma_1 \sigma_2}{\sigma_1' \sigma_2'}.$$

Wir wollen uns nun der anfangs aufgeworfenen zweiten Frage zuwenden und den Zusammenhang zwischen Dämpfung und Phase etwas näher betrachten. Wie soeben gezeigt wurde, ist einer gegebenen Dämpfung $a(\omega)$ (bzw. auch $A(\omega)$) eindeutig ein Mindestphasensystem mit der Übertragungsfunktion G_M zugeordnet. Damit ist auch die Phase

$$b_M(\omega) = -\arg G_M(\mathrm{j}\omega) \tag{3.127}$$

festgelegt.

Eine direkte Beziehung zwischen $a(\omega)$ und $b_M(\omega)$ ohne den Umweg über $G(s)$ kann auf folgende Weise gefunden werden: Wir gehen von der Übertragungsfunktion G_M eines Mindestphasensystems aus, dessen Pole und Nullstellen im Innern der linken s-Halbebene liegen. In diesem Fall sind $G(s)$ und ebenso

$$g(s) = -\ln G(s) \tag{3.128}$$

in der abgeschlossenen rechten s-Halbebene und im Unendlichen reguläre Funktionen der komplexen Variablen s. Für $g(s)$ gilt die aus der Funktionentheorie bekannte Cauchysche Integralformel

$$g(s) = \frac{1}{2\pi\mathrm{j}} \oint_C \frac{g(s_0)}{s_0 - s} \,\mathrm{d}s_0, \tag{3.129}$$

worin C einen geschlossenen, den Punkt s umschlingenden und im Regularitätsgebiet von $g(s)$ liegenden Weg bezeichnet. Wählen wir den Weg C so, dass die ganze rechte s-Halbebene eingeschlossen wird (Bild 3.30), so geht (3.129) über in

$$g(s) = \frac{1}{\pi} \int_{-\infty}^{\infty} \frac{a(\omega_0)}{s - \mathrm{j}\omega_0} \,\mathrm{d}\omega_0, \tag{3.130}$$

wenn man noch beachtet, dass für $s_0 = j\omega_0$

$$g(j\omega_0) = a(\omega_0) + jb(\omega_0)$$

gilt. Beim Grenzübergang $s \to j\omega$ ($\sigma > 0$) in (3.130) folgt nach einiger Zwischenrechnung, die wir hier übergehen,

$$g(j\omega) = a(\omega) + \frac{1}{\pi} \int_{-\infty}^{\infty} \frac{a(\omega_0)}{j\omega - j\omega_0}\, d\omega_0 = a(\omega) + jb(\omega).$$

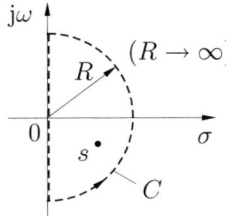

Bild 3.30: Integrationsweg

Durch Vergleich der Imaginärteile der letzten Gleichung folgt schließlich der gesuchte Zusammenhang

$$b(\omega) = b_M(\omega) = \frac{1}{\pi} \int_{-\infty}^{\infty} \frac{a(\omega_0)}{\omega_0 - \omega}\, d\omega_0. \qquad (3.131)$$

Es sei noch bemerkt, dass das letzte sowie die vorhergehenden Integrale im Sinne des Cauchyschen Hauptwertes zu verstehen sind. Man bezeichnet die durch (3.131) vermittelte Abbildung zwischen Dämpfung und Phase auch als *Hilbert-Transformation*.

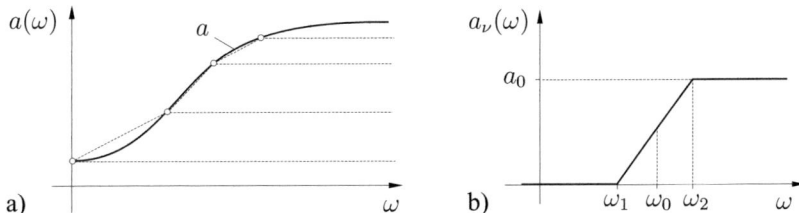

Bild 3.31: Approximation: a) Dämpfungskurve; b) Teilfunktion für die Approximation

Die wesentliche Aussage der Gleichung (3.131) besteht darin, dass bei einem Mindestphasensystem ein fester Zusammenhang zwischen Dämpfung und Phase besteht. Beide Funktionen können nicht unabhängig voneinander vorgeschrieben werden. Das ist besonders bei der Synthese derartiger Systeme zu beachten.

Die exakte Auswertung des Integrals (3.131) ist im Allgemeinen sehr schwierig. Approximiert man aber die gegebene Dämpfung $a(\omega)$ durch Teilfunktionen $a_\nu(\omega)$, wie in Bild 3.31 dargestellt, so braucht man nur die zu $a_\nu(\omega)$ gehörende Phase $b_\nu(\omega)$ zu kennen, um durch Summation näherungsweise $b(\omega)$ bilden zu können. Denn ist

$$a(\omega) \approx \sum_{\nu=1}^{n} a_\nu(\omega), \qquad (3.132)$$

so ist

$$b(\omega) \approx \frac{1}{\pi} \int_{-\infty}^{\infty} \frac{1}{\omega_0 - \omega} \left(\sum_{\nu=1}^{n} a_\nu(\omega_0) \right) d\omega_0$$

$$= \sum_{\nu=1}^{n} \frac{1}{\pi} \int_{-\infty}^{\infty} \frac{a_\nu(\omega_0)}{\omega_0 - \omega} d\omega_0 = \sum_{\nu=1}^{n} b_\nu(\omega). \tag{3.133}$$

Die Phasen

$$b_\nu(\omega) = \frac{1}{\pi} \int_{-\infty}^{\infty} \frac{a_\nu(\omega_0)}{\omega_0 - \omega} d\omega_0 = \frac{2\omega}{\pi} \int_{0}^{\infty} \frac{a_\nu(\omega_0)}{\omega_0^2 - \omega^2} d\omega_0 \tag{3.134}$$

werden für $a_\nu(\omega)$ gemäß Bild 3.31b ausgerechnet und für verschiedene Parameter ω_1, ω_2, a_0 in Abhängigkeit von ω/ω_0 tabelliert oder in einem Diagramm dargestellt (*Bode-Diagramm*). Bild 3.32 zeigt den prinzipiellen Kurvenverlauf von $b_\nu(\omega)$ für $a_\nu(\omega)$ gemäß Bild 3.31b.

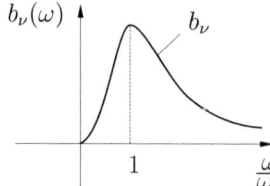

Bild 3.32: Zur Dämpfung Bild 3.31b gehörende Phase

3.2.3 Stabilität

3.2.3.1 Hurwitz-Kriterium

Wir betrachten ein lineares System mit einem Eingang und einem Ausgang, das sich im Nullzustand befindet. Bei Eingabe des Signals x für $t > 0$ erhalten wir am Ausgang das Signal y. Es gilt nun die folgende Definition:

Definition 3.3 Das System heißt *stabil*, wenn gilt

$$|x(t)| < K_1 \Rightarrow |y(t)| < K_2 \tag{3.135}$$

für alle $t \in T$ $(K_1, K_2 \in \mathbb{R}^+)$.

Das bedeutet, dass das Ausgabesignal beschränkt bleiben muss, falls das Eingabesignal beschränkt ist. Bild 3.33 zeigt eine anschauliche Darstellung dieses Sachverhalts.

Für die weiteren Überlegungen wollen wir annehmen, x sei ein beschränktes Eingabesignal und so beschaffen, dass $X(s)$ rational ist, keine singulären Stellen mit positivem Realteil hat und im Unendlichen verschwindet (z.B. $x(t) = \mathbf{1}(t)$, $X(s) = 1/s$). Dann ist

$$Y(s) = G(s) \, X(s)$$

ebenfalls rational in s und verschwindet im Unendlichen. Wir können also für das Ausgabesignal im Zeitbereich

$$y(t) = \sum_i \operatorname*{Res}_{s=s_i} G(s)\, X(s)\, \mathrm{e}^{st} \tag{3.136}$$

schreiben. Bei der Residuenberechnung erscheinen die singulären Stellen von $Y(s)$ im Exponenten der e-Funktion. Da $X(s)$ voraussetzungsgemäß keine singulären Stellen mit positivem Realteil besitzt, entscheiden die singulären Stellen von $G(s)$ darüber, ob $y(t)$ beschränkt bleibt oder nicht.

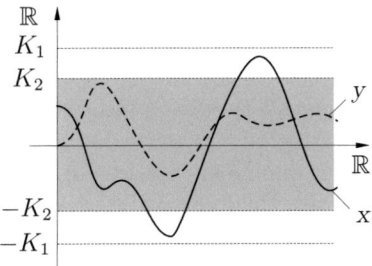

Bild 3.33: Zur Definition der Stabilität

Wir können folgende Fälle unterscheiden:

a) Die Übertragungsfunktion G hat nur Pole mit negativem Realteil ($\operatorname{Re}(s_i) < 0$). Dann ergibt sich für $y(t)$ eine Summe von Exponentialfunktionen, die im Exponenten einen negativen Realteil haben (vgl. auch (3.66) und (3.67)). Das Ausgabesignal bleibt also beschränkt, und das System ist stabil.

b) Die Übertragungsfunktion G hat einfache imaginäre Pole ($s_i = \pm \mathrm{j}\omega_i$). In diesem Fall enthält das Ausgabesignal Summanden der Art

$$A_i \mathrm{e}^{\mathrm{j}\omega_i t} + \overline{A}_i \mathrm{e}^{-\mathrm{j}\omega_i t} = 2|A_i| \cos(\omega_i t + \varphi_i),$$

die dazu führen, dass $y(t)$ im Unendlichen in diesem Fall ebenfalls beschränkt bleibt. Das System ist wiederum stabil.

c) Hat die Übertragungsfunktion aber mehrfache (m-fache) imaginäre Pole, so treten in $y(t)$ Summanden der Art

$$A_i t^{m-1} \mathrm{e}^{\mathrm{j}\omega_i t} + \overline{A}_i t^{m-1} \mathrm{e}^{-\mathrm{j}\omega_i t} = 2|A_i| t^{m-1} \cos(\omega_i t + \varphi_i)$$

auf, die bewirken, dass $y(t)$ mit wachsendem t unbeschränkt anwächst ($m > 1$). Das System ist instabil.

d) Dieser Fall tritt auch dann ein, wenn $G(s)$ wenigstens einen Pol mit positivem Realteil besitzt. In diesem Fall enthält die Residuensumme (3.136) eine Exponentialfunktion mit positiv reellem Exponenten, so dass $y(t)$ unbeschränkt anwächst (instabiles System).

Die Untersuchung der Stabilität eines Systems kann damit auf die Untersuchung der Polstellen der Übertragungsfunktion zurückgeführt werden. Da die Polstellen der Übertragungsfunktion G mit

$$G(s) = \frac{a_0 s^n + a_1 s^{n-1} + \ldots + a_{n-1}s + a_n}{s^n + b_1 s^{n-1} + \ldots + b_{n-1}s + b_n} \tag{3.137}$$

aber gerade durch die Nullstellen des Nennerpolynoms in (3.137) bestimmt werden, genügt es, das Nennerpolynom allein zu untersuchen. Wie aus der Definition (3.17) und dem Übergang von (3.56) zu (3.57) hervorgeht, ist das Nennerpolynom von $G(s)$ mit dem charakteristischen Polynom

$$\varphi_A(s) = \det(sE - A) \tag{3.138}$$

identisch (A ist die Matrix aus den Zustandsgleichungen). Damit erhalten wir das folgende (hinreichende) *Stabilitätskriterium*:

Ein System mit der Zustandsmatrix A ist stabil, wenn das charakteristische Polynom $\varphi_A(s) = \det(sE - A)$ nur Nullstellen mit negativem Realteil besitzt. Gleichbedeutend damit ist, dass die Nullstellen des Nennerpolynoms von $G(s)$ nur negativen Realteil haben.

Um festzustellen, ob sämtliche Nullstellen eines Polynoms einen negativen Realteil haben, braucht man die Nullstellen nicht explizit auszurechnen. Es gilt vielmehr das folgende Kriterium (*Hurwitz-Kriterium*):

Ein reellwertiges Polynom (mit $b_i > 0$, $i = 0, 1, \ldots, n$)

$$b_0 s^n + b_1 s^{n-1} + b_2 s^{n-2} + \ldots + b_{n-1}s + b_n \tag{3.139}$$

besitzt genau dann nur Nullstellen mit negativem Realteil, wenn die Abschnittsdeterminanten D_ν ($\nu = 1, 2, \ldots, n$) von

$$D = \begin{vmatrix} b_1 & b_3 & b_5 & b_7 & \ldots \\ b_0 & b_2 & b_4 & b_6 & \ldots \\ 0 & b_1 & b_3 & b_5 & \ldots \\ 0 & b_0 & b_2 & b_4 & \ldots \\ 0 & 0 & b_1 & b_3 & \ldots \\ \vdots & \vdots & \vdots & \vdots & \end{vmatrix} \tag{3.140}$$

positiv sind, wenn also gilt

$$D_1 = b_1 > 0; \qquad D_2 = \begin{vmatrix} b_1 & b_3 \\ b_0 & b_2 \end{vmatrix} > 0; \qquad D_3 = \begin{vmatrix} b_1 & b_3 & b_5 \\ b_0 & b_2 & b_4 \\ 0 & b_1 & b_3 \end{vmatrix} > 0 \quad \text{usw.}$$

Man nennt das Polynom (3.139) in diesem Fall ein *Hurwitz-Polynom*.

Das oben angegebene Stabilitätskriterium kann nun auch wie folgt ausgedrückt werden:

Ist das charakteristische Polynom $\varphi_A(s)$ bzw. das Nennerpolynom der Übertragungsfunktion G ein Hurwitz-Polynom, so ist das System stabil.

Beispiel 3.9 Wir betrachten die Schaltung Bild 3.34. Unter Beachtung des allgemeinen Systemmodells Bild 3.16 (bzw. durch Nachrechnen) erhalten wir die Übertragungsfunktion G:

$$G(s) = \frac{s^3 + s^2 + s + 1}{s^3 + V s^2 + 2s + 10}$$

mit den Koeffizienten $b_0 = 1$, $b_1 = V$, $b_2 = 2$, $b_3 = 10$. Die Abschnittsdeterminanten haben die Werte

$$
\begin{aligned}
D_1 &= b_1 = V > 0 \\
D_2 &= b_1 b_2 - b_0 b_3 = 2V - 10 > 0 \\
D_3 &= b_3 D_2 = 10(2V - 10) > 0.
\end{aligned}
$$

Die letzten beiden Ungleichungen sind nur dann erfüllt, wenn $V > 5$ gilt. Ist diese Bedingung für den betreffenden Verstärker erfüllt, so ist das in Bild 3.34 dargestellte System stabil.

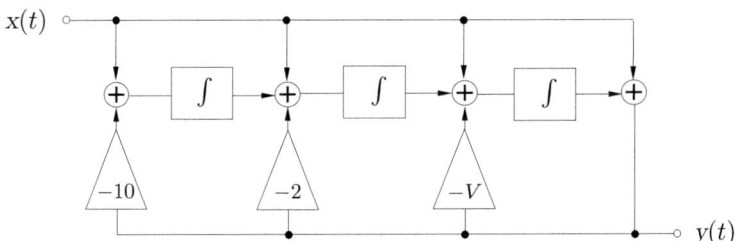

Bild 3.34: Blockschaltbild eines linearen Systems (Beispiel 3.9)

3.2.3.2 Ortskurven-Kriterium

Das nachfolgend beschriebene Stabilitätskriterium ist ein *Ortskurvenkriterium*, bei dem die Ortskurve des charakteristischen Polynoms $\varphi_A(s)$ (bzw. des Nennerpolynoms der Übertragungsfunktion G) für $s = \mathrm{j}\omega$ untersucht wird. Schreiben wir zunächst für das charakteristische Polynom ($b_n > 0$)

$$\varphi_A(s) = s^n + b_1 s^{n-1} + \ldots + b_{n-2} s^2 + b_{n-1} s + b_n \tag{3.141}$$

die Produktform

$$\varphi_A(s) = (s - s_1)(s - s_2) \ldots (s - s_n), \tag{3.142}$$

so ist das Argument dieses Ausdrucks für $s = \mathrm{j}\omega$

$$\arg \varphi_A(\mathrm{j}\omega) = \sum_{\nu=1}^{n} \arg(\mathrm{j}\omega - s_\nu). \tag{3.143}$$

Wir untersuchen nun die Winkeländerung $\Delta \arg \varphi_A(\mathrm{j}\omega)$, wenn die Frequenz ω von $-\infty$ bis $+\infty$ verändert wird. Offensichtlich liefert jede Nullstelle s_ν von $\varphi_A(s)$ einen Beitrag der

Größe $\Delta \arg(j\omega - s_\nu)$ zu dieser Winkeländerung. Die Größe dieses Beitrags hängt davon ab, ob die Nullstelle s_ν in der rechten oder in der linken s-Halbebene liegt. Es gilt nämlich (vgl. Bild 3.35)

$$\Delta \arg(j\omega - s_\nu) = \begin{cases} \pi, & \text{falls } \operatorname{Re}(s_\nu) < 0 \\ -\pi, & \text{falls } \operatorname{Re}(s_\nu) > 0. \end{cases} \tag{3.144}$$

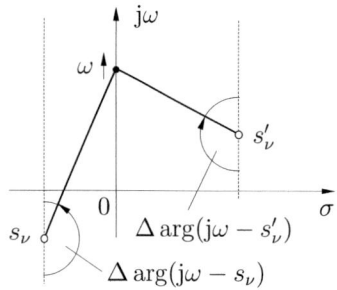

Bild 3.35: Zur Berechnung der Beiträge der Nullstellen von $\varphi_A(s)$ zur Winkeländerung

Die gesamte Winkeländerung ist damit

$$\Delta \arg \varphi_A(j\omega) = (n_1 - n_2)\pi, \tag{3.145}$$

wenn n_1 die Anzahl der Nullstellen mit negativem und n_2 die Anzahl der Nullstellen mit positivem Realteil bezeichnet $(n_1 + n_2 = n)$. Besitzt $\varphi_A(s)$ nur Nullstellen mit negativem Realteil, so ist $n_1 = n$ und $n_2 = 0$ und damit die Winkeländerung

$$\Delta \arg \varphi_A(j\omega) = n\pi \qquad (-\infty < \omega < \infty) \tag{3.146}$$

bzw.

$$\Delta \arg \varphi_A(j\omega) = n\frac{\pi}{2} \qquad (0 \leq \omega < \infty), \tag{3.147}$$

da $\varphi_A(s)$ reellwertig ist $(\varphi_A(-j\omega) = \overline{\varphi_A(j\omega)})$.

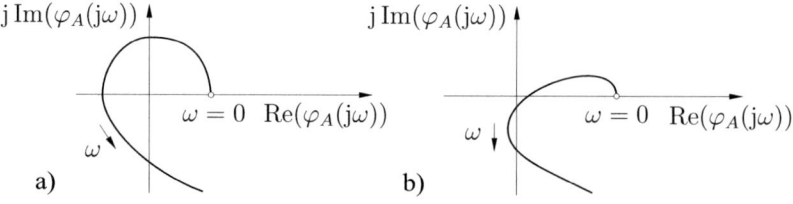

Bild 3.36: Ortskurve des charakteristischen Polynoms: a) stabiles System; b) instabiles System

Daraus ergibt sich folgendes Stabilitätskriterium: Durchläuft die Ortskurve von $\varphi_A(j\omega)$ für $0 \leq \omega < \infty$ genau n Quadranten monoton in positivem Sinn, so ist das System stabil.

Beispiel 3.10 In Bild 3.36 ist eine Ortskurve für $n = 4$ (d.h. für ein Polynom 4. Grades) dargestellt. Bild 3.36a zeigt den Verlauf der Ortskurve für ein stabiles, Bild 3.36b für ein instabiles System.

Das oben angegebene Stabilitätskriterium kann auch wie folgt formuliert werden (*Lückenkriterium*): Haben $\mathrm{Re}(\varphi_A(-\mathrm{j}\omega))$ und $\mathrm{Im}(\varphi_A(-\mathrm{j}\omega))$ für $\omega \geq 0$ zusammen n reelle Nullstellen, die, beginnend mit einer Nullstelle von $\mathrm{Im}(\varphi_A(-\mathrm{j}\omega))$, abwechselnd aufeinander folgen, so ist das System stabil.

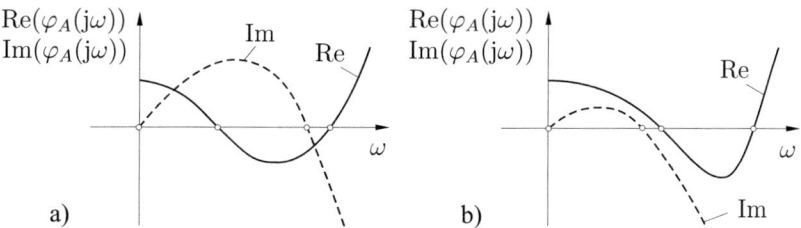

Bild 3.37: Real- und Imaginärteil von $\varphi_A(\mathrm{j}\omega)$: a) stabiles System; b) instabiles System

Bild 3.37 zeigt diesen Sachverhalt für die in Bild 3.36 gewählten Beispiele.

3.2.4 Aufgaben zum Abschnitt 3.2

3.2-1 Welcher Zusammenhang besteht zwischen Eingabesignal u_1 und Ausgabesignal u_2 bei dem in Bild 3.2-1 dargestellten System

    a) im Zeitbereich;   b) im Bildbereich?

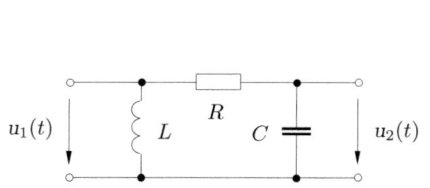

Bild 3.2-1: *RLC*-Schaltung

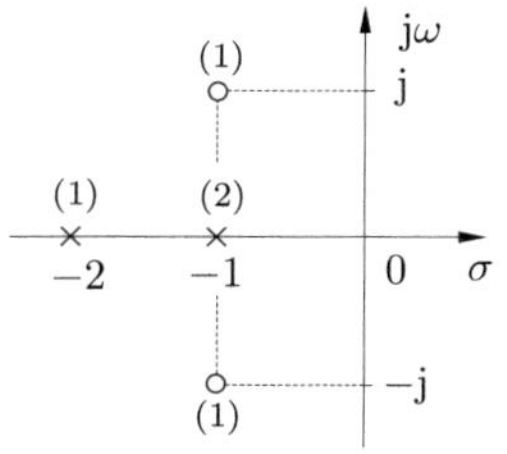

Bild 3.2-2: Pol-Nullstellen-Plan

3.2-2 Gegeben ist ein lineares System mit dem (normierten) Pol-Nullstellen-Plan der Übertragungsfunktion G (Bild 3.2-2). Wie lautet die Impulsantwort g des Systems? ($\times$ Pole, $\circ$ Nullstellen; die Zahlen in Klammern geben die Ordnung der Pole bzw. Nullstellen an.)

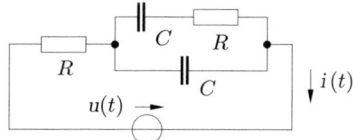

Bild 3.2-3: *RC*-Schaltung

3.2-3 Gegeben ist das in Bild 3.2-3 dargestellte lineare Netzwerk.

a) Man bestimme die Übertragungsfunktion G:

$$G(s) = \frac{I(s)}{U(s)}$$

     α) über das Differenzialgleichungssystem mit anschließender Laplace-Transformation,
     β) über die verallgemeinerte symbolische Methode!

b) Man berechne den Strom $i(t)$ für $u(t) = U_0 \mathbf{1}(t)$ (Einschalten einer Gleichspannung U_0 zur Zeit $t = 0$)!

3.2-4 In der Schaltung Bild 3.2-4 berechne man den Strom i_R durch R für $t > 0$, wenn

a) $u(t) = U_0 \sin \omega_0 t \, \mathbf{1}(t),$ b) $u(t) = \begin{cases} U_0 \sin \omega_0 t & 0 \leq t < \frac{\pi}{\omega_0} \\ 0 & t < 0, \ t \geq \frac{\pi}{\omega_0} \end{cases}$!

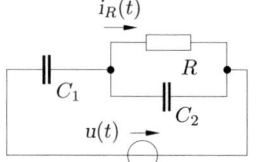

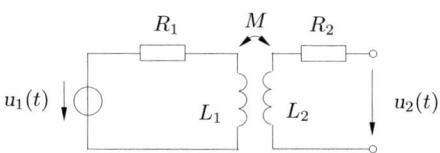

Bild 3.2-4: RC-Schaltung   **Bild 3.2-5:** Transformator

3.2-5 In der Schaltung Bild 3.2-5 berechne man für $u_1(t) = U_1 \sin \omega_1 t \, \mathbf{1}(t)$ die Spannung u_2 am Ausgang des leerlaufenden Transformators (Einschalten einer Wechselspannung u_1 zur Zeit $t = 0$)!

3.2-6 Gegeben ist das in Bild 3.2-6 dargestellte Blockschaltbild eines linearen Systems im Nullzustand.

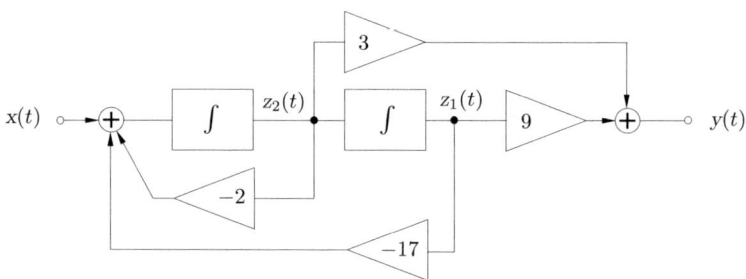

Bild 3.2-6: Lineares System

a) Bestimmen Sie die Übertragungsfunktion G:

$$G(s) = \frac{Y(s)}{X(s)}$$

     α) über die Zustandsgleichungen und die zugehörigen Matrizen,
     β) durch Ablesen der Zustandsgleichungen im Bildbereich!

b) Bestimmen Sie die Pole und Nullstellen von $G(s)$!

3.2-7 Berechnen Sie die Spannung $u_{R2}(t)$ in der angegebenen Schaltung Bild 3.2-7a

a) für $u(t)$ entsprechend Bild 3.2-7b,

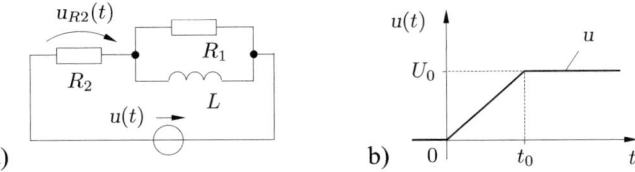

Bild 3.2-7: a) RL-Schaltung; b) Spannungsverlauf von $u(t)$

b) für $u(t) = U_0 \sin \omega_0 t \, \mathbf{1}(t)$!

Geben Sie den stationären und den flüchtigen Vorgang an!

3.2-8 Für die Schaltung Bild 3.2-8 ermittle man die Übertragungsfunktion G mit Hilfe eines Signalfluss-graphen! (Man gebe $G(s) = Y(s)/X(s)$ an!)

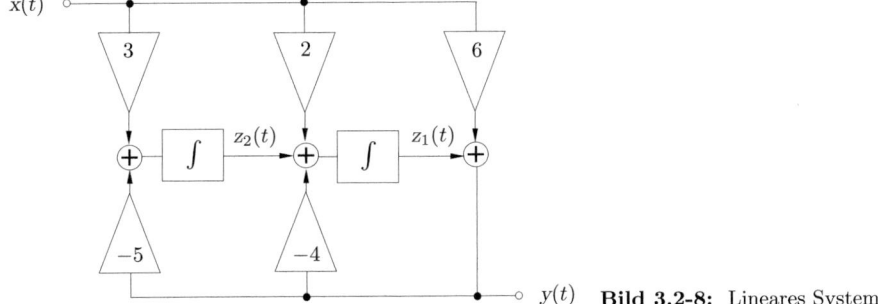

Bild 3.2-8: Lineares System

3.2-9 Ein lineares System im Nullzustand wird durch das Signal $x : \; x(t) = \mathbf{1}(t)$ erregt. Am Ausgang erhält man für $t > 0$ die Wirkung $y : \; y(t) = 1 - 6\mathrm{e}^{-t} + 6\mathrm{e}^{-2t}$. Bestimmen Sie die Übertragungs-funktion G, d.h. $G(s)$ des Systems, und stellen Sie mit Hilfe eines PN-Planes fest, ob das System ein Mindestphasensystem, ein Allpass oder keines von beiden ist! (Begründung!)

3.2-10 Zerlegen Sie die Übertragungsfunktion G:

$$G(s) = \frac{(s+1)(s-2)(s-3)}{(s^2+2s+2)(s+5)} = G_A(s)\, G_M(s)$$

so in zwei Faktoren, dass G_A Übertragungsfunktion eines Allpasses und G_M Übertragungsfunktion eines Mindestphasensystems ist!

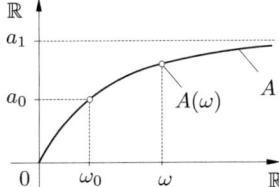

Bild 3.2-11: Verlauf von $A(\omega) = |G(\mathrm{j}\omega)|$

3.2-11 Von einem linearen System wurde $A(\omega) = |G(\mathrm{j}\omega)|$ gemessen (Bild 3.2-11).

a) Man approximiere

$$(A(\omega))^2 = \frac{\omega^2}{\alpha + \beta\omega^2}$$

und bestimme α und β!

b) Man berechne $G(s) = G_M(s)$ und gebe die Phase $b_M(\omega)$ an!

3.2-12 Von einem idealen Tiefpass ist $A(\omega) = |G(\mathrm{j}\omega)|$ gegeben (Bild 3.2-12). Man bestimme die Dämpfung $a(\omega)$ und die Phase $b(\omega)$ (Mindestphase)!

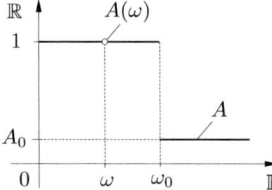

Bild 3.2-12: Verlauf von $A(\omega) = |G(\mathrm{j}\omega)|$

3.2-13 Man untersuche, ob folgende Polynome nur Nullstellen mit negativem Realteil haben:

a) $f(s) = s^6 + 2s^5 + 6s^4 + 3s^3 + 5s^2 + s + 1$

b) $f(s) = 3s^5 + 5s^4 + 4s^3 + 3s^2 + 2s + 1$.

3.2-14 Ein Regelungssystem für die Spannungsregelung bei einem Drehstromgenerator habe die Übertragungsfunktion G :

$$G(s) = \frac{1}{T_R T_1 T_2 s^3 + T_R(T_1 + T_2)s^2 + T_R(1 + V)s + V}.$$

Wie groß ist der Verstärkungsfaktor $V > 0$ zu wählen, damit das System stabil bleibt? (Zahlenbeispiel: $T_1 = 0,5$ s; $T_2 = 3$ s; $T_R = 0,15$ s).

3.2-15 Kann ein System stabil sein, wenn $G(s)$ im Nennerpolynom negative Koeffizienten enthält?

3.2-16 Man untersuche die Stabilität der in Bild 3.2-8 dargestellten Blockschaltung (Aufgabe 3.2-8)!

Teil II:

Signale und Systeme mit diskreter Zeit

Kapitel 4

Zeitdiskrete Signale und Systeme

4.1 Signalbeschreibung

4.1.1 Zeitdiskrete Signale

4.1.1.1 Signal

Im Abschnitt 1.1.1.1 wurde bereits erläutert, was wir unter dem Begriff Signal zu verstehen haben. Nach (1.3) handelt es sich dabei um eine Abbildung $x : T \to X$, $x(t) = x$ von einer Zeitmenge (Zeitskala)

$$T \subseteq \mathbb{R} \tag{4.1}$$

in ein Alphabet $X \subseteq \mathbb{C}$, durch die jedem Zeitpunkt $t \in T$ ein Signalwert $x(t) = x$ zugeordnet ist. In den vorhergehenden Kapiteln dieses Buches wurden zeitkontinuierliche Signale betrachtet, für die wir im Allgemeinen $T = \mathbb{R}$ vorausgesetzt hatten.

Wir wollen nun einen Sonderfall von (4.1) etwas eingehender untersuchen und annehmen, dass die Zeitskala T (ähnlich wie bei den digitalen Systemen [26]) nur diskrete Zeitpunkte enthält, also von der Form

$$T = \{\ldots, t_{-2}, t_{-1}, t_0, t_1, t_2, t_3, \ldots\} \tag{4.2}$$

ist. Nehmen wir wieder an, dass es sich um äquidistante Zeitpunkte handelt und die Dimension weggelassen wird (Normierung), so kann anstelle von (4.2) einfacher

$$T = \{\ldots, -2, -1, 0, 1, 2, 3, \ldots\} \subseteq \mathbb{Z} \tag{4.3}$$

geschrieben werden. Von besonderem Interesse für die Anwendungen ist der Sonderfall

$$T = \{0, 1, 2, 3, \ldots\} = \mathbb{N}_0. \tag{4.4}$$

Damit erhalten wir die folgende

Definition 4.1 Ein *zeitdiskretes Signal* x ist eine Abbildung von der Zeitmenge $T \subseteq \mathbb{Z}$ in ein Alphabet $X \subseteq \mathbb{C}$, durch die jedem Zeitpunkt $k \in T$ ein Signalwert $x(k) = x$ zugeordnet wird, in Zeichen

$$x : T \to X, \ x(k) = x. \tag{4.5}$$

Ist speziell $X = \mathbb{R}$, so spricht man von einem *reellen* zeitdiskreten Signal. In der Fachliteratur wird ein zeitdiskretes Signal auch häufig als *Zeitreihe* (*time series*) bezeichnet.

Die Darstellung eines zeitdiskreten Signals x kann durch eine Folge in der Form

$$x = (x(0),\ x(1),\ x(2),\ \ldots) \tag{4.6}$$

oder durch Angabe des Bildungsgesetzes, z.B. durch

$$x(k) = \begin{cases} a^k & k = 0, 1, 2, \ldots \\ 0 & k < 0 \end{cases} \qquad (a \in \mathbb{R}) \tag{4.7}$$

angegeben werden. Im Bild 4.1 ist eine grafische Darstellung des durch (4.7) gegebenen zeitdiskreten Signals x für $0 < a < 1$ aufgezeichnet.

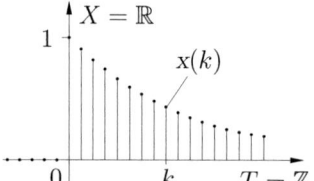

Bild 4.1: Signal mit diskreter Zeit (Beispiel)

Praktische Beispiele von Signalen, die sich mit Hilfe des durch (4.5) definierten Begriffes des zeitdiskreten Signals mathematisch beschreiben lassen, sind z.B. die von Computern erzeugten Zahlenfolgen oder auch die sogenannten Abtastsignale, die man erhält, wenn stetige Signale (mit kontinuierlicher Zeit) zu diskreten Taktzeitpunkten abgetastet werden (vgl. Abschnitt 5.2.2.1).

Wir notieren schließlich noch einige besonders wichtige spezielle zeitdiskrete Signale, welche die Rolle von Grundsignalen spielen. Hierzu zählt man die folgenden Signale:

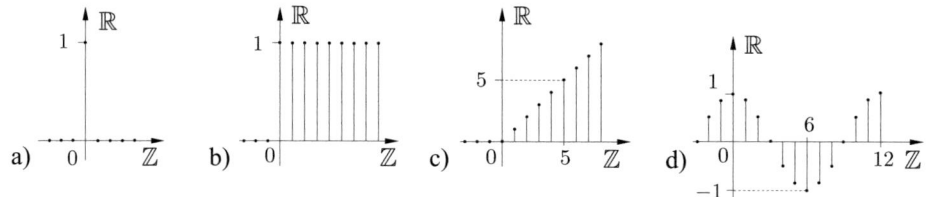

Bild 4.2: Spezielle Signale: a) Impulssignal; b) Sprungsignal; c) Rampensignal; d) harmonisches Signal

a) **Impulssignal:**

$$\delta(k) = \begin{cases} 1 & k = 0, \\ 0 & k \neq 0. \end{cases} \tag{4.8}$$

Die Darstellung zeigt Bild 4.2a.

b) **Sprungsignal:**

$$\mathbf{1}(k) = \begin{cases} 1 & k = 0, 1, 2, \dots \\ 0 & k < 0. \end{cases} \tag{4.9}$$

Dieses Signal ist in Bild 4.2b dargestellt.

c) **Rampensignal:**

$$r(k) = \begin{cases} k & k = 0, 1, 2, \dots \\ 0 & k < 0. \end{cases} \tag{4.10}$$

Die Skizze zeigt Bild 4.2c.

d) **Harmonisches Signal:**

$$x(k) = \cos \Omega k \qquad (k \in \mathbb{Z}). \tag{4.11}$$

Bild 4.2d zeigt die Darstellung für $\Omega = \frac{\pi}{6}$.

4.1.1.2 Signaloperationen

Für zeitdiskrete Signale $x : \quad T \to X, \ (T = \mathbb{Z}, \ X = \mathbb{R})$ betrachten wir zunächst die folgenden *einstelligen* Signaloperationen:

a) **Skalarmultiplikation:** Wird jeder Signalwert $x(k)$ des Signals x mit einer reellen Zahl α multipliziert, so erhält man ein neues Signal

$$y = \alpha\, x : \quad y(k) = \alpha\, x(k). \tag{4.12}$$

Die praktische Realisierung dieser Signaloperation erfolgt durch einen Verstärker mit dem Verstärkungsfaktor $V = \alpha$.

b) **Translation:** Wird ein zeitdiskretes Signal x um einen Takt zeitlich verzögert, so erhält man ein neues Signal

$$y = \mathcal{S}(x) : \quad y(k) = x(k - 1). \tag{4.13}$$

Von den Ausführungen im Zusammenhang mit den digitalen Systemen (vgl. [26], Abschnitt 2.3.1.) wissen wir, dass diese Signaloperation durch ein Speicherelement realisiert wird. Es muss hier lediglich noch gefordert werden, dass der Speicher reelle Zahlen (zumindest mit hinreichender Genauigkeit) verarbeiten kann. Eine Verallgemeinerung von (4.13) erhält man, wenn das gegebene zeitdiskrete Signal um m Takte verzögert wird. Dann ergibt sich das neue Signal

$$y = \mathcal{S}^m(x) : \quad y(k) = x(k - m), \tag{4.14}$$

worin m eine beliebige natürlich Zahl ist. Die durch (4.14) definierte Signaloperation bewirkt eine Zeitverschiebung (Translation) des Signals x um m Takte nach rechts. Eine Zeitverschiebung um m Takte nach links ergibt die Signaloperation $\mathcal{S}^{-m}$. Dann erhält man

$$y = \mathcal{S}^{-m}(x) : \quad y(k) = x(k + m). \tag{4.15}$$

c) **Vorwärtsdifferenz:** Bildet man die Differenz zweier aufeinander folgender Signalwerte eines Signals x im Sinne von (4.16), so erhält man das Signal

$$y = \triangle x : \quad y(k) = x(k+1) - x(k). \tag{4.16}$$

Diese Operation bezeichnet man als Vorwärtsdifferenz.

d) **Rückwärtsdifferenz:** Anderseits kann man auch die Differenz zweier aufeinander folgender Signalwerte eines Signals x im Sinne von (4.17) bilden. Dann erhält man

$$y = \nabla x : \quad y(k) = x(k) - x(k-1). \tag{4.17}$$

Diese Operation heißt Rückwärtsdifferenz.

e) **Summation:** Werden die Signalwerte eines zeitdiskreten Signals x aufsummiert, so erhält man (falls die Summe konvergiert) ein neues zeitdiskretes Signal

$$y = \Sigma x : \quad y(k) = \sum_{i=-\infty}^{k} x(i). \tag{4.18}$$

Verschwinden alle Signalwerte $x(k)$ für $k < 0$ (d.h. $x(k) = 0$ für $k < 0$), was in den Anwendungen sehr häufig der Fall ist, so geht (4.18) in eine endliche Summe über und wir erhalten

$$y = \Sigma x : \quad y(k) = \sum_{i=0}^{k} x(i). \tag{4.19}$$

Weiterhin betrachten wir nun noch einige wichtige *zweistellige* Signaloperationen, bei denen zwei zeitdiskrete Signale x_1 und x_2 miteinander verknüpft werden und ein neues zeitdiskretes Signal y ergeben.

a) **Signaladdition:** Bildet man in jedem Taktzeitpunkt k die Summe der Signalwerte, so erhält man das Signal

$$y = x_1 + x_2 : \quad y(k) = x_1(k) + x_2(k). \tag{4.20}$$

b) **Signalmultiplikation:** Ebenso erhält man, wenn in jedem Taktzeitpunkt k das Produkt der Signalwerte gebildet wird:

$$y = x_1 \cdot x_2 : \quad y(k) = x_1(k)\, x_2(k). \tag{4.21}$$

c) **Diskrete Faltung:** Eine für die Anwendungen besonders wichtige Operation ist die Faltung zweier zeitdiskreter Signale x_1 und x_2, die man auch als diskrete Faltung bezeichnet. Diese Signaloperation ist durch

$$y = x_1 * x_2 : \quad y(k) = \sum_{i=-\infty}^{\infty} x_1(k-i)\, x_2(i) \tag{4.22}$$

definiert. Für den häufigen Sonderfall, dass $x_1(k) = 0$ und $x_2(k) = 0$ für $k < 0$ gilt, ergibt die diskrete Faltung die endliche Summe

$$y(k) = (x_1 * x_2)(k) \quad = \quad \sum_{i=0}^{k} x_1(k-i)\, x_2(i)$$

$$= \quad \sum_{i=0}^{k} x_1(i)\, x_2(k-i) = (x_2 * x_1)(k), \qquad (4.23)$$

wobei in (4.23) noch berücksichtigt wurde, dass die Operation $*$ kommutativ ist. Die Richtigkeit dieser Aussage lässt sich leicht dadurch bestätigen, dass man die beiden endlichen Summen in (4.23) gliedweise aufschreibt.

Die Beziehung (4.23) lässt sich besonders einfach in Matrizenschreibweise darstellen. Dann erhält man

$$\begin{pmatrix} y(0) \\ y(1) \\ y(2) \\ \vdots \end{pmatrix} = \begin{pmatrix} x_1(0) & 0 & 0 & \dots \\ x_1(1) & x_1(0) & 0 & \dots \\ x_1(2) & x_1(1) & x_1(0) & \dots \\ \vdots & \vdots & \vdots & \vdots & \vdots \end{pmatrix} \begin{pmatrix} x_2(0) \\ x_2(1) \\ x_2(2) \\ \vdots \end{pmatrix}.$$

Beispiel 4.1 Das Sprungsignal $\mathbf{1}$ (Bild 4.2b) und das Rampensignal r (Bild 4.2c) sollen miteinander gefaltet werden. Dann erhält man mit $\mathbf{1}(k) = 1$ und $r(k) = k$ für $k \geq 0$ aus (4.23)

$$y(k) = (\mathbf{1} * r)(k) = \sum_{i=0}^{k} \mathbf{1}(k-i)r(i) = \sum_{i=0}^{k} 1 \cdot i = \sum_{i=0}^{k} i$$

oder kurz

$$y = \mathbf{1} * r = (0, 1, 3, 6, 10, 15, 21, \dots).$$

4.1.1.3 Signalräume

Die im Abschnitt 1.2.1.1 für zeitkontinuierliche Signale notierte Definition des Begriffes Signalraum (1.60) ist gleichfalls für zeitdiskrete Signale gültig. Es gilt also: Eine Menge X von zeitdiskreten Signalen mit der auf ihr definierten Operation $\diamond$ bildet einen Signalraum, wenn aus $x_1 \in \mathsf{X}$ und $x_2 \in \mathsf{X}$ folgt, dass auch die Verknüpfung $x_1 \diamond x_2$ der beiden Signale zu X gehört, d.h. $x_1 \diamond x_2 \in \mathsf{X}$ ist. Hierbei bezeichnet $\diamond$ wieder eine beliebige zweistellige Signaloperation, z.B. die Signaladdition $+$, die Faltung $*$ usw.

Für die Anwendungen wichtige Signalräume sind höher strukturiert. Wir wollen deshalb noch einige spezielle Signalräume zeitdiskreter Signale nennen, die die Eigenschaften eines linearen Raumes haben (vgl. auch Abschnitt 1.2.1.1).

Fassen wir alle zeitdiskreten Sigale x mit der Eigenschaft

$$\sum_{k=-\infty}^{\infty} |x(k)|^p < \infty \qquad (1 \leq p < \infty) \qquad (4.24)$$

zusammen, so erhalten wir den linearen Signalraum l_p. Sonderfälle dieses Signalraumes sind der Signalraum l_1 der absolut summierbaren Signale und der Signalraum l_2 der quadratisch summierbaren Signale.

Wird auf l_p die Norm

$$N(x) = \left(\sum_{k=-\infty}^{\infty} |x(k)|^p \right)^{\frac{1}{p}} \tag{4.25}$$

eingeführt, so erhält man einen normierten linearen Signalraum. Es lässt sich sogar zeigen, dass l_p ein vollständiger normierter Signalraum ist (vgl. auch Abschnitt 1.3.1.2)

Wir wollen nun einige Beispiele der im Abschnitt 4.1.1.1 genannten zeitdiskreten Signale hinsichtlich ihrer Zugehörigkeit zu den oben genannten Signalräumen untersuchen.

Beispiel 4.2 Für das Impulssignal δ nach (4.8) gilt $\delta \in l_p$ für beliebige $p = 1, 2, \ldots$. Die Norm nach (4.25) liefert für dieses Signal den Wert $N(\delta) = 1$.

Beispiel 4.3 Das Sprungsignal **1** nach (4.9) und das Rampensignal r nach (4.10) gehören nicht zu l_p, da die Summe (4.24) für diese Signale nicht konvergiert.

Beispiel 4.4 Das zeitdiskrete Signal x nach (4.7)

$$x(k) = \begin{cases} a^k & k = 0, 1, 2, \ldots \\ 0 & k < 0 \end{cases} \qquad (\text{mit } 0 < a < 1)$$

ist ein Element von l_p $(p = 1, 2, \ldots)$ und für die Norm nach (4.25) erhalten wir

$$N(x) = \left(\sum_{k=-\infty}^{\infty} |x(k)|^p \right)^{\frac{1}{p}} = \left(\sum_{k=0}^{\infty} a^{pk} \right)^{\frac{1}{p}} = \left(\frac{1}{1-a^p} \right)^{\frac{1}{p}}.$$

4.1.2   Z-Transformation

4.1.2.1   Laurent-Reihe

Aus der Menge X aller zeitdiskreten Signale betrachten wir weiterhin eine Teilmenge (einen Signalraum) $\mathsf{X}_c \subset \mathsf{X}$, die wie folgt erklärt ist:

$$\mathsf{X}_c = \left\{ x \mid x(k) = 0 \ (k < 0); \ |x(k)| < K e^{ck} \ (k \geq 0) \right\}, \qquad (K \in \mathbb{R}^+, c \in \mathbb{R}). \tag{4.26}$$

Zu dieser Teilmenge gehören also alle zeitdiskreten Signale, die für $k < 0$ verschwinden und für $k > 0$ nicht stärker anwachen als eine Exponentialfunktion. Wichtige zeitdiskrete Grundsignale wie das Impulssignal δ, das Sprungsignal **1**, das Rampensignal r und andere sind in diesem Signalraum enthalten. Es sei noch bemerkt, dass die Menge X_c ebenfalls einen linearen Signalraum bildet.

Jedem diskreten Signal $x \in \mathsf{X}_c$ kann eine *Laurent-Reihe*

$$X(z) = \sum_{k=0}^{\infty} x(k) z^{-k} = x(0) + \frac{x(1)}{z} + \frac{x(2)}{z^2} + \frac{x(3)}{z^3} + \ldots \tag{4.27}$$

zugeordnet werden, worin z eine komplexe Zahl bedeutet ($z \in \mathbb{C}$). Wesentlich an dieser Reihenentwicklung ist, dass wegen $x(k) = 0$ für $k < 0$ der ganze Teil der Reihe verschwindet. Daraus ergibt sich, dass die Reihe – falls überhaupt – außerhalb eines Kreisgebiets der komplexen z-Ebene konvergiert (Bild 4.3). Für Signale $x \in \mathsf{X}_c$ vom Exponentialtyp mit der Eigenschaft (4.26) ist das Konvergenzgebiet der Reihe (4.27) durch

$$\mathbb{C}_R = \left\{ z \mid |z| > R = \mathrm{e}^c \right\} \tag{4.28}$$

gegeben. In Bild 4.3 ist dieses Gebiet grau markiert dargestellt.

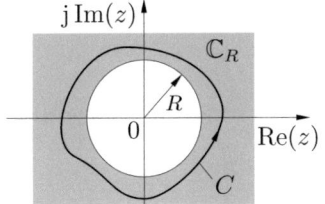

Bild 4.3: Konvergenzgebiet $\mathbb{C}_R$

Da eine konvergente Laurent-Reihe eine im Konvergenzgebiet der Reihe reguläre Funktion darstellt, kann gefolgert werden, dass X für alle $|z| > R$ (und damit auch in $z = \infty$) regulär ist. (Der Funktionswert $X(\infty)$ ist durch den Signalwert $x(0)$ gegeben.)

Es gilt nun folgender *Satz:*

Satz 4.1 Jedes diskrete Signal $x \in \mathsf{X}_c$ lässt sich für $k = 0, 1, 2, \dots$ durch ein komplexes Integral

$$x(k) = \frac{1}{2\pi \mathrm{j}} \oint_C X(z)\, z^{k-1} \,\mathrm{d}z \tag{4.29}$$

auf dem in Bild 4.3 dargestellten Weg C mit

$$X(z) = \sum_{k=0}^{\infty} x(k)\, z^{-k} \tag{4.30}$$

darstellen.

Der Integrationsweg C liegt ganz im Regularitätsgebiet der Laurent-Reihe und umschließt daher alle singulären Punkte von $X(z)$, die ja nur im Innern oder auf dem Rande des Kreises mit dem Radius R liegen können.

Der Beweis von (4.29) ergibt sich wie folgt: Setzen wir in das Integral

$$
\begin{aligned}
X(z)\, z^{k-1} &= z^{k-1} \sum_{\nu=0}^{\infty} x(\nu)\, z^{-\nu} \\
&= x(0) z^{k-1} + x(1) z^{k-2} + \dots + x(k-1) z^0 + x(k) z^{-1} + \dots
\end{aligned}
$$

ein, so ist, weil C den Nullpunkt $z = 0$ einschließt,

$$\frac{1}{2\pi \mathrm{j}} \oint_C X(z)\, z^{k-1}\, \mathrm{d}z = \frac{1}{2\pi \mathrm{j}} \oint_C \mathrm{x}(k)\, z^{-1}\, \mathrm{d}z,$$

da die Integrale über die anderen Glieder der Reihe verschwinden. Das letzte Integral lässt sich aber leicht berechnen, so dass schließlich

$$\frac{1}{2\pi \mathrm{j}} \oint_C X(z)\, z^{k-1}\, \mathrm{d}z = \frac{\mathrm{x}(k)}{2\pi \mathrm{j}} \oint_C \frac{\mathrm{d}z}{z} = \frac{\mathrm{x}(k)}{2\pi \mathrm{j}} 2\pi \mathrm{j} = \mathrm{x}(k)$$

folgt.

Wir wollen nun für einige spezielle diskrete Signale $X(z)$ berechnen.

Beispiel 4.5 Gegeben sei das diskrete Signal

$$\mathrm{x} = \mathbf{1} = (1, 1, 1, \ldots) \qquad \text{(Sprungsignal, vgl. (4.9))}.$$

Mit (4.27) erhalten wir

$$X(z) = \sum_{k=0}^{\infty} z^{-k} = 1 + z^{-1} + z^{-2} + \ldots = \frac{1}{1 - z^{-1}} = \frac{z}{z-1}.$$

Die Reihe ist vom Typ der geometrischen Reihe und konvergiert für alle z mit $|z| > 1$.

Beispiel 4.6 Für das diskrete Signal

$$\mathrm{x} = \mathrm{r} = (0, 1, 2, 3, \ldots) \qquad \text{(Rampensignal, vgl. (4.10))}.$$

ergibt sich (vgl. Übungsaufgabe 4.1-5)

$$X(z) = \frac{z}{(z-1)^2} \qquad (|z| > 1).$$

Beispiel 4.7 Als letztes Beispiel betrachten wir das Signal

$$\mathrm{x} = (1, \mathrm{e}^a, \mathrm{e}^{2a}, \mathrm{e}^{3a}, \ldots) \qquad (a \in \mathbb{R}).$$

Hier erhalten wir mit

$$X(z) = \sum_{k=0}^{\infty} \mathrm{e}^{ka} z^{-k} = 1 + (\mathrm{e}^a z^{-1})^1 + (\mathrm{e}^a z^{-1})^2 + \ldots$$

wieder eine Reihe vom Typ der geometrischen Reihe mit der Summe

$$X(z) = \frac{z}{z - \mathrm{e}^a} \qquad (|z| > \mathrm{e}^a).$$

Abschließend wollen wir noch die wichtigsten Eigenschaften von $X(z)$ notieren:

a) Für reelle diskrete Signale $x : \mathbb{N}_0 \to \mathbb{R}$ ist $X(z)$ reellwertig, d.h. $X(z)$ ist reell für $z \in \mathbb{R}$. Daraus folgt

$$X(\bar{z}) = \overline{X(z)}. \tag{4.31}$$

b) Es gilt

$$\lim_{|z| \to \infty} X(z) = x(0). \tag{4.32}$$

c) Durch die Laurent-Reihe $X(z)$ wird jedem $z \in \mathbb{C}_R$ eine komplexe Zahl $X(z) \in \mathbb{C}$ zugeordnet. Die dadurch definierte Funktion

$$X : \mathbb{C}_R \to \mathbb{C} \tag{4.33}$$

ist regulär für alle $z \in \mathbb{C}_R$ (vgl. Bild 4.3).

4.1.2.2 Z-Transformation

Durch die Laurent-Reihe (4.27) wird jedem diskreten Signal $x \in \mathsf{X}_c$ ein Element X des Signalraums

$$\mathfrak{X}_c = \left\{ X \mid X(z) = \sum_{k=0}^{\infty} x(k) z^{-k}, \quad x \in \mathsf{X}_c \right\} \tag{4.34}$$

eindeutig zugeordnet. Es existiert also eine bijektive Abbildung $\mathcal{Z} : \mathsf{X}_c \to \mathfrak{X}_c$. Bild 4.4 veranschaulicht diesen Sachverhalt schematisch.

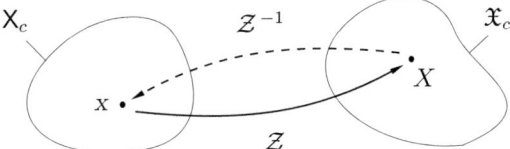

Bild 4.4: Veranschaulichung der Z-Transformation

Daraus ergeben sich die folgenden Definitionen: Die Abbildung

$$\mathcal{Z} : \mathsf{X}_c \to \mathfrak{X}_c, \qquad \mathcal{Z}(x) = X;$$

$$X(z) = \big(\mathcal{Z}(x)\big)(z) = \sum_{k=0}^{\infty} x(k) z^{-k} \tag{4.35}$$

heißt *Z-Transformation* [2],[22]. Man nennt X die *Z-Transformierte* (oder das *Bild*) des zeitdiskreten Signals x. Die Menge $\mathfrak{X}_c$ ist der *Bildbereich* der Z-Transformation (Wertebereich von $\mathcal{Z}$).

Die inverse Abbildung

$$\mathcal{Z}^{-1} : \mathfrak{X}_c \to \mathsf{X}_c, \qquad \mathcal{Z}^{-1}(X) = x;$$

$$x(k) = \left(\mathcal{Z}^{-1}(X)\right)(k) = \frac{1}{2\pi\mathrm{j}} \oint_C X(z)\, z^{k-1}\, \mathrm{d}z \qquad (k \in \mathbb{N}_0,\; z \in C \subset \mathbb{C}_R) \tag{4.36}$$

heißt *inverse Z-Transformation*. Man nennt x das *Original* von X und X_c den *Originalbereich* der Z-Transformation.

In der technischen Literatur schreibt man anstelle von

$$\left(\mathcal{Z}(\mathsf{x})\right)(z) = Z\left(\mathsf{x}(k)\right) = X(z) \tag{4.37}$$

und anstelle von

$$\left(\mathcal{Z}^{-1}(X)\right)(k) = Z^{-1}(X(z)) = \mathsf{x}(k), \tag{4.38}$$

so dass

$$Z\left(\mathsf{x}(k)\right) = X(z) = \sum_{k=0}^{\infty} \mathsf{x}(k)\, z^{-k} \tag{4.39}$$

$$Z^{-1}\left(X(z)\right) = \mathsf{x}(k) = \frac{1}{2\pi\mathrm{j}} \oint_C X(z)\, z^{k-1}\, \mathrm{d}z \tag{4.40}$$

gilt. Ebenso wie bei der Fourier- und Laplace-Transformation kann auch mit Hilfe eines Korrespondenzsymbols geschrieben werden

$$\mathsf{x}(k) \;\circ\!\!-\!\!\bullet\; X(z) = \sum_{k=0}^{\infty} \mathsf{x}(k)\, z^{-k} \tag{4.41}$$

$$X(z) \;\bullet\!\!-\!\!\circ\; \mathsf{x}(k) = \frac{1}{2\pi\mathrm{j}} \oint_C X(z)\, z^{k-1}\, \mathrm{d}z \tag{4.42}$$

In diesem Zusammenhang wird häufig auch $X(z)$ als Z-Transformierte von $\mathsf{x}(k)$ bezeichnet.

Einige wichtige *Regeln* der Z-Transformation sind in einer Tafel am Schluss des Buches angegeben.

Bei Regel 2 ist zu beachten, dass diese Regel (ähnlich wie der Verschiebungssatz der Laplace-Transformation) nur für $m > 0$ gültig ist. Es sei noch erwähnt, dass die Strukturen $(\mathsf{X}_c, +, *)$ und $(\mathfrak{X}_c, +, \cdot)$ isomorphe Integritätsringe bilden. Es soll an dieser Stelle noch darauf hingewiesen werden, dass zwischen der Z-Transformation und der in [26], Abschnitt 3.1.2.2 behandelten Zeta-Transformation, durch die einem Wort $x = (x(0), x(1), x(2), \ldots)$ die formale Potenzreihe

$$x^* = \sum_{k=0}^{\infty} \mathsf{x}(k)\, \zeta^k \tag{4.43}$$

zugeordnet wird, von der Schreibweise her ein formaler Zusammenhang besteht. Der wesentliche Unterschied besteht jedoch darin, dass ζ ein formales Rechensymbol bezeichnet, durch das die Stellung der Buchstaben im Wort fixiert wird, während die Größe z bei der Z-Transformation als komplexe Variable der Gaußschen Zahlenebene interpretiert wird. Während man also im Zusammenhang mit der Zeta-Transformation ausschließlich mit den Mitteln der Algebra operiert, wird durch die Deutung von z als komplexe Variable der mathematische Apparat der Analysis (speziell der Funktionentheorie) in Anwendung gebracht.

Einige *Korrespondenzen* der Z-Transformation enthält eine Tafel am Schluss des Buches.

Zur Illustration der Anwendung der Rechenregeln betrachten wir noch das folgende

Beispiel 4.8 Gegeben sei das zeitdiskrete Signal

$$x = (0, 0, 0, |1, 2, 3, 4, 5, |1, 2, 3, 4, 5, |1, \ldots)$$

mit der Periode $(1, 2, 3, 4, 5)$. Setzen wir nun

$$x_1 = (1, 2, 3, 4, 5),$$

so kann mit Hilfe von Regel 2 geschrieben werden

$$X(z) = z^{-3} Z\big(x_1(k) + x_1(k - 5) + x_1(k - 10) + \ldots\big).$$

Mit

$$X_1(z) = 1 + 2z^{-1} + 3z^{-2} + 4z^{-3} + 5z^{-4}$$

erhalten wir bei nochmaliger Anwendung von Regel 2

$$
\begin{aligned}
X(z) &= z^{-3} X_1(z)(1 + z^{-5} + z^{-10} + \ldots) \\
&= z^{-3} X_1(z)(1 + (z^{-5})^1 + (z^{-5})^2 + \ldots).
\end{aligned}
$$

Die Reihe ist vom Typ der geometrischen Reihe und ergibt für $|z| > 1$

$$X(z) = \frac{z^{-3} X_1(z)}{1 - z^{-5}} = \frac{z^{-3}(1 + 2z^{-1} + 3z^{-2} + 4z^{-3} + 5z^{-4})}{1 - z^{-5}}.$$

Auf ähnliche Weise lässt sich allgemein zeigen, dass jedes periodische diskrete Signal x eine rationale Z-Transformierte X besitzt.

4.1.2.3   Inverse Z-Transformation

Zur praktischen Durchführung der Umkehrung der Z-Transformation seien folgende Methoden angeführt:

I. Polynomdivision: Das Bildsignal X sei eine rationale Funktion von z^{-1}

$$X(z) = \frac{a_0 + a_1 z^{-1} + \ldots + a_n z^{-n}}{b_0 + b_1 z^{-1} + \ldots + b_m z^{-m}}. \tag{4.44}$$

(Ist $X(z)$ als rationale Funktion von z gegeben, so kann durch Division durch die höchste Potenz sofort der in z^{-1} rationale Ausdruck erhalten werden.) Wir dividieren nun das Zählerpolynom durch das Nennerpolynom und erhalten

$$(a_0 + a_1 z^{-1} + a_2 z^{-2} + \dots) : (b_0 + b_1 z^{-1} + \dots) = \frac{a_0}{b_0} + \left(\frac{a_1}{b_0} - \frac{a_0 b_1}{b_0^2} \right) z^{-1} + \dots$$

$$\frac{- \left(a_0 + \frac{a_0 b_1}{b_0} z^{-1} + \frac{a_0 b_2}{b_0} z^{-2} + \dots \right)}{\left(a_1 - \frac{a_0 b_1}{b_0} \right) z^{-1} + \left(a_2 - \frac{a_0 b_2}{b_0} \right) z^{-2} + \dots}$$
$$\dots$$

Als Quotient entsteht auf der rechten Seite eine Reihe

$$X(z) = c_0 + c_1 z^{-1} + c_2 z^{-2} + \dots, \tag{4.45}$$

deren Koeffizienten c_k gerade die gesuchten Signalwerte $x(k)$ des Originalsignals x darstellen, wenn wir diese Reihe mit der Laurent-Reihe (4.27)

$$X(z) = \sum_{k=0}^{\infty} x(k)\, z^{-k} = x(0) + x(1) z^{-1} + x(2) z^{-2} + \dots$$

vergleichen.

II. Rekursionsformel: Ist in (4.44) $b_0 = 1$ (was sich durch Division von Zähler und Nenner durch b_0 stets erreichen lässt), so kann nach Ausführung einer größeren Anzahl von Divisionsschritten bei der Polynomdivision das Bildungsgesetz für die Koeffizienten c_k der Reihe (4.45) abgelesen werden. Es lautet

$$c_k = x(k) = a_k - \sum_{\nu=1}^{k} b_\nu c_{k-\nu}. \tag{4.46}$$

Für die ersten Koeffizienten erhalten wir

$$
\begin{aligned}
c_0 &= a_0 & &= x(0) \\
c_1 &= a_1 - b_1 c_0 & &= x(1) \\
c_2 &= a_2 - b_1 c_1 - b_2 c_0 & &= x(2) \\
c_3 &= a_3 - b_1 c_2 - b_2 c_1 - b_3 c_0 & &= x(3) \\
c_4 &= a_4 - b_1 c_3 - b_2 c_2 - b_3 c_1 - b_4 c_0 & &= x(4) \\
&\dots & \dots & \quad \dots
\end{aligned}
$$

Bei diesem Verfahren werden die Koeffizienten c_k aus den Koeffizienten von $X(z)$ und den bereits berechneten Koeffizienten c_ν ($\nu < k$) rekursiv errechnet.

III. Partialbruchentwicklung: Die Zerlegung von $X(z)$ in Partialbrüche liefert einfache rationale Summanden, deren zugehörige Originalsignale aus einer Korrespondenzentafel der Z-Transformation entnommen werden können.

IV. Residuenformel: In allgemeineren Fällen (aber natürlich auch bei rationalen Funktionen) kann die Integralformel (4.29)

$$x(k) = \frac{1}{2\pi j} \oint_C X(z)\, z^{k-1}\, dz$$

mit dem in Bild 4.3 dargestellten Integrationsweg C verwendet werden, wobei die Berechnung des Integrals nach dem Residuensatz

$$x(k) = \sum_i \operatorname*{Res}_{z=z_i} \left(X(z)\, z^{k-1} \right) \tag{4.47}$$

ergibt (die z_i sind die singulären Stellen des Integranden).

Die angegebenen Methoden der inversen Z-Transformation diskutieren wir an dem folgenden

Beispiel 4.9 Gegeben sei

$$X(z) = \frac{z+3}{z^2 - 4}.$$

Nach Division durch z^2 erhalten wir

$$X(z) = \frac{z^{-1} + 3z^{-2}}{1 - 4z^{-2}}.$$

Wir berechnen das Originalsignal x nun nach den folgenden Verfahren:

Polynomdivision:

$$
\begin{aligned}
&\left(z^{-1} + 3z^{-2}\right) : \left(1 - 4z^{-2}\right) = z^{-1} + 3z^{-2} + 4z^{-3} + 12z^{-4} + \ldots\\
&\underline{-\left(z^{-1} \qquad\quad - 4z^{-3}\right)}\\
&\qquad 3z^{-2} + 4z^{-3}\\
&\qquad \underline{-\left(3z^{-2} \qquad\quad -12z^{-4}\right)}\\
&\qquad\qquad 4z^{-3} + 12z^{-4}\\
&\qquad\qquad \underline{-\left(4z^{-3} \qquad\quad -16z^{-5}\right)}\\
&\qquad\qquad\qquad 12z^{-4} + 16z^{-5}\\
&\qquad\qquad\qquad\qquad \ldots
\end{aligned}
$$

Das Ergebnis lautet damit $x = (0, 1, 3, 4, 12, \ldots)$.

Rekursionsformel: Mit

$$a_0 = 0, \quad a_1 = 1, \quad a_2 = 3, \quad b_0 = 1, \quad b_1 = 0, \quad b_2 = -4$$

$$a_\nu = 0 \text{ und } b_\nu = 0 \text{ für } \nu > 2$$

folgt

$$
\begin{aligned}
c_0 &= a_0 & &= x(0) = & 0\\
c_1 &= a_1 - b_1 c_0 & &= x(1) = & 1\\
c_2 &= a_2 - b_1 c_1 - b_2 c_0 & &= x(2) = & 3\\
c_3 &= a_3 - b_1 c_2 - b_2 c_1 - b_3 c_0 & &= x(3) = & 4\\
c_4 &= a_4 - b_1 c_3 - b_2 c_2 - b_3 c_1 - b_4 c_0 & &= \underline{x}(4) = & 12\\
&\;\ldots & &\quad\ldots & \ldots \quad \ldots
\end{aligned}
$$

Residuenformel:

$$x(k) = \sum \text{Res}\left(\frac{z+3}{z^2-4}z^{k-1}\right).$$

Für $k = 0$ gilt

$$x(0) = \sum \text{Res}\left(\frac{z+3}{z(z+2)(z-2)}z^{k-1}\right) = -\frac{3}{4} + \frac{1}{8} + \frac{5}{8} = 0,$$

und für $k > 1$ folgt

$$\begin{aligned}
x(k) &= \sum \text{Res}\left(\frac{(z+3)z^{k-1}}{(z+2)(z-2)}\right) \\
&= -\frac{1}{4}(-2)^{k-1} + \frac{5}{4}2^{k-1} = \frac{1}{4}(5 \cdot 2^{k-1} - (-2)^{k-1}).
\end{aligned}$$

Durch Einsetzen von $k = 1, 2, 3, \ldots$ bestätigt man leicht das bereits mit den anderen Verfahren erhaltene Ergebnis. Die grafische Darstellung von $x(k)$ wird in Bild 4.5 gezeigt.

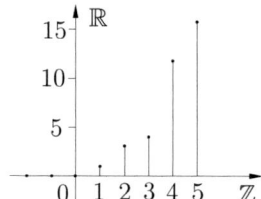

Bild 4.5: Zeitdiskretes Signal (Beispiel 4.9)

4.1.3   Aufgaben zum Abschnitt 4.1

4.1-1 Gegeben ist das zeitdiskrete Signal x:

$$x(k) = \begin{cases} k & k \in \{1,2,3\} \\ 6-k & k \in \{4,5,6\} \\ 0 & \text{sonst.} \end{cases}$$

Geben Sie für folgende Signale y einen analytischen Ausdruck und eine Skizze an:

a) $y = \mathcal{S}^4(x):$ $y(k) = x(k-4)$ (Translation)

b) $y = \triangle x:$ $y(k) = x(k+1) - x(k)$ (Vorwärtsdifferenz)

c) $y = \nabla x:$ $y(k) = x(k) - x(k-1)$ (Rückwärtsdifferenz)

4.1-2 a) Gegeben sind die zeitdiskreten Signale x_1 und x_2 wie folgt:

$$x_1 = (3, 0, -1, 2, 0, 0, 0, \ldots); \qquad x_2 = (-1, -1, 3, 2, 3, 0, 0, \ldots)$$

Geben Sie das Signal $y = x * x$ an!

b) Für das zeitdiskrete Signal x mit

$$x(k) = \begin{cases} 1 & k \in \{0,1,2,3,4\} \\ 0 & \text{sonst} \end{cases}$$

bestimme man $y = x * x$! Man stelle $x(k)$ und $y(k)$ grafisch dar!

c) Man falte ein beliebiges zeitdiskretes Signal x mit dem Impulssignal δ und diskutiere das Ergebnis!

Es gilt: $\delta(k) = \begin{cases} 1 & k = 0 \\ 0 & k \neq 0. \end{cases}$

4.1-3 Gegeben seien zwei zeitdiskrete Signale x_1 und x_2 mit $x_1(k) = x_2(k) = 0$ für $k < 0$. Man zeige die Gültigkeit der Regel $\nabla(x_1 * x_2) = (\nabla x_1) * x_2$! (Das Symbol ∇ bezeichnet die Rückwärtsdifferenz und $*$ die diskrete Faltung).

4.1-4 Mit Hilfe der Summenformel für die geometrische Reihe

$$1 + q + q^2 + q^3 + \cdots = \frac{1}{1-q} \qquad (|q| < 1)$$

bestimme man die Z-Transformierten folgender zeitdiskreter Signale x:

a) $\quad x(k) = \begin{cases} 2^k & k = 0, 1, 2, \ldots \\ 0 & \text{sonst} \end{cases}$
b) $\quad x(k) = \begin{cases} 3 & k = 0, 2, 4, \ldots \\ 0 & \text{sonst} \end{cases}$

c) $\quad x(k) = \begin{cases} 2^{\frac{k}{3}} & k = 0, 3, 6, \ldots \\ 0 & \text{sonst} \end{cases}$
d) $\quad x(k) = \begin{cases} 0 & k = 0, 3, 6, \ldots \\ 1 & k = 1, 4, 7, \ldots \\ 2 & k = 2, 5, 8, \ldots \end{cases}$

4.1-5 Berechnen Sie $Z\big(x(k)\big)$ für das Signal x:

$$x(k) = ak\,\mathbf{1}(k) \qquad (a \in \mathbb{R})!$$

4.1-6 Wie lautet die Z-Transformierte des Signals x:

$$x(k) = \sin ak\,\mathbf{1}(k) \qquad (a \in \mathbb{R})?$$

4.1-7 Man beweise den Verschiebungssatz der Z-Transformation ($m \in \mathbb{N}_0 = \{0, 1, 2, \ldots\}$)

$$Z\big(x(k-m)\big) = z^{-m} Z\big(x(k)\big) = z^{-m} X(z)!$$

4.1-8 Berechnen Sie $Z^{-1}\big(X(z)\big)$ für

$$X(z) = \frac{2z}{2z^2 - 3z + 1}$$

a) durch Polynomdivision;

b) mit Hilfe der Rekursionsformel;

c) mit Hilfe der Residuenmethode!

4.1-9 Mit Hilfe der Z-Transformation löse man die Differenzengleichung

$$6y(k+2) + 5y(k+1) + y(k) = \cos k\pi\,\mathbf{1}(k)$$

für $k \geq 0$ mit den Anfangsbedingungen $y(0) = 0$ und $y(1) = 0$!

4.2   Nichtlineare Systeme

4.2.1   Systeme ohne Speicher

4.2.1.1   Elementarsysteme

Die im vorausgegangenen Abschnitt 4.1.2 zusammengestellten mathematischen Grundlagen dienen vorrangig der Beschreibung linearer zeitdiskreter Systeme (Kapitel 5). Bevor wir uns jedoch dieser für die Anwendungen besonders wichtigen Systemklasse zuwenden, sollen noch einige grundsätzliche Fragen etwas näher untersucht werden, die mit der Analyse nichtlinearer zeitdiskreter Systeme zusammenhängen. Dabei müssen wir uns im Rahmen dieser kurzen Einführung auf die Darstellung einiger weniger grundsätzlicher und allgemeiner Zusammenhänge beschränken. Die vollständige Analyse nichtlinearer zeitdiskreter Systeme erfordert – wie wir noch sehen werden – die Lösung nichtlinearer Differenzengleichungssysteme und ist im Allgemeinen nur mit Hilfe numerischer Methoden möglich. Oft bereitet es schon Schwierigkeiten, bestimmte Aussagen über die Existenz und Eindeutigkeit von Lösungen zu erhalten. Auf solche und ähnliche Fragen können wir aber hier nicht eingehen.

Zunächst wollen wir statische zeitdiskrete Systeme betrachten. Dabei erinnern wir uns an die Ausführungen über kombinatorische Automaten im Abschnitt 2.2 aus [26] und über statische zeitkontinuierliche Systeme im Abschnitt 2.1 des vorliegenden Buches. Das Wesentliche bei einem statischen System ist die Eigenschaft der Momentanwertverknüpfung von Eingabe- und Ausgabesignalwerten, d.h. der Ausgabesignalwert in einem bestimmten festen Zeitpunkt ist nur vom Eingabesignalwert im gleichen Zeitpunkt abhängig (vgl. (2.36) und Bild 2.11).

Wir wollen nun die Frage untersuchen, welche der im Abschnitt 4.1.1.2 genannten Signaloperationen durch statische Systeme realisierbar sind und welche „Elementarsysteme" wir hierfür benötigen. Diese Elementarsysteme spielen dann die Rolle von Grundbausteinen statischer zeitdiskreter Systeme. Es zeigt sich, dass man im Falle *zeitinvarianter Systeme* (d.h. von Systemen, deren Eigenschaften, Struktur usw. nicht von der Zeit abhängig sind, was wir bisher stets vorausgesetzt haben) die gleichen Elementarsysteme erhält, die bereits im Abschnitt 2.1.1.3 in Bild 2.5 aufgezeichnet wurden. Wir wollen daher hier auch die gleichen Schaltsymbole verwenden.

Im Einzelnen haben wir im Falle zeitdiskreter Signale anstelle von (2.7) bis (2.10) mit $x = x(k)$, $y = y(k)$ usw. die folgenden Zusammenhänge:

Addierglied:

$$y(k) = \varphi(x_1(k), x_2(k), \ldots, x_l(k)) = \sum_{i=1}^{l} x_i(k) \qquad (4.48)$$

Multiplizierglied:

$$y(k) = \varphi(x_1(k), x_2(k), \ldots, x_l(k)) = \prod_{i=1}^{l} x_i(k) \qquad (4.49)$$

Verstärker:

$$y(k) = \varphi(x(k)) = a\,x(k) \qquad (a \in \mathbb{R}) \qquad (4.50)$$

Potenzierglied:

$$y(k) = \varphi(x(k)) = \big(x(k)\big)^m \qquad (m \in \mathbb{N}). \tag{4.51}$$

Beispiel 4.10 Wir geben zum Abschluss dieses Abschnittes noch ein Beispiel für eine Zusammenschaltung von Elementarsystemen an (Bild 4.6). Aus diesem Bild lesen wir ab

$$
\begin{aligned}
y_1(k) &= a\,x_1(k) & &= \varphi_1(x_1(k), x_2(k)) \\
y_2(k) &= b\,(x_1(k))^3 + c\,x_1(k)(x_2(k))^2 & &= \varphi_2(x_1(k), x_2(k)) \\
y_3(k) &= c\,x_1(k)(x_2(k))^2 & &= \varphi_3(x_1(k), x_2(k)).
\end{aligned}
\tag{4.52}
$$

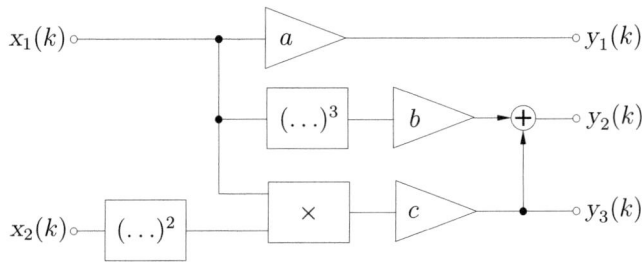

Bild 4.6: Statisches System (Beispiel 4.10)

Da die Signalwerte und die Verstärkungsfaktoren reelle Zahlen sind, wird das Gesamtsystem durch drei Abbildungen (reelle Funktionen)

$$\varphi_i: \quad \mathbb{R}^2 \to \mathbb{R}, \ \varphi_i(x_1(k), x_2(k)) = y_i(k) \qquad (i \in \{1, 2, 3, \}) \tag{4.53}$$

beschrieben, die sich zu einer Abbildung

$$\Phi: \quad \mathbb{R}^2 \to \mathbb{R}^3, \ \Phi(x_1(k), x_2(k)) = (y_1(k), y_2(k), y_3(k)) \tag{4.54}$$

zusammenfassen lassen.

4.2.1.2 Alphabetabbildung und Signalabbildung

Die Verallgemeinerung des zuletzt notierten Beispiels führt uns auf das in Bild 4.7 dargestellte allgemeine Blockschaltbild eines statischen Systems mit l Eingängen und m Ausgängen.

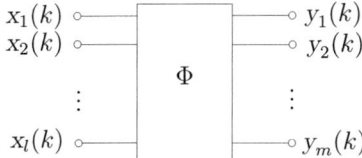

Bild 4.7: Statisches System

Daraus ergeben sich in Anlehnung an die für Systeme mit kontinuierlicher Zeit im Abschnitt 2.1.1.4 notierten Begriffe und Definitionen bei Systemen mit diskreter Zeit die folgenden Begriffe:

a) Die Menge

$$X = \mathbb{R}^l \tag{4.55}$$

heißt Eingabealphabet mit den Buchstaben (Eingabesignalwerten)

$$x(k) = (x_1(k), x_2(k), \ldots, x_l(k)) \in X, \tag{4.56}$$

wobei $x_i(k) \in \mathbb{R}$ $(i = 1, 2, \ldots, l)$ ist.

b) Analog zu (4.55) heißt die Menge

$$Y = \mathbb{R}^m \tag{4.57}$$

Ausgabealphabet mit den Buchstaben (Ausgabesignalwerten)

$$y(k) = (y_1(k), y_2(k), \ldots, y_m(k)) \in Y, \tag{4.58}$$

worin wieder $y_i(k) \in \mathbb{R}$ $(i = 1, 2, \ldots, m)$ gilt.

c) Die Abbildung

$$\Phi: \quad X \to Y, \quad \Phi(x_1(k), x_2(k), \ldots, x_l(k)) = (y_1(k), y_2(k), \ldots, y_m(k)) \tag{4.59}$$

oder kurz

$$\Phi: \quad X \to Y, \quad \Phi(x(k)) = y(k) \tag{4.60}$$

bezeichnen wir als Alphabetabbildung.

Aufbauend auf diese Begriffe ergibt sich mit dem Hintergrund der Veranschaulichung durch Bild 4.7 die bereits im Abschnitt 2.1.1.4 für Systeme mit kontinuierlicher Zeit angegebene Definition 2.3 des Begriffes „statisches System". Diese Definition gilt also gleichermaßen für Systeme mit kontinuierlicher oder diskreter Zeit, wenn wir nur voraussetzen, dass wir ausschließlich zeitinvariante statische Systeme betrachten, also zeitvariable Systeme ausschließen.

Wir gehen nun noch kurz auf die durch ein statisches System vermittelte Signalabbildung im Falle zeitdiskreter Signale ein. Hierzu nehmen wir an, dass jeder der l Eingänge des Systems durch ein zeitdiskretes Signal x_i $(i = 1, 2, \ldots, l)$ der in (4.5) definierten Art erregt wird. Diese l Signale bilden ein l-dimensionales Eingabesignal $x: T \to X$, für das mit $X = \mathbb{R}^l$ und $T = \mathbb{N}_0 = \{0, 1, 2, \ldots\}$ ausführlicher

$$x = \begin{pmatrix} (x_1(0), & x_1(1), & x_1(2), & \ldots) \\ (x_2(0), & x_2(1), & x_2(2), & \ldots) \\ \vdots & \vdots & \vdots & \vdots \\ (x_l(0), & x_l(1), & x_l(2), & \ldots) \end{pmatrix} = \begin{pmatrix} x_1 \\ x_2 \\ \vdots \\ x_l \end{pmatrix} \tag{4.61}$$

geschrieben werden kann. Am Systemausgang haben wir entsprechend das m-dimensionale Ausgabesignal $y: T \to Y$, wobei mit $Y = \mathbb{R}^m$

$$
y = \begin{pmatrix} (y_1(0), & y_1(1), & y_1(2), & \ldots) \\ (y_2(0), & y_2(1), & y_2(2), & \ldots) \\ \vdots & \vdots & \vdots & \vdots \\ (y_m(0), & y_m(1), & y_m(2), & \ldots) \end{pmatrix} = \begin{pmatrix} y_1 \\ y_2 \\ \vdots \\ y_m \end{pmatrix} \tag{4.62}
$$

gilt. Bezeichnen wir nun wieder die Menge aller Eingabesignale mit $X^T = \mathsf{X}$ (Eingabesignalraum) und die Menge aller Ausgabesignale mit $y^T = \mathsf{Y}$ (Ausgabesignalraum), so gilt analog zu (2.29):

Jede Abbildung

$$
\mathbf{\Phi}: \quad \mathsf{X} \to \mathsf{Y}, \quad \mathbf{\Phi}(x) = y \tag{4.63}
$$

heißt Signalabbildung.

Die Signalabbildung eines statischen Systems mit diskreter Zeit ist (ebenso wie bei kontinuierlicher Zeit – vgl. Abschnitt 2.1.2.2 – und die Wortabbildung des kombinatorischen Automaten – vgl. [26], Abschnitt 2.2.2.2) dadurch gekennzeichnet, dass der Zusammenhang zwischen Eingabe- und Ausgabesignal auf den Zusammenhang zwischen den entsprechenden Signalwerten in einem festen Zeitpunkt $k \in T$ zurückgeführt werden kann. Es gilt also – wie bereits in (4.60) notiert wurde – die Grundgleichung

$$
y(k) = \big(\mathbf{\Phi}(x)\big)(k) = \Phi\big(\mathsf{x}(k)\big), \tag{4.64}
$$

d.h. der Ausgabesignalwert $y(k)$ ist durch den Eingabesignalwert $x(k)$ im gleichen Zeitpunkt k festgelegt und hängt nicht davon ab, welche Signalwerte $\mathsf{x}(k-1)$, $\mathsf{x}(k-2)$, ... zu vorhergehenden Zeitpunkten eingegeben worden sind oder welche Signalwerte $\mathsf{x}(k+1)$, $\mathsf{x}(k+2)$, ... zu späteren Zeitpunkten noch eingegeben werden.

4.2.2 Systeme mit Speicher

4.2.2.1 Zustandsbeschreibung

Durch die im Abschnitt 4.2.1 betrachteten statischem Systeme lassen sich viele der im Abschnitt 4.1.1.2 genannten Signaloperationen (z.B. die Translation, die Vorwärts- bzw. Rückwärtsdifferenz oder die diskrete Faltung zweier Signale) nicht verwirklichen, weil diese Operationen nicht der Grundgleichung (4.64) für statische Systeme genügen. Die Anzahl der Signaloperationen und damit die Menge der realisierbaren Signalabbildungen lässt sich jedoch erheblich erweitern, wenn man als zusätzliches Schaltelement den Speicher S (Bild 4.8) mit hinzunimmt.

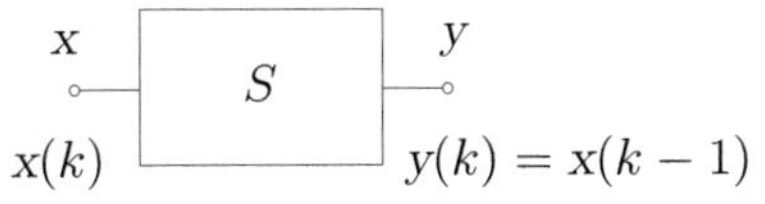

$$x \qquad \qquad y$$
$$\boxed{\quad S \quad}$$
$$x(k) \qquad \qquad y(k) = \mathsf{x}(k-1)$$

Bild 4.8: Speicher

Zeitdiskrete dynamische Systeme enthalten damit neben den im Abschnitt 4.2.1.1 angegebenen Elementarsystemen (Addierglied, Multiplizierglied, Verstärker und Potenzierglied) zusätzlich Speicherelemente. Ein solches Speicherelement realisiert die Signalabbildung $\varphi = \mathcal{S}$:

$$\mathcal{S} : \mathsf{X} \to \mathsf{Y}, \quad \mathcal{S}(x) = y, \quad y(k) = x(k-1). \tag{4.65}$$

In der folgenden Aufstellung ist diese Abbildung näher erläutert:

$$
\begin{array}{c|ccccccc}
k & 0 & 1 & 2 & 3 & \dots & k & k+1 & \dots \\
\hline
x & x(0) & x(1) & x(2) & x(3) & \dots & x(k) & x(k+1) & \dots \\
y & \boxed{y(0)} & x(0) & x(1) & x(2) & \dots & x(k-1) & x(k) & \dots
\end{array}
\tag{4.66}
$$

Das diskrete Ausgabesignal des Speicherelements stellt also das um eine Zeiteinheit (einen Takt) verzögerte diskrete Eingabesignal dar. Der Signalwert $y(0)$ charakterisiert den im Takt $k = 0$ ausgegebenen Wert von y (Speicherinhalt im Zeitpunkt $k = 0$).

Die Vorgehensweise bei der Zustandsbeschreibung zeitdiskreter dynamischer Systeme lehnt sich an die Vorgehensweise bei der Zustandsbeschreibung sequentieller Automaten ([26], Abschnitt 2.3.1) bzw. der Zustandsbeschreibung zeitkontinuierlicher dynamischer Systeme (vgl. Abschnitt 2.2.1) an. Es werden also – wie in den genannten Abschnitten näher erläutert – an den Ausgängen der Speicherelemente Hilfssignale (Zustandssignale) eingeführt, mit deren Hilfe es möglich ist, das System durch ein Zustandsgleichungssystem zu beschreiben. Dieses Gleichungssystem hat bei einem zeitdiskreten dynamischen System formal die gleiche Gestalt wie bei einem sequentiellen Automaten, wobei aber zu beachten ist, dass die zugrunde liegenden Alphabete und Abbildungen eine andere Bedeutung haben.

Zunächst wollen wir neben den bereits eingeführten Mengen $X = \mathbb{R}^l$ (Eingabealphabet) und $Y = \mathbb{R}^m$ (Ausgabealphabet) (vgl. (4.55) und (4.57)) noch das Zustandsalphabet (den Zustandsraum)

$$Z = \mathbb{R}^n \tag{4.67}$$

mit den Elementen (Zuständen)

$$z(k) = (z_1(k), z_2(k), \dots, z_n(k)) \in Z \tag{4.68}$$

einführen. Für das n-dimensionale Zustandssignal (die Zustandstrajektorie) $z : T \to Z$ lässt sich dann mit $T = \mathbb{N}_0 = \{0, 1, 2, \dots\}$

$$
z = \begin{pmatrix}
(z_1(0), & z_1(1), & z_1(2), & \dots) \\
(z_2(0), & z_2(1), & z_2(2), & \dots) \\
\vdots & \vdots & \vdots & \vdots \\
(z_n(0), & z_n(1), & z_n(2), & \dots)
\end{pmatrix}
=
\begin{pmatrix}
z_1 \\
z_2 \\
\vdots \\
z_n
\end{pmatrix}
\tag{4.69}
$$

schreiben.

Damit erhalten wir in Anlehnung an (2.83) die folgende

Definition 4.2 Die Mengen $X = \mathbb{R}^l$ (Eingabealphabet), $Y = \mathbb{R}^m$ (Ausgabealphabet) und $Z = \mathbb{R}^n$ (Zustandsalphabet) zusammen mit den Abbildungen

$$f: Z \times X \to Z \qquad \text{und} \qquad g: Z \times X \to Y$$

bilden ein (abstraktes) *zeitdiskretes dynamisches System* (X, Y, Z, f, g) mit den Zustandsgleichungen

$$\begin{aligned}
z(k+1) &= f(z(k), x(k)) \\
y(k) &= g(z(k), x(k)).
\end{aligned} \qquad (4.70)$$

Die Gleichungen (4.70) bilden die Zustandsgleichungen des dynamischen zeitdiskreten Systems, und die darin enthaltenen Abbildungen f bzw. g heißen Überführungs- bzw. Ergebnisfunktion, ebenso wie beim Automaten. Hinsichtlich der Diskussion dieser Gleichungen verweisen wir auf die Ausführungen in [26], Abschnitt 2.3.1.2. Zur Illustration der Zusammenhänge betrachten wir hier lediglich noch das folgende Beispiel.

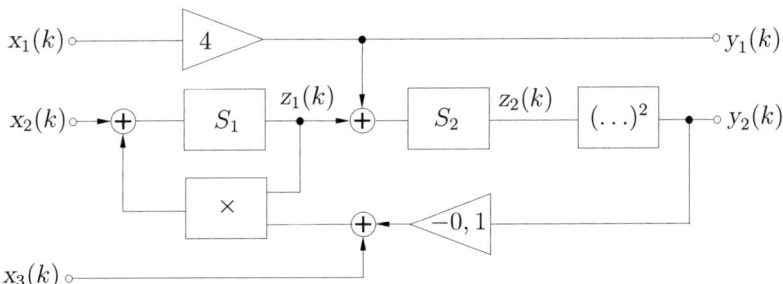

Bild 4.9: Dynamisches zeitdiskretes System (Beispiel 4.11)

Beispiel 4.11 In Bild 4.9 ist eine Schaltung mit zwei Speichern S_1 und S_2 aufgezeichnet. Werden an den Speicherausgängen die Zustände $z_1(k)$ und $z_2(k)$ eingeführt, so können aus der Schaltung die folgenden Zustandsgleichungen abgelesen werden:

$$\begin{aligned}
z_1(k+1) &= z_1(k)(x_3(k) - 0,1(z_2(k))^2) + x_2(k) \\
z_2(k+1) &= z_1(k) + 4x_1(k) \\
y_1(k) &= 4x_1(k) \\
y_2(k) &= (z_2(k))^2.
\end{aligned}$$

Die ersten beiden Gleichungen beschreiben die Überführungsfunktion f und stellen ein nichtlineares Differenzengleichungssystem 1. Ordnung dar. Die übrigen Gleichungen zur Beschreibung der Ergebnisfunktion g sind die Gleichungen eines nichtlinearen statischen Systems im Sinne von Abschnitt 4.2.1.

Sind der Anfangszustand $z(0)$ und die Eingabe x gegeben, z.B. durch

$$z(0) = \begin{pmatrix} z_1(0) \\ z_2(0) \end{pmatrix} = \begin{pmatrix} 3 \\ 5 \end{pmatrix}; \qquad x(k) = \begin{pmatrix} x_1(k) \\ x_2(k) \\ x_3(k) \end{pmatrix} = \begin{pmatrix} k+1 \\ -3k^2 \\ 2^k \end{pmatrix} \mathbf{1}(k),$$

so kann das Ausgabesignal y mit der nachfolgenden Tabelle numerisch von Takt zu Takt aus den Zustandsgleichungen berechnet werden:

k	0	1	2	3	
$x_1(k)$	1	2	3	4	$\ldots$
$x_2(k)$	0	-3	-12	-27	$\ldots$
$x_3(k)$	1	2	4	8	$\ldots$
$z_1(k)$	3	$-4{,}5$	$10{,}05$	$15{,}88875$	$\ldots$
$z_2(k)$	5	7	$3{,}5$	$22{,}05$	$\ldots$
$y_1(k)$	4	8	12	16	$\ldots$
$y_2(k)$	25	49	$12{,}25$	$486{,}2025$	$\ldots$

Eine geschlossene allgemeine Lösung für $y_1(k)$ und $y_2(k)$ lässt sich jedoch nicht ohne weiteres angeben.

4.2.2.2 Systeme mit einem Speicher

Wir wollen nun noch zwei einfache Beispiele zeitdiskreter Systeme mit nur einem einzigen Speicher betrachten (System 1. Ordnung).

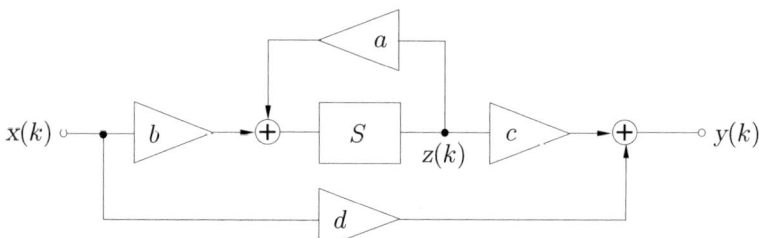

Bild 4.10: Lineares zeitdiskretes System 1. Ordnung (Beispiel 4.12)

Beispiel 4.12 Lineares System
Die Schaltung für das erste Beispiel ist in Bild 4.10 dargestellt. Die Zustandsgleichungen lauten

$$z(k+1) \;=\; a\,z(k) + b\,x(k) = f(z(k), x(k)) \tag{4.71}$$
$$y(k) \;=\; c\,z(k) + d\,x(k) = g(z(k), x(k)), \tag{4.72}$$

wobei a, b, c, $d \in \mathbb{R}$ gilt. Wie aus (4.71) und (4.72) ersichtlich ist, sind die Überführungsfunktion f und die Ergebnisfunktion g lineare Funktionen von $z(k)$ und $x(k)$. Man spricht daher auch von einem linearen System (Auf die Klassifizierung der zeitdiskreten Systeme werden wir im Kapitel 5 noch näher eingehen). Wir wollen nun zeigen, dass sich für das Gleichungssystem (4.71), (4.72) eine geschlossene Lösung angeben lässt. Notieren wir zunächst die erste Gleichung für die Zeitpunkte $k = 0, 1, 2, 3, \ldots$ so erhalten wir

$$
\begin{aligned}
k = 0 : \quad z(1) &= a\,z(0) + b\,x(0), \\
k = 1 : \quad z(2) &= a\,z(1) + b\,x(1) \\
&= a^2 z(0) + ab\,x(0) + b\,x(1), \\
k = 2 : \quad z(3) &= a\,z(2) + b\,x(2) \\
&= a^3 z(0) + a^2 b\,x(0) + ab\,x(1) + b\,x(2), \\
k = 3 : \quad z(4) &= a\,z(3) + b\,x(3) \\
&= a^4 z(0) + a^3 b\,x(0) + a^2 b\,x(1) + ab\,x(2) + b\,x(3), \\
\vdots \qquad \vdots \qquad &\ \ \vdots
\end{aligned}
$$

Das Bildungsgesetz für beliebige k lässt sich aus der bisherigen Rechnung leicht ablesen. Es lautet

$$
z(k) = a^k\, z(0) + \sum_{i=0}^{k-1} ba^{k-1-i}x(i). \tag{4.73}
$$

Setzen wir dieses Ergebnis in (4.72) ein, so erhalten wir für die Ausgabe

$$
y(k) = c\,z(k) + d\,x(k) = ca^k z(0) + \sum_{i=0}^{k-1} cba^{k-1-i}x(i) + d\,x(k). \tag{4.74}
$$

Offensichtlich wird der Verlauf der Ausgabe $y(k)$ in Abhängigkeit von der Zeit k ganz wesentlich davon bestimmt, welchen Wert die Konstante a (Verstärkungsfaktor in der Rückkopplung, Bild 4.10) annimmt. Um diesen Sachverhalt zu verdeutlichen, betrachten wir das System ohne Eingabe, d.h. mit $x(k) = 0$ für alle $k \in T$ (Autonomes System) und wählen der Einfachheit halber $c = 1$. In diesem Fall folgt aus (4.74)

$$
y(k) = z(k) = a^k z(0) \tag{4.75}
$$

und wir erhalten

$$
\lim_{k \to \infty} y(k) = \lim_{k \to \infty} z(k) = \begin{cases} 0 & \text{falls} \quad 0 < a < 1, \\ z(0) & \text{falls} \quad a = 1, \\ \infty & \text{falls} \quad a > 1. \end{cases} \tag{4.76}
$$

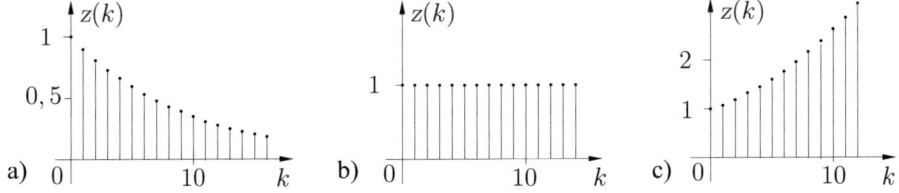

Bild 4.11: Zustandsverlauf des Systems Beispiel 4.12 mit $z(0) = 1$: a) $a = 0,9$; b) $a = 1$; c) $a = 1,1$

Die Verhaltensvarianten dieses Systems sind mit dem Anfangszustand $z(0) = 1$ in Bild 4.11a für $a = 0,9$, in Bild 4.11b für $a = 1$ und in Bild 4.11c für $a = 1,1$ dargestellt.

Beispiel 4.13 Nichtlineares System

Wir betrachten nun die in Bild 4.12 dargestellte Schaltung. Offensichtlich handelt es sich hier um ein autonomes System (System ohne Eingabe bzw. $x(k) = 0$ für alle $k \in T$), für das wir die Zustandsgleichungen [18]

$$z(k+1) = \lambda\left(z(k) - (z(k))^2\right) = f(z(k)) \tag{4.77}$$
$$y(k) = z(k) = g(z(k)) \tag{4.78}$$

ablesen können. Die erste Gleichung (4.77) ist eine spezielle nichtlineare Differenzengleichung 1. Ordnung, die man in der Fachliteratur auch als „logistische Gleichung" bezeichnet.

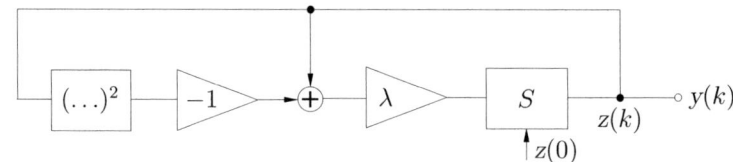

Bild 4.12: Nichtlineares zeitdiskretes System 1. Ordnung (Beispiel 4.13)

Die Verhaltensvarianten dieses nichtlinearen Systems werden ganz wesentlich durch die Größe des Parameters λ bestimmt. Folgende Fälle lassen sich für $\lambda > 0$ unterscheiden:

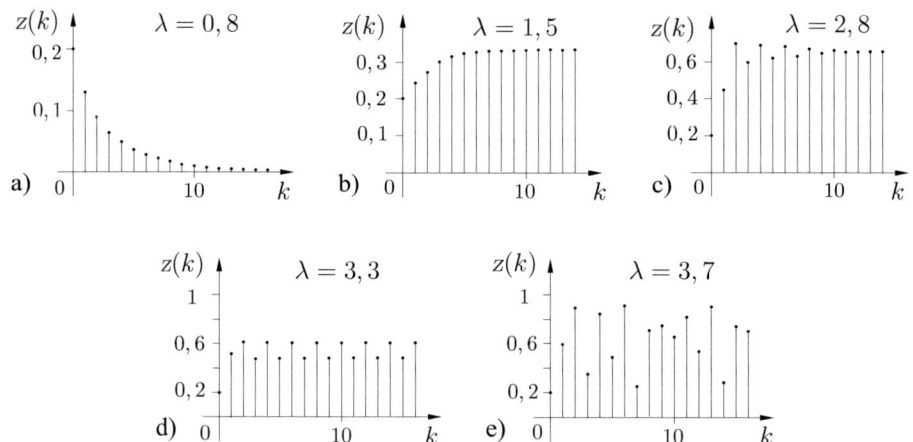

Bild 4.13: Zustandsverlauf des Systems Beispiel 4.13 mit $z(0) = 0,2$ für einige Werte von λ

a) $0 < \lambda \le 1$: Die Folge der Zustände $z(k)$ strebt für $k \to \infty$ gegen Null (Bild 4.13a). Offensichtlich ist der Zustand $z(\infty) = z_{1\infty} = 0$ ein Fixpunkt der durch (4.77) gegebenen Abbildung f, für den gilt

$$f(z_\infty) = \lambda\left(z_\infty - z_\infty^2\right) = z_\infty. \tag{4.79}$$

Eine Lösung von (4.79) ist $z_{1\infty} = 0$.

b) $1 < \lambda \leq 2$: Die Folge der Zustände $z(k)$ strebt für $k \to \infty$ *monoton* gegen den Wert $z(\infty) = z_{2\infty} = 1 - \lambda^{-1}$. Dieser Wert ist ebenfalls eine Lösung von (4.79) und bildet einen zweiten Fixpunkt der Abbildung f (Bild 4.13b).

c) $2 < \lambda \leq 3$: Die Folge der Zustände $z(k)$ strebt für $k \to \infty$ *oszillierend* gegen den Wert $z(\infty) = z_{2\infty} = 1 - \lambda^{-1}$ (Bild 4.13c).

d) $3 < \lambda \leq 1 + \sqrt{6}$: Die Folge der Zustände $z(k)$ pendelt für große Werte von k zwischen zwei Werten hin und her. Fasst man die sich für $k \to \infty$ einstellende Folge konstanter Werte in Bild 4.13b als periodisch mit der Periode 1 auf, so hat sich demgegenüber die Periodendauer nun verdoppelt. Man bezeichnet diesen bei $\lambda = 3$ einsetzenden Aufspaltungeffekt als Bifurkation. Bild 4.13d zeigt die Verhältnisse für $\lambda = 3,3$. Die Werte, zwischen denen $z(k)$ für $k \to \infty$ pendelt, ergeben sich (wegen $z(k+2) = z(k)$ für $k \to \infty$) als Lösungen der Gleichung

$$f(f(z_\infty)) = \lambda\Big(\lambda(z_\infty - z_\infty^2) - \big(\lambda(z_\infty - z_\infty^2)\big)^2\Big) = z_\infty,$$

nämlich

$$z_{3\infty,4\infty} = \frac{1}{2}\left(1 - \frac{1}{\lambda}\right) \pm \frac{1}{2\lambda}\sqrt{\lambda^2 - 2\lambda - 3}.$$

e) Für $\lambda > 1 + \sqrt{6}$ erfolgen weitere Bifurkationen, d.h. die Folge der Zustände $z(k)$ pendelt für $k \to \infty$ zunächst zwischen 4, dann zwischen 8 Werten, 16 Werten usw. hin und her. Die Werte λ_i, an denen Bifurkationen vor sich gehen, folgen in immer dichterer Folge aufeinander und häufen sich bei $\lambda \approx 3.56995$, so dass etwa von diesem Wert ab ein unregelmäßiges Verhalten der Zustandsfolge $z(k)$ einsetzt. Man spricht in diesem Fall von einem „chaotischen" Verhalten. In Bild 4.13e sind diese Verhältnisse für $\lambda = 3,7$ dargestellt.

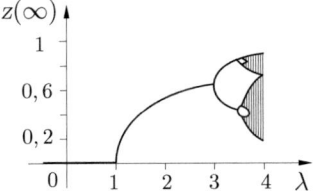

Bild 4.14: Feigenbaum-Darstellung

Zeichnet man den erreichten Grenzwert $z(\infty)$ in Abhängigkeit von dem Parameter λ auf, so erhält man die in Bild 4.14 gezeigte Darstellung. Auch für negative Werte von λ haben wir ein solches Verhalten, wie es weiter oben bereits für $\lambda > 0$ beschrieben wurde. Nach ihrem Entdecker Feigenbaum [8] werden Darstellungen der in Bild 4.14 aufgezeichneten Art in der Literatur auch als „Feigenbäume" bezeichnet.

4.2.3   Aufgaben zum Abschnitt 4.2

4.2-1 Man zeichne ein aus Elementarsystemen aufgebautes statisches System auf, das die Alphabetabbildung

$$\Phi: \; \mathbb{R}^2 \to \mathbb{R}, \; y(k) = \Phi(x_1(k), x_2(k)) = \sum_{i=1}^{2} \sum_{j=1}^{2} a_{ij} \, (x_1(k))^i \, (x_2(k))^j \qquad (a_{ij} \in \mathbb{R})$$

realisiert!

4.2-2 Ein Guthaben (Startkapital K) wird mit einem Zinssatz von $q \cdot 100\%$ im Jahr angelegt. Am Ende eines jeden Jahres werden die Zinsen gutgeschrieben und ein konstanter Betrag x entnommen.

a) Man stelle eine Differenzengleichung für die Entwicklung des Guthabens auf und diskutiere deren Lösung!

b) Wieviel kann jährlich entnommen werden, wenn das Guthaben am Ende des N-ten Jahres aufgebraucht sein soll?

Zahlenbeispiel: $K = 10000$ Euro; $q = 0,06$; $N = 10$ Jahre.

Hinweis: Man setze $\quad z(0) = K \quad$ (Guthaben am Anfang des 1. Jahres)

$\qquad\qquad\qquad\qquad\; z(1) \qquad$ (Guthaben am Ende des 1. Jahres)

$\qquad\qquad\qquad\qquad\; \vdots$

$\qquad\qquad\qquad\qquad\; z(k) \qquad$ (Guthaben am Ende des k-ten Jahres).

4.2-3 Die Zustandsgleichungen eines nichtlinearen dynamischen zeitdiskreten Systems sind wie folgt gegeben:

$$z(k+1) = x(k) - \mu \, (z(k))^2$$
$$y(k) = z(k).$$

Bestimmen Sie für $x(k) = 1 \quad (k \in \{0, 1, 2, \dots\})$ und $z(0) = 0,2$ die Ausgabe $y(k)$ am Ausgang des Systems für $k \in \{0, 1, 2, \dots, 20\}$, wenn

a) $\mu = 0,5$ $\qquad\qquad$ b) $\mu = 0,9$ $\qquad\qquad$ c) $\mu = 2$

gilt! Diskutieren Sie das Ergebnis!

Kapitel 5

Lineare zeitdiskrete Systeme

5.1 Zustandsdarstellung

5.1.1 Systembeschreibung

5.1.1.1 Zustandsgleichungen

Für ein zeitdiskretes dynamisches System erhalten wir die im Abschnitt 4.2.2.1 angegebenen Zustandsgleichungen (4.70), nämlich

$$
\begin{aligned}
z(k+1) &= f\left(z(k), x(k)\right) \\
y(k) &= g\left(z(k), x(k)\right).
\end{aligned}
\tag{5.1}
$$

Bei einem linearen zeitdiskreten System, das nur Speicherelemente, Addierglieder und Verstärker enthält, stellen die Überführungsfunktion f und die Ergebnisfunktion g lineare Funktionen dar. Die Zustandsgleichungen (5.1) gehen in diesem Fall in die Form

$$
\begin{aligned}
z(k+1) &= Az(k) + Bx(k) \\
y(k) &= Cz(k) + Dx(k)
\end{aligned}
\tag{5.2}
$$

über. In diesen Gleichungen sind A, B, C und D das System charakterisierende Matrizen (vgl. Abschnitt 3.1.1.1)

$$
A = \begin{pmatrix} \alpha_{11} & \cdots & \alpha_{1n} \\ \vdots & & \vdots \\ \alpha_{n1} & \cdots & \alpha_{nn} \end{pmatrix}; \quad B = \begin{pmatrix} \beta_{11} & \cdots & \beta_{1l} \\ \vdots & & \vdots \\ \beta_{n1} & \cdots & \beta_{nl} \end{pmatrix};
$$

$$
C = \begin{pmatrix} \gamma_{11} & \cdots & \gamma_{1n} \\ \vdots & & \vdots \\ \gamma_{m1} & \cdots & \gamma_{mn} \end{pmatrix}; \quad D = \begin{pmatrix} \delta_{11} & \cdots & \delta_{1l} \\ \vdots & & \vdots \\ \delta_{m1} & \cdots & \delta_{ml} \end{pmatrix}
\tag{5.3}
$$

und $x(k), y(k)$ und $z(k)$ der Eingabe-, Ausgabe- bzw. Zustandsvektor:

$$
x(k) = \begin{pmatrix} x_1(k) \\ \vdots \\ x_l(k) \end{pmatrix}; \quad y(k) = \begin{pmatrix} y_1(k) \\ \vdots \\ y_m(k) \end{pmatrix}; \quad z(k) = \begin{pmatrix} z_1(k) \\ \vdots \\ z_n(k) \end{pmatrix}.
\tag{5.4}
$$

5.1.1.2 Modell

Das Blockschaltbild des linearen zeitdiskreten Systems ergibt sich aus den Zustandsgleichungen (5.2). Die Schaltung ist in Bild 5.1 dargestellt. Sie gleicht formal dem in Bild 3.1 aufgezeichneten Blockschaltbild für das zeitkontinuierliche lineare System, bei dem lediglich der Integratorblock durch einen Speicherblock ersetzt ist. Dieser Speicherblock enthält n Speicher mit der durch (4.65) beschriebenen Signalabbildung.

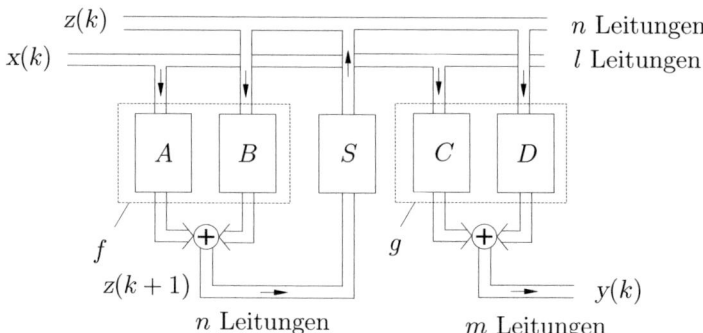

Bild 5.1: Blockschaltbild des zeitdiskreten linearen dynamischen Systems

Beispiel 5.1 Für das in Bild 5.2 dargestellte lineare zeitdiskrete System mit einem Eingang, drei Ausgängen und zwei Speichern erhalten wir die Zustandsgleichungen

$$
\begin{pmatrix} z_1(k+1) \\ z_2(k+1) \end{pmatrix} = \begin{pmatrix} 0 & 2 \\ -3 & -5 \end{pmatrix} \begin{pmatrix} z_1(k) \\ z_2(k) \end{pmatrix} + \begin{pmatrix} 0 \\ 2 \end{pmatrix} x(k)
$$

$$
\begin{pmatrix} y_1(k) \\ y_2(k) \\ y_3(k) \end{pmatrix} = \begin{pmatrix} 1 & 0 \\ 0 & 1 \\ 0 & 0 \end{pmatrix} \begin{pmatrix} z_1(k) \\ z_2(k) \end{pmatrix} + \begin{pmatrix} 3 \\ 0 \\ 1 \end{pmatrix} x(k).
$$

(5.5)

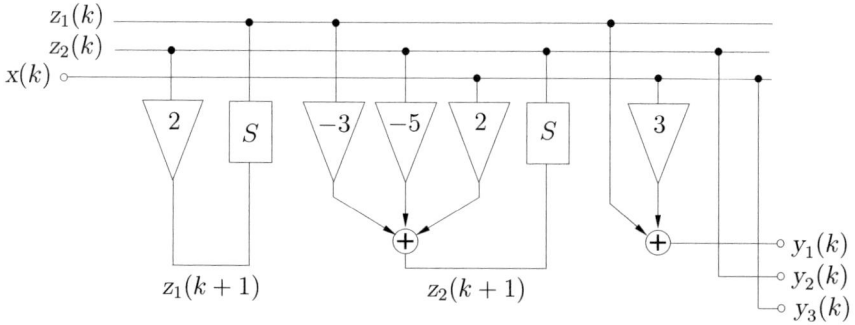

Bild 5.2: Lineares zeitdiskretes System (Beispiel 5.1)

Die Systemmatrizen lauten also in diesem Fall

$$A = \begin{pmatrix} 0 & 2 \\ -3 & -5 \end{pmatrix}; \quad B = \begin{pmatrix} 0 \\ 2 \end{pmatrix}; \quad C = \begin{pmatrix} 1 & 0 \\ 0 & 1 \\ 0 & 0 \end{pmatrix}; \quad D = \begin{pmatrix} 3 \\ 0 \\ 1 \end{pmatrix}.$$

5.1.2 Systemcharakteristiken

5.1.2.1 Zustandsgleichungen im Bildbereich

Wir wollen nun die Zustandsgleichungen (5.2) des linearen zeitdiskreten Systems lösen und bedienen uns dazu der im Abschnitt 4.1.2 beschriebenen Methode der Z-Transformation. Werden die Zustandsgleichungen

$$\begin{aligned} z(k+1) &= Az(k) + Bx(k) \\ y(k) &= Cz(k) + Dx(k) \end{aligned}$$

mit Hilfe der Z-Transformation in den Bildbereich übergeführt, so erhält man mit Hilfe des Verschiebungssatzes (Tabelle im Anhang, Regel 3) zunächst für die erste Gleichung

$$z\,Z(z) - z\,z(0) = AZ(z) + BX(z). \tag{5.6}$$

In dieser Gleichung bezeichnen

$$Z(z) = Z\big(z(k)\big) \qquad \text{bzw.} \qquad X(z) = Z\big(x(k)\big)$$

die Z-Transformierten des Zustands- bzw. des Eingabevektors. Durch Umstellung von (5.6) erhält man

$$z\,Z(z) - AZ(z) = (zE - A)Z(z) = z\,z(0) + BX(z),$$

worin E die Einheitsmatrix (vgl. (3.13)) bezeichnet. Löst man nun nach $Z(z)$ auf, so ergibt sich

$$Z(z) = (zE - A)^{-1}z\,z(0) + (zE - A)^{-1}BX(z) \tag{5.7}$$

bzw. mit der zweiten Gleichung von (5.2)

$$\begin{aligned} Y(z) &= CZ(z) + DX(z) \\ &= C(zE - A)^{-1}z\,z(0) + \big(C(zE - A)^{-1}B + D\big)X(z). \end{aligned} \tag{5.8}$$

In (5.8) werden nun (ähnlich wie im Abschnitt 3.1.2.1) die *Fundamentalmatrix im Bildbereich*

$$\Phi(z) = (zE - A)^{-1}z \tag{5.9}$$

und die *Übertragungsmatrix (Gewichtsmatrix im Bildbereich)*

$$G(z) = C(zE - A)^{-1}B + D = C\Phi(z)z^{-1}B + D \tag{5.10}$$

eingeführt. Damit erhält man

$$
\begin{aligned}
Z(z) &= \Phi(z)z(0) + \Phi(z)z^{-1}BX(z) \\
Y(z) &= C\Phi(z)z(0) + G(z)X(z).
\end{aligned}
\tag{5.11}
$$

Die letzte Gleichung in (5.11) stellt die *Eingabe-Ausgabe-Beziehung* (*Input-Output-Gleichung*) im Bildbereich dar.

Die Ausgabe $Y(z)$ im Bildbereich setzt sich, ebenso wie bei den zeitkontinuierlichen Systemen (vgl. (3.23) und (3.24)), aus zwei Summanden zusammen, von denen der erste durch den Anfangszustand $z(0)$ des Systems und der zweite durch die Eingabe $X(z)$ (im Bildbereich) bestimmt wird. Ist $X(z) = 0$ (keine Eingabe), so ist

$$
Y(z) = Y_f(z) = C\Phi(z)z(0)
\tag{5.12}
$$

die *freie Ausgabe*, und ist $z(0) = 0$, so ist

$$
Y(z) = Y_e(z) = G(z)X(z)
\tag{5.13}
$$

die *erzwungene Ausgabe* (jeweils im Bildbereich).

5.1.2.2   Zustandsgleichungen im Zeitbereich

Die im Bildbereich der Z-Transformation erhaltenen Lösungen (5.11) der Zustandsgleichungen sollen nun in den Originalbereich (Zeitbereich) zurücktransformiert werden. Unter Beachtung des Verschiebungssatzes und des Faltungssatzes der Z-Transformation (Tabelle im Anhang, Regeln 2 und 6) erhalten wir

$$
z(k) = \varphi(k)z(0) + \sum_{i=0}^{k-1} \varphi(k-i-1)B\mathbf{x}(i)
\tag{5.14}
$$

$$
y(k) = C\varphi(k)z(0) + \sum_{i=0}^{k} g(k-i)\mathbf{x}(i).
\tag{5.15}
$$

In dem zuletzt angegebenen Gleichungssystem sind zwei wichtige, das lineare zeitdiskrete System charakterisierende Matrizen enthalten, und zwar die *Fundamentalmatrix im Zeitbereich*

$$
\varphi(k) = Z^{-1}\big(\Phi(z)\big) = \begin{pmatrix} \varphi_{11}(k) & \cdots & \varphi_{1n}(k) \\ \vdots & & \vdots \\ \varphi_{n1}(k) & \cdots & \varphi_{nn}(k) \end{pmatrix}
\tag{5.16}
$$

und die *Gewichtsmatrix im Zeitbereich*

$$
g(k) = Z^{-1}\big(G(z)\big) = \begin{pmatrix} g_{11}(k) & \cdots & g_{1l}(k) \\ \vdots & & \vdots \\ g_{m1}(k) & \cdots & g_{ml}(k) \end{pmatrix}.
\tag{5.17}
$$

Die Beziehung (5.15) ist die *Input-Output-Gleichung im Zeitbereich*. Sie setzt sich wieder aus zwei Summanden zusammen. Für $x = 0$ (keine Eingabe) erhalten wir den durch den Anfangszustand $z(0)$ bestimmten freien Vorgang, d.h. die *freie Ausgabe*

$$y(k) = y_f(k) = C\varphi(k)z(0), \tag{5.18}$$

und für $z(0) = 0$ ergibt sich die durch die Eingabe x *erzwungene Ausgabe*

$$y(k) = y_e(k) = \sum_{i=0}^{k} g(k - i)x(i). \tag{5.19}$$

Im letzten Fall haben wir es wieder mit einer Erregung des Systems aus dem Nullzustand $z(0) = 0$ heraus zu tun.

5.1.2.3 Fundamentalmatrix und Gewichtsmatrix

Es lässt sich leicht zeigen, dass die Fundamentalmatrix $\varphi(k)$ mit der Matrix A aus den Zustandsgleichungen (5.2) durch die Beziehung

$$\varphi(k) = A^k \tag{5.20}$$

verknüpft ist.

Nehmen wir zunächst einmal an, dass (5.20) gilt, so folgt aus dieser Gleichung

$$\varphi(k + 1) = A^{k+1} = A\,A^k = A\varphi(k). \tag{5.21}$$

Durch Z-Transformation auf beiden Seiten von (5.21) erhalten wir weiter

$$z\,\Phi(z) - z\,\varphi(0) = A\Phi(z) \tag{5.22}$$

oder mit $\varphi(0) = E$ (Einheitsmatrix) nach Umstellung

$$(zE - A)\Phi(z) = zE$$

bzw. nach Multiplikation von links mit $(zE - A)^{-1}$

$$\Phi(z) = (zE - A)^{-1}z \tag{5.23}$$

in Übereinstimmung mit (5.9). Damit ist auch (5.20) bestätigt, und wir können (5.20) mit (4.47) zusammenfassend schreiben

$$\varphi(k) = Z^{-1}\big(\Phi(z)\big) = \sum_i \text{Res}\left((zE - A)^{-1}z^k\right) = A^k. \tag{5.24}$$

Die Fundamentalmatrix $\varphi(k)$ ist ebenso wie die Matrix A aus den Zustandsgleichungen eine n-reihige quadratische Matrix. Ihre wichtigsten Eigenschaften sind die folgenden:

a) Aus (5.20) folgt unmittelbar

$$\varphi(k_1)\varphi(k_2) = \varphi(k_1 + k_2). \tag{5.25}$$

b) Aus der letzten Gleichung folgt mit $k_1 = k$ und $k_2 = -k$

$$\varphi(k)\varphi(-k) = \varphi(0) = E, \tag{5.26}$$

worin E die n-reihige Einheitsmatrix bezeichnet.

c) Aus (5.26) ergibt sich schließlich noch

$$(\varphi(k))^{-1} = \varphi(-k). \tag{5.27}$$

Für die Gewichtsmatrix $g(k)$ in (5.17) kann geschrieben werden

$$g(k) = \begin{cases} D & k = 0 \\ CA^{k-1}B & k = 1, 2, \ldots \end{cases} \tag{5.28}$$

Auch diese Beziehung lässt sich mit Hilfe der Z-Transformation leicht bestätigen. Mit (5.20) ergibt sich nämlich wegen $A^{k-1} = \varphi(k-1)$ unter Berücksichtigung des Verschiebungssatzes

$$G(z) = D + Cz^{-1}\Phi(z)B \tag{5.29}$$

oder mit (5.23)

$$G(z) = C(zE - A)^{-1}B + D, \tag{5.30}$$

womit wir wieder die Übereinstimmung mit (5.10) gezeigt haben.

Die Gewichtsmatrix $g(k)$ enthält l Spalten und m Zeilen, ebenso wie die Systemmatrix D aus den Zustandsgleichungen (5.2). Hierbei ist l die Anzahl der Eingänge und m die Anzahl der Ausgänge des Systems. Hat das betrachtete System nur einen Eingang und einen Ausgang ($l = m = 1$), so enthält die Gewichtsmatrix lediglich ein einziges Element, und es gilt

$$g_{11}(k) = g(k). \tag{5.31}$$

Man bezeichnet $g_{11} = g$ in diesem Fall als *Gewichtsfolge* oder auch als *zeitdiskrete Gewichtsfunktion* des linearen zeitdiskreten Systems.

Beispiel 5.2 Von einem linearen zeitdiskreten System mit einem Eingang, einem Ausgang und zwei Speichern seien die Zustandsgleichungen

$$\begin{aligned} z_1(k+1) &= 2z_2(k) \\ z_2(k+1) &= -3z_1(k) - 5z_2(k) + 2x(k) \\ y(k) &= z_1(k) + 3x(k) \end{aligned}$$

gegeben. Aus diesem Gleichungssystem lesen wir die Systemmatrizen

$$A = \begin{pmatrix} 0 & 2 \\ -3 & -5 \end{pmatrix}; \quad B = \begin{pmatrix} 0 \\ 2 \end{pmatrix}; \quad C = \begin{pmatrix} 1 & 0 \end{pmatrix}; \quad D = (3)$$

ab. Damit erhalten wir nach (5.30)

$$G(z) = \begin{pmatrix} 1 & 0 \end{pmatrix} \begin{pmatrix} z & -2 \\ 3 & z+5 \end{pmatrix}^{-1} \begin{pmatrix} 0 \\ 2 \end{pmatrix} + 3$$

oder nach Ausführung der Matrizenoperationen

$$G(z) = \frac{3z^2 + 15z + 22}{z^2 + 5z + 6}.$$

Die Rücktransformation in den Zeitbereich mit Hilfe von (4.47) ergibt schließlich die zeitdiskrete Gewichtsfunktion

$$g(k) = \begin{cases} 3 & k = 0 \\ 4 \cdot (-2)^{k-1} - 4 \cdot (-3)^{k-1} & k = 1, 2, \ldots \end{cases}$$

Die ersten Glieder dieser Folge lauten

$$g = (3, 0, 4, -20, 76, \ldots).$$

Wir kehren nun noch einmal zu der im Zeitbereich erhaltenen Lösung der Zustandsgleichungen zurück, um die beiden Summanden (5.18) und (5.19) etwas näher zu betrachten.

Zunächst wollen wir annehmen, dass sich das System im Anfangszustand $z(0) \neq 0$ befindet und von außen nicht erregt wird, d.h. es gilt $x(k) = 0$ für $k = 0, 1, 2, \ldots$. In diesem Fall folgt aus (5.14) bzw. (5.15)

$$z(k) = z_f(k) = \varphi(k)z(0) \tag{5.32}$$
$$y(k) = y_f(k) = C\varphi(k)z(0). \tag{5.33}$$

Durch den Index f wird angedeutet, dass es sich hier um freie Vorgänge (d.h. von der Eingabe x unabhängige Vorgänge) handelt. Die zuletzt notierten Gleichungen geben also an, welchen Zustand bzw. welche Ausgabe man im Taktzeitpunkt k erhält, wenn sich das System im Zeitpunkt $k = 0$ im Anfangszustand $z(0)$ befindet und anschließend „sich selbst überlassen" (d.h. mit der Eingabe $x(k) = 0$ für $k > 0$ betrieben) wird. Wegen $\varphi(k) = A^k$ ist das freie Verhalten des Systems (abgesehen von der Matrix C) im Wesentlichen von der Systemmatrix A abhängig.

Zwei Sonderfälle sollen noch besonders hervorgehoben werden:

a) Es gibt einen Zeitpunkt r, so dass $\varphi(r) = 0$ gilt (0 ist die Nullmatrix). In diesem Fall geht das System nach r Takten in den Nullzustand $z(r) = 0$ über, den es ohne äußere Einwirkung nicht mehr verlassen kann.

b) Es gibt einen Zeitpunkt r, so dass $\varphi(r) = E$ gilt (E ist die Einheitsmatrix). Liegt dieser Fall vor, so wird ein gegebener Zustand nach r Takten in sich selbst überführt. Da mit $\varphi(r) = E$ auch $\Phi(nr) = E$ ($n \in \mathbb{N}$) gilt, verlaufen Zustand und Ausgabe periodisch mit r Takten.

Wir wollen nun als weitere Situation annehmen, dass sich das System im Anfangszustand $z(0) = 0$ befindet und von außen durch das Eingabesignal x erregt wird. In dieser
Situation ergibt sich aus (5.14) bzw. (5.15)

$$z(k) = \sum_{i=0}^{k-1} \varphi(k - i - 1) B x(i) \tag{5.34}$$

$$y(k) = \sum_{i=0}^{k} g(k - i) x(i). \tag{5.35}$$

In (5.35) bezeichnet y die (durch die Eingabe x) erzwungene Ausgabe. Speziell für den
μ-ten Ausgang des Systems erhält man aus dieser Gleichung

$$y_\mu(k) = \sum_{i=0}^{k} \sum_{j=1}^{l} g_{\mu j}(k - i) x_j(i). \tag{5.36}$$

Erfolgt nur am ν-ten Eingang des Systems eine Eingabe, d.h. für alle anderen Eingänge
gilt für alle $k = 0, 1, 2, \ldots$

$$x_j(k) = 0 \qquad (j \neq \nu),$$

so folgt aus (5.36)

$$y_\mu(k) = \sum_{i=0}^{k} g_{\mu\nu}(k - i) x_\nu(i). \tag{5.37}$$

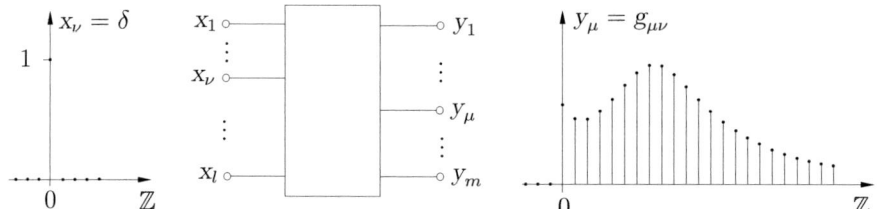

Bild 5.3: Impulsantwort des zeitdiskreten linearen Systems

Ist nun speziell das Eingabesignal am Eingang ν das diskrete Impulssignal δ, gilt also

$$x_\nu(k) = \delta(k) = \begin{cases} 1 & k = 0 \\ 0 & k \neq 0, \end{cases} \tag{5.38}$$

so ergibt sich aus (5.37)

$$y_\mu(k) = g_{\mu\nu}(k). \tag{5.39}$$

Damit können die Elemente $g_{\mu\nu}(k)$ der Gewichtsmatrix $g(k)$ wie folgt anschaulich interpretiert werden: Die Gewichtsfolge $g_{\mu\nu}$ ist das zeitdiskrete Ausgabesignal, welches man am
Ausgang μ des Systems erhält, wenn der Eingang ν durch das zeitdiskrete Impulssignal
$\delta = (1, 0, 0, 0, \ldots)$ erregt wird. Man bezeichnet die Gewichtsfolge $g_{\mu\nu}$ deshalb auch häufig
als diskrete Impulsantwort des Systems (bezüglich Eingang ν und Ausgang μ). Bild 5.3
zeigt die Veranschaulichung dieses Sachverhaltes.

5.1.2.4 Beispiel

Die in den vorangegangenen Abschnitten dargestellten Methoden der Systembeschreibung bilden einen wesentlichen Bestandteil der im Zusammenhang mit der Analyse von linearen Systemen zu lösenden Aufgaben. Wir illustrieren die wichtigsten Rechenschritte nun nochmals an dem in Bild 5.4 aufgezeichneten Beispiel.

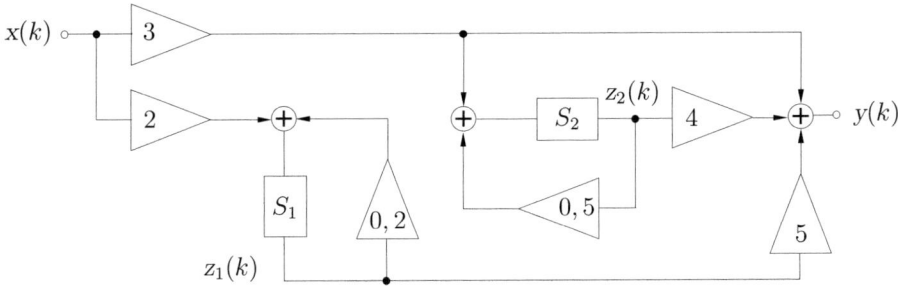

Bild 5.4: Lineares zeitdiskretes System (Beispiel)

Zunächst können wir aus der gegebenen Schaltung die Zustandsgleichungen

$$
\begin{aligned}
z_1(k+1) &= 0,2z_1(k) + 2x(k) \\
z_2(k+1) &= 0,5z_2(k) + 3x(k) \\
y(k) &= 5z_1(k) + 4z_2(k) + 3x(k)
\end{aligned}
$$

mit den Matrizen

$$
A = \begin{pmatrix} 0,2 & 0 \\ 0 & 0,5 \end{pmatrix}; \quad B = \begin{pmatrix} 2 \\ 3 \end{pmatrix}; \quad C = \begin{pmatrix} 5 & 4 \end{pmatrix}; \quad D = (3)
$$

ablesen. Die Fundamentalmatrix des Systems lautet im Bildbereich

$$
\Phi(z) = (zE - A)^{-1}z = \begin{pmatrix} \dfrac{z}{z-0,2} & 0 \\ 0 & \dfrac{z}{z-0,5} \end{pmatrix}
$$

und im Zeitbereich

$$
\varphi(k) = \begin{pmatrix} (0,2)^k & 0 \\ 0 & (0,5)^k \end{pmatrix}.
$$

Die Übertragungsmatrix $G(z)$ enthält nur ein einziges Element, die Übertragungsfunktion G:

$$
G(z) = C(zE - A)^{-1}B + D = \frac{3z^2 + 19,9z - 7,1}{z^2 - 0,7z + 0,1}.
$$

Daraus erhält man durch inverse Z-Transformation die zeitdiskrete Gewichtsfunktion (Impulsantwort)

$$
g(k) = \begin{cases} 3 & k = 0 \\ 10 \cdot (0,2)^{k-1} + 12 \cdot (0,5)^{k-1} & k = 1, 2, \dots. \end{cases}
$$

Befindet sich das System im Anfangszustand

$$z(0) = \begin{pmatrix} z_1(0) \\ z_2(0) \end{pmatrix},$$

so kann mit (5.11) für jede beliebige Eingabe x das Ausgabesignal berechnet werden:

$$Y(z) = C\Phi(z)z(0) + G(z)X(z).$$

Ist z.B. $x(k) = \mathbf{1}(k)$ das Sprungsignal (Abschnitt 4.1.1.1) mit

$$\mathbf{1}(k) = \begin{cases} 1 & k = 0, 1, 2, \ldots \\ 0 & k < 0, \end{cases}$$

so gilt

$$X(z) = \frac{z}{z - 1},$$

und man erhält

$$Y(z) = \frac{5z}{z - 0,2}z_1(0) + \frac{4z}{z - 0,5}z_2(0) + \frac{(3z^2 + 19,9z - 7,1)z}{(z - 0,2)(z - 0,5)(z - 1)}.$$

Im Zeitbereich gilt daher für $k \geq 0$

$$y(k) = 5 \cdot (0,2)^k z_1(0) + 4 \cdot (0,5)^k z_2(0) + 39,5 - 12,5 \cdot (0,2)^k - 24 \cdot (0,5)^k.$$

Die ersten beiden Summanden stellen die vom Anfangszustand $z(0)$ abhängige freie Ausgabe y_f dar, die nicht von der Eingabe x abhängt:

$$y_f(k) = 5 \cdot (0,2)^k z_1(0) + 4 \cdot (0,5)^k z_2(0), \qquad (k \geq 0).$$

Die übrigen drei Summanden bilden die (vom Anfangszustand $z(0)$ unabhängige) durch die Eingabe x erzwungene Ausgabe y_e:

$$y_e(k) = 39,5 - 12,5 \cdot (0,2)^k - 24 \cdot (0,5)^k, \qquad (k \geq 0).$$

5.1.3 Aufgaben zum Abschnitt 5.1

5.1-1 Gegeben ist die in Bild 5.1-1 dargestellte Schaltung eines zeitdiskreten linearen Systems.

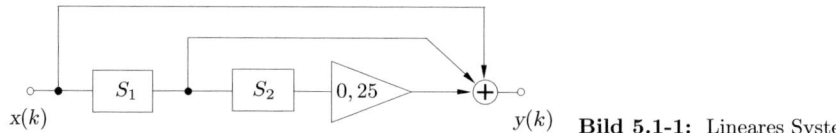

$x(k)$ $y(k)$ **Bild 5.1-1:** Lineares System

a) Stellen Sie die Zustandsgleichungen auf!

b) Geben Sie die Systemmatrizen A, B, C und D an!

c) Bestimmen Sie die zeitdiskrete Impulsantwort $g(k)$!

d) Bestimmen sie die Ausgabe $y(k)$ für $k \geq 0$, wenn $z_1(0) = z_2(0) = 0$ gilt und

$$x(k) = \begin{cases} 1 & k = 0, 1, 2, 3, 4 \\ 0 & \text{sonst!} \end{cases}$$

5.1-2 Am Ausgang eines linearen zeitdiskreten Systems erhält man

$$y(k) = \begin{cases} 2 & k = 0 \\ 1 & k = 1 \\ 0 & \text{sonst,} \end{cases}$$

wenn das System im Nullzustand durch $x(k) = \mathbf{1}(k)$ (Sprungsignal) erregt wird. Wie lautet die zeitdiskrete Gewichtsfunktion (Impulsantwort) dieses Systems?

5.1-3 Für das in Bild 5.1-3 aufgezeichnete lineare zeitdiskrete System stelle man die Zustandsgleichungen auf und bestimme die Übertragungsfunktion!

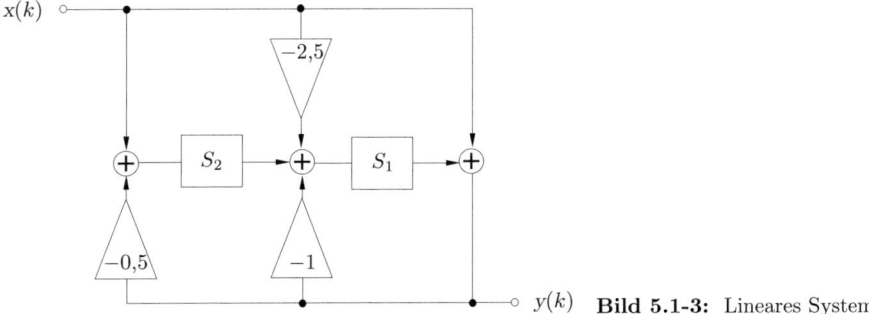

Bild 5.1-3: Lineares System

5.1-4 Von einem linearen zeitdiskreten System ist die Impulsantwort durch

$$g(k) = \left(\frac{1}{2}\right)^k \qquad (k = 0, 1, 2, \ldots)$$

gegeben. Man bestimme das Ausgabesignal, wenn das System im Nullzustand durch die Eingabe

$$x(k) = \begin{cases} 1 & k = 0 \\ -3 & k = 4 \\ 0 & \text{sonst} \end{cases}$$

erregt wird!

5.2 Systeme im Nullzustand

5.2.1 Allgemeine Systemcharakteristiken

5.2.1.1 Übertragungsfunktion und Gewichtsfunktion

Bei den folgenden Überlegungen wollen wir den Ausführungen in Abschnitt 3.2 folgend nur Systeme mit einem Eingang und einem Ausgang ($l = m = 1$) betrachten. Wegen der engen Verwandtschaft zwischen den linearen Systemen mit kontinuierlicher und diskreter Zeit ergeben sich bei der mathematischen Beschreibung dieser beiden Systemklassen zahlreiche formale Ähnlichkeiten, die sich auch bereits beim Vergleich der Abschnitte 3.1 und 5.1 feststellen ließen. Wir können uns also hier auf das Wesentliche beschränken.

Für Systeme mit einem Eingang und einem Ausgang nehmen die Matrizen in den Zustandsgleichungen nach (5.2)

$$\begin{aligned} z(k+1) &= Az(k) + Bx(k) \\ y(k) &= Cz(k) + Dx(k) \end{aligned}$$

die Form

$$A = \begin{pmatrix} \alpha_{11} & \dots & \alpha_{1n} \\ \vdots & & \vdots \\ \alpha_{n1} & \dots & \alpha_{nn} \end{pmatrix}; \quad B = \begin{pmatrix} \beta_1 \\ \vdots \\ \beta_n \end{pmatrix}; \quad C = (\gamma_1 \ \dots \ \gamma_n); \quad D = \delta \qquad (5.40)$$

an, d.h. die Matrizen B und C reduzieren sich auf eine Spalten- bzw. Zeilenmatrix und die Matrix D geht in eine reelle Zahl über.

Wir werden nun in den folgenden Abschnitten weiter wieder nur solche Systeme betrachten, die aus dem Nullzustand heraus erregt werden, für die also grundsätzlich

$$z(0) = 0 \qquad (5.41)$$

gilt. Man erhält dann aus (5.11) mit (5.10)

$$Y(z) = \left(C(zE - A)^{-1}B + D \right) X(z) \qquad (5.42)$$

oder kurz

$$Y(z) = G(z)\, X(z), \qquad (5.43)$$

wobei die Matrix $G(z)$ nur ein einziges Element enthält. Man nennt G die *Übertragungsfunktion* des Systems. Die letzte Gleichung lässt sich unter Beachtung des Faltungssatzes der Z-Transformation leicht in den Originalbereich überführen. Wir erhalten dann

$$y(k) = \sum_{i=0}^{k} g(k - i)x(i), \qquad (5.44)$$

worin g die *diskrete Gewichtsfunktion* des Systems bezeichnet.

Durch (5.43) und (5.44) sind zwei sehr wichtige Grundformeln gegeben, die den Zusammenhang zwischen Ursache und Wirkung (Eingabe und Ausgabe) bei einem linearen zeitdiskreten System im Nullzustand beschreiben. Wie bei den zeitkontinuierlichen Systemen ist dieser Zusammenhang im Bildbereich besonders einfach. Hier erhalten wir die Z-Transformierte der Wirkung, indem wir die Z-Transformierte der Ursache mit der Übertragungsfunktion G multiplizieren.

Wird das System am Eingang durch das zeitdiskrete Impulssignal δ erregt, so erhält man mit

$$X(z) = Z\big(\delta(k)\big) = 1$$

die Wirkung

$$Y(z) = G(z) \cdot 1 = G(z) \tag{5.45}$$

oder im Zeitbereich

$$y(k) = g(k). \tag{5.46}$$

Die zeitdiskrete Gewichtsfunktion des Systems ist also gerade die Reaktion des Systems auf das Impulssignal (daher auch die Bezeichnung *Impulsantwort*).

Die zeitdiskrete Gewichtsfunktion (Impulsantwort) bzw. deren Z-Transformierte, die Übertragungsfunktion, kann als wichtigste Systemcharakteristik des linearen Systems im Nullzustand angesehen werden. Mit Hilfe von (5.42) und den in (5.40) angegebenen Matrizen kann die Übertragungsfunktion durch

$$G(z) = (\gamma_1 \ \ldots \ \gamma_n) \left(\begin{pmatrix} z & \ldots & 0 \\ \vdots & & \vdots \\ 0 & \ldots & z \end{pmatrix} - \begin{pmatrix} \alpha_{11} & \ldots & \alpha_{1n} \\ \vdots & & \vdots \\ \alpha_{n1} & \ldots & \alpha_{nn} \end{pmatrix} \right)^{-1} \begin{pmatrix} \beta_1 \\ \vdots \\ \beta_n \end{pmatrix} + \delta \tag{5.47}$$

berechnet werden, worin die Matrizenelemente α_{ij}, β_i, γ_i und δ reelle Zahlen sind. Nach Ausführung der Matrizenoperationen erhält man die Darstellung

$$G(z) = \frac{a_0 z^n + a_1 z^{n-1} + \ldots + a_{n-1} z + a_n}{z^n + b_1 z^{n-1} + \ldots + b_{n-1} z + b_n}, \tag{5.48}$$

wobei die Koeffizienten des Zähler- und Nennerpolynoms wieder reelle Zahlen sind ($a_\nu, b_\nu \in \mathbb{R}$) und so gekürzt wurde, dass der Koeffizient der höchsten Potenz des Nennerpolynoms zu eins wird ($b_0 = 1$). Wesentlich ist, dass G eine reellwertige rationale Funktion der komplexen Variablen z ist, d.h. $G(z)$ ist reell für reelle Werte der Variablen z.

Berechnet man die Nullstellen von Zähler- und Nennerpolynom, so kann $G(z)$ auch in Produktform

$$G(z) = a_0 \frac{(z - z_1')(z - z_2') \ldots (z - z_{N'}')}{(z - z_1)(z - z_2) \ldots (z - z_N)} \tag{5.49}$$

dargestellt werden. In der letzten Gleichung wurden die Nullstellen der Übertragungsfunktion mit z_i' ($i = 1, 2, \ldots, N'$) und die Pole mit z_i ($i = 1, 2, \ldots, N$) bezeichnet. Üblicherweise werden die Pole und Nullstellen der Übertragungsfunktion in der komplexen z-Ebene grafisch durch kleine Kreuze ($\times$) bzw. kleine Kreise ($\circ$) dargestellt, ebenso wie bei den zeitkontinuierlichen Systemen (*Pol-Nullstellen-Plan*, vgl. auch Bild 3.6). Der Ingenieur ist in der Lage, wichtige Systemeigenschaften wie z.B. Frequenzcharakteristiken, Stabilitätsverhalten usw. direkt aus dem Pol-Nullstellen-Plan abzulesen.

5.2.1.2 Systemmodell

Wir wollen nun auch für das zeitdiskrete lineare System die Frage untersuchen, ob es möglich ist, einer gegebenen rationalen Funktion G ein Systemmodell so zuzuordnen, dass dieses System die Übertragungsfunktion G annimmt. Aus dem Systemmodell können dann über die Zustandsgleichungen die Systemmatrizen A, B, C und D bestimmt werden, so dass wir auf diese Weise eine vollständige Charakterisierung des Systems über $G(z)$ erhalten. Auch hier muss festgestellt weden, dass diese Aufgabe nicht eindeutig lösbar ist. Aus der Vielzahl der möglichen Lösungen sei hier nur eine wiedergegeben.

Vorgegeben sei die Übertragungsfunktion durch

$$G(z) = \frac{a_0 z^n + a_1 z^{n-1} + a_2 z^{n-2} + \ldots + a_{n-1} z + a_n}{z^n + b_1 z^{n-1} + b_2 z^{n-2} + \ldots + b_{n-1} z + b_n}$$

gemäß (5.48). Wenn wir den Ausführungen von Abschnitt 3.2.1.4 formal folgen, ergibt sich daraus durch Umstellung

$$(b_1 z^{n-1} + \ldots + b_{n-1} z + b_n) G(z) + z^n G(z) = a_0 z^n + a_1 z^{n-1} + \ldots + a_{n-1} z + a_n$$

und weiter

$$G(z) = \left(a_0 + \frac{a_1}{z} + \ldots + \frac{a_n}{z^n} \right) - \left(\frac{b_1}{z} + \frac{b_2}{z^2} + \ldots + \frac{b_n}{z^n} \right) G(z).$$

Mit $G(z) = Y(z)/X(z)$ folgt schließlich

$$Y(z) = \left(a_0 + \frac{a_1}{z} + \ldots + \frac{a_n}{z^n} \right) X(z) - \left(\frac{b_1}{z} + \frac{b_2}{z^2} + \ldots + \frac{b_n}{z^n} \right) Y(z).$$

Wir setzen nun wieder

$$Y(z) = a_0 X(z) + Z_1(z), \tag{5.50}$$

wobei

$$Z_1(z) = \left(\frac{a_1}{z} + \frac{a_2}{z^2} + \ldots + \frac{a_n}{z^n} \right) X(z) - \left(\frac{b_1}{z} + \frac{b_2}{z^2} + \ldots + \frac{b_n}{z^n} \right) Y(z)$$

und weiter

$$Z_1(z) = \frac{a_1}{z} X(z) + \frac{Z_2(z)}{z} - \frac{b_1}{z} Y(z), \tag{5.51}$$

mit

$$Z_2(z) = \left(\frac{a_2}{z} + \ldots + \frac{a_n}{z^{n-1}} \right) X(z) - \left(\frac{b_2}{z} + \ldots + \frac{b_n}{z^{n-1}} \right) Y(z)$$

usw., bis sich schließlich

$$Z_{n-1}(z) = \frac{a_{n-1}}{z} X(z) + \frac{Z_n(z)}{z} - \frac{b_{n-1}}{z} Y(z) \tag{5.52}$$

$$Z_n(z) = \frac{a_n}{z} X(z) - \frac{b_n}{z} Y(z) \tag{5.53}$$

ergibt. Aus den Gleichungen (5.50) bis (5.53) erhält man das in Bild 5.5 dargestellte Systemmodell, das sich von dem in Bild 3.16 für zeitkontinuierliche Systeme dargestellten Modell formal nur dadurch unterscheidet, dass es anstelle der Integrierglieder die Speicherelemente enthält. Beim Ablesen der Schaltung Bild 5.5 aus den Gleichungen (5.50) bis (5.53) wurde noch berücksichtigt, dass sich aus (4.65) durch Z-Transformation

$$Y(z) = z^{-1}X(z) = \frac{1}{z}X(z) \tag{5.54}$$

ergibt, wenn sich das System im Nullzustand befindet (der Speicherinhalt im Takt $k = 0$ den Wert 0 hat). Jeder Speicher kann also im Bildbereich der Z-Transformation als „symbolischer Speicher", d.h. als Verstärker mit dem Verstärkungsfaktor $1/z$ aufgefasst werden. Durch diese Betrachtungsweise kann das Ablesen der das System beschreibenden Gleichungen im Bildbereich erheblich erleichtert werden.

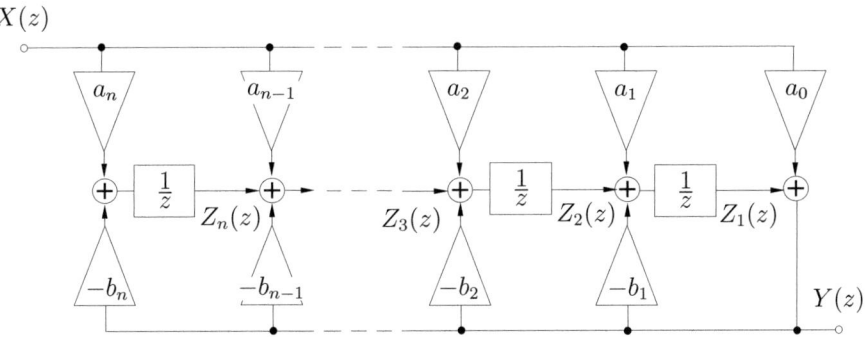

Bild 5.5: Schaltbild des linearen zeitdiskreten Systems im Bildbereich

5.2.1.3 Zustandsgleichungen und Differenzengleichung

Wir wollen nun für das oben entwickelte Systemmodell die Zustandsgleichungen aufstellen. Indem wir die Gleichungen (5.51) bis (5.53) und (5.50) in dieser Reihenfolge aufschreiben und jeweils mit z durchmultiplizieren, erhalten wir das Gleichungssystem

$$
\begin{aligned}
z\,Z_1(z) &= Z_2(z) &+ \; a_1 X(z) &- \; b_1 Y(z) \\
z\,Z_2(z) &= Z_3(z) &+ \; a_2 X(z) &- \; b_2 Y(z) \\
\vdots \qquad & \quad\; \vdots & \vdots & \quad \vdots \\
z\,Z_{n-1}(z) &= Z_n(z) &+ \; a_{n-1} X(z) &- \; b_{n-1} Y(z) \\
z\,Z_n(z) &= &a_n X(z) &- \; b_n Y(z) \\
Y(z) &= Z_1(z) &+ \; a_0 X(z). &
\end{aligned} \tag{5.55}
$$

Setzen wir nun noch die letzte Gleichung in die ersten n Gleichungen ein und gehen in den Originalbereich über, so erhalten wir unter Berücksichtigung des verschwindenden

Anfangszustands die Zustandsgleichungen

$$
\begin{aligned}
z_1(k+1) &= z_2(k) &-& b_1z_1(k) &+& (a_1 - b_1a_0)x(k) \\
z_2(k+1) &= z_3(k) &-& b_2z_1(k) &+& (a_2 - b_2a_0)x(k) \\
&\vdots & &\vdots & &\vdots \\
z_{n-1}(k+1) &= z_n(k) &-& b_{n-1}z_1(k) &+& (a_{n-1} - b_{n-1}a_0)x(k) \\
z_n(k+1) &= &-& b_nz_1(k) &+& (a_n - b_na_0)x(k) \\
y(k) &= & & z_1(k) &+& a_0x(k),
\end{aligned}
\tag{5.56}
$$

aus denen wir die Systemmatrizen

$$
A = \begin{pmatrix}
-b_1 & 1 & 0 & \ldots & 0 & 0 \\
-b_2 & 0 & 1 & \ldots & 0 & 0 \\
-b_3 & 0 & 0 & \ldots & 0 & 0 \\
\vdots & & & & & \vdots \\
-b_{n-1} & 0 & 0 & \ldots & 0 & 1 \\
-b_n & 0 & 0 & \ldots & 0 & 0
\end{pmatrix}; \quad
B = \begin{pmatrix}
a_1 - b_1a_0 \\
a_2 - b_2a_0 \\
\vdots \\
a_n - b_na_0
\end{pmatrix};
\tag{5.57}
$$

$$
C = (1 \quad 0 \quad 0\ldots0 \quad 0); \qquad\qquad D = a_0
$$

ablesen können. Das Systemmodell im Originalbereich zeigt Bild 5.6.

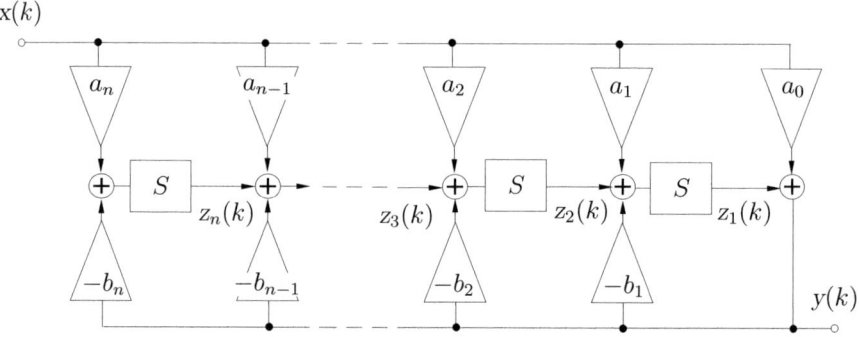

Bild 5.6: Schaltbild des linearen zeitdiskreten Systems im Originalbereich

Wir wollen nun noch zeigen, dass jeder Übertragungsfunktion G eine Differenzengleichung n-ter Ordnung zugeordnet ist, die Eingabesignal x und Ausgabesignal y miteinander verknüpft. Zur Ableitung dieser Differenzengleichung transformieren wir (5.55) unter Berücksichtigung des Anfangszustands $z(0) = 0$ in den Originalbereich zurück und erhalten

$$
\begin{aligned}
z_1(k+1) &= z_2(k) &+& a_1x(k) &-& b_1y(k) \\
z_2(k+1) &= z_3(k) &+& a_2x(k) &-& b_2y(k) \\
&\vdots & &\vdots & &\vdots \\
z_{n-1}(k+1) &= z_n(k) &+& a_{n-1}x(k) &-& b_{n-1}y(k) \\
z_n(k+1) &= & & a_nx(k) &-& b_ny(k) \\
y(k) &= z_1(k) &+& a_0x(k).
\end{aligned}
\tag{5.58}
$$

Wir eliminieren nun die Zustandsvariablen auf folgende Weise: Zunächst wird in der letzten Gleichung k durch $k+1$ ersetzt und $z_1(k+1)$ aus der ersten Gleichung eingesetzt, danach in der entstandenen Gleichung wieder k durch $k+1$ ersetzt und $z_2(k+1)$ aus der zweiten Gleichung eingesetzt usw. Damit erhalten wir

$$
\begin{aligned}
y(k+1) &= z_2(k) + a_1 x(k) - b_1 y(k) + a_0 x(k+1) \\
y(k+2) &= z_3(k) + a_2 x(k) - b_2 y(k) + a_1 x(k+1) - b_1 y(k+1) + a_0 x(k+2) \\
y(k+3) &= z_4(k) + a_3 x(k) - b_3 y(k) + a_2 x(k+1) - b_2 y(k+1) \\
&\qquad + a_1 x(k+2) - b_1 y(k+2) + a_0 x(k+3)
\end{aligned}
\tag{5.59}
$$
$$
\vdots \qquad\qquad \vdots
$$

Nach dem Einsetzen der vorletzten Gleichung aus (5.58) sind alle Zustandsvariablen eliminiert und wir erhalten die gesuchte Differenzengleichung n-ter Ordnung

$$
\begin{aligned}
y(k+n) + b_1 y(k+n-1) + &\ \ldots\ + b_{n-1} y(k+1) + b_n y(k) \\
= a_0 x(k+n) + &\ \ldots\ + a_{n-2} x(k+2) + a_{n-1} x(k+1) + a_n x(k).
\end{aligned}
\tag{5.60}
$$

Unterziehen wir beide Seiten dieser Differenzengleichung der Z-Transformation, so erhalten wir

$$
z^n Y(z) + \ldots + b_{n-1} z Y(z) + b_n Y(z) = a_0 z^n X(z) + \ldots + a_{n-1} z X(z) + a_n X(z). \tag{5.61}
$$

Dabei ist zu beachten, dass die auf beiden Seiten der Gleichung bei Anwendung des Verschiebungssatzes der Z-Transformation (Linksverschiebung!) auftretenden Anfangswerte von $x(k)$ und $y(k)$, nämlich $x(0)$, $x(1)$, $x(2)$, ..., $y(0)$, $y(1)$, ... usw., nicht etwa verschwinden, sondern sich gegenseitig aufheben, wenn sich das System im Nullzustand befindet. Aus (5.61) kann man nun auch wieder die Übertragungsfunktion

$$
G(z) = \frac{Y(z)}{X(z)} = \frac{a_0 z^n + a_1 z^{n-1} + \ldots + a_{n-1} z + a_n}{z^n + b_1 z^{n-1} + \ldots + b_{n-1} z + b_n}
$$

ablesen.

5.2.2 Frequenzcharakteristiken

5.2.2.1 Stationärer und flüchtiger Vorgang

Wir wollen nun noch untersuchen, wie sich ein zeitdiskretes lineares System unter der Einwirkung einer periodischen Erregung verhält. Hierzu betrachten wir der Einfachheit halber wieder ein System mit nur einem Eingang und einem Ausgang im Nullzustand $z(0) = 0$.

Das zeitdiskrete periodische Signal wird durch Abtastung eines zeitkontinuierlichen periodischen Signals x mit den Signalwerten

$$
x(t) = \hat{X} \cos(\omega t + \varphi_x) \tag{5.62}
$$

gewonnen. Die Abtastung erfolgt in äquidistanten zeitlichen Abständen ΔT mit der Abtastfrequenz

$$
f_T = \frac{1}{\Delta T} \tag{5.63}
$$

zu den Abtastzeitpunkten

$$t_k = k\Delta T = \frac{k}{f_T} \qquad (k = 0, 1, 2, \ldots).$$

(5.64)

Damit erhalten wir die Abtastwerte

$$x(t_k) = \hat{X} \cos(\omega t_k + \varphi_x) = \hat{X} \cos\left(\frac{\omega}{f_T}k + \varphi_x\right),$$

(5.65)

die man auch in der Form

$$x(k) = \hat{X} \cos(\Omega k + \varphi_x) \qquad (k = 0, 1, 2, \ldots)$$

(5.66)

als Signalwerte eines zeitdiskreten Signals x mit der normierten Frequenz

$$\Omega = \frac{\omega}{f_T} = 2\pi \frac{f}{f_T}$$

(5.67)

notieren kann.

Es ist leicht einzusehen, dass Signalfrequenz f und Abtastfrequenz f_T in einem bestimmten Verhältnis zueinander stehen müssen, wenn die Abtastwerte $x(k)$ „repräsentativ" für das zeitkontinuierliche Signal x sein sollen, d.h. wenn gefordert wird, dass es möglich sein muss, die Signalwerte des zeitkontinuierlichen Signals (auch zwischen den Abtastzeitpunkten) aus den diskreten Abtastwerten $x(k)$ zu rekonstruieren. Die mit diesem Problemkreis zusammenhängenden Fragen sind im Rahmen der Signaltheorie eingehend untersucht worden (vgl. z.B. [23]).

Ein wichtiges Ergebnis dieser Untersuchungen, auf die wir hier nicht näher eingehen können, ist in die Fachliteratur unter der Bezeichnung *Abtasttheorem* eingegangen. Es besteht in der Forderung, dass für zeitkontinuierliche Signale mit *bandbegrenztem Spektrum* (vgl. Abschnitt 1.2.1) die Abtastfrequenz f_T mindestens das Doppelte der Signalfrequenz f betragen, d.h.

$$f_T \geq 2f$$

(5.68)

gelten muss. Daraus ergibt sich mit (5.67), dass in die normierte Frequenz in (5.66) der Bedingung

$$0 \leq \Omega \leq \pi$$

(5.69)

genügen muss.

Wir kehren nun zu der eingangs gegebenen Aufgabenstellung zurück und notieren das zeitdiskrete Eingabesignal x nach (5.66) in der Form

$$x(k) = \frac{1}{2}\hat{X}\left(e^{j\Omega k + j\varphi_x} + e^{-j\Omega k - j\varphi_x}\right) \qquad (k = 0, 1, 2, \ldots).$$

(5.70)

Zur Abkürzung führen wir noch die komplexen Amplituden

$$\underline{X} = \hat{X}e^{j\varphi_x} \qquad \text{und} \qquad \overline{\underline{X}} = \hat{X}e^{-j\varphi_x}$$

(5.71)

ein, dann folgt aus (5.70)

$$x(k) = \frac{1}{2} \left(\underline{X} e^{j\Omega k} + \overline{\underline{X}} e^{-j\Omega k} \right) \qquad (k = 0, 1, 2, \ldots). \tag{5.72}$$

Im Bildbereich der Z-Transformation lautet die letzte Gleichung

$$X(z) = \frac{1}{2} \left(\frac{\underline{X} z}{z - e^{j\Omega}} + \frac{\overline{\underline{X}} z}{z - e^{-j\Omega}} \right). \tag{5.73}$$

Am Ausgang des Systems erhalten wir nun mit $Y(z) = G(z)X(z)$ den Ausdruck

$$Y(z) = \frac{1}{2} \left(\frac{\underline{X} z}{z - e^{j\Omega}} + \frac{\overline{\underline{X}} z}{z - e^{-j\Omega}} \right) G(z), \tag{5.74}$$

der nun wieder in den Zeitbereich zu übertragen ist.

Zur Rücktransformation in den Originalbereich mit Hilfe von (4.47) werden die Residuen an den Polstellen von $G(z)$ und an den singulären Stellen $z_0 = e^{j\Omega}$ bzw. $\overline{z}_0 = e^{-j\Omega}$ getrennt aufgeschrieben, dann erhält man die Darstellung

$$y(k) = y_{fl}(k) + y_{st}(k). \tag{5.75}$$

Hierbei bedeuten

$$y_{fl}(k) = \frac{1}{2} \sum_{\text{Pole von } G(z)} \text{Res} \left(\frac{\underline{X}}{z - z_0} + \frac{\overline{\underline{X}}}{z - \overline{z}_0} \right) z^k G(z) \tag{5.76}$$

und

$$y_{st}(k) = \frac{1}{2} \sum_{z=z_0, z=\overline{z}_0} \text{Res} \left(\frac{\underline{X}}{z - z_0} + \frac{\overline{\underline{X}}}{z - \overline{z}_0} \right) z^k G(z). \tag{5.77}$$

Liegen nun alle Pole von $G(z)$ im Innern des Einheitskreises $|z| = 1$ (was bei einem stabilen System stets der Fall ist, wie wir noch sehen werden, vgl. Abschnitt 5.2.3), so enthält die Residuensumme (5.76) nur solche Summanden, die Faktoren der Art z_i^k, z_i^{k-1}, z_i^{k-2}, ..., z_i^{k-n} (z_i Polstellen von $G(z)$, $i = 1, 2, \ldots, n$) enthalten, so dass wegen $|z_i| < 1$ für $k \to \infty$ gilt

$$\lim_{k \to \infty} y_{fl}(k) = 0. \tag{5.78}$$

Der Summand $y_{fl}(k)$ in (5.75) stellt also einen *flüchtigen Vorgang* dar, der nach hinreichend langer Zeit verschwindet.

Die Residuensumme (5.77) ergibt hingegen einen *stationären Vorgang*, und zwar

$$\begin{aligned} y_{st}(k) &= \frac{1}{2} \left(\underline{X} z_0^k G(z_0) + \overline{\underline{X}} \overline{z}_0^k G(\overline{z}_0^k) \right) \\ &= \frac{1}{2} 2 \operatorname{Re} \left(\underline{X} G(z_0) z_0^k \right) \\ &= \operatorname{Re} \left(\underline{X} G(e^{j\Omega}) e^{j\Omega k} \right) \\ &= \hat{X} |G(e^{j\Omega})| \cos \left(\Omega k + \varphi_x + \arg G(e^{j\Omega}) \right). \end{aligned} \tag{5.79}$$

Das stationäre Ausgabesignal y_{st} ist also ebenfalls ein periodisches zeitdiskretes Signal mit der gleichen Frequenz Ω wie das Eingabesignal x, lediglich Amplitude und Phase sind verändert. Setzen wir für das stationäre Ausgabesignal für $k = 0, 1, 2, \ldots$

$$y(k) = \hat{Y} \cos(\Omega k + \varphi_y), \tag{5.80}$$

so liest man aus (5.79) unmittelbar ab, dass das Ausgabesignal die Amplitude

$$\hat{Y} = |G(e^{j\Omega})|\hat{X} \tag{5.81}$$

und die Phase

$$\varphi_y = \arg G(e^{j\Omega}) + \varphi_x \tag{5.82}$$

hat. Die durch das System hervorgerufene Amplituden- und Phasenänderung wird also maßgeblich durch den Wert von $G(e^{j\Omega})$, genauer gesagt, durch den Betrag $|G(e^{j\Omega})|$ und das Argument $\arg G(e^{j\Omega})$ bestimmt.

5.2.2.2   Ortskurve, Dämpfung und Phase

Aus den im vorangegangenen Abschnitt hergeleiteten Beziehungen ergeben sich ähnlich wie bei den zeitkontinuierlichen Systemen die folgenden Definitionen:

a) Durch die Werte $G(e^{j\Omega})$ der Übertragungsfunktion G wird der *Frequenzgang* des Systems gebildet. Die Darstellung von $G(e^{j\Omega})$ in der komplexen z-Ebene in Abhängigkeit von Ω ist die *Ortskurve* des Frequenzganges.

b) Das Verhältnis

$$\frac{\hat{Y}}{\hat{X}} = |G(e^{j\Omega})| = A(\Omega) \tag{5.83}$$

heißt *Amplitudenfrequenzgang* des Systems. Dieser Ausdruck kann häufig zweckmäßig nach der Formel

$$A(\Omega) = \left. \sqrt{G(z)G(z^{-1})} \right|_{z=e^{j\Omega}} \tag{5.84}$$

berechnet werden.

c) Die Differenz

$$\varphi_x - \varphi_y = -\arg G(e^{j\Omega}) = b(\Omega) \tag{5.85}$$

heißt *Phasenmaß* oder kurz *Phase* des Systems.

d) Anstelle von (5.83) wird in der Praxis auch häufig das *Dämpfungsmaß*

$$a(\Omega) = -\ln A(\Omega) \tag{5.86}$$

angegeben.

Beispiel 5.3 Für ein lineares System mit der Übertragungsfunktion G:

$$G(z) = \frac{z + 1,5}{z^2 - z + 0,5} = \frac{z + 1,5}{(z - 0,5(1 + \mathrm{j}))(z - 0,5(1 - \mathrm{j}))}$$

erhält man den in Bild 5.7 dargestellten Pol-Nullstellen-Plan. Die Ortskurve des Frequenzganges

$$G(\mathrm{e}^{\mathrm{j}\Omega}) = \frac{\mathrm{e}^{\mathrm{j}\Omega} + 1,5}{\mathrm{e}^{2\mathrm{j}\Omega} - \mathrm{e}^{\mathrm{j}\Omega} + 0,5}$$

ist in Bild 5.8 aufgezeichnet.

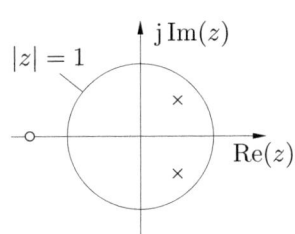

Bild 5.7: PN-Plan (Beispiel 5.3)

Bild 5.8: Frequenzgang (Beispiel 5.3)

Für den Amplitudenfrequenzgang erhält man mit (5.84)

$$
\begin{aligned}
A(\Omega) &= \left. \sqrt{G(z)G(z^{-1})} \right|_{z=\mathrm{e}^{\mathrm{j}\Omega}} = \left. \sqrt{\frac{z + 1,5}{z^2 - z + 0,5} \cdot \frac{z^{-1} + 1,5}{z^{-2} - z^{-1} + 0,5}} \right|_{z=\mathrm{e}^{\mathrm{j}\Omega}} \\
&= \left. \sqrt{\frac{3,25 + 1,5(z + z^{-1})}{2,25 - 1,5(z + z^{-1}) + 0,5(z^2 + z^{-2})}} \right|_{z=\mathrm{e}^{\mathrm{j}\Omega}} \\
&= \sqrt{\frac{3,25 + 3\cos\Omega}{2,25 - 3\cos\Omega + \cos 2\Omega}}.
\end{aligned}
$$

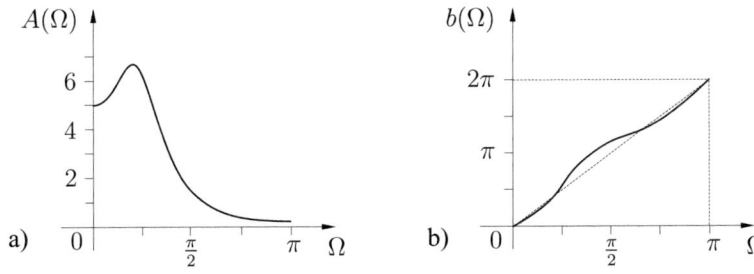

Bild 5.9: Beispiel 5.3: a) Amplitudenfrequenzgang; b) Phasenmaß

Aus der Darstellung von $A(\Omega)$ in Bild 5.9a ist ersichtlich, dass es sich um ein System mit Tiefpasscharakter handelt. In Bild 5.9b ist schließlich noch das Phasenmaß $b(\Omega) = -\arg G(\mathrm{e}^{\mathrm{j}\Omega})$ aufgezeichnet.

5.2.2.3 Allpass und Mindestphasensystem

Zwei spezielle Systemklassen sollen noch besonders hervorgehoben werden: Der Allpass und das Mindestphasensystem. Hierfür gelten in Analogie zu den Ausführungen in Abschnitt 3.2.2.4 die folgenden Definitionen:

Definition 5.1 Ein System, dessen Frequenzgang für alle $\Omega \in \mathbb{R}$ der Bedingung

$$|G_A(e^{j\Omega})| = 1 \tag{5.87}$$

(oder allgemeiner $|G_A(e^{j\Omega})| = $ konst.) genügt, heißt *Allpass*.

Es lässt sich zeigen, dass die Übertragungsfunktion G nach (5.49) in diesem Fall die allgemeine Form

$$G_A(z) = a_0 \frac{(z - z_1^{-1})(z - z_2^{-1}) \ldots (z - z_N^{-1})}{(z - \overline{z}_1)(z - \overline{z}_2) \ldots (z - \overline{z}_N)} \tag{5.88}$$

hat, d.h. Pole und Nullstellen liegen spiegelbildlich zum Einheitskreis $|z| = 1$ der z-Ebene, und zwar so, dass jedem Pol innerhalb des Einheitskreises eine Nullstelle außerhalb des Einheitskreises zugeordnet ist. Die Pole und Nullstellen können auch mehrfach sein. Bild 5.10a zeigt als Beispiel den Pol-Nullstellen-Plan eines Allpasses 5. Ordnung.

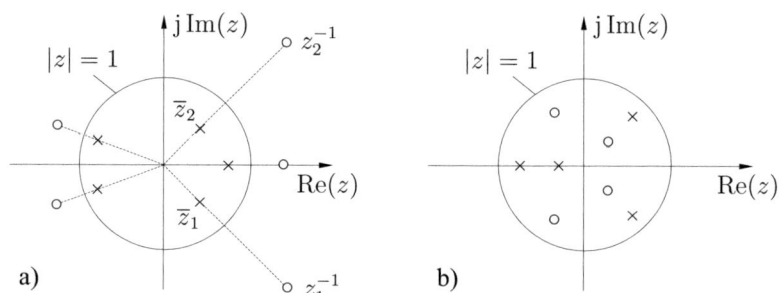

Bild 5.10: Beispiele für Pol-Nullstellen-Pläne: a) Allpass; b) Mindestphasensystem

Definition 5.2 Liegen alle Nullstellen z_ν' der Übertragungsfunktion nach (5.49) eines (stabilen) zeitdiskreten Systems im Innern oder auf dem Rande des Einheitskreises der z-Ebene, gilt also

$$|z_\nu'| \leq 1, \tag{5.89}$$

so heißt das System *Mindestphasensystem*.

Ein solches System weist unter allen Systemen mit gleichem Amplitudenfrequenzgang (gleicher Dämpfung) die kleinste Phasenänderung auf, wenn die Frequenz Ω von $-\pi$ nach $+\pi$ verändert wird. Wir bezeichnen die Übertragungsfunktion eines Mindestphasensystems mit G_M. Bild 5.10b zeigt als Beispiel den Pol-Nullstellen-Plan eines Mindestphasensystems 4. Ordnung.

Allpässe und Mindestphasensysteme haben insofern besondere Bedeutung, als die Übertragungsfunktion G eines beliebigen Systems in ein Produkt zweier Übertragungsfunktionen zerlegt werden kann, von denen die eine Übertragungsfunktion eines Allpasses und die zweite Übertragungsfunktion eines Mindestphasensystems ist. Es gilt also allgemein

$$G(z) = G_A(z) \, G_M(z). \tag{5.90}$$

Damit ist jedes lineare System durch eine rückwirkungsfreie Kettenschaltung eines Allpasses und eines Mindestphasensystems darstellbar (vgl. auch (3.117) und Bild 3.26).

Beispiel 5.4 Gegeben ist die Übertragungsfuntion G eines zeitdiskreten Systems mit

$$
\begin{aligned}
G(z) &= \frac{(z-0,2)(z-1,5)(z^2-2z+2)}{z^3(z+0,5)} \\
&= \frac{(z-0,2)(z-1,5)(z-(1+\mathrm{j}))(z-(1-\mathrm{j}))}{z^3(z+0,5)}.
\end{aligned}
$$

Dieses System ist weder ein Mindestphasensystem noch ein Allpass, wie man durch Aufzeichnen des PN-Planes sofort feststellen könnte.

Erweitert man nun $G(z)$ im Zähler und Nenner mit dem Faktor

$$\left(z-\frac{1}{1,5}\right)\left(z-\frac{1}{1-\mathrm{j}}\right)\left(z-\frac{1}{1+\mathrm{j}}\right) = \left(z-\frac{2}{3}\right)\left(z^2-z+\frac{1}{2}\right),$$

so erhält man den Ausdruck

$$G(z) = \frac{(z-0,2)(z-1,5)(z^2-2z+2)(z-\frac{2}{3})(z^2-z+\frac{1}{2})}{z^3(z+0,5)(z-\frac{2}{3})(z^2-z+\frac{1}{2})},$$

der sich in $G(z) = G_A(z)G_M(z)$ mit

$$G_A(z) = \frac{(z-1,5)(z^2-2z+2)}{(z-\frac{2}{3})(z^2-z+\frac{1}{2})}$$

und

$$G_M(z) = \frac{(z-0,2)(z-\frac{2}{3})(z^2-z+\frac{1}{2})}{z^3(z+0,5)}$$

zerlegen lässt. Hierbei ist offensichtlich G_A die Übertragungsfunktion eines Allpasses und G_M die eines Mindestphasensystems, wovon man sich durch Aufzeichnen des PN-Planes leicht überzeugen kann.

5.2.2.4 Linearphasige Systeme

Zeitdiskrete Systeme sind im Allgemeinen *rekursive Systeme*, d.h. zur Berechnung des Ausgabesignalwertes $y(k)$ im Zeitpunkt k werden im Allgemeinen außer den Eingabesignalwerten $x(k)$, $x(k-1)$, $x(k-2)$, ... noch die Ausgabesignalwerte zu den k vorausgehenden

Zeitpunkten $k-1$, $k-2$, ... benötigt. Das ergibt sich sofort aus der Differenzengleichung (5.60), wenn man diese nach $y(k+n)$ auflöst und formal k durch $k-n$ ersetzt:

$$
\begin{aligned}
y(k) \;=\; & a_0 x(k) + a_1 x(k-1) + \ldots + a_{n-1} x(k-n+1) + a_n x(k-n) \\
& - b_1 y(k-1) - \ldots - b_{n-1} y(k-n+1) - b_n y(k-n).
\end{aligned}
\tag{5.91}
$$

Das Blockschaltbild des rekursiven Systems wurde bereits in Bild 5.6 aufgezeichnet (Abschnitt 5.2.1.3).

Ein Sonderfall liegt vor, wenn in der Differenzengleichung (5.60) bzw. (5.91) alle Koeffizienten b_i $(i = 1, 2, \ldots, n)$ verschwinden. Man spricht in diesem Fall von einem *nichtrekursiven System*, da

$$
y(k) = a_0 x(k) + a_1 x(k-1) + \ldots + a_{n-1} x(k-n+1) + a_n x(k-n)
\tag{5.92}
$$

nur von den Eingabesignalwerten $x(k)$, $x(k-1)$, ..., $x(k-n)$ abhängig ist. In der (kanonischen) Realisierung Bild 5.6 verschwinden bei einem nichtrekursiven System also alle Rückkopplungen, so dass eine Schaltung der in Bild 5.11 dargestellten Art entsteht.

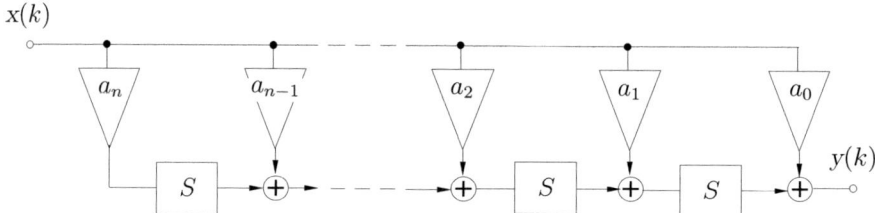

Bild 5.11: Nichtrekursives System

Wir wollen nun die Übertragungsfunktion G des in Bild 5.11 dargestellten Systems (mit $z(0) = 0$) bestimmen. Hierzu schreiben wir (5.92) in der Form

$$
y(k) = \sum_{i=0}^{n} a_i x(k-i)
$$

und erhalten im Bildbereich der Z-Transformation (Verschiebungssatz)

$$
Y(z) = \sum_{i=0}^{n} a_i z^{-i} X(z).
$$

Daraus folgt unmittelbar

$$
G(z) = \frac{Y(z)}{X(z)} = \sum_{i=0}^{n} a_i z^{-i}
$$

oder in anderer Schreibweise

$$
G(z) = \frac{a_0 z^n + a_1 z^{n-1} + \ldots + a_{n-1} z + a_n}{z^n}.
\tag{5.93}
$$

Der Pol-Nullstellen-Plan eines nichtrekursiven Systems ist also dadurch gekennzeichnet, dass er einen n-fachen Pol an der Stelle $z = 0$ (und sonst keine weiteren Pole) enthält.

Einen Sonderfall eines nichtrekursiven Systems wollen wir noch besonders hervorheben. Gemeint sind solche nichtrekursiven Systeme, die durch eine lineare Abhängigkeit des Phasenmaßes $b(\Omega)$ von der Frequenz ausgezeichnet sind. Für den praktischen Filterentwurf haben zeitdiskrete Systeme mit linearer Phase insofern besondere Bedeutung, als diese Systeme eine konstante *Gruppenlaufzeit*

$$T_g(\Omega) = \frac{\mathrm{d}}{\mathrm{d}\Omega} b(\Omega) \tag{5.94}$$

haben. *Linearphasige Systeme* sind spezielle nichtrekursive Systeme, bei denen die Nullstellen der Übertragungsfunktion G spiegelbildlich zum Einheitskreis der z-Ebene angeordnet sind oder auf dem Einheitskreis selbst liegen.

Beispiel 5.5 Für das linearphasige System mit der durch

$$\begin{aligned}
G(z) &= \frac{1}{z^4}(z-1)^2(z-2)(z-\frac{1}{2}) \\
&= z^{-2}(z^2 - 4,5z + 7 - 4,5z^{-1} + z^{-2})
\end{aligned}$$

gegebenen Übertragungsfunktion erhält man den Frequenzgang

$$\begin{aligned}
G(\mathrm{e}^{\mathrm{j}\Omega}) &= \mathrm{e}^{-2\mathrm{j}\Omega}\left(\mathrm{e}^{2\mathrm{j}\Omega} - 4,5\mathrm{e}^{\mathrm{j}\Omega} + 7 - 4,5\mathrm{e}^{-\mathrm{j}\Omega} + \mathrm{e}^{-2\mathrm{j}\Omega}\right) \\
&= \mathrm{e}^{-2\mathrm{j}\Omega}(7 - 9\cos\Omega + 2\cos 2\Omega).
\end{aligned}$$

Daraus ergibt sich der Amplitudenfrequenzgang

$$A(\Omega) = |G(\mathrm{e}^{\mathrm{j}\Omega})| = 7 - 9\cos\Omega + 2\cos 2\Omega$$

und die Phase

$$b(\Omega) = -\arg G(\mathrm{e}^{\mathrm{j}\Omega}) = -(-2\Omega) = 2\Omega.$$

5.2.3 Stabilität

Für die praktischen Anwendungen ist die Untersuchung der Stabilität eines gegebenen Systems von besonderer Bedeutung. Da in vielen Fällen lediglich das Übertragungsverhalten des Systems interessiert, kann man die Definition der Stabilität in solchen Fällen auf das Verhalten von Eingabe- und Ausgabesignal zurückführen.

Der Einfachheit halber betrachten wir wieder ein System mit nur einem Eingang und einem Ausgang, das sich im Nullzustand $z(0) = 0$ befindet. Hier gilt die folgende

Definition 5.3 Ein zeitdiskretes System heißt stabil, wenn ein beschränktes zeitdiskretes Eingabesignal x ein beschränktes zeitdiskretes Ausgabesignal y zur Folge hat, in Zeichen

$$|x(k)| < K_1 \quad \Rightarrow \quad |y(k)| < K_2 \qquad (k = 0, 1, 2, \ldots), \tag{5.95}$$

worin K_1 und K_2 endliche positive reelle Zahlen bezeichnen.

Beachtet man nun noch, dass wegen (5.44)

$$y(k) = \sum_{i=0}^{k} g(k-i)x(i) = \sum_{i=0}^{k} g(i)x(k-i)$$

gilt und daraus mit (5.95)

$$|y(k)| < K_1 \sum_{i=0}^{k} |g(i)| \qquad (k = 0, 1, 2, \ldots)$$

folgt, so ist

$$\sum_{i=0}^{\infty} |g(i)| < K < \infty \tag{5.96}$$

offensichtlich für die Stabilität des Systems im Sinne von (5.95) hinreichend und – wie sich zeigen lässt – auch notwendig.

Geht man nun von der Gewichtsfolge g zur Übertragungsfunktion G des Systems über, so zeigt sich folgendes: Berechnet man $g(k)$ durch inverse Z-Transformation von $G(z)$, so gilt nach (4.47) und (5.48)

$$\begin{aligned}
g(k) \quad - \quad Z^{-1}\big(G(z)\big) &= \sum_{z=z_\nu} \operatorname{Res}\big(G(z)\,z^{k-1}\big) \\
&= \sum_{z=z_\nu} \operatorname{Res}\left(\frac{a_0 z^n + a_1 z^{n-1} + \ldots + a_{n-1}z + a_n}{z^n + b_1 z^{n-1} + \ldots + b_{n-1}z + b_n}\, z^{k-1}\right).
\end{aligned}$$

Die Berechnung der Residuen an den singulären Stellen z_ν der Übertragungsfunktion liefert Summanden, welche Faktoren der Art z_ν^k, z_ν^{k-1}, $\ldots$, z_ν^{k-n} enthalten. Die Reihensumme (5.96) kann also nur dann beschränkt bleiben, wenn für alle singulären Stellen z_ν der Übertragungsfunktion

$$|z_\nu| < 1 \tag{5.97}$$

gilt, d.h. wenn alle Pole von $G(z)$ im Innern des Einheitskreises $|z| = 1$ der komplexen z-Ebene liegen. Die PN-Pläne Bild 5.10 zeigen Beispiele für die Lage der Pole und Nullstellen der Übertragungsfunktion eines stabilen Systems. Die Gewichtsfolge (Impulsantwort) des Systems strebt in diesem Fall für $k \to \infty$ gegen Null:

$$\lim_{k\to\infty} g(k) = 0. \tag{5.98}$$

Liegt dagegen wenigstens ein Pol von $G(z)$ außerhalb des Einheitskreises ($|z_\nu| > 1$), so kann $g(k)$ für $k \to \infty$ und damit auch (5.96) nicht beschränkt bleiben. Das System ist also in diesem Fall instabil.

Es sei noch bemerkt, dass einfache auf dem Einheitskreis $|z| = 1$ gelegene Pole zu einer Impulsantwort führen, die beschränkt bleibt. In diesem Fall kann (5.95) nur eingehalten werden, wenn das Eingabesignal beschränkt und zeitbegrenzt ist (d.h. von einem gewissen $k = k_0$ an $x(k) = 0$ gilt). Man spricht in diesem Fall von einem bedingt stabilen System. Mehrfache auf $|z| = 1$ gelegene Pole von $G(z)$ führen jedoch wieder auf ein instabiles System.

Beispiel 5.6 Für das zeitdiskrete System Bild 5.4 (Abschnitt 5.1.2.4) wurde

$$G(z) = \frac{3z^2 + 19,9z - 7,1}{z^2 - 0,7z + 0,1}$$

errechnet. Das System ist stabil, da die beiden Polstellen $z_1 = 0,2$ und $z_2 = 0,5$ innerhalb des Einheitskreises liegen. Vergrößert man aber z.B. den Verstärkungsfaktor des Verstärkers im Bild unten links von $V = 0,2$ auf $V' = 2$, so erhält man anstelle von $G(z)$

$$G'(z) = \frac{3z^2 + 14,5z - 26}{z^2 - 2,5z + 1}$$

mit den Polstellen $z_1' = 2$ und $z_2' = 0,5$. Das System ist nun wegen $|z_1'| > 1$ instabil.

Bei der Untersuchung der Stabilität zeitkontinuierlicher Systeme wurden im Abschnitt 3.2.3 einige Stabilitätskriterien angegeben. Mit Hilfe dieser Kriterien ist es möglich, zu entscheiden, ob ein gegebenes Polynom $\varphi(s)$ nur Nullstellen mit negativem Realteil hat (d.h. ein Hurwitz-Polynom ist) oder nicht.

Auf zeitdiskrete Systeme können diese Kriterien nicht ohne weiteres angewendet werden, da hier die Frage zu entscheiden ist, ob ein gegebenes Polynom $\varphi(z)$ nur Nullstellen im Innern des Einheitskreises hat oder nicht. Mit Hilfe der konformen Abbildung

$$z = \frac{1+s}{1-s} \tag{5.99}$$

gelingt es jedoch, das Innere des Einheitskreises der z-Ebene auf die offene linke s-Halbebene abzubilden, so dass damit alle im Abschnitt 3.2.3 für zeitkontinuierliche Systeme genannten Stabilitätskriterien auch auf zeitdiskrete Systeme ausgedehnt werden können (vgl. Übungsaufgabe 5.2-8).

5.2.4 Aufgaben zum Abschnitt 5.2

5.2-1 Ein lineares zeitdiskretes System im Nullzustand soll auf die Eingabe x:

$$x(k) = 3\left(1 + (-1)^k\right) \qquad (k = 0, 1, 2, \ldots)$$

mit der Ausgabe y:

$$y(k) = 8\left((-1)^k - (0,5)^{k+2}\right) \qquad (k = 0, 1, 2, \ldots)$$

reagieren.

 a) Wie lautet die Übertragungsfunktion?

 b) Wie lautet die Differenzengleichung?

 c) Geben Sie eine Realisierung des Systems an!

 d) Lesen Sie aus der Realisierung die Zustandsgleichungen ab und zeigen Sie, dass das System wirklich die in a) erhaltene Übertragungsfunktion hat!

5.2-2 Ein zeitdiskretes Glättungsfilter soll im Zeitpunkt k am Ausgang den Mittelwert aus dem aktuellen und den beiden vorhergegangenen Signalwerten bilden.

a) Wie lautet die Differenzengleichung?

b) Bestimmen Sie die Übertragungsfunktion!

c) Geben Sie eine Realisierung des Filters an!

5.2-3 Gegeben ist die in Bild 5.1-1 (Abschnitt 5.1.3) dargestellte Schaltung eines linearen zeitdiskreten Systems im Nullzustand ($z_1(0) = 0$, $z_2(0) = 0$).

a) Bestimmen Sie die Übertragungsfunktion aus der Differenzengleichung!

b) Berechnen und skizzieren Sie die Ortskurve des Frequenzganges $G(e^{j\Omega})$!

c) Bestimmen Sie den Amplitudenfrequenzgang! (Skizze!)

d) Bestimmen Sie das Phasenmaß! (Skizze!)

e) Geben Sie das Ausgabesignal an, welches man nach hinreichend langer Zeit ($k \to \infty$) am Ausgang erhält, falls am Eingang

$$x(k) = 5 \cos\left(\frac{\pi}{6} k - \frac{\pi}{4}\right) \qquad (k = 0, 1, 2, \ldots)$$

eingegeben wird (Stationärer Vorgang)!

5.2-4 Gegeben sind die folgenden Übertragungsfunktionen G linearer zeitdiskreter Systeme:

a) $\quad G(z) = \dfrac{z^2 + 1}{z^2 + z + 0,5}$ \qquad\qquad b) $\quad G(z) = \dfrac{z^2 + 1}{z^2 - z + 0,5}$

c) $\quad G(z) = \dfrac{z^2 + z + 0,25}{z^2}$ \qquad\qquad d) $\quad G(z) = \dfrac{z^2 + 1}{z^2}.$

Zeichnen Sie die Pol-Nullstellen-Pläne von $G(z)$ und stellen Sie durch Berechnung der Amplitudenfrequenzgänge

$$A(\Omega) = \left|G(e^{j\Omega})\right|$$

fest, welche Frequenzcharakteristiken die Systeme haben (Tiefpass, Hochpass, Bandpass, Bandsperre)!

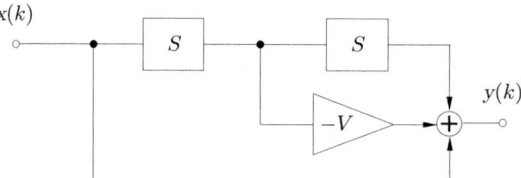

Bild 5.2-5: Lineares System

5.2-5 Gegeben ist das in Bild 5.2-5 dargestellte lineare zeitdiskrete System im Nullzustand (Digitalfilter).

a) Bestimmen Sie die Übertragungsfunktion!

b) Berechnen Sie $A(\Omega)$ und $b(\Omega)$ (Skizze für $V = 1$ und $V = 2$)!

c) Wie groß muss die Verstärkung V gewählt werden, damit das Filter ein zeitdiskretes sinusförmiges Signal mit der Frequenz $f = 50$ Hz ideal sperrt (Netzfilter)? Die Taktfrequenz sei $f_T = 400$ Hz.

d) Wie groß ist die Dämpfung des Filters gemäß c) für ein zeitdiskretes Signal mit $f = 60$ Hz (USA-Netz)?

5.2-6 Gegeben ist die Übertragungsfunktion G:

$$G(z) = \frac{z^2 - 1}{2z^2}$$

eines zeitdiskreten linearen Systems. Handelt es sich um ein linearphasiges System?

5.2-7 Gesucht ist die Schaltung eines Bandpasses, der ein zeitdiskretes sinusförmiges Eingabesignal mit einer Frequenz $f = 8$ kHz ungedämpft hindurchlässt und bei den Frequenzen 0 kHz und 16 kHz ideal sperrt. Die Taktfrequenz beträgt $f_T = 32$ kHz.

a) Zeigen Sie, dass ein System mit der Übertragungsfunktion G:

$$G(z) = \frac{z^2 - 1}{8z^2 + 10}$$

hinsichtlich seines Amplitudenfrequenzganges diese Forderungen erfüllt!

b) Weshalb ist das System trotzdem ungeeignet?

c) Wie könnte man das System „brauchbar" machen, ohne den Amplitudenfrequenzgang zu verändern?

d) Geben Sie eine geeignete Schaltung an!

5.2-8 Untersuchen Sie, ob ein lineares zeitdiskretes System mit der Übertragungsfunktion G:

$$G(z) = \frac{1}{15z^4 + 6z^3 + 8z^2 + 2z + 1}$$

stabil ist!

Kapitel 6

Lösungen zu den Übungsaufgaben

6.1 Lösungen der Aufgaben zum Abschnitt 1.1

1.1-1 a) Für alle t gilt

$$\big(\alpha(x_1 * x_2)\big)(t) \;=\; \alpha \int_{-\infty}^{\infty} x_1(\tau)x_2(t-\tau)\,\mathrm{d}\tau = \int_{-\infty}^{\infty} \alpha x_1(\tau)x_2(t-\tau)\,\mathrm{d}\tau$$
$$=\; \big((\alpha x_1) * x_2)\big)(t).$$

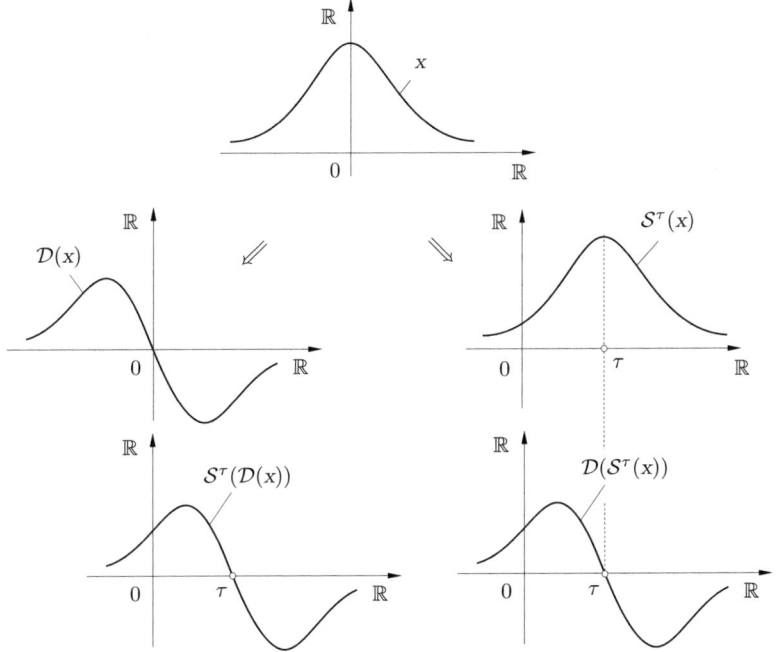

Bild 1.1-1*: Zur Vertauschbarkeit der Signaloperationen $\mathcal{S}^\tau$ und $\mathcal{D}$

b) Einerseits gilt mit x : $x(t) = A\mathrm{e}^{-at^2}$

$$\mathcal{D}(x): \qquad \dot{x}(t) = -2at A\mathrm{e}^{-at^2}$$
$$\mathcal{S}^\tau(\mathcal{D}(x)): \qquad \dot{x}(t-\tau) = -2a(t-\tau)A\mathrm{e}^{-a(t-\tau)^2}.$$

Andererseits erhalten wir

$$\mathcal{S}^\tau(x): \qquad x(t-\tau) = Ae^{-a(t-\tau)^2}$$
$$\mathcal{D}(\mathcal{S}^\tau(x)): \qquad \dot{x}(t-\tau) = -2a(t-\tau)Ae^{-a(t-\tau)^2}.$$

Die grafische Veranschaulichung wird in Bild 1.1-1* gezeigt.

1.1-2 a) Bei einmaliger Faltung erhalten wir

$$(\mathbf{1} * \mathbf{1})(t) = \int_{-\infty}^\infty \mathbf{1}(\tau)\mathbf{1}(t-\tau)\,\mathrm{d}\tau = \int_0^t \mathrm{d}\tau = t\,\mathbf{1}(t), \quad \text{d.h. } \mathbf{1} * \mathbf{1} = t\,\mathbf{1}.$$

b) Bei zweimaliger Faltung ergibt sich

$$(\mathbf{1} * \mathbf{1} * \mathbf{1})(t) = (\mathbf{1} * (\mathbf{1} * \mathbf{1}))(t) = \int_0^t \tau\mathrm{d}\tau = \frac{1}{2}t^2\mathbf{1}(t), \quad \text{d.h. } \mathbf{1} * \mathbf{1} * \mathbf{1} = \frac{1}{2}t^2\,\mathbf{1}.$$

c) Bei n-maliger Faltung ist schließlich

$$(\mathbf{1} * \mathbf{1} * \ldots * \mathbf{1})(t) = \frac{1}{n!}t^n\mathbf{1}(t), \quad \text{d.h. } \mathbf{1} * \mathbf{1} * \ldots * \mathbf{1} = \frac{1}{n!}t^n\,\mathbf{1}.$$

1.1-3 Zunächst bestimmen wir $x_3(t)$ und erhalten

$$
\begin{aligned}
x_3(t) &= (x_1 * x_2)(t) = \int_{-\infty}^\infty \tau^2\mathbf{1}(\tau)(t-\tau)^3\mathbf{1}(t-\tau)\,\mathrm{d}\tau \\
&= \left\{ \begin{array}{ll} \int_0^t \tau^2(t-\tau)^3\,\mathrm{d}\tau = \frac{1}{60}t^6 & (t \geq 0) \\ 0 & (t < 0) \end{array} \right\} = \frac{1}{60}t^6\mathbf{1}(t).
\end{aligned}
$$

Mit der angegebenen Regel erhalten wir einerseits

$$\big(\mathcal{D}(x_1 * x_2)\big)(t) = \frac{1}{10}t^5\mathbf{1}(t),$$

andererseits gilt mit $\big(\mathcal{D}(x_1)\big)(t) = 2t\,\mathbf{1}(t)$

$$\big(\mathcal{D}(x_1) * x_2\big)(t) = \int_{-\infty}^\infty 2\tau\mathbf{1}(\tau)(t-\tau)^3\mathbf{1}(t-\tau)\,\mathrm{d}\tau = \frac{1}{10}t^5\mathbf{1}(t).$$

Damit ist die Regel für das Beispiel bestätigt.

1.1-4 Für das Treppensignal x_T ergibt sich die Darstellung

$$x_T = \sum_{i=1}^3 a_i \mathcal{S}^{\tau_i}(\mathbf{1}) = -a\,\mathcal{S}^{-\tau}(\mathbf{1}) + 2a\,\mathbf{1} - a\,\mathcal{S}^\tau(\mathbf{1})$$

mit den Signalwerten

$$x_T(t) = a\big(-\mathbf{1}(t+\tau) + 2\cdot\mathbf{1}(t) - \mathbf{1}(t-\tau)\big).$$

1.1-5 Für das Polygonsignal x_P ergibt sich nach Bild 1.1-5* mit $\tan\alpha_1 = \tan\alpha_3 = \tan\beta_3 = \frac{a}{\tau}$, $\tan\alpha_2 = \tan\beta_2 = \tan\beta_4 = -\frac{a}{\tau}$, $\tan\alpha_4 = \tan\beta_1 = 0$ sowie $\tau_1 = 0$, $\tau_2 = \tau$, $\tau_3 = 3\tau$, $\tau_4 = 4\tau$ die Darstellung

$$
\begin{aligned}
x_P &= \sum_{i=1}^4 (\tan\alpha_i + \tan\beta_i)\mathcal{S}^{\tau_i}(\mathbf{1}^{-1}) \\
&= \frac{a}{\tau}\big(\mathbf{1}^{-1} - 2\mathcal{S}^\tau(\mathbf{1}^{-1}) + 2\mathcal{S}^{3\tau}(\mathbf{1}^{-1}) - \mathcal{S}^{4\tau}(\mathbf{1}^{-1})\big)
\end{aligned}
$$

mit den Signalwerten

$$x_P(t) = \frac{a}{\tau}\big(t\,\mathbf{1}(t) - 2(t-\tau)\mathbf{1}(t-\tau) + 2(t-3\tau)\mathbf{1}(t-3\tau) - (t-4\tau)\mathbf{1}(t-4\tau)\big).$$

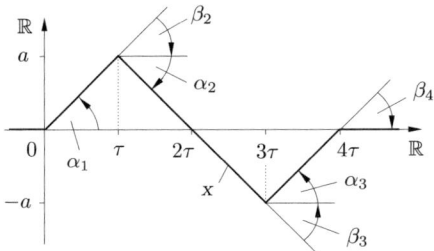

Bild 1.1-5*: Polygonsignal

1.1-6 a) Wir bilden zunächst $x_C * \delta_\varepsilon$ und erhalten

$$(x_C * \delta_\varepsilon)(t) = \int_{t-\varepsilon}^{t+\varepsilon} x_C(\tau) \frac{1}{2\varepsilon} \, \mathrm{d}\tau.$$

Beim Grenzübergang $\varepsilon \to 0$ erhalten wir wegen der Stetigkeit von x_C

$$\begin{aligned}
(x_C * \delta)(t) &= \lim_{\varepsilon \to 0} \frac{1}{2\varepsilon} \int_{t-\varepsilon}^{t+\varepsilon} x_C(\tau) \, \mathrm{d}\tau = \lim_{\varepsilon \to 0} \frac{x_C(t)}{2\varepsilon} \int_{t-\varepsilon}^{t+\varepsilon} \, \mathrm{d}\tau \\
&= \lim_{\varepsilon \to 0} \frac{x_C(t)}{2\varepsilon}(t + \varepsilon - (t - \varepsilon)) = x_C(t).
\end{aligned}$$

b) In diesem Fall erhalten wir

$$(x_C * \mathbf{1})(t) = \int_{-\infty}^{\infty} x_C(\tau) \mathbf{1}(t - \tau) \, \mathrm{d}\tau = \int_{-\infty}^{t} x_C(\tau) \, \mathrm{d}\tau = \big(\mathcal{D}^{-1}(x_C)\big)(t).$$

1.1-7 a) Die Zerlegung ist in Bild 1.1-7* dargestellt.

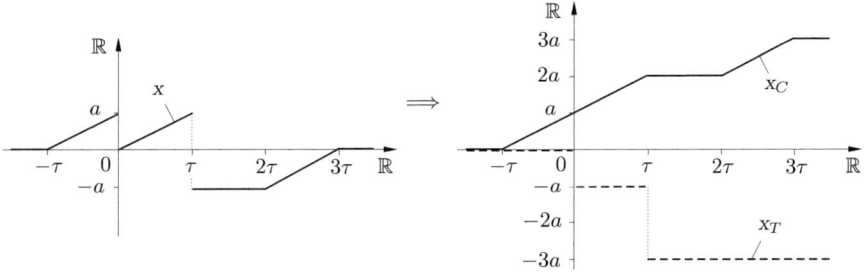

Bild 1.1-7*: Zerlegung eines Polygonsignals

b) Aus Bild 1.1-7* folgt

$$x_C = \frac{a}{\tau} \left(\mathcal{S}^{-\tau}(\mathbf{1}^{-1}) - \mathcal{S}^{\tau}(\mathbf{1}^{-1}) + \mathcal{S}^{2\tau}(\mathbf{1}^{-1}) - \mathcal{S}^{3\tau}(\mathbf{1}^{-1}) \right);$$

$$x_T = -a(\mathbf{1} + 2\mathcal{S}^{\tau}(\mathbf{1})); \qquad x = x_C + x_T.$$

6.2 Lösungen der Aufgaben zum Abschnitt 1.2

1.2-1 a) Bild 1.2-1*a zeigt die Lösung.

b) Mit

$$c_k = \frac{1}{T_0} \int_{-T_0/2}^{T_0/2} x(t) e^{-jk\omega_T t} dt = \frac{a}{T_0} \int_0^{T_0/4} e^{-jk\omega_T t} dt$$

$$= \frac{ja}{2\pi k} \left(e^{-jk\pi/2} - 1 \right) \qquad \left(\omega_T = \frac{2\pi}{T_0} \right)$$

erhält man

$$x(t) = \sum_{k=-\infty}^{\infty} c_k e^{-jk\omega_T t} = \sum_{k=-\infty}^{\infty} \frac{ja}{2\pi k} \left(e^{-jk\pi/2} - 1 \right) e^{j2k\pi t/T_0}.$$

c) Die Koeffizienten lauten $c_0 = \frac{a}{4}$,

$$c_1 = \frac{a}{2\pi}(1 - j); \quad c_2 = -\frac{ja}{2\pi}; \quad c_3 = \frac{a}{2\pi} \frac{-1-j}{3}; \quad c_4 = 0;$$

$$c_{-1} = \frac{a}{2\pi}(1 + j); \quad c_{-2} = \frac{ja}{2\pi}; \quad c_{-3} = \frac{a}{2\pi} \frac{-1+j}{3}; \quad c_{-4} = 0.$$

Die grafische Darstellung wird in Bild 1.2-1*b gezeigt.

Für den Betrag gilt

$$|c_k| = \frac{|a|}{2\pi |k|} \sqrt{\left(\cos k\frac{\pi}{2} - 1 \right)^2 + \sin^2 k\frac{\pi}{2}} = \frac{|a|}{\pi |k|} \left| \sin k\frac{\pi}{4} \right|.$$

Die grafische Darstellung wird in Bild 1.2-1*c gezeigt.

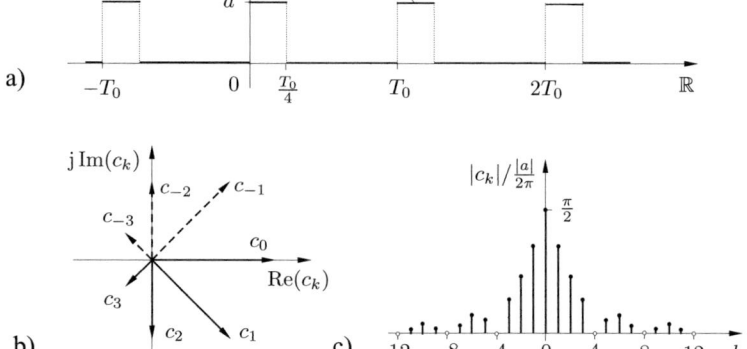

Bild 1.2-1*: a) Periodisches Signal; b) Komplexes Spektrum; c) Amplitudenspektrum

1.2-2 a) Das Fourier-Integral ergibt

$$X(\omega) = \int_0^\tau a \left(1 - \frac{t}{\tau} \right) e^{-j\omega t} dt = \frac{a((1 - \cos \omega\tau) + j(\sin \omega\tau - \omega\tau))}{\omega^2 \tau}.$$

b) Für das Amplitudenspektrum und Phasenspektrum erhalten wir

$$|X(\omega)| = \frac{a}{\omega^2 \tau} \sqrt{(1 - \cos \omega\tau)^2 + (\sin \omega\tau - \omega\tau)^2},$$

$$\arg X(\omega) = \arctan \frac{\sin \omega\tau - \omega\tau}{1 - \cos \omega\tau}.$$

Diskussion:

$\omega\tau$	0	$\frac{\pi}{4}$	$\frac{\pi}{2}$	π	$\frac{3\pi}{2}$	2π
$|X(\omega)|/a\tau$	0,5	0,49	0,47	0,38	0,26	0,16
$\arg X(\omega)$	0	$-15,0^o$	$-29,7^o$	$-57,5^o$	$-80,1^o$	-90°

Für $\omega\tau \gg 1$ gilt

$$\frac{|X(\omega)|}{a\tau} \approx \frac{1}{\omega\tau} \qquad \text{bzw.} \qquad \arg X(\omega) \approx \arctan \frac{-\omega\tau}{1 - \cos\omega\tau}.$$

Die qualitative grafische Darstellung wird in Bild 1.2-2* gezeigt.

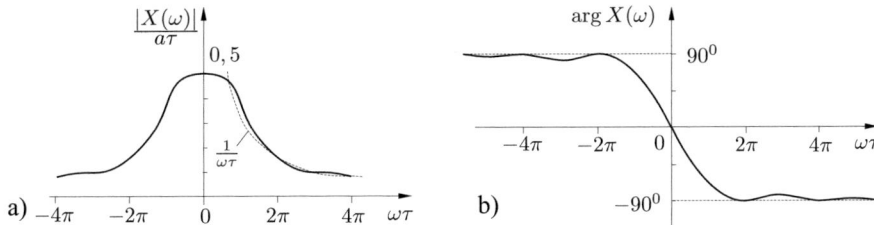

Bild 1.2-2*: Spektrum des Signals x: a) Amplitudenspektrum; b) Phasenspektrum

1.2-3 Das Signal x kann nach der in Bild 1.2-3*a dargestellten Weise zerlegt werden, so dass $x = x_1 + x_2$ gilt. Das Spektrum von x_2 ist aus der Lösung von Aufgabe 1.2-2 bekannt. Für das Spektrum von x_1 ergibt sich wegen $x_1(t) = x_2(-t)$

$$X_1(\omega) = \int_{-\tau}^{0} x_2(-t)\mathrm{e}^{-\mathrm{j}\omega t}\,\mathrm{d}t = \int_{0}^{\tau} x_2(t)\mathrm{e}^{\mathrm{j}\omega t}\,\mathrm{d}t = \overline{X_2(\omega)}.$$

Damit ist

$$X(\omega) = X_1(\omega) + X_2(\omega) = 2\,\mathrm{Re}(X_2(\omega)) = \frac{2a}{\omega^2\tau}(1 - \cos\omega\tau).$$

Da das Spektrum für alle ω reell ist, gilt $\arg X(\omega) = 0$. Die grafische Darstellung von $X(\omega)$ wird in Bild 1.2-3*b gezeigt.

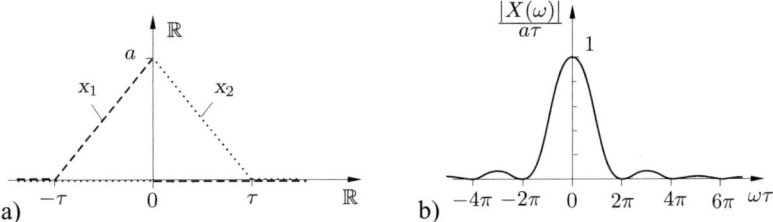

Bild 1.2-3*: a) Zerlegung des Signals x; b) Amplitudenspektrum

1.2-4 a) Das Fourier-Integral ergibt

$$X(\omega) = \int_{-\tau}^{\tau} a\mathrm{e}^{-\mathrm{j}\omega t}\,\mathrm{d}t = \frac{2a}{\omega}\sin\omega\tau.$$

b) Das Fourier-Umkehrintegral liefert

$$x(t) = \frac{1}{2\pi} \int_{-\Omega}^{\Omega} b \mathrm{e}^{\mathrm{j}\omega t}\, \mathrm{d}\omega = \frac{1}{2\pi}\, \frac{2b}{t} \sin \Omega t.$$

Diskussion: Das Signal x und die Fourier-Transformierte X können in gewisser Weise miteinander vertauscht werden: Gehört zu $x(t)$ das Fourier-Integral $X(\omega)$, so gehört zu $X(t)$ (d.h. die Funktion X wird als Zeitfunktion aufgefasst) das Fourier-Integral $2\pi x(-\omega)$ (Bild 1.2-4*).

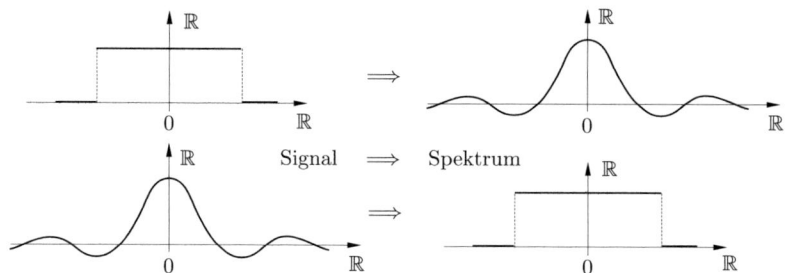

Bild 1.2-4*: Zur Vertauschbarkeit von Signal und Spektrum

1.2-5 a) Mit Hilfe des Fourier-Integrals erhalten wir

$$F\big(x(at)\big) = \int_{-\infty}^{\infty} x(at)\mathrm{e}^{-\mathrm{j}\omega t}\, \mathrm{d}t = \int_{-\infty}^{\infty} x(\tau)\mathrm{e}^{-\mathrm{j}\omega\tau/a}\, \frac{\mathrm{d}\tau}{a} = \frac{1}{a}\, X\left(\frac{\omega}{a}\right).$$

b) Für das gegebene Signal x erhalten wir

$$F\big(\mathrm{e}^{-a|t|}\big) = \int_{-\infty}^{0} \mathrm{e}^{at}\mathrm{e}^{-\mathrm{j}\omega t}\, \mathrm{d}t + \int_{0}^{\infty} \mathrm{e}^{-at}\mathrm{e}^{-\mathrm{j}\omega t}\, \mathrm{d}t = \frac{1}{a - \mathrm{j}\omega} + \frac{1}{a + \mathrm{j}\omega} = \frac{2a}{\omega^2 + a^2}.$$

$a \ll 1$: Signal mit „langer Dauer" $\Rightarrow$ „schmales" Spektrum.

$a \gg 1$: Signal mit „kurzer Dauer" $\Rightarrow$ „breites" Spektrum.

In der Nachrichtenübertragung bedeutet das, dass ein Signal entweder „langsam" mit geringer Bandbreite oder „schnell" mit großer Bandbreite übertragen wird (vgl. auch Bild 1.2-5*).

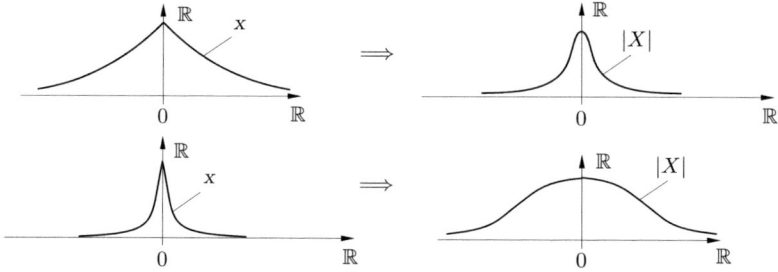

Bild 1.2-5*: Zur Reziprozität von Übertragungszeit und Bandbreite

1.2-6 Zunächst lautet das Fourier-Umkehrintegral

$$x(t) = \frac{1}{2\pi} \int_{-\infty}^{\infty} X(\omega)\mathrm{e}^{\mathrm{j}\omega t}\, \mathrm{d}\omega = \frac{1}{2\pi \mathrm{j}} \int_{-\mathrm{j}\infty}^{\mathrm{j}\infty} \frac{a\omega_0}{\omega_0^2 - s^2}\mathrm{e}^{st}\, \mathrm{d}s.$$

Bei Integration über die in Bild 1.2-6* dargestellten Wege ergibt sich für $t > 0$

$$x(t) = \operatorname*{Res}_{s=-\omega_0} \frac{-a\omega_0 e^{st}}{(s+\omega_0)(s-\omega_0)} = \frac{a}{2} e^{-\omega_0 t}$$

und für $t < 0$

$$x(t) = \operatorname*{Res}_{s=\omega_0} \frac{a\omega_0 e^{st}}{(s+\omega_0)(s-\omega_0)} = \frac{a}{2} e^{\omega_0 t},$$

da die Integrale über die Kreisbögen mit $R \to \infty$ verschwinden. Damit ist

$$x(t) = \frac{a}{2} e^{-\omega_0 |t|}.$$

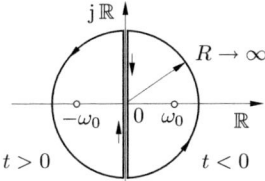

$t > 0$ \qquad\qquad $t < 0$ \qquad\qquad **Bild 1.2-6*:** Integrationswege für $t > 0$ und $t < 0$

1.2-7 Wir erhalten

$$
\begin{aligned}
\int_{-\infty}^{\infty} |x(t)|^2 \, dt &= \int_{-\infty}^{\infty} x(t) \left(\frac{1}{2\pi} \int_{-\infty}^{\infty} X(\omega) e^{j\omega t} \, d\omega \right) dt \\
&= \int_{-\infty}^{\infty} \frac{1}{2\pi} X(\omega) \left(\int_{-\infty}^{\infty} x(t) e^{j\omega t} \, dt \right) d\omega \\
&= \frac{1}{2\pi} \int_{-\infty}^{\infty} X(\omega) \overline{X(\omega)} \, d\omega = \frac{1}{2\pi} \int_{-\infty}^{\infty} |X(\omega)|^2 \, d\omega.
\end{aligned}
$$

1.2-8 a) Das Laplace-Integral ergibt

$$X(s) = \int_0^{\infty} x(t) e^{-st} \, dt = \int_{\tau}^{\infty} a e^{-st} \, dt = \frac{a}{s} e^{-s\tau}, \qquad (\operatorname{Re}(s) > 0).$$

b) Hier lautet das Laplace-Integral

$$
\begin{aligned}
X(s) &= \int_{\tau}^{\infty} \tan\alpha (t-\tau) \mathbf{1}(t-\tau) e^{-st} \, dt = e^{-s\tau} \tan\alpha \int_0^{\infty} t' e^{-st'} \, dt' \\
&= e^{-s\tau} \frac{\tan\alpha}{s^2}, \qquad (\operatorname{Re}(s) > 0).
\end{aligned}
$$

c) In diesem Fall liefert das Laplace-Integral

$$
\begin{aligned}
X(s) &= \int_0^{\infty} e^{\sigma_0 t} \cos\omega_0 t \, e^{-st} \, dt = \int_0^{\infty} e^{\sigma_0 t} \frac{1}{2} \left(e^{j\omega_0 t} + e^{-j\omega_0 t} \right) e^{-st} \, dt \\
&= \frac{1}{2} \left(\frac{1}{s - s_0} + \frac{1}{s - \overline{s}_0} \right), \qquad (\operatorname{Re}(s) > \sigma_0).
\end{aligned}
$$

In der letzten Gleichung gilt $s_0 = \sigma_0 + j\omega_0$, $\overline{s}_0 = \sigma_0 - j\omega_0$.

d) Für dieses Signal ergibt sich

$$X(s) = \int_0^{\infty} \sinh at \, e^{-st} \, dt = \int_0^{\infty} \frac{1}{2} \left(e^{at} - e^{-at} \right) e^{-st} \, dt = \frac{a}{s^2 - a^2}, \qquad (\operatorname{Re}(s) > |\operatorname{Re}(a)|).$$

1.2-9 Das Signal wird nach Bild 1.2-9* zerlegt:

$$x = x_T + x_C; \qquad x_T = a\,\mathbf{1} + a\,\mathcal{S}^\tau(\mathbf{1}); \qquad x_C = \tan\alpha_1\,\mathbf{1}^{-1} + \tan\alpha_2\,\mathcal{S}^\tau(\mathbf{1}^{-1}).$$

Mit der Lösung von Aufgabe 1.2-8a) und b) erhält man

$$X(s) = \frac{a}{s} + \frac{a}{s}\,\mathrm{e}^{-s\tau} - \frac{2a}{\tau}\frac{1}{s^2} + \frac{2a}{\tau}\frac{1}{s^2}\,\mathrm{e}^{-s\tau}.$$

Im vorliegenden Beispiel gilt

$$X(\omega) = X(s)|_{s=\mathrm{j}\omega} = \frac{a}{\mathrm{j}\omega} + \frac{a}{\mathrm{j}\omega}\,\mathrm{e}^{-\mathrm{j}\omega\tau} + \frac{2a}{\omega^2\tau} - \frac{2a}{\omega^2\tau}\,\mathrm{e}^{-\mathrm{j}\omega\tau}.$$

Allgemein gilt $X(\omega) = X(s)|_{s=\mathrm{j}\omega}$ falls $x(t) = 0$ für $t < 0$ und $x \in \mathsf{L}_1 \cap \mathsf{C}_T^1$.

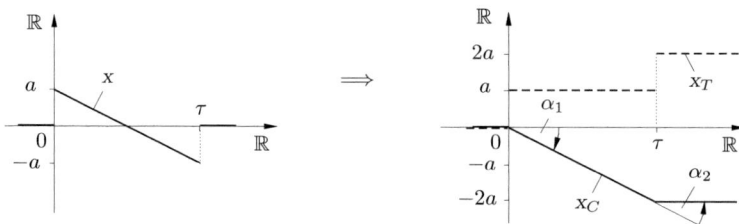

Bild 1.2-9*: Zerlegung des Signals x in x_T und x_C

1.2-10 Mit den in Bild 1.2-10* angegebenen Winkelbezeichnungen ist

$$x = \tan\alpha_1\mathbf{1}^{-1} + \tan\alpha_2\mathcal{S}^\tau(\mathbf{1}^{-1}) + \tan\alpha_3\mathcal{S}^{2\tau}(\mathbf{1}^{-1}) + \tan\alpha_4\mathcal{S}^{3\tau}(\mathbf{1}^{-1}).$$

Damit folgt

$$X(s) = \frac{a}{\tau s^2}\left(-1 + \mathrm{e}^{-s\tau} + 2\mathrm{e}^{-2s\tau} - 2\mathrm{e}^{-3s\tau}\right).$$

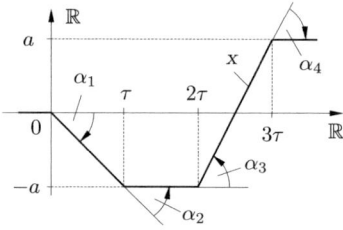

Bild 1.2-10*: Signal x

1.2-11 a) Wir bilden das Laplace-Integral und erhalten

$$\begin{aligned}
L\big(x(t-\tau)\big) &= \int_\tau^\infty x(t-\tau)\mathrm{e}^{-st}\,\mathrm{d}t = \int_0^\infty x(t')\mathrm{e}^{-st'}\mathrm{e}^{-s\tau}\,\mathrm{d}t' \\
&= \mathrm{e}^{-s\tau}\int_0^\infty x(t')\mathrm{e}^{-st'}\,\mathrm{d}t' = \mathrm{e}^{-s\tau}L\big(x(t)\big).
\end{aligned}$$

b) Das Laplace-Integral ergibt

$$
\begin{aligned}
L\left(\int_0^t x(\tau)\,\mathrm{d}\tau\right) &= L\big(y(t)\big) = \int_0^\infty y(t)\mathrm{e}^{-st}\,\mathrm{d}t \\
&= y(t)\frac{\mathrm{e}^{-st}}{-s}\Big|_0^\infty + \frac{1}{s}\int_0^\infty \dot{y}(t)\mathrm{e}^{-st}\,\mathrm{d}t = \frac{1}{s}\int_0^\infty x(t)\mathrm{e}^{-st}\,\mathrm{d}t = \frac{1}{s}L\big(x(t)\big).
\end{aligned}
$$

Wegen $x, y \in \mathsf{X}_\gamma$ ist $y(0) = 0$ und $y(t) < K\mathrm{e}^{\gamma t}$; folglich gilt

$$
\lim_{t\to\infty} y(t)\frac{\mathrm{e}^{-st}}{-s} = 0 \qquad \text{für } \mathrm{Re}(s) > \gamma.
$$

c) Mit $\int_0^t \dot{x}(\tau)\,\mathrm{d}\tau = x(t) - x(+0)$ folgt aus b)

$$
L\left(\int_0^t \dot{x}(\tau)\,\mathrm{d}\tau\right) = \frac{1}{s}L\big(\dot{x}(t)\big) = L\big(x(t) - x(+0)\big) = L\big(x(t)\big) - \frac{x(+0)}{s}.
$$

Somit gilt

$$
L\big(\dot{x}(t)\big) = s\,L\big(x(t)\big) - x(+0).
$$

1.2-12 a) Mit Hilfe des Ähnlichkeitssatzes

$$
L\big(x(at)\big) = \frac{1}{a}\,X\left(\frac{s}{a}\right)
$$

folgt

$$
L\big(x_0(t)\big) = L\big(\cos^2\omega_0 t\,\mathbf{1}(t)\big) = \frac{1}{s}\,\frac{s^2 + 2\omega_0^2}{s^2 + 4\omega_0^2}.
$$

b) Bei Anwendung des Verschiebungssatzes auf das Ergebnis von a) folgt

$$
L\big(x_0(t - t_0)\big) = L\big(\cos^2\omega_0(t - t_0)\,\mathbf{1}(t - t_0)\big) = \mathrm{e}^{-st_0}\,\frac{s^2 + 2\omega_0^2}{s(s^2 + 4\omega_0^2)}.
$$

c) Nach Anwendung der Differenziationsregel auf die Lösung von a) folgt

$$
L\big(\dot{x}_0(t)\big) = L\left(\left(\frac{\mathrm{d}}{\mathrm{d}t}\cos^2\omega_0 t\right)\mathbf{1}(t)\right) = -\frac{2\omega_0^2}{s^2 + 4\omega_0^2}.
$$

1.2-13 Wir bestimmen zunächst die Nullstellen des Nennerpolynoms und erhalten

$$
X(s) = \frac{s - 4}{s^3 + s^2 - 6s} = \frac{s - 4}{s(s - 2)(s + 3)}.
$$

Lösungsvariante I: Partialbruchzerlegung

$$
X(s) = \frac{2}{3}\cdot\frac{1}{s} - \frac{1}{5}\cdot\frac{1}{s - 2} - \frac{7}{15}\cdot\frac{1}{s + 3}
$$

$$
x(t) = \frac{2}{3} - \frac{1}{5}\,\mathrm{e}^{2t} - \frac{7}{15}\,\mathrm{e}^{-3t} \qquad (t > 0) \quad \text{(mit Hilfe der Korrespondenzen-Tabelle).}
$$

Lösungsvariante II: Residuenmethode

$$
\begin{aligned}
x(t) &= \sum \mathrm{Res}(X(s)\mathrm{e}^{st}) \\
&= \frac{(s - 4)\mathrm{e}^{st}}{(s - 2)(s + 3)}\bigg|_{s=0} + \frac{(s - 4)\mathrm{e}^{st}}{s(s + 3)}\bigg|_{s=2} + \frac{(s - 4)\mathrm{e}^{st}}{s(s - 2)}\bigg|_{s=-3} \\
&= \frac{2}{3} - \frac{1}{5}\,\mathrm{e}^{2t} - \frac{7}{15}\,\mathrm{e}^{-3t} \qquad (t > 0).
\end{aligned}
$$

1.2-14 a) Die gliedweise Rücktransformation liefert

$$x(t) = \frac{a}{\tau} t \, \mathbf{1}(t) - \frac{a}{\tau}(t - \tau)\mathbf{1}(t - \tau) - a \, \mathbf{1}(t - 2\tau) = x_1(t) + x_2(t) + x_3(t).$$

Das zusammengesetzte Signal x ist in Bild 1.2-14*a dargestellt.

b) Der Verschiebungsfaktor $e^{-s\tau}$ wird zunächst fortgelassen und später durch eine Zeitverschiebung berücksichtigt. Wir erhalten

$$X_1(s) = \frac{s}{s^2 + 4} = \frac{s}{(s + 2j)(s - 2j)} = \frac{1/2}{s + 2j} + \frac{1/2}{s - 2j}$$

$$x_1(t) = \left(\frac{1}{2}\,e^{-2jt} + \frac{1}{2}\,e^{2jt}\right)\mathbf{1}(t) = \cos 2t \, \mathbf{1}(t).$$

Daraus folgt $x(t) = \cos 2(t - \tau)\mathbf{1}(t - \tau)$. Die Skizze wird in Bild 1.2-14*b gezeigt.

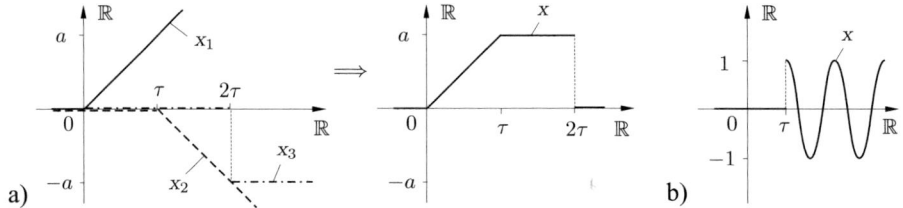

a)   b)

Bild 1.2-14*: a) Zusammensetzung des Signals x; b) Zeitverschobenes cos-Signal

1.2-15 Die Residuenformel liefert

$$
\begin{aligned}
x(t) &= \operatorname*{Res}_{s=-1}\left(\frac{s^2}{(s + 1)^3}\,e^{st}\right) = \frac{1}{2}\,\frac{\mathrm{d}}{\mathrm{d}s}\,s^2 e^{st}\Big|_{s=-1} \\
&= \frac{1}{2}e^{-t}(t^2 - 4t + 2), \qquad (t > 0).
\end{aligned}
$$

1.2-16 a) Wir erhalten

$$X(s) = \frac{s}{s^2 - 16} = \frac{Z(s)}{N(s)} \qquad \text{Pole: } s_1 = 4, \ s_2 = -4$$

$$x(t) = \sum_{i=1}^{2} \frac{Z(s_i)}{N'(s_i)}\,e^{s_i t} = \frac{1}{2}\,e^{4t} + \frac{1}{2}\,e^{-4t} = \cosh 4t \qquad (t > 0).$$

b) Die Umformung ergibt

$$X(s) = \frac{a \sinh s\frac{\tau}{4}}{s \cosh s\frac{\tau}{4}} = \frac{a}{s}\,\frac{1 - e^{-s\tau/2}}{1 + e^{-s\tau/2}}\,.$$

Mit der Reihenentwicklung

$$\frac{1 - z}{1 + z} = 1 - 2z + 2z^2 - 2z^3 \pm \ldots$$

folgt

$$X(s) = \frac{a}{s}\left(1 - 2e^{-s\tau/2} + 2e^{-s\tau} - 2e^{-3s\tau/2} \pm \ldots\right).$$

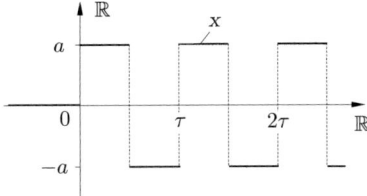

Bild 1.2-16*: Periodisches Rechtecksignal x

Gliedweise Rücktransformation ergibt

$$x(t) = a\left(\mathbf{1}(t) - 2\,\mathbf{1}(t - \frac{\tau}{2}) + 2\,\mathbf{1}(t - \tau) - 2\,\mathbf{1}(t - \frac{3\tau}{2}) \pm \ldots\right).$$

Bild 1.2-16* zeigt eine Darstellung von $x(t)$.

1.2-17 Die Produktzerlegung ergibt

$$X(s) = \frac{1}{s^2}\,\frac{1}{s\sqrt{s}} = X_1(s)\,X_2(s).$$

Damit folgt

$$L^{-1}\big(X_1(s)\big) = t\,\mathbf{1}(t); \qquad L^{-1}\big(X_2(s)\big) = 2\sqrt{\frac{t}{\pi}}\,\mathbf{1}(t);$$

$$
\begin{aligned}
x(t) &= (x_1 * x_2)(t) = \int_0^t x_1(t - \tau)x_2(\tau)\,\mathrm{d}\tau \\
&= \int_0^t (t - \tau)2\sqrt{\frac{\tau}{\pi}}\,\mathrm{d}\tau = \frac{8}{15}\,t^2\sqrt{\frac{t}{\pi}}\,\mathbf{1}(t).
\end{aligned}
$$

1.2-18 Die Laplace-Transformation der Differenzialgleichung ergibt

$$s\,X(s) - x(+0) + 3X(s) = \frac{1}{s - 2} - \frac{2}{s}$$

mit der Lösung

$$X(s) = -\frac{s - 4}{s(s - 2)(s + 3)}.$$

Die inverse Laplace-Transformation liefert, wie in der Lösung zu Aufgabe 1.2-13 beschrieben,

$$x(t) = -\frac{2}{3} + \frac{1}{5}\,\mathrm{e}^{2t} + \frac{7}{15}\,\mathrm{e}^{-3t} \qquad (t > 0).$$

1.2-19 Das Differenzialgleichungssystem wird der Laplace-Transformation unterworfen:

$$D\frac{1}{s} + \Theta(s\,\Omega(s) - \omega(+0)) = K\,I(s)$$

$$R\,I(s) + L(s\,I(s) - i(+0)) + K\Omega(s) = U(s).$$

Mit $U(s) = U_0/s$ ergibt sich nach Eliminieren von $I(s)$ der Ausdruck

$$\Omega(s) = \frac{KU_0 - D(R + sL)}{\Theta L s(s - s_1)(s - s_2)}$$

mit

$$s_{1,2} = -\frac{R}{2L} \pm \sqrt{\left(\frac{R}{2L}\right)^2 - \frac{K^2}{\Theta L}}.$$

Daraus folgt für $t > 0$

$$\omega(t) = \frac{1}{\Theta L}\left(\frac{KU_0 - DR}{s_1 s_2} + \frac{KU_0 - D(R + s_1 L)}{s_1(s_1 - s_2)}\,\mathrm{e}^{s_1 t} + \frac{KU_0 - D(R + s_2 L)}{s_2(s_2 - s_1)}\,\mathrm{e}^{s_2 t}\right).$$

6.3   Lösungen der Aufgaben zum Abschnitt 1.3

1.3-1   a) Die Folge lautet

$$(x_i(t)) = (\alpha \sin \omega_0 t,\ \alpha \sin 2\omega_0 t,\ \alpha \sin 3\omega_0 t,\ \ldots).$$

Für den Abstand zweier Signale x_i und x_j erhält man

$$\|x_i - x_j\|_C = \sup |\alpha \sin i\omega_0 t - \alpha \sin j\omega_0 t| = 2|\alpha|$$

für beliebige $m, n \in \mathbb{Z}$ und $i, j \in \mathbb{N}$, die die Gleichung $j(2n + 1) = i(2m - 1)$ erfüllen. Es gilt also nicht $\|x_i - x_j\|_C < \varepsilon$ für beliebige $i, j > N(\varepsilon)$, d.h. die Folge ist keine Fundamentalfolge.

b) Die Folge lautet

$$(x_i(t)) = \left((\alpha + \beta)\cos \omega_0 t,\ (\alpha + \frac{\beta}{2})\cos \omega_0 t,\ (\alpha + \frac{\beta}{3})\cos \omega_0 t,\ \ldots\right).$$

Für den Signalabstand von x_i und x_j ergibt sich

$$\|x_i - x_j\|_C = \sup \left|(\alpha + \frac{\beta}{i})\cos \omega_0 t - (\alpha + \frac{\beta}{j})\cos \omega_0 t\right| = |\beta|\left|\frac{1}{i} - \frac{1}{j}\right|.$$

Für den letzten Ausdruck gilt die Abschätzung

$$|\beta|\left|\frac{1}{i} - \frac{1}{j}\right| < \varepsilon \quad \text{für} \quad i, j > \frac{2}{\varepsilon}|\beta|.$$

Die Folge ist eine Fundamentalfolge. Sie konvergiert gegen das Signal x:

$$x(t) = \alpha \cos \omega_0 t,$$

denn es ist für $i \to \infty$

$$\|x_i - x\|_C = \sup \left|(\alpha + \frac{\beta}{i})\cos \omega_0 t - \alpha \cos \omega_0 t\right| = \frac{1}{i}|\beta| \to 0.$$

1.3-2 Die Folge

$$(x_i(t)) = \left(\mathrm{e}^{-\alpha t}\mathbf{1}(t),\ \mathrm{e}^{-\alpha t/2}\mathbf{1}(t),\ \mathrm{e}^{-\alpha t/3}\mathbf{1}(t),\ \ldots\right)$$

strebt gegen das Grenzsignal x:

$$x(t) = \mathbf{1}(t).$$

Während alle Glieder der Folge zu L_2 gehören, trifft das für das Grenzsignal nicht zu (das Sprungsignal $\mathbf{1}$ ist nicht quadratisch integrierbar); folglich ist die Folge in L_2 nicht konvergent.

1.3-3 a) Um zu zeigen, dass $\|\boldsymbol{\Phi}(x_1) - \boldsymbol{\Phi}(x_2)\|_C \leq m\|x_1 - x_2\|_C \ (0 < m < 1)$ gilt, bilden wir

$$
\begin{aligned}
\|\boldsymbol{\Phi}(x_1) - \boldsymbol{\Phi}(x_2)\|_C &= 0,1\|x_1^3 + 2x_1 + 3 - x_2^3 - 2x_2 - 3\|_C \\
&= 0,1\|(x_1^3 - x_2^3) + 2(x_1 - x_2)\|_C \\
&= 0,1\|(x_1 - x_2)(x_1^2 + x_1 x_2 + x_2^2 + 2)\|_C \\
&= 0,1\|x_1 - x_2\|_C \cdot \|x_1^2 + x_1 x_2 + x_2^2 + 2\|_C \\
&\leq 0,1\|x_1 - x_2\|_C (\|x_1^2\|_C + \|x_1 x_2\|_C + \|x_2^2\|_C + 2) \\
&\leq 0,1\|x_1 - x_2\|_C (1 + 1 + 1 + 2) \\
&= 0,5\|x_1 - x_2\|_C.
\end{aligned}
$$

Ein Kontraktionsfaktor ist also $m = 0,5$.

b) Wir beginnen z.B. mit $x_0(t) = 0$ und erhalten

$$
\begin{aligned}
x_1(t) &= (\boldsymbol{\Phi}(x_0))(t) = 0,3 \\
x_2(t) &= (\boldsymbol{\Phi}(x_1))(t) = 0,1(0,3^3 + 2 \cdot 0,3 + 3) = 0,3627 \\
x_3(t) &= (\boldsymbol{\Phi}(x_2))(t) = 0,1(0,3627^3 + 2 \cdot 0,3627 + 3) = 0,3773 \\
x_4(t) &= (\boldsymbol{\Phi}(x_3))(t) = 0,1(0,3773^3 + 2 \cdot 0,3773 + 3) = 0,3808.
\end{aligned}
$$

Nach weiteren Iterationsschritten erhält man die Lösung

$$
x(t) \approx 0,381966.
$$

1.3-4 a) Es ist zu zeigen, dass $\|\boldsymbol{\Phi}(x_1) - \boldsymbol{\Phi}(x_2)\|_C \leq m\|x_1 - x_2\|_C \ (0 < m < 1)$ gilt:

$$
\begin{aligned}
\|\boldsymbol{\Phi}(x_1) - \boldsymbol{\Phi}(x_2)\|_C &= \sup \left| 0,1 \int_0^t (x_1(\tau) - x_2(\tau))\, d\tau \right| \\
&\leq 0,1 \sup \int_0^t |x_1(\tau) - x_2(\tau)|\, d\tau \\
&\leq 0,1 \sup |x_1(\tau) - x_2(\tau)| \sup |t|.
\end{aligned}
$$

Mit $\sup |t| = 1$ entsprechend der Voraussetzung ist also

$$
\|\boldsymbol{\Phi}(x_1) - \boldsymbol{\Phi}(x_2)\|_C \leq 0,1\|x_1 - x_2\|_C.
$$

b) Wir beginnen die Iteration mit $x_0(t) = 0,1$ und erhalten

$$
\begin{aligned}
x_1(t) = (\boldsymbol{\Phi}(x_0))(t) &= 0,1 \int_0^t 0,1\, d\tau + 0,1 = 10^{-2}t + 10^{-1} \\
x_2(t) = (\boldsymbol{\Phi}(x_1))(t) &= 0,1 \int_0^t (10^{-2}\tau + 10^{-1})\, d\tau + 0,1 = 10^{-3}\frac{t^2}{2} + 10^{-2}t + 10^{-1} \\
x_3(t) = (\boldsymbol{\Phi}(x_2))(t) &= 0,1 \int_0^t \left(10^{-3}\frac{\tau^2}{2} + 10^{-2}\tau + 10^{-1} \right) d\tau + 0,1 \\
&= 10^{-4}\frac{t^3}{3!} + 10^{-3}\frac{t^2}{2} + 10^{-2}t + 10^{-1} \quad \text{usw.}
\end{aligned}
$$

$$
x_n(t) = 0,1 \left(1 + \frac{t}{10} + \left(\frac{t}{10}\right)^2 \frac{1}{2!} + \left(\frac{t}{10}\right)^3 \frac{1}{3!} + \ldots + \left(\frac{t}{10}\right)^n \frac{1}{n!} \right).
$$

Für $n \to \infty$ erhalten wir das Grenzsignal x:

$$
x(t) = 0,1\, e^{0,1t}.
$$

6.4   Lösungen der Aufgaben zum Abschnitt 2.1

2.1-1   a) Aus der Schaltung liest man ab

$$i_1 = i_2 + i_4; \qquad i_2 = \alpha_2(u_1 + u_2 + u_3)^3; \qquad i_4 = \alpha_4 u_1^3 + \beta_4 u_1;$$

$$i_1 = \alpha_2(u_1 + u_2 + u_3)^3 + \alpha_4 u_1^3 + \beta_4 u_1 = \varphi(u_1, u_2, u_3).$$

b) Die Realisierung ist in Bild 2.1-1* dargestellt.

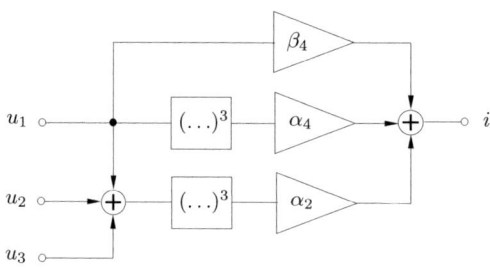

Bild 2.1-1*: Statisches System

c) Für die vier Fälle ergibt sich die folgende Tabelle:

	u_1/V	u_2/V	u_3/V	i_1/A
Fall I	1	0	0	0,4
Fall II	0	1	0	0,1
Fall III	0	0	1	0,1
Fall IV	1	1	1	3,0

Das Beispiel zeigt deutlich, dass der von den Grundlagen der Elektrotechnik her bekannte (für lineare elektrische Netzwerke gültige) Überlagerungssatz nicht gilt.

2.1-2   a) Aus der Schaltung liest man ab

$$y_1 = \varphi_1(x_1, x_2) = (x_1 + x_2)^3$$

$$y_2 = \varphi_2(x_1, x_2) = (x_1 + x_2)^3(3x_2 + (4x_2)^2)$$

$$y_3 = \varphi_3(x_1, x_2) = (4x_2)^2 = 16x_2^2$$

b) Für die Alphabetabbildung erhält man

$$\Phi(x_1, x_2) = ((x_1 + x_2)^3, \ (x_1 + x_2)^3(3x_2 + 16x_2^2), \ 16x_2^2) = (y_1, y_2, y_3)$$

$$\Phi(2, 1) = (27, 513, 16)$$

2.1-3   Mit den bereits in der Lösung von Aufgabe 2.1-2 angegebenen einfachen Alphabetabbildungen φ_1, φ_2 und φ_3 erhalten wir die Jacobi-Matrix

$$A_0(x) \;=\; \begin{pmatrix} \dfrac{\partial \varphi_1}{\partial x_1} & \dfrac{\partial \varphi_1}{\partial x_2} \\[2mm] \dfrac{\partial \varphi_2}{\partial x_1} & \dfrac{\partial \varphi_2}{\partial x_2} \\[2mm] \dfrac{\partial \varphi_3}{\partial x_1} & \dfrac{\partial \varphi_3}{\partial x_2} \end{pmatrix} = \begin{pmatrix} 3(x_1 + x_2)^2 & 3(x_1 + x_2)^2 \\[2mm] 3(x_1 + x_2)(3x_2 + 16x_2^2) & F(x_1, x_2) \\[2mm] 0 & 32x_2 \end{pmatrix}$$

wobei

$$F(x_1, x_2) = 3(x_1 + x_2)^2(3x_2 + 16x_2^2) + (3 + 32x_2)(x_1 + x_2)^3.$$

Mit $x_{10} = 2$ und $x_{20} = 1$ ist

$$A_0(x) = \begin{pmatrix} 27 & 27 \\ 513 & 1458 \\ 0 & 32 \end{pmatrix}.$$

Daraus ergibt sich

$$
\begin{aligned}
y_1(t) &= 27 + 0,27 \sin \omega_1 t + 0,27 \cos \omega_2 t \\
y_2(t) &= 513 + 5,13 \sin \omega_1 t + 14,58 \cos \omega_2 t \\
y_3(t) &= 16 + 0,32 \cos \omega_2 t.
\end{aligned}
$$

2.1-4 Das Ausgabesignal y ist periodisch. Bezeichnen wir das Signal y für $t \in \left[-\frac{T_0}{2}, \frac{T_0}{2} \right]$ mit y_0, so ergibt sich

$$
y_0(t) = \begin{cases}
0 & t \in \left[-\frac{T_0}{12}, 0 \right] \cup \left[-\frac{T_0}{2}, -\frac{5T_0}{12} \right] \\[2mm]
\frac{1}{2} + \sin \frac{2\pi}{T_0} t & t \in \left[-\frac{5T_0}{12}, -\frac{T_0}{12} \right] \\[2mm]
\sin \frac{2\pi}{T_0} t & t \in \left[0, \frac{T_0}{12} \right] \cup \left[\frac{5T_0}{12}, \frac{T_0}{2} \right] \\[2mm]
\frac{1}{2} & t \in \left[\frac{T_0}{12}, \frac{5T_0}{12} \right],
\end{cases}
$$

und wir erhalten damit

$$y = \sum_{k=-\infty}^{\infty} \mathcal{S}^{kT_0}(y_0).$$

Den Zeitverlauf von $y(t)$ zeigt Bild 2.1-4*.

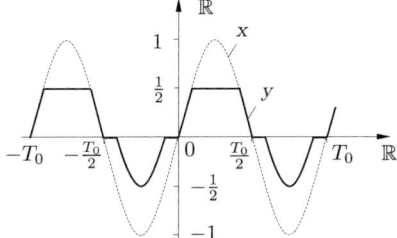

Bild 2.1-4*: Zeitverlauf des Signals y

6.5   Lösungen der Aufgaben zum Abschnitt 2.2

2.2-1 Aus der Schaltung liest man ab:

$$
\begin{aligned}
\dot{z}_1(t) &= x_1(t) \cdot 4z_1(t)(z_2(t) + x_2(t) + z_3(t))^2 \\
\dot{z}_2(t) &= z_2(t) + x_2(t) + z_3(t) \\
\dot{z}_3(t) &= z_2(t)(z_2(t) + x_2(t) + z_3(t)) \\
y_1(t) &= 4z_1(t) \\
y_2(t) &= z_2(t) \\
y_3(t) &= z_2(t) + z_2(t)(z_2(t) + x_2(t) + z_3(t)) \\
y_4(t) &= z_3(t).
\end{aligned}
$$

2.2-2 a) Aus der Schaltung ergibt sich das folgende Gleichungssystem:

$$\left.\begin{array}{l} u_1(t) + u_2(t) = u_{L_2}(t) + u_{C_2}(t) \\ u_{L_2}(t) = \dot{\Phi}_2(t); \quad u_{C_2}(t) = \beta(Q_2(t))^3 \end{array}\right\} \Rightarrow \dot{\Phi}_2(t) = u_1(t) + u_2(t) - \beta(Q_2(t))^3$$

$$i_{L_2}(t) = i_{C_2}(t) = \dot{Q}_2(t); \quad i_{L_2}(t) = \alpha\Phi_2(t) \Rightarrow \dot{Q}_2(t) = \alpha\Phi_2(t)$$

$$\left.\begin{array}{l} i_{R_3}(t) = i_{C_3}(t) = \dot{Q}_3(t); \quad i_{R_3}(t) = \delta(u_{R_3}(t))^5 \\ u_{R_3}(t) = u_1(t) - u_{C_3}(t); \quad u_{C_3}(t) = \gamma Q_3(t) \end{array}\right\} \Rightarrow \dot{Q}_3(t) = \delta(u_1(t) - \gamma Q_3(t))^5$$

$$i_1(t) = i_{C_2}(t) + i_{C_3}(t) = \dot{Q}_2(t) + \dot{Q}_3(t) \Rightarrow i_1(t) = \alpha\Phi_2(t) + \delta(u_1(t) - \gamma Q_3(t))^5$$

$$u_{L_2}(t) = \dot{\Phi}_2(t) \Rightarrow u_{L_2}(t) = u_1(t) + u_2(t) - \beta(Q_2(t))^3$$

  b) Eine Blockschaltbild-Realisierung wird in Bild 2.2-2* gezeigt. Man beachte, dass diese Schaltung wegen $g_1 = f_2 + f_3$ und $g_2 = f_1$ noch erheblich vereinfacht werden kann.

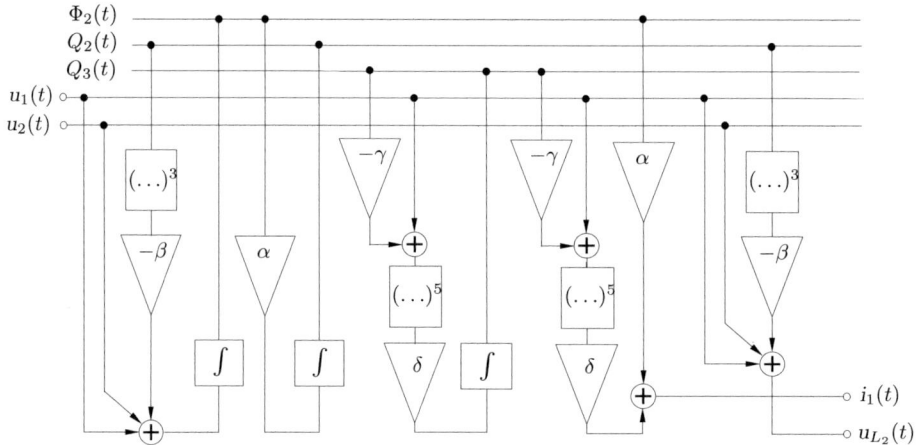

Bild 2.2-2*: Dynamisches System

2.2-3 a) Aus der Schaltung ergibt sich

$$\left.\begin{array}{l} u_E(t) = u_C(t) + u_R(t) \\ i_R(t) = i_C(t) = C\dot{u}_C(t) = \alpha(u_R(t))^3 \end{array}\right\} \Rightarrow \left\{\begin{array}{l} \dot{u}_C(t) = \dfrac{\alpha}{C}\big(u_E(t) - u_C(t)\big)^3 \\ i_R(t) = \alpha\big(u_E(t) - u_C(t)\big)^3 \end{array}\right.$$

  b) Lösung der nichtlinearen Differenzialgleichung durch Trennung der Variablen für $t > 0$ mit $u_E(t) = U_0$: Aus

$$\frac{1}{(U_0 - u_C(t))^3}\,\mathrm{d}u_C(t) = \frac{\alpha}{C}\,\mathrm{d}t$$

folgt nach Integration auf beiden Seiten mit $u_C(0) = 0$

$$u_C(t) = U_0\left(1 - \sqrt{\frac{C}{2\alpha U_0^2 t + C}}\right).$$

Daraus folgt

$$i_R(t) = i_C(t) = C\dot{u}_C(t) = \alpha\left(\frac{CU_0^2}{2\alpha U_0^2 t + C}\right)^{\frac{3}{2}} \qquad (t \geq 0).$$

2.2-4 Mit $u_E(t) = U_0\,\mathbf{1}(t)$, $u_C(0) = 0$ und $u_{C0}(t) = 0$ ergibt sich für $t > 0$:

$$u_{C1}(t) = u_C(0) + \int_0^t \frac{\alpha}{C}(U_0 - u_{C0}(\tau))^3\mathrm{d}\tau = \frac{\alpha}{C}U_0^3 t = U_0\beta t \qquad \left(\beta = \frac{\alpha}{C}U_0^2\right)$$

$$u_{C2}(t) = \int_0^t \frac{\alpha}{C}(U_0 - U_0\beta\tau)^3\mathrm{d}\tau = U_0\left(\beta t - \frac{3}{2}(\beta t)^2 + (\beta t)^3 - \frac{1}{4}(\beta t)^4\right)$$

$$u_{C3}(t) = \int_0^t \frac{\alpha}{C}\left(U_0 - U_0\left(\beta\tau - \frac{3}{2}\beta^2\tau^2 + \beta^3\tau^3 - \frac{1}{4}\beta^4\tau^4\right)\right)^3\mathrm{d}\tau$$

$$= U_0\left(\beta t - \frac{3}{2}(\beta t)^2 + \frac{5}{2}(\beta t)^3 - \frac{13}{4}(\beta t)^4 + \frac{18}{5}(\beta t)^5 - \frac{27}{8}(\beta t)^6 \pm \ldots + \frac{1}{64\cdot 13}(\beta t)^{13}\right).$$

Entwickeln wir die exakte Lösung (Aufgabe 2.2-3 b)

$$u_C(t) = U_0\left(1 - \sqrt{\frac{C}{2\alpha U_0^2 t + C}}\right) = U_0\left(1 - \frac{1}{\sqrt{1 + 2\beta t}}\right)$$

in eine Reihe

$$u_C(t) = U_0\left(\beta t - \frac{3}{2}(\beta t)^2 + \frac{5}{2}(\beta t)^3 - \frac{35}{8}(\beta t)^4 + \frac{63}{8}(\beta t)^5 \mp \ldots\right),$$

so ist ersichtlich, dass die Iterationslösung im n-ten Iterationsschritt mit der Reihe bis zum n-ten Glied übereinstimmt.

6.6   Lösungen der Aufgaben zum Abschnitt 3.1

3.1-1 a) Die Zustandsgleichungen mit Φ und Q als Zustandsvariable lauten

$$\begin{pmatrix} \dot{\Phi}(t) \\ \dot{Q}(t) \end{pmatrix} = \begin{pmatrix} -\frac{R}{L} & -\frac{1}{C} \\ \frac{1}{L} & 0 \end{pmatrix}\begin{pmatrix} \Phi(t) \\ Q(t) \end{pmatrix} + \begin{pmatrix} 1 \\ 0 \end{pmatrix}u(t)$$

$$u_L(t) = \begin{pmatrix} -\frac{R}{L} & -\frac{1}{C} \end{pmatrix}\begin{pmatrix} \Phi(t) \\ Q(t) \end{pmatrix} + (1)u(t).$$

Die Systemmatrizen lauten dabei

$$A = \begin{pmatrix} -\frac{R}{L} & -\frac{1}{C} \\ \frac{1}{L} & 0 \end{pmatrix}; \quad B = \begin{pmatrix} 1 \\ 0 \end{pmatrix}; \quad C = \begin{pmatrix} -\frac{R}{L} & -\frac{1}{C} \end{pmatrix}; \quad D = 1.$$

b) Mit den Transformationsgleichungen

$$\begin{pmatrix} \Phi(t) \\ Q(t) \end{pmatrix} = \begin{pmatrix} L & 0 \\ 0 & C \end{pmatrix}\begin{pmatrix} i_L(t) \\ u_C(t) \end{pmatrix} = T\begin{pmatrix} i_L(t) \\ u_C(t) \end{pmatrix} \qquad (T \text{ Transformationsmatrix})$$

folgt

$$\begin{pmatrix} \dot{i}_L(t) \\ \dot{u}_C(t) \end{pmatrix} = A^*\begin{pmatrix} i_L(t) \\ u_C(t) \end{pmatrix} + B^*u(t)$$

$$u_L(t) = C^*\begin{pmatrix} i_L(t) \\ u_C(t) \end{pmatrix} + Du(t).$$

Die neuen Systemmatrizen lauten nun

$$A^* = T^{-1}AT = \begin{pmatrix} -\frac{R}{L} & -\frac{1}{L} \\ \frac{1}{C} & 0 \end{pmatrix}; \quad B^* = T^{-1}B = \begin{pmatrix} \frac{1}{L} \\ 0 \end{pmatrix}; \quad C^* = CT = \begin{pmatrix} -R & -1 \end{pmatrix}.$$

c) Das Schaltbild wird in Bild 3.1-1* gezeigt.

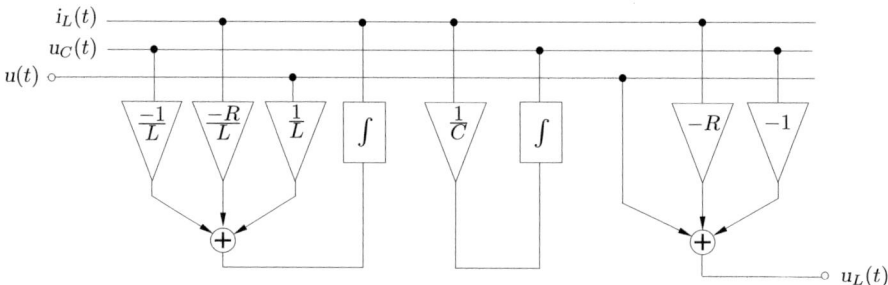

Bild 3.1-1*: Lineares dynamisches System

3.1-2 Aus den Zustandsgleichungen

$$\dot{i}_L(t) = -\frac{R}{L}i_L(t) - \frac{1}{L}u_C(t) + \frac{1}{L}u(t)$$

$$\dot{u}_C(t) = \frac{1}{C}i_L(t)$$

$$u_L(t) = -Ri_L(t) - u_C(t) + u(t)$$

erhält man

$$\ddot{u}_L(t) = -R\ddot{i}_L(t) - \ddot{u}_C(t) + \ddot{u}(t)$$

$$= -R\left(-\frac{R}{L}\dot{i}_L(t) - \frac{1}{L}\dot{u}_C(t) + \frac{1}{L}\dot{u}(t)\right) - \frac{1}{C}\dot{i}_L(t) + \ddot{u}(t)$$

$$= -R\left(-\frac{R}{L}\left(-\frac{R}{L}i_L(t) - \frac{1}{L}u_C(t) + \frac{1}{L}u(t)\right) - \frac{1}{LC}i_L(t) + \frac{1}{L}\dot{u}(t)\right)$$

$$\quad -\frac{1}{C}\left(-\frac{R}{L}i_L(t) - \frac{1}{L}u_C(t) + \frac{1}{L}u(t)\right) + \ddot{u}(t)$$

$$a_0\dot{u}_L(t) = -a_0R\left(-\frac{R}{L}i_L(t) - \frac{1}{L}u_C(t) + \frac{1}{L}u(t)\right) - a_0\frac{1}{C}i_L(t) + a_0\dot{u}(t)$$

$$a_1u_L(t) = -a_1Ri_L(t) - a_1u_C(t) + a_1u(t).$$

Nach Einsetzen dieser Ausdrücke auf der linken Seite des gegebenen Ansatzes erhält man durch Koeffizientenvergleich

$$a_0 = -\frac{R}{L}, \qquad a_1 = -\frac{1}{LC}, \qquad b_0 = 1, \qquad b_1 = 0, \qquad b_2 = 0$$

und damit die Differenzialgleichung

$$\ddot{u}_L(t) + \frac{R}{L}\dot{u}_L(t) + \frac{1}{LC}u_L(t) = \ddot{u}(t).$$

3.1-3 Maschengleichung: $u(t) = Ri(t) + L\dot{i}(t) + K\dot{\alpha}(t)$
Momentengleichung: $Ki(t) = \Theta\ddot{\alpha}(t) + \varrho\dot{\alpha}(t)$
Daraus ergeben sich die Zustandsgleichungen

$$\dot{z}_1(t) = z_2(t)$$

$$\dot{z}_2(t) = -\frac{\varrho}{\Theta}z_2(t) + \frac{K}{\Theta}z_3(t)$$

$$\dot{z}_3(t) = -\frac{K}{L}z_2(t) - \frac{R}{L}z_3(t) + \frac{1}{L}x(t)$$

$$y(t) = z_1(t)$$

mit den Systemmatrizen

$$A = \begin{pmatrix} 0 & 1 & 0 \\ 0 & -\dfrac{\varrho}{\Theta} & \dfrac{K}{\Theta} \\ 0 & -\dfrac{K}{L} & -\dfrac{R}{L} \end{pmatrix}; \quad B = \begin{pmatrix} 0 \\ 0 \\ \dfrac{1}{L} \end{pmatrix}; \quad C = (1\ \ 0\ \ 0); \quad D = 0.$$

3.1-4 Aus der Schaltung erhält man

$$\dot{u}_{C_3}(t) = -\frac{1}{C_3 R_4} u_{C_3}(t) - \frac{1}{C_3} i_{L_2}(t) + \frac{1}{C_3} i_1(t)$$
$$\dot{i}_{L_2}(t) = \frac{1}{L_2} u_{C_3}(t) - \frac{R_2}{L_2} i_{L_2}(t) - \frac{1}{L_2} u_2(t)$$
$$i_{R_4}(t) = \frac{1}{R_4} u_{C_3}(t)$$
$$u_{R_2}(t) = R_2 i_{L_2}(t)$$

$$A = \begin{pmatrix} -\dfrac{1}{C_3 R_4} & -\dfrac{1}{C_3} \\ \dfrac{1}{L_2} & -\dfrac{R_2}{L_2} \end{pmatrix}; \quad B = \begin{pmatrix} \dfrac{1}{C_3} & 0 \\ 0 & -\dfrac{1}{L_2} \end{pmatrix}; \quad C = \begin{pmatrix} \dfrac{1}{R_4} & 0 \\ 0 & R_2 \end{pmatrix}; \quad D = \begin{pmatrix} 0 & 0 \\ 0 & 0 \end{pmatrix}$$

3.1-5 a) Die Zustandsgleichungen lauten

$$\dot{z}_1(t) = z_2(t)$$
$$\dot{z}_2(t) = -b z_1(t) - a z_2(t) + x(t)$$
$$y(t) = z_1(t)$$

$$A = \begin{pmatrix} 0 & 1 \\ -b & -a \end{pmatrix}; \quad B = \begin{pmatrix} 0 \\ 1 \end{pmatrix}; \quad C = (1\ \ 0); \quad D = 0$$

b) Die Realisierung wird in Bild 3.1-5* gezeigt.

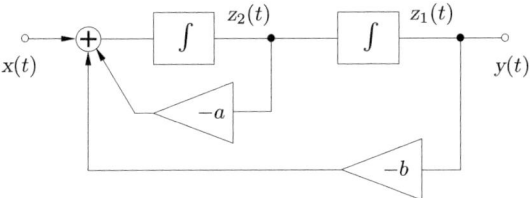

Bild 3.1-5*: Lineares System

3.1-6 a) Aus dem Gleichungssystem liest man ab

$$A = \begin{pmatrix} -1 & -1 \\ 1 & -1 \end{pmatrix}.$$

Damit erhalten wir einerseits

$$\alpha)\ \varphi(t) = L^{-1}\big((sE - A)^{-1}\big) = L^{-1}\left(\frac{1}{s^2 + 2s + 2} \begin{pmatrix} s+1 & -1 \\ 1 & s+1 \end{pmatrix}^{-1} \right)$$
$$= \begin{pmatrix} \mathrm{e}^{-t}\cos t & -\mathrm{e}^{-t}\sin t \\ \mathrm{e}^{-t}\sin t & \mathrm{e}^{-t}\cos t \end{pmatrix}$$

und andererseits

$$\beta) \;\; \varphi(t) \;\; = \;\; \mathrm{e}^{At} = E + At + A^2\frac{t^2}{2!} + A^3\frac{t^3}{3!} + \ldots$$

$$= \begin{pmatrix} 1 & 0 \\ 0 & 1 \end{pmatrix} + \begin{pmatrix} -1 & -1 \\ 1 & -1 \end{pmatrix} t + \begin{pmatrix} 0 & 2 \\ -2 & 0 \end{pmatrix} \frac{t^2}{2!} + \begin{pmatrix} 2 & -2 \\ 2 & 2 \end{pmatrix} \frac{t^3}{3!} + \ldots$$

$$= \begin{pmatrix} 1 - t + 2\frac{t^3}{3!} - 4\frac{t^4}{4!} \pm \ldots & -t + 2\frac{t^2}{2!} - 2\frac{t^3}{3!} \pm \ldots \\[2mm] t - 2\frac{t^2}{2!} + 2\frac{t^3}{3!} \pm \ldots & 1 - t + 2\frac{t^3}{3!} - 4\frac{t^4}{4!} \pm \ldots \end{pmatrix}.$$

Die Lösungen $\alpha)$ und $\beta)$ sind identisch.

b) Es gilt

$$\alpha) \;\; \varphi(0) = \begin{pmatrix} 1 & 0 \\ 0 & 1 \end{pmatrix} = E$$

$$\beta) \;\; \varphi(t_1)\varphi(t_2) \;\; = \;\; \mathrm{e}^{-t_1}\begin{pmatrix} \cos t_1 & -\sin t_1 \\ \sin t_1 & \cos t_1 \end{pmatrix} \mathrm{e}^{-t_2}\begin{pmatrix} \cos t_2 & -\sin t_2 \\ \sin t_2 & \cos t_2 \end{pmatrix}$$

$$= \;\; \mathrm{e}^{-(t_1+t_2)}\begin{pmatrix} \cos(t_1 + t_2) & -\sin(t_1 + t_2) \\ \sin(t_1 + t_2) & \cos(t_1 + t_2) \end{pmatrix} = \varphi(t_1 + t_2)$$

$$\gamma) \;\; \varphi^{-1}(t) \;\; = \;\; \frac{1}{\mathrm{e}^{-2t}\cos^2 t + \mathrm{e}^{-2t}\sin^2 t} \begin{pmatrix} \mathrm{e}^{-t}\cos t & \mathrm{e}^{-t}\sin t \\ -\mathrm{e}^{-t}\sin t & \mathrm{e}^{-t}\cos t \end{pmatrix}$$

$$= \;\; \begin{pmatrix} \mathrm{e}^{t}\cos t & \mathrm{e}^{t}\sin t \\ -\mathrm{e}^{t}\sin t & \mathrm{e}^{t}\cos t \end{pmatrix} = \varphi(-t)$$

c) Wir erhalten

$$z(t_1) = \varphi(t_1)z(0) = \begin{pmatrix} 2\mathrm{e}^{-t_1}\cos t_1 - 3\mathrm{e}^{-t_1}\sin t_1 \\ 2\mathrm{e}^{-t_1}\sin t_1 + 3\mathrm{e}^{-t_1}\cos t_1 \end{pmatrix}; \quad z(\infty) = \begin{pmatrix} 0 \\ 0 \end{pmatrix}.$$

3.1-7 Die gesuchten Matrizen lauten

$$\Phi(s) = (sE - A)^{-1} = \begin{pmatrix} s+2 & 1 \\ -2 & s+5 \end{pmatrix}^{-1} = \frac{1}{s^2 + 7s + 12} \begin{pmatrix} s+5 & -1 \\ 2 & s+2 \end{pmatrix},$$

$$G(s) = C(sE - A)^{-1}B + D = \frac{1}{s^2 + 7s + 12} \begin{pmatrix} 2s+10 & 4 \\ 5 & -5s-10 \end{pmatrix},$$

$$g(t) = \begin{pmatrix} 4\mathrm{e}^{-3t} - 2\mathrm{e}^{-4t} & 4\mathrm{e}^{-3t} - 4\mathrm{e}^{-4t} \\ 5\mathrm{e}^{-3t} - 5\mathrm{e}^{-4t} & 5\mathrm{e}^{-3t} - 10\mathrm{e}^{-4t} \end{pmatrix}.$$

3.1-8 a) Die Fundamentalmatrix im Bildbereich lautet

$$\Phi(s) = (sE - A)^{-1} = \begin{pmatrix} s+2 & 0 \\ -1 & s+1 \end{pmatrix}^{-1} = \frac{1}{s^2 + 3s + 2} \begin{pmatrix} s+1 & 0 \\ 1 & s+2 \end{pmatrix}.$$

Daraus ergibt sich

$$Z(s) \;\; = \;\; \Phi(s)z(0) + \Phi(s)BX(s)$$

$$= \;\; \begin{pmatrix} \dfrac{s+3}{s(s+2)} \\[3mm] \dfrac{2s^2 + 6s + 5}{s(s+1)(s+2)} \end{pmatrix} \quad z(t) = \begin{pmatrix} 1,5 - 0,5\mathrm{e}^{-2t} \\ 2,5 + 0,5\mathrm{e}^{-2t} - \mathrm{e}^{-t} \end{pmatrix}.$$

Die Zustandstrajektorie wird in Bild 3.1-8*a gezeigt. Das System wird durch die Eingabe x

vom Anfangszustand $z(0) = \begin{pmatrix} 1 \\ 2 \end{pmatrix}$ in den Endzustand $z(\infty) = \begin{pmatrix} 1,5 \\ 2,5 \end{pmatrix}$ überführt.

b) Die Ausgabe folgt aus

$$
\begin{aligned}
y(t) &= Cz(t) + Dx(t) = -2z_1(t) + 2z_2(t) \\
&= 2(1 + e^{-2t} - e^{-t})
\end{aligned}
$$

Die Skizze von $y(t)$ ist in Bild 3.1-8*b dargestellt.

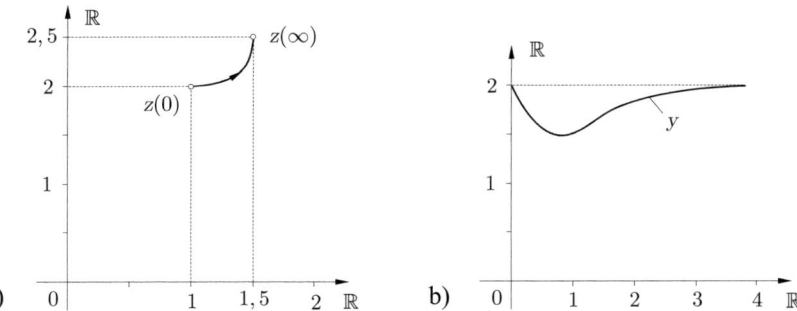

Bild 3.1-8*: a) Zustandstrajektorie; b) Ausgangssignal

3.1-9 a) Die Systemmatrizen lauten

$$
A = \begin{pmatrix} -2 & -2 \\ 5 & 0 \end{pmatrix}; \qquad B = \begin{pmatrix} 2 \\ 0 \end{pmatrix}; \qquad C = (-1 \;\; -1); \qquad D = 1.
$$

b) Die gesuchten Matrizen sind

$$
\Phi(s) = (sE - A)^{-1} = \begin{pmatrix} s+2 & 2 \\ -5 & s \end{pmatrix}^{-1} = \frac{1}{s^2 + 2s + 10} \begin{pmatrix} s & -2 \\ 5 & s+2 \end{pmatrix}
$$

$$
G(s) = C(sE - A)^{-1}B + D = \frac{-2s - 10}{s^2 + 2s + 10} + 1 = \frac{s^2}{s^2 + 2s + 10}
$$

$$
U_L(s) = C\Phi(s)z(0) + G(s)U(s) = \frac{(-s - 5)I_0 - sU_0 + s^2 U(s)}{s^2 + 2s + 10}
$$

c) Das charakteristische Polynom lautet

$$
\varphi_A(s) = \det(sE - A) = s^2 + 2s + 10 = (s - s_1)(s - s_2).
$$

Hierbei gilt

$$
s_1 = -1 + 3j \qquad s_2 = -1 - 3j.
$$

d) Im Zeitbereich erhalten wir

$$
\varphi(t) = L^{-1}\big(\Phi(s)\big) = \begin{pmatrix} e^{-t}\left(\cos 3t - \frac{1}{3}\sin 3t\right) & -\frac{2}{3}e^{-t}\sin 3t \\[2mm] \frac{5}{3}e^{-t}\sin 3t & e^{-t}\left(\cos 3t + \frac{1}{3}\sin 3t\right) \end{pmatrix}
$$

$$
\begin{aligned}
i_L(t) &= \mathrm{e}^{-t}\left(\cos 3t - \frac{1}{3}\sin 3t\right)I_0 - \left(\frac{2}{3}\mathrm{e}^{-t}\sin 3t\right)U_0 \\
&\quad + \int_0^t 2\mathrm{e}^{-(t-\tau)}\left(\cos 3(t-\tau) - \frac{1}{3}\sin 3(t-\tau)\right)u(\tau)\,\mathrm{d}\tau \\
u_C(t) &= \left(\frac{5}{3}\mathrm{e}^{-t}\sin 3t\right)I_0 + \mathrm{e}^{-t}\left(\cos 3t + \frac{1}{3}\sin 3t\right)U_0 \\
&\quad + \int_0^t \frac{10}{3}\mathrm{e}^{-(t-\tau)}\sin 3(t-\tau)u(\tau)\,\mathrm{d}\tau \\
u_L(t) &= -\mathrm{e}^{-t}\left(\cos 3t + \frac{4}{3}\sin 3t\right)I_0 - \mathrm{e}^{-t}\left(\cos 3t - \frac{1}{3}\sin 3t\right)U_0 \\
&\quad - \int_0^t \left(2\mathrm{e}^{-(t-\tau)}\left(\cos 3(t-\tau) + \frac{4}{3}\sin 3(t-\tau)\right) + \delta(t-\tau)\right)u(\tau)\,\mathrm{d}\tau
\end{aligned}
$$

e) Mit $u(t) = 0$, $I_0 = 0$ und $U_0 = 1$ folgt aus d):

$$
\begin{aligned}
i_L(t) &= -\frac{2}{3}\mathrm{e}^{-t}\sin 3t \\
u_C(t) &= \mathrm{e}^{-t}\left(\frac{1}{3}\sin 3t + \cos 3t\right) \\
u_L(t) &= \mathrm{e}^{-t}\left(\frac{1}{3}\sin 3t - \cos 3t\right).
\end{aligned}
$$

Die Skizzen der Zustandstrajektorie und der Ausgabe sind in Bild 3.1-9* dargestellt.

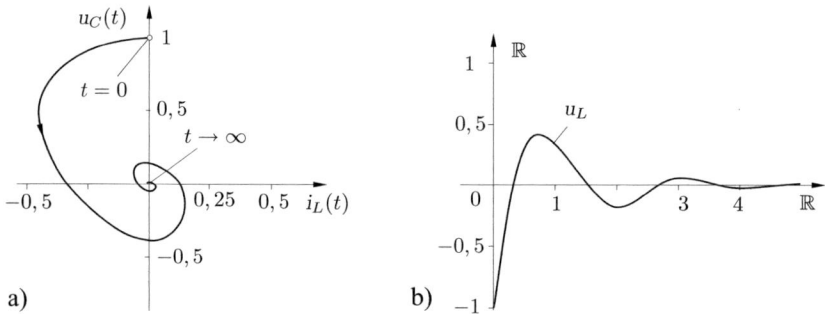

Bild 3.1-9*: a) Zustandstrajektorie; b) Ausgangssignal

3.1-10 a) Die Zustandsgleichungen lauten

$$
\begin{pmatrix} \dot{i}(t) \\ \dot{\omega}(t) \end{pmatrix} = \begin{pmatrix} -\dfrac{R}{L} & \dfrac{K}{L} \\ -\dfrac{K}{\Theta} & 0 \end{pmatrix}\begin{pmatrix} i(t) \\ \omega(t) \end{pmatrix} + \begin{pmatrix} 0 \\ \dfrac{1}{\Theta} \end{pmatrix} m(t)
$$

$$
i(t) = (1 \quad 0)\begin{pmatrix} i(t) \\ \omega(t) \end{pmatrix} + (0)m(t)
$$

mit den Systemmatrizen

$$
A = \begin{pmatrix} -\dfrac{R}{L} & \dfrac{K}{L} \\ -\dfrac{K}{\Theta} & 0 \end{pmatrix}; \qquad B = \begin{pmatrix} 0 \\ \dfrac{1}{\Theta} \end{pmatrix}; \qquad C = (1 \quad 0); \qquad D = 0.
$$

b) Die gesuchten Matrizen im Bildbereich sind

$$\Phi(s) = (sE - A)^{-1} = \frac{1}{s^2 + \frac{R}{L}s + \frac{K^2}{\Theta L}} \begin{pmatrix} s & \frac{K}{L} \\ -\frac{K}{\Theta} & s + \frac{R}{L} \end{pmatrix}$$

$$G(s) = C(sE - A)^{-1}B + D = \frac{K}{\Theta L} \frac{1}{s^2 + \frac{R}{L}s + \frac{K^2}{\Theta L}}$$

c) Der Strom im Bildbereich ergibt sich aus

$$I(s) = C\Phi(s)z(0) + G(s)M(s) = \frac{s^2 I_0 + s\omega_0 \frac{K}{L} + \frac{M_0 K}{\Theta L}}{s(s - s_1)(s - s_2)}$$

$$s_{1,2} = -\frac{R}{2L} \pm \sqrt{\left(\frac{R}{2L}\right)^2 - \frac{K^2}{\Theta L}} \qquad \text{(zwei negativ reelle Pole)}$$

d) Im Zeitbereich gilt für $t > 0$

$$\begin{aligned} i(t) &= \sum \text{Res}\left(I(s)e^{st}\right) \\ &= \frac{M_0 K}{\Theta L s_1 s_2} + \frac{s_1^2 I_0 + s_1\omega_0 \frac{K}{L} + \frac{M_0 K}{\Theta L}}{s_1(s_1 - s_2)} e^{s_1 t} + \frac{s_2^2 I_0 + s_2\omega_0 \frac{K}{L} + \frac{M_0 K}{\Theta L}}{s_2(s_2 - s_1)} e^{s_2 t} \end{aligned}$$

e) Mit $I_0 = 0$ und $\omega_0 = 0$ folgt aus d) für $t > 0$

$$i(t) = \frac{M_0 K}{\Theta L}\left(\frac{1}{s_1 s_2} + \frac{e^{s_1 t}}{s_1(s_1 - s_2)} + \frac{e^{s_2 t}}{s_2(s_2 - s_1)}\right).$$

Diskussion: Es gilt

$$i(0) = 0,$$

$$\dot{i}(0) = 0 \qquad \text{(waagerechte Tangente in } t = 0\text{)},$$

$$i(\infty) = \frac{M_0 K}{\Theta L s_1 s_2} = \frac{M_0}{K}.$$

Den qualitativen Zeitverlauf von $i(t)$ zeigt Bild 3.1-10*.

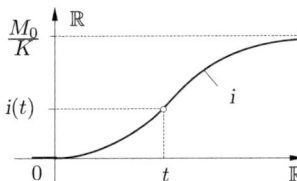

Bild 3.1-10*: Zeitverlauf von $i(t)$

6.7 Lösungen der Aufgaben zum Abschnitt 3.2

3.2-1 Mit Hilfe der Übertragungsfunktion G und der Impulsantwort g

$$G(s) = \frac{U_2(s)}{U_1(s)} = \frac{1/sC}{R + (1/sC)} = \frac{1}{sCR + 1}$$

$$g(t) = \sum_{s=-1/CR} \text{Res}\left(G(s)e^{st}\right) = \frac{1}{CR} e^{-t/CR}$$

erhalten wir

a) im Zeitbereich

$$u_2(t) = \frac{1}{CR} \int_0^t e^{-\tau/CR} u_1(t - \tau)\, d\tau$$

b) im Bildbereich

$$U_2(s) = \frac{1}{sCR + 1} U_1(s).$$

3.2-2 Aus der Übertragungsfunktion ergibt sich die Impulsantwort wie folgt:

$$G(s) = \frac{s^2 + 2s + 2}{(s + 1)^2(s + 2)}; \qquad g(t) = \sum \text{Res}\left(G(s)e^{st}\right)$$

$$
\begin{aligned}
g(t) &= \frac{d}{ds}\left(\frac{s^2 + 2s + 2}{(s + 2)} e^{st}\right)_{p=-1} + \left(\frac{s^2 + 2s + 2}{(s + 1)^2} e^{st}\right)_{s=-2} \\
&= e^{-t}(t - 1) + 2e^{-2t}, \quad (t > 0).
\end{aligned}
$$

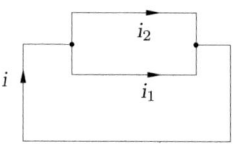

Bild 3.2-3*: Ströme in Bild 3.2-3

3.2-3 a) α) Mit den Strömen entsprechend Bild 3.2-3* folgt aus Bild 3.2-3

$$
\begin{aligned}
u(t) &= Ri(t) + \frac{1}{C}\int_0^t i_1(\tau)d\tau \\
u(t) &= Ri(t) + Ri_2(t) + \frac{1}{C}\int_0^t i_2(\tau)d\tau \\
i(t) &= i_1(t) + i_2(t).
\end{aligned}
$$

Im Bildbereich lauten diese Gleichungen

$$
\begin{aligned}
U(s) &= RI(s) + \frac{1}{sC}I_1(s) \\
U(s) &= RI(s) + RI_2(s) + \frac{1}{sC}I_2(s) \\
I(s) &= I_1(s) + I_2(s).
\end{aligned}
$$

Nun wird $I_1(s)$ aus der ersten und $I_2(s)$ aus der zweiten Gleichung in die dritte eingesetzt:

$$I(s)\left(1 + sCR + \frac{R}{R + (1/sC)}\right) = U(s)\left(sC + \frac{1}{R + (1/sC)}\right)$$

$$G(s) = \frac{I(s)}{U(s)} = \frac{sC(sCR + 2)}{s^2C^2R^2 + 3sCR + 1}$$

β)　$$I(s) = \frac{U(s)}{Z(s)} = \frac{U(s)}{R + \big((1/sC)\|(R + (1/sC))\big)} = \frac{U(s)sC(sCR + 2)}{s^2C^2R^2 + 3sCR + 1}$$

$$G(s) = \frac{I(s)}{U(s)} = \frac{sC(sCR + 2)}{s^2C^2R^2 + 3sCR + 1} \qquad \text{(wesentlich kürzerer Rechenweg!)}$$

b) Der gesuchte Strom ergibt sich aus

$$I(s) = G(s)U(s) \qquad U(s) = \frac{U_0}{s}$$

$$I(s) = \frac{U_0}{CR^2} \frac{sCR + 2}{(s - s_1)(s - s_2)} \qquad s_{1,2} = \frac{-3 \pm \sqrt{5}}{2CR}$$

$$i(t) = \sum \mathrm{Res}\left(I(s)\mathrm{e}^{st}\right) = \frac{U_0}{CR^2}\left(\frac{s_1 CR + 2}{s_1 - s_2}\,\mathrm{e}^{s_1 t} + \frac{s_2 CR + 2}{s_2 - s_1}\,\mathrm{e}^{s_2 t}\right), \quad (t > 0).$$

3.2-4 a) Die Berechnung des Stromes mit Hilfe der Übertragungsfunktion ergibt sich wie folgt:

$$G(s) = \frac{I_R(s)}{U(s)} = \frac{C_1}{R(C_1 + C_2)} \frac{s}{s - s_1}$$

$$U(s) = \frac{U_0 \omega_0}{s^2 + \omega_0^2} \qquad s_1 = -\frac{1}{R(C_1 + C_2)}$$

$$i_R(t) = \sum \mathrm{Res}\left(G(s)U(s)\mathrm{e}^{st}\right)$$

$$= \frac{U_0 \omega_0 C_1}{R(C_1 + C_2)}\left(\frac{s_1 \mathrm{e}^{s_1 t}}{s_1^2 + \omega_0^2} + \frac{1}{\sqrt{s_1^2 + \omega_0^2}}\cos\left(\omega_0 t - \arctan\frac{\omega_0}{-s_1}\right)\right)\mathbf{1}(t).$$

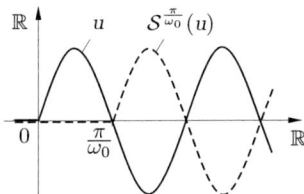

Bild 3.2-4*: Zerlegung des Eingangssignals

b) Mit der Zerlegung nach Bild 3.2-4* und dem Ergebnis von a) folgt:

$$i_R(t) = \frac{U_0 \omega_0 C_1}{R(C_1 + C_2)}\left(\frac{s_1 \mathrm{e}^{s_1 t}}{s_1^2 + \omega_0^2} + \frac{\cos\left(\omega_0 t - \arctan\frac{\omega_0}{-s_1}\right)}{\sqrt{s_1^2 + \omega_0^2}}\right)$$

$$+ \frac{U_0 \omega_0 C_1}{R(C_1 + C_2)}\left(\frac{s_1 \mathrm{e}^{s_1(t - (\pi/\omega_0))}}{s_1^2 + \omega_0^2} + \frac{\cos\left(\omega_0\left(t - \frac{\pi}{\omega_0}\right) - \arctan\frac{\omega_0}{-s_1}\right)}{\sqrt{s_1^2 + \omega_0^2}}\right)\mathbf{1}\left(t - \frac{\pi}{\omega_0}\right).$$

Man beachte, dass der zweite Summand für $t < \pi/\omega_0$ verschwindet.

3.2-5 Zunächst berechnen wir im Bildbereich $U_2(s)$ und transformieren anschließend zurück:

$$U_2(s) = sM\,I_1(s) \qquad I_1(s) = \frac{U_1(s)}{R_1 + sL_1} \qquad U_1(s) = \frac{\hat{U}_1 \omega_1}{s^2 + \omega_1^2}$$

$$= \frac{sM}{R_1 + sL_1}U_1(s) = \frac{\hat{U}_1 \omega_1 M}{L_1} \frac{s}{(s - s_1)(s^2 + \omega_1^2)}; \qquad s_1 = -\frac{R_1}{L_1}$$

$$u_2(t) = \sum \mathrm{Res}\left(U_2(s)\mathrm{e}^{st}\right)$$

$$= \frac{\hat{U}_1 \omega_1 M}{L_1}\left(\frac{s_1 \mathrm{e}^{s_1 t}}{s_1^2 + \omega_1^2} + \frac{1}{\sqrt{s_1^2 + \omega_1^2}}\cos\left(\omega_1 t - \arctan\frac{\omega_1}{-s_1}\right)\right).$$

3.2-6 a) Die Berechnung der Übertragungsfunktion ergibt sich wie folgt:

$$\alpha) \quad \dot{z}_1(t) = z_2(t)$$
$$\dot{z}_2(t) = -17z_1(t) - 2z_2(t) + x(t)$$
$$y(t) = 9z_1(t) + 3z_2(t)$$

$$A = \begin{pmatrix} 0 & 1 \\ -17 & -2 \end{pmatrix}; \qquad B = \begin{pmatrix} 0 \\ 1 \end{pmatrix}; \qquad C = (9 \; 3); \qquad D = 0$$

$$G(s) = C(sE - A)^{-1}B + D = \frac{3s + 9}{s^2 + 2s + 17}$$

$$\beta) \quad sZ_1(s) = Z_2(s)$$
$$sZ_2(s) = -17Z_1(s) - 2Z_2(s) + X(s)$$
$$Y(s) = 9Z_1(s) + 3Z_2(s)$$

Nach Eliminieren von $Z_1(s)$ und $Z_2(s)$ folgt

$$Y(s) = \frac{3s + 9}{s^2 + 2s + 17} X(s) \qquad G(s) = \frac{3s + 9}{s^2 + 2s + 17}$$

b) Die Pole und Nullstellen von $G(s)$ ergeben sich aus

$$G(s) = \frac{3(s + 3)}{(s - s_1)(s - s_2)}; \quad \text{Pole: } s_{1,2} = -1 \pm 4j \quad \text{Nullstelle: } s_0 = -3.$$

3.2-7 a) Wir erhalten

$$G(s) = \frac{U_{R_2}(s)}{U(s)} = \frac{R_2}{R_2 + (R_1 \| sL)} = \frac{R_2}{L(R_1 + R_2)} \frac{R_1 + sL}{s - s_0}$$

$$U(s) = \frac{U_0}{t_0} \frac{1}{s^2} - \frac{U_0}{t_0} \frac{1}{s^2} e^{-st_0}; \qquad s_0 = \frac{-R_1 R_2}{L(R_1 + R_2)}$$

$$U_{R_2}(s) = \frac{U_0 R_2}{t_0 L(R_1 + R_2)} \frac{R_1 + sL}{s^2(s - s_0)} - \frac{U_0 R_2}{t_0 L(R_1 + R_2)} \frac{R_1 + sL}{s^2(s - s_0)} e^{-st_0}$$

$$= U_{R_2}^{(1)}(s) - U_{R_2}^{(1)}(s)e^{-st_0}$$

$$u_{R_2}^{(1)}(t) = \sum \text{Res}\left(U_{R_2}^{(1)}(s)e^{st}\right)$$

$$= \frac{U_0 R_2(R_1 + s_0 L)}{t_0 L(R_1 + R_2)s_0^2}\left(e^{s_0 t} - 1 - \frac{s_0 R_1}{R_1 + s_0 L}t\right)$$

$$u_{R_2}(t) = u_{R_2}^{(1)}(t)\mathbf{1}(t) - u_{R_2}^{(1)}(t - t_0)\mathbf{1}(t - t_0) \qquad (t > 0).$$

b) In diesem Fall erhalten wir

$$U(s) = \frac{U_0 \omega_0}{s^2 + \omega_0^2} \qquad U_{R_2}(s) = \frac{U_0 \omega_0 R_2}{L(R_1 + R_2)} \frac{R_1 + sL}{(s - s_0)(s^2 + \omega_0^2)}$$

$$u_{R_2}(t) = \sum \text{Res}\left(U_{R_2}(s)e^{st}\right)$$

$$= \frac{U_0 \omega_0 R_2}{L(R_1 + R_2)}\left(\frac{R_1 + s_0 L}{s_0^2 + \omega_0^2}e^{s_0 t} + 2\text{Re}\left(\frac{R_1 + j\omega_0 L}{2j\omega_0(j\omega_0 - s_0)}e^{j\omega_0 t}\right)\right) \qquad (t > 0).$$

Flüchtiger Vorgang $(t > 0)$:

$$u_{R_2,fl}(t) = \frac{U_0 \omega_0 R_2}{L(R_1 + R_2)} \frac{R_1 + s_0 L}{s_0^2 + \omega_0^2}e^{s_0 t}$$

Stationärer Vorgang ($t > 0$):

$$u_{R_2,st}(t) = \frac{U_0 \omega_0 R_2}{L(R_1 + R_2)} \frac{\sqrt{R_1^2 + (\omega_0 L)^2}}{\omega_0 \sqrt{s_0^2 + \omega_0^2}} \cos\left(\omega_0 t - \frac{\pi}{2} + \arctan\frac{\omega_0 L}{R_1} - \arctan\frac{\omega_0}{-s_0}\right)$$

3.2-8 Die Schritte der Lösung zeigt Bild 3.2-8*.

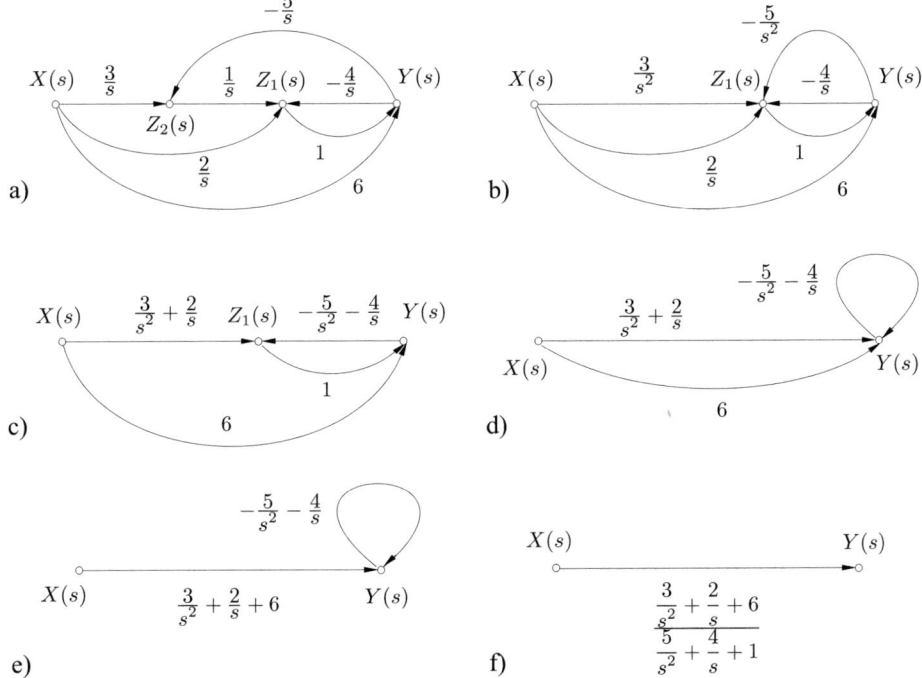

Bild 3.2-8*: a) bis f) Schritte zur Vereinfachung des Signalflussgraphen

Schritt 1: Ablesen des Signalflussgraphen aus der Schaltung (a)

Schritt 2: Eliminieren von Z_2 (b)

Schritt 3: Zusammenfassen paralleler Zweige (c)

Schritt 4: Eliminieren von Z_1 (d)

Schritt 5: Zusammenfassen paralleler Zweige (e)

Schritt 6: Auflösen der Schlinge (f)

Ergebnis:

$$G(s) = \frac{6s^2 + 2s + 3}{s^2 + 4s + 5}$$

3.2-9 Die gesuchte Übertragungsfunktion G lautet

$$G(s) = \frac{U_2(s)}{U_1(s)} = \frac{\frac{1}{s} - \frac{6}{s+1} + \frac{6}{s+2}}{\frac{1}{s}} = \frac{s^2 - 3s + 2}{s^2 + 3s + 2}$$

Nullstellen: $s_1' = 1$, $s_2' = 2$; Pole: $s_1 = -1$, $s_2 = -2$. Den PN-Plan zeigt Bild 3.2-9*. Es handelt sich um einen Allpass, denn es ist

$$|G(\mathrm{j}\omega)| = \frac{|\mathrm{j}\omega - 1||\mathrm{j}\omega - 2|}{|\mathrm{j}\omega + 1||\mathrm{j}\omega + 2|} = \sqrt{\frac{(\omega^2 + 1)(\omega^2 + 4)}{(\omega^2 + 1)(\omega^2 + 4)}} = 1.$$

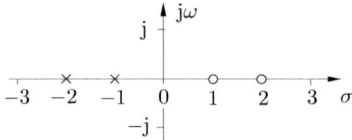

Bild 3.2-9*: Pol-Nullstellen-Plan (Allpass)

3.2-10 Die Zerlegung ergibt

$$\begin{aligned}
G(s) &= \frac{(s+1)(s-2)(s-3)}{(s^2 + 2s + 2)(s + 5)} \\
&= \frac{(s-2)(s-3)}{(s+2)(s+3)} \cdot \frac{(s+1)(s+2)(s+3)}{(s^2 + 2s + 2)(s + 5)} = G_A(s) \cdot G_M(s).
\end{aligned}$$

3.2-11 a) Die Koeffizienten ergeben sich wie folgt:

$$(A(\omega))^2 = \frac{\omega^2}{\alpha + \beta\omega^2}$$

$$\omega \to \infty: \qquad a_1^2 = \frac{1}{\beta}; \qquad \beta = \frac{1}{a_1^2}$$

$$\omega = \omega_0: \qquad a_0^2 = \frac{\omega_0^2}{\alpha + (\omega_0^2/a_1^2)}; \qquad \alpha = \frac{\omega_0^2}{a_0^2} - \frac{\omega_0^2}{a_1^2}$$

b) Die Übertragungsfunktion ergibt sich aus folgender Rechnung:

$$(A(\omega))^2 = R(\omega^2)$$

$$R(-s^2) = \frac{-s^2}{\alpha - \beta s^2} = \frac{s \cdot (-s)}{(\sqrt{\alpha} + \sqrt{\beta}s)(\sqrt{\alpha} - \sqrt{\beta}s)}$$

$$G(s) = \frac{s}{\sqrt{\alpha} + \sqrt{\beta}s} = G_M(s)$$

$$b_M(\omega) = -\arg G_M(\mathrm{j}\omega) = -\arg \frac{\mathrm{j}\omega}{\sqrt{\alpha} + \sqrt{\beta}\mathrm{j}\omega} = -\arctan \frac{\sqrt{\alpha}}{\omega\sqrt{\beta}}$$

3.2-12 Zunächst berechnen wir $a(\omega)$:

$$a(\omega) = -\ln|G(\mathrm{j}\omega)| = -\ln A(\omega) = \begin{cases} 0 & 0 \le \omega < \omega_0 \\ -\ln A_0 & \omega > \omega_0 \end{cases}$$

$$\begin{aligned}
b(\omega) &= \frac{1}{\pi} \int_{-\infty}^{\infty} \frac{a(\omega_1)}{\omega_1 - \omega} \, \mathrm{d}\omega_1 \\
&= \frac{1}{\pi} \int_{-\infty}^{\infty} \frac{a(\omega_1)\omega_1 + a(\omega_1)\omega}{\omega_1^2 - \omega^2} \, \mathrm{d}\omega_1 = \frac{2\omega}{\pi} \int_0^{\infty} \frac{a(\omega_1)}{\omega_1^2 - \omega^2} \, \mathrm{d}\omega_1
\end{aligned}$$

(Der erste Summand ist eine ungerade, der zweite eine gerade Funktion.)

Für $0 < \omega < \omega_0$ gilt

$$b(\omega) = \frac{2\omega}{\pi} \int_{\omega_0}^{\infty} \frac{-\ln A_0}{\omega_1^2 - \omega^2} \, d\omega_1 = \frac{\ln A_0}{\pi} \ln\left(\frac{\omega_0 - \omega}{\omega_0 + \omega}\right).$$

Für $\omega > \omega_0$ erhalten wir

$$\begin{aligned}
b(\omega) &= \frac{2\omega(-\ln A_0)}{\pi} \lim_{\varepsilon \to 0} \left(\int_{\omega_0}^{\omega-\varepsilon} \frac{d\omega_1}{\omega_1^2 - \omega^2} + \int_{\omega+\varepsilon}^{\infty} \frac{d\omega_1}{\omega_1^2 - \omega^2} \right) \\
&= \frac{\ln A_0}{\pi} \ln\left(\frac{\omega - \omega_0}{\omega + \omega_0}\right).
\end{aligned}$$

3.2-13 a) Mit Hilfe des Hurwitz-Kriteriums erhalten wir

$$D = \begin{vmatrix} 2 & 3 & 1 & 0 & 0 & 0 \\ 1 & 6 & 5 & 1 & 0 & 0 \\ 0 & 2 & 3 & 1 & 0 & 0 \\ 0 & 1 & 6 & 5 & 1 & 0 \\ 0 & 0 & 2 & 3 & 1 & 0 \\ 0 & 0 & 1 & 6 & 5 & 1 \end{vmatrix} \qquad \begin{aligned} D_1 &= 2 > 0 \\ D_2 &= 9 > 0 \\ D_3 &= 9 > 0 \\ D_4 &= 18 > 0 \\ D_5 &= 1 > 0 \\ D_6 &= 1 > 0 \end{aligned}$$

Da alle $D_\nu > 0$ ($\nu = 1, 2, \ldots, 6$), besitzt $f(s)$ nur Nullstellen mit negativem Realteil.

b) Gleichfalls mit Hilfe des Hurwitz-Kriteriums ergibt sich

$$D = \begin{vmatrix} 5 & 3 & 1 & 0 & 0 \\ 3 & 4 & 2 & 0 & 0 \\ 0 & 5 & 3 & 1 & 0 \\ 0 & 3 & 4 & 2 & 0 \\ 0 & 0 & 5 & 3 & 1 \end{vmatrix} \qquad \begin{aligned} D_1 &= 5 > 0 \\ D_2 &= 11 > 0 \\ D_3 &= -2 < 0 \\ D_4 &= -27 < 0 \\ D_5 &= -27 < 0 \end{aligned}$$

Da nicht alle $D_\nu > 0$ ($\nu = 1, 2, \ldots, 5$), besitzt $f(s)$ nicht nur Nullstellen mit negativem Realteil.

3.2-14 Die Lösung erfolgt mit Hilfe des Hurwitz-Kriteriums:

$$D = \begin{vmatrix} T_R(T_1 + T_2) & V & 0 \\ T_R T_1 T_2 & T_R(1 + V) & 0 \\ 0 & T_R(T_1 + T_2) & V \end{vmatrix}$$

$D_1 = T_R(T_1 + T_2) > 0$ wegen $T_R > 0$, $T_1 > 0$, $T_2 > 0$,

$D_2 = T_R^2(1 + V)(T_1 + T_2) - V T_R T_1 T_2 > 0$,

$D_3 = V D_2 > 0$, falls $D_2 > 0$ wegen $V > 0$.

Die Stabilitätsbedingung $D_2 > 0$ erfordert

$$V < \frac{T_R(T_1 + T_2)}{T_1 T_2 - T_R(T_1 + T_2)} = 0{,}5385.$$

3.2-15 Nein; denn zerlegt man das Nennerpolynom in Linearfaktoren mit $\text{Re}(s_\nu) > 0$

$$N(s) = (s + s_1)(s + s_2) \ldots (s + s_n) = s^n + b_1 s^{n-1} + \ldots + b_{n-1} s + b_n,$$

so sind die Koeffizienten $b_\mu > 0$ ($\mu = 1, 2, \ldots, n$), d.h.

$$\begin{aligned}
b_0 &= 1 > 0 \\
b_1 &= s_1 + s_2 + \ldots + s_n > 0 \\
&\vdots \\
b_n &= s_1 s_2 \ldots s_n > 0.
\end{aligned}$$

Ist dagegen wenigstens ein Koeffizient b_μ negativ, so muss mindestens eine Nullstelle s_ν negativen Realteil haben. Es ist also ein notwendiges, aber kein hinreichendes Kriterium für die Stabilität des Systems, wenn $G(s)$ ein Nennerpolynom mit nur positiven Koeffizienten besitzt.

3.2-16 Aus Bild 3.2-8 liest man die Zustandsgleichungen ab:

$$\dot{z}_1(t) = -4z_1(t) + z_2(t) - 22x(t)$$
$$\dot{z}_2(t) = -5z_1(t) - 27x(t).$$

Daraus folgt

$$A = \begin{pmatrix} -4 & 1 \\ -5 & 0 \end{pmatrix}$$

und das charakteristische Polynom

$$\varphi_A(s) = \det(sE - A) = s^2 + 4s + 5$$

mit den Nullstellen $s_{1,2} = -2 \pm j$. Das System ist stabil, da alle Nullstellen negativen Realteil haben.

Bemerkung: Dieses Ergebnis erhält man natürlich auch, wenn man das Nennerpolynom der in Aufgabe 3.2-8 erhaltenen Lösung

$$G(s) = \frac{6s^2 + 2s + 3}{s^2 + 4s + 5}$$

untersucht.

6.8 Lösungen der Aufgaben zum Abschnitt 4.1

4.1-1 Wir erhalten

a) $y(k) = \begin{cases} k-4 & k \in \{5,6,7\} \\ 10-k & k \in \{8,9,10\} \\ 0 & \text{sonst} \end{cases}$ b) $y(k) = \begin{cases} 1 & k \in \{0,1,2\} \\ -1 & k \in \{3,4,5\} \\ 0 & \text{sonst} \end{cases}$

c) $y(k) = \begin{cases} 1 & k \in \{1,2,3\} \\ -1 & k \in \{4,5,6\} \\ 0 & \text{sonst.} \end{cases}$

Die Skizzen der Signale sind in Bild 4.1-1* dargestellt.

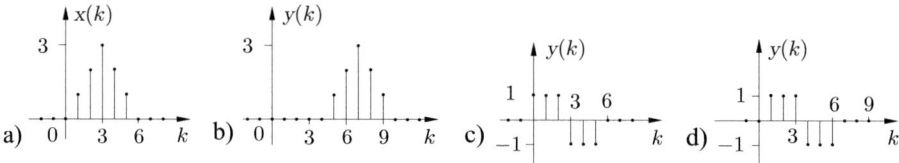

Bild 4.1-1*: a) Signal x; b) Signal $y = \mathcal{S}^4(x)$; c) Signal $y = \triangle x$; d) Signal $y = \nabla x$

4.1-2 a) Mit Hilfe der Formel

$$y(k) = \sum_{i=0}^{k} x_1(i) x_2(k-i)$$

erhalten wir $y = (-3, -3, 10, 5, 4, 4, 1, 6, 0, 0, \ldots)$.

b) Mit Hilfe der unter a) genannten Formel ergibt sich $y = (1, 2, 3, 4, 5, 4, 3, 2, 1, 0, 0, \ldots)$. Die Skizzen von x und y zeigt Bild 4.1-2*.

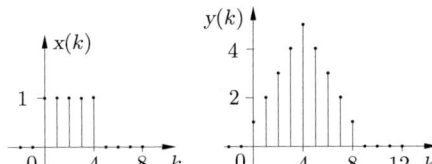

Bild 4.1-2*: Signale x und $y = x * x$

c) Mit

$$y(k) = \sum_{i=0}^{k} x(i)\delta(k-i) \quad \text{und} \quad \delta(k-i) = \begin{cases} 1 & i = k \\ 0 & i \neq k \end{cases}$$

folgt $y(k) = x(k)$.

Diskussion: Für ein beliebiges zeitdiskretes Signal x gilt also: $x * \delta = \delta * x = x$. Damit ist das Signal δ auf der Menge X aller zeitdiskreten Signale x das neutrale Element bezüglich der Faltung.

4.1-3 Für das Signal $y_1 = \nabla(x_1 * x_2)$ erhalten wir

$$y_1(k) = (x_1 * x_2)(k) - (x_1 * x_2)(k-1) = \sum_{i=0}^{k} x_1(k-i)x_2(i) - \sum_{i=0}^{k-1} x_1(k-1-i)x_2(i).$$

Für das Signal $y_2 = (\nabla x_1) * x_2$ ergibt sich

$$
\begin{aligned}
y_2(k) &= \sum_{i=0}^{k}(\nabla x_1)(k-i)x_2(i) = \sum_{i=0}^{k}\big(x_1(k-i)x_2(i) - x_1(k-1-i)x_2(i)\big) \\
&= \sum_{i=0}^{k} x_1(k-i)x_2(i) - \sum_{i=0}^{k} x_1(k-1-i)x_2(i).
\end{aligned}
$$

Wegen $x_1(-1) = 0$ gilt aber

$$\sum_{i=0}^{k} x_1(k-1-i)x_2(i) = \sum_{i=0}^{k-1} x_1(k-1-i)x_2(i),$$

so dass für alle $k \geq 0$ gilt $y_1(k) = y_2(k)$ und damit $\nabla(x_1 * x_2) = (\nabla x_1) * x_2$.

4.1-4 Wir erhalten

a) $\quad X(z) = \displaystyle\sum_{k=0}^{\infty} \frac{2^k}{z^k} = 1 + \frac{2}{z} + \frac{2^2}{z^2} + \ldots = 1 + \frac{2}{z} + \left(\frac{2}{z}\right)^2 + \ldots = \frac{1}{1 - \frac{2}{z}} = \frac{z}{z-2} \quad (|z| > 2)$

b) $\quad X(z) = \displaystyle\sum_{k=0}^{\infty} \frac{x(k)}{z^k} = 3 + \frac{3}{z^2} + \frac{3}{z^4} + \ldots = \frac{3}{1 - \frac{1}{z^2}} = \frac{3z^2}{z^2 - 1} \quad (|z| > 1)$

c) $\quad X(z) = \displaystyle\sum_{k=0}^{\infty} \frac{x(k)}{z^k} = 1 + \frac{2}{z^3} + \frac{2^2}{z^6} + \ldots = \frac{1}{1 - \frac{2}{z^3}} = \frac{z^3}{z^3 - 2} \quad (|z| > \sqrt[3]{2})$

d) $\quad X(z) = \displaystyle\sum_{k=0}^{\infty} \frac{x(k)}{z^k} = 0 + \frac{1}{z} + \frac{2}{z^2} + \frac{0}{z^3} + \frac{1}{z^4} + \frac{2}{z^5} + \frac{0}{z^6} + \frac{1}{z^7} + \frac{2}{z^8} + \ldots$

$$
\begin{aligned}
&= \left(\frac{1}{z} + \frac{1}{z^4} + \frac{1}{z^7} + \ldots\right) + \left(\frac{2}{z^2} + \frac{2}{z^5} + \frac{2}{z^8} + \ldots\right) = \left(\frac{1}{z} + \frac{2}{z^2}\right)\left(1 + \frac{1}{z^3} + \frac{1}{z^6} + \ldots\right) \\
&= \left(\frac{1}{z} + \frac{2}{z^2}\right)\frac{1}{1 - \frac{1}{z^3}} = \frac{z(z+2)}{z^3 - 1} \quad (|z| > 1).
\end{aligned}
$$

4.1-5 Aus der Definition der Z-Transformation folgt

$$
\begin{aligned}
X(z) &= \sum_{k=0}^{\infty} x(k)z^{-k} = \sum_{k=0}^{\infty} akz^{-k} = \frac{a}{z}\left(1 + \frac{2}{z} + \frac{3}{z^2} + \dots\right) \\
&= \frac{a}{z}\left(1 + \frac{1}{z} + \frac{1}{z^2} + \dots\right)^2 = \frac{a}{z}\left(\frac{z}{z-1}\right)^2 = \frac{az}{(z-1)^2}.
\end{aligned}
$$

4.1-6 Wir berechnen zunächst

$$
Z\big(\mathrm{e}^{ak}\mathbf{1}(k)\big) = \sum_{k=0}^{\infty}\mathrm{e}^{ak}z^{-k} = \left(1 + \frac{\mathrm{e}^a}{z} + \frac{\mathrm{e}^{2a}}{z^2} + \dots\right) = \frac{z}{z - \mathrm{e}^a}.
$$

Wegen $\sin ak\,\mathbf{1}(k) = \frac{1}{2\mathrm{j}}(\mathrm{e}^{\mathrm{j}ak} - \mathrm{e}^{-\mathrm{j}ak})\mathbf{1}(k)$ folgt damit

$$
Z\big(\sin ak\,\mathbf{1}(k)\big) = \frac{1}{2\mathrm{j}}\left(\frac{z}{z - \mathrm{e}^{\mathrm{j}a}} - \frac{z}{z - \mathrm{e}^{-\mathrm{j}a}}\right) = \frac{z\sin a}{z^2 - 2z\cos a + 1}.
$$

4.1-7 Wir erhalten

$$
\begin{aligned}
Z\big(x(k-m)\big) &= \sum_{k=0}^{\infty} x(k-m)z^{-k} = \sum_{k=m}^{\infty} x(k-m)z^{-k} \\
&= \sum_{k'=0}^{\infty} x(k')z^{-k'-m} = z^{-m}\sum_{k'=0}^{\infty} x(k')z^{-k'} = z^{-m}X(z)
\end{aligned}
$$

4.1-8 a) Durch Polynomdivision der gegebenen Bildfunktion ergibt sich

$$
\begin{array}{l}
2z \quad\;\; : \left(2z^2 - 3z + 1\right) = z^{-1} + 1{,}5z^{-2} + 1{,}75z^{-3} + \dots \\
\underline{-\left(2z - 3 + z^{-1}\right)} \\
\quad 3 - z^{-1} \\
\quad\underline{-\left(3 - 4{,}5z^{-1} + 1{,}5z^{-2}\right)} \\
\quad\quad 3{,}5z^{-1} - 1{,}5z^{-2} \\
\quad\quad\quad \dots
\end{array}
$$

Damit erhält man

$$
x(0) = 0; \qquad x(1) = 1; \qquad x(2) = 1{,}5; \qquad x(3) = 1{,}75; \qquad \dots
$$

b) Rekursionsformel

$$
c_k = x(k) = a_k - \sum_{\nu=1}^{k} b_\nu c_{k-\nu}
$$

$$
X(z) = \frac{2z}{2z^2 - 3z + 1} = \frac{z^{-1}}{1 - 1{,}5z^{-1} + 0{,}5z^{-2}} = \frac{a_0 + a_1 z^{-1}}{b_0 + b_1 z^{-1} + b_2 z^{-2}}
$$

$$
\begin{aligned}
c_0 &= a_0 = 0 = x(0) \\
c_1 &= a_1 - b_1 c_0 = 1 = x(1) \\
c_2 &= a_2 - b_1 c_1 - b_2 c_0 = 1{,}5 = x(2) \\
c_3 &= a_3 - b_1 c_2 - b_2 c_1 - b_3 c_0 = 1{,}75 = x(3) \\
c_4 &= a_4 - b_1 c_3 - b_2 c_2 - b_3 c_1 - b_4 c_0 = 1{,}875 = x(4) \quad \text{usw.}
\end{aligned}
$$

Man beachte: $a_\nu = 0$ für $\nu \geq 2$; $b_\mu = 0$ für $\mu \geq 3$.

c) Residuenmethode:

$$x(k) = \sum_i \operatorname*{Res}_{z=z_i} \left(X(z) z^{k-1} \right)$$

$$X(z) = \frac{2z}{2(z^2 - 1,5z + 0,5)} = \frac{z}{(z-1)(z-0,5)}$$

$$x(k) = \sum \operatorname{Res} \left(\frac{z^k}{(z-1)(z-0,5)} \right) = 2(1 - 2^{-k}), \quad (k = 0, 1, 2, \ldots)$$

4.1-9 Durch Z-Transformation der gegebenen Differenzengleichung erhält man

$$6z^2 \big(Y(z) - y(0) - y(1) z^{-1} \big) + 5z \big(Y(z) - y(0) \big) + Y(z) = \frac{z}{z+1}.$$

Daraus ergibt sich mit den Anfangswerten $y(0) = y(1) = 0$

$$Y(z) = \frac{z}{(z+1)(6z^2 + 5z + 1)} = \frac{1}{6} \cdot \frac{z}{(z+1)(z+\frac{1}{2})(z+\frac{1}{3})}$$

und nach Rücktransformation

$$y(k) = \sum_i \operatorname*{Res}_{z=z_i} \left(Y(z) z^{k-1} \right) = \frac{1}{2} \cdot (-1)^k - 2 \cdot \left(-\frac{1}{2} \right)^k + \frac{3}{2} \cdot \left(-\frac{1}{3} \right)^k \qquad (k = 0, 1, 2, \ldots).$$

6.9 Lösungen der Aufgaben zum Abschnitt 4.2

4.2-1 Aus der gegebenen Alphabetabbildung folgt

$$y(k) = a_{11}\, x_1(k) x_2(k) + a_{12}\, x_1(k) (x_2(k))^2 + a_{21}\, (x_1(k))^2 x_2(k) + a_{22}\, (x_1(k))^2 (x_2(k))^2.$$

Eine Schaltung ist in Bild 4.2-1* dargestellt (Es gibt mehrere Lösungen).

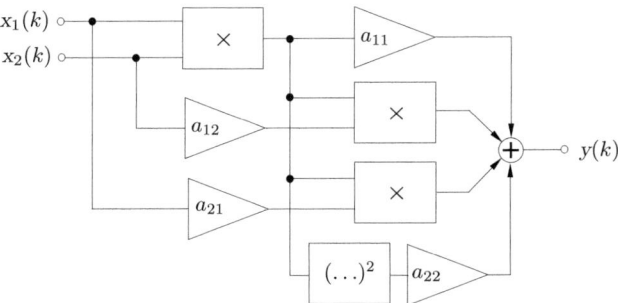

Bild 4.2-1*: Statisches System

4.2-2 a) Mit dem gegebenen Ansatz folgt für $k = 0, 1, 2, \ldots$

$$
\begin{aligned}
z(0) &= K \\
z(1) &= (1+q)z(0) - x \\
z(2) &= (1+q)z(1) - x \\
\cdots & \quad \cdots
\end{aligned}
$$

und daraus die inhomogene Differenzengleichung

$$z(k+1) - (1+q)z(k) = -x \qquad (k = 0, 1, 2, \ldots).$$

Wir bestimmen nun die Lösung dieser Gleichung mit der Anfangsbedingung $z(0) = K$ mit Hilfe der Z-Transformation und erhalten mit

$$z(Z(z) - z(0)) - (1-q)Z(z) = -\frac{x z}{z-1}$$

die Lösung im Bildbereich

$$Z(z) = \frac{z^2 K - z(K+x)}{(z-1-q)(z-1)}.$$

Die Rücktransformation mit der Residuenformel ergibt

$$z(k) = \sum \mathrm{Res}\left(Z(z)z^{k-1}\right) = \frac{x}{q} + \left(K - \frac{x}{q}\right)(1+q)^k \qquad (k = 0, 1, 2, \ldots).$$

Diskussion:

Fall 1:	$x < qK$:	Guthaben nimmt zu,
Fall 2:	$x = qK$:	Guthaben bleibt konstant,
Fall 3:	$x > qK$:	Guthaben nimmt ab.

b) Aus

$$z(N) = \frac{x}{q} + \left(K - \frac{x}{q}\right)(1+q)^N = 0$$

folgt mit den Zahlenwerten

$$x = \frac{(1+q)^N\, q\, K}{(1+q)^N - 1} = 1358,68 \text{ Euro}.$$

4.2-3 Die Lösung ergibt folgende Tabelle, in der die Werte von $y(k) = z(k)$ für die verschiedenen Werte von μ eingetragen sind:

k	$\mu = 0,5$	$\mu = 0,9$	$\mu = 2,0$
0	0,200000	0,200000	0,200000
1	0,980000	0,964000	0,920000
2	0,519800	0,163634	$-0,692800$
3	0,864904	0,975902	0,040056
4	0,625971	0,142854	0,996791
5	0,804080	0,981633	$-0,987185$
6	0,676727	0,132756	$-0,949067$
7	0,771020	0,984138	$-0,801455$
8	0,702764	0,128325	$-0,284659$
9	0,753061	0,985179	0,837938
10	0,716449	0,126479	$-0,404281$
11	0,743350	0,985603	0,673114
12	0,723715	0,125729	0,093834
13	0,738118	0,985773	0,982390
14	0,727591	0,125426	$-0,930182$
15	0,735306	0,985841	$-0,730477$
16	0,729663	0,125305	$-0,067194$
17	0,733796	0,985869	0,990970
18	0,730772	0,125256	$-0,964043$
19	0,732986	0,985880	$-0,858758$
20	0,731365	0,125237	$-0,474930$

a) <u>Fall $\mu = 0,5$:</u> Aus der Zustandsgleichung

$$z(k + 1) = 1 - 0,5z^2(k) \tag{1}$$

folgt für $k \to \infty$ (bei Erreichen nur eines Grenzwertes) $z(k + 1) = z(k) = z(\infty)$. Es gilt also

$$z(\infty) = 1 - 0,5z^2(\infty) \qquad \text{oder} \qquad z^2(\infty) + 2z(\infty) - 2 = 0$$

mit den Lösungen $z_{1,2}(\infty) = -1 \pm \sqrt{3}$.

Im vorliegenden Fall wird die Lösung $z_1(\infty) = -1 + \sqrt{3} \approx 0,732051$ angenommen. Die andere Lösung $z_2(\infty) = -1 - \sqrt{3} \approx -2,732051$ ist „labil" in dem Sinne, dass jede geringfügige Abweichung von diesem Wert im nächsten Taktzeitpunkt zu einer noch größeren Abweichung führt, die Lösung kann also nicht eintreten.

b) <u>Fall $\mu = 0,9$:</u> Aus der Zustandsgleichung

$$z(k + 1) = 1 - 0,9z^2(k) \tag{2}$$

ergeben sich für $k \to \infty$ zwei Grenzwerte, je nachdem, ob k gerade oder ungerade ist. Für beide Grenzwerte gilt aber mit $k \to \infty$ die Beziehung $z(k+2) = z(k) = z(\infty)$. Aus (2) erhalten wir

$$z(k + 2) = 1 - 0,9z^2(k + 1) = 1 - 0,9\big(1 - 0,9z^2(k)\big)^2, \tag{3}$$

und mit $k \to \infty$ folgt daraus

$$z(\infty) = 1 - 0,9\big(1 - 0,9z^2(\infty)\big)^2. \tag{4}$$

Da diese Gleichung 4. Grades nicht ohne Mühe von Hand gelöst werden kann, beachten wir, dass wegen (2) mit $k \to \infty$ für die beiden abwechselnd aufeinander folgenden Grenzwerte $z_1(\infty) = z_1$ und $z_2(\infty) = z_2$ gilt

$$z_2 = 1 - 0,9z_1^2 \tag{5}$$
$$z_1 = 1 - 0,9z_2^2. \tag{6}$$

Daraus folgt durch Differenzbildung

$$z_2 - z_1 = 0,9(z_2^2 - z_1^2) = 0,9(z_2 - z_1)(z_2 + z_1)$$

und nach Kürzen von $z_2 - z_1$

$$z_2 + z_1 = (0,9)^{-1} \qquad \text{oder} \qquad z_2 = (0,9)^{-1} - z_1.$$

Wird dieses Ergebnis in (6) eingesetzt, so folgt für z_1 die quadratische Gleichung

$$z_1 = 1 - 0,9\big((0,9)^{-1} - z_1\big)^2 \qquad \text{oder} \qquad z_1^2 - (0,9)^{-1}z_1 = (0,9)^{-1} - (0,9)^{-2}$$

mit den wegen der Symmetrie von (5) und (6) ebenso für z_2 gültigen Lösungen

$$z_{1,2} = \frac{5}{9}\left(1 \pm \sqrt{0,\overline{6}}\right).$$

Es ist also $z_1 = \frac{5}{9}\left(1 + \sqrt{0,\overline{6}}\right) \approx 0,985887$ und $z_2 = \frac{5}{9}\left(1 - \sqrt{0,\overline{6}}\right) \approx 0,125224$ bzw. umgekehrt. Bemerkung: (4) hat noch zwei weitere hier nicht interessierende Lösungen.

c) <u>Fall $\mu = 2,0$:</u> $y(k)$ bzw. $z(k)$ zeigen unregelmäßiges Verhalten (chaotische Lösung).

6.10   Lösungen der Aufgaben zum Abschnitt 5.1

5.1-1 a) Die Zustandsgleichungen lauten

$$
\begin{aligned}
z_1(k+1) &= x(k) \\
z_2(k+1) &= z_1(k) \\
y(k) &= z_1(k) + 0,25 z_2(k) + x(k).
\end{aligned}
$$

b) Für die Systemmatrizen erhält man

$$
A = \begin{pmatrix} 0 & 0 \\ 1 & 0 \end{pmatrix}; \qquad B = \begin{pmatrix} 1 \\ 0 \end{pmatrix}; \qquad C = (1 \;\; 0,25); \qquad D = 1.
$$

c) Die Impulsantwort ergibt sich aus

$$
G(z) = C(zE - A)^{-1}B + D = 1 + z^{-1} + 0,25 z^{-2}
$$

$$
g = (1, \; 1, \; 0,25, \; 0, \; 0, \dots).
$$

d) Die Berechnung der Ausgabe ergibt

$$
X(z) = 1 + z^{-1} + z^{-2} + z^{-3} + z^{-4}
$$

$$
Y(z) = G(z)\, X(z) = 1 + 2z^{-1} + 2,25 z^{-2} + 2,25 z^{-3} + 2,25 z^{-4} + 1,25 z^{-5} + 0,25 z^{-6}
$$

$$
y = (1, \; 2, \; 2,25, \; 2,25, \; 2,25, \; 1,25, \; 0,25, \; 0, \; 0, \dots).
$$

5.1-2 Die Impulsantwort ergibt sich aus der folgenden Rechnung:

$$
X(z) = Z\big(x(k)\big) = \frac{z}{z-1} \qquad Y(z) = Z\big(y(k)\big) = 2 + \frac{1}{z}
$$

$$
G(z) = \frac{Y(z)}{X(z)} = 2 - z^{-1} - z^{-2} \qquad g = (2, \; 1, \; 1, \; 0, \; 0, \dots).
$$

5.1-3 Aus der Schaltung liest man folgende Zustandsgleichungen ab:

$$
\begin{aligned}
z_1(k+1) &= -z_1(k) + z_2(k) - 3,5 x(k) \\
z_2(k+1) &= -0,5 z_1(k) + 0,5 x(k) \\
y(k) &= z_1(k) + x(k)
\end{aligned}
$$

$$
A = \begin{pmatrix} -1 & 1 \\ -0,5 & 0 \end{pmatrix}; \qquad B = \begin{pmatrix} -3,5 \\ 0,5 \end{pmatrix}; \qquad C = (1 \;\; 0); \qquad D = 1
$$

$$
G(z) = C(zE - A)^{-1}B + D = \frac{z^2 - 2,5z + 1}{z^2 + z + 0,5}
$$

5.1-4 Es gilt

$$
X(z) = Z\big(x(k)\big) = 1 - 3z^{-4} \qquad G(z) = Z\big(g(k)\big) = \frac{z}{z - 0,5}
$$

$$
Y(z) = G(z)\, X(z) = \frac{z}{z - 0,5} - 3z^{-4}\frac{z}{z - 0,5}
$$

$$
y(k) = \begin{cases}
0 & k < 0 \\
(0,5)^k & k = 0,1,2,3 \\
(0,5)^k - 3\cdot(0,5)^{k-4} & k = 4,5,6,\dots
\end{cases}
$$

6.11   Lösungen der Aufgaben zum Abschnitt 5.2

5.2-1 a) Die Übertragungsfunktion ergibt sich aus

$$X(z) = Z\big(x(k)\big) = \frac{6z^2}{z^2 - 1} \qquad Y(z) = Z\big(y(k)\big) = \frac{6z(z-1)}{(z+1)(z-0,5)}$$

$$G(z) = \frac{Y(z)}{X(z)} = \frac{z^2 - 2z + 1}{z^2 - 0,5z}.$$

b) Die Differenzengleichung folgt aus

$$G(z) = \frac{Y(z)}{X(z)} = \frac{1 - 2z^{-1} + z^{-2}}{1 - 0,5z^{-1}}$$

$$-0,5z^{-1}Y(z) + Y(z) = z^{-2}X(z) - 2z^{-1}X(z) + X(z)$$

$$-0,5y(k-1) + y(k) = x(k-2) - 2x(k-1) + x(k).$$

c) Die Schaltung zeigt Bild 5.2-1*.

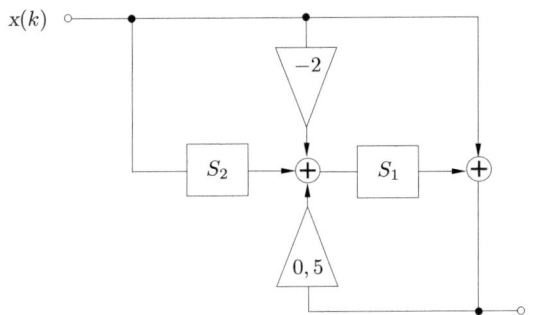

Bild 5.2-1*: Lineares System

d) Zustandsgleichungen:

$$\begin{aligned}
z_1(k+1) &= 0,5z_1(k) + z_2(k) - 1,5x(k) \\
z_2(k+1) &= x(k) \\
y(k) &= z_1(k) + x(k)
\end{aligned}$$

$$A = \begin{pmatrix} 0,5 & 1 \\ 0 & 0 \end{pmatrix}; \qquad B = \begin{pmatrix} -1,5 \\ 1 \end{pmatrix}; \qquad C = (1 \ 0); \qquad D = 1$$

$$G(z) = C(zE - A)^{-1}B + D = \frac{z^2 - 2z + 1}{z^2 - 0,5z} \qquad \text{(Siehe a))}.$$

5.2-2 a) Die Differenzengleichung lautet

$$y(k) = \frac{1}{3}(x(k) + x(k-1) + x(k-2)).$$

b) Die Übertragungsfunktion folgt aus

$$Y(z) = \frac{1}{3}\big(X(z) + z^{-1}X(z) + z^{-2}X(z)\big)$$

$$G(z) = \frac{Y(z)}{X(z)} = \frac{z^2 + z + 1}{3z^2}.$$

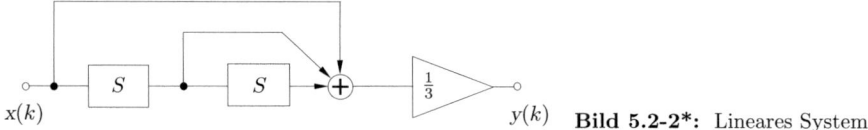

$x(k)$ $y(k)$ **Bild 5.2-2*:** Lineares System

c) Die Schaltung zeigt Bild 5.2-2*.

5.2-3 a) Aus der Differenzengleichung folgt

$$y(k) = x(k) + x(k-1) - 0,25x(k-2) \qquad Y(z) = X(z) + z^{-1}X(z) + 0,25z^{-2}X(z)$$

$$G(z) = \frac{Y(z)}{X(z)} = \frac{z^2 + z + 0,25}{z^2}.$$

b) Der Frequenzgang ergibt sich aus

$$G(e^{j\Omega}) = 1 + e^{-j\Omega} + 0,25e^{-2j\Omega} = 1 + \cos\Omega + 0,25\cos 2\Omega - j(\sin\Omega + 0,25\sin 2\Omega).$$

Die Ortskurve zeigt Bild 5.2-3*a.

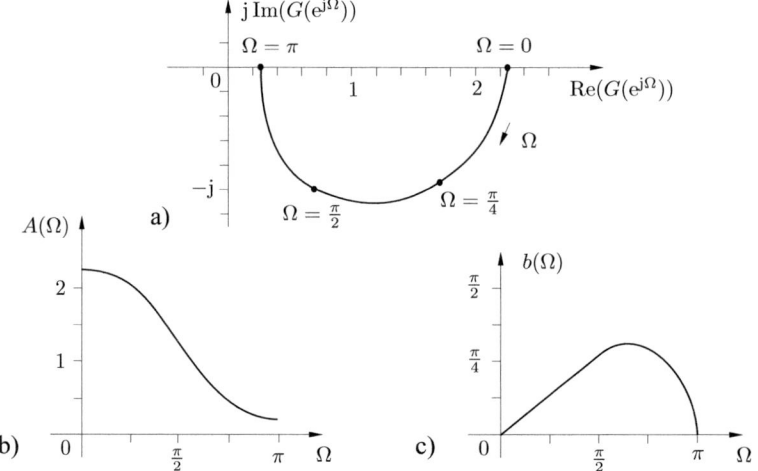

Bild 5.2-3*: a) Komplexer Frequenzgang; b) Amplitudenfrequenzgang; c) Phasenmaß

c) Der Amplitudenfrequenzgang folgt aus

$$
\begin{aligned}
A(\Omega) &= |G(e^{j\Omega})| = \left.\sqrt{G(z)G(z^{-1})}\right|_{z=e^{j\Omega}} \\
&= \sqrt{2,0625 + 1,25(e^{j\Omega} + e^{-j\Omega}) + 0,25(e^{2j\Omega} + e^{-2j\Omega})} \\
&= \sqrt{2,0625 + 2,5\cos\Omega + 0,5\cos 2\Omega} = 1,25 + \cos\Omega.
\end{aligned}
$$

Die Darstellung von $A(\Omega)$ zeigt Bild 5.2-3*b.

d) Für das Phasenmaß gilt

$$b(\Omega) = -\arg G(e^{j\Omega}) = \arctan\frac{\sin\Omega + 0,25\sin 2\Omega}{1 + \cos\Omega + 0,25\cos 2\Omega}.$$

Die Darstellung von $b(\Omega)$ zeigt Bild 5.2-3*c.

e) Das stationäre Ausgabesignal ergibt sich aus der folgenden Rechnung:

$$x(k) = \hat{X}\cos(\Omega k + \varphi_x) \qquad \left(\hat{X} = 5,\ \Omega = \frac{\pi}{6},\ \varphi_x = -\frac{\pi}{4}\right)$$

$$\hat{Y} = |G(\mathrm{e}^{\mathrm{j}\Omega})|\hat{X} = \left(1,25 + \cos\frac{\pi}{6}\right)\cdot 5 \approx 10,58$$

$$\varphi_y = \arg G(\mathrm{e}^{\mathrm{j}\Omega}) + \varphi_x \approx -0,35 - \frac{\pi}{4}$$

$$y(k) = \hat{Y}\cos(\Omega k + \varphi_y) \approx 10,58\cos\left(\frac{\pi}{6}k - \frac{\pi}{4} - 0,35\right).$$

5.2-4 a) Amplitudenfrequenzgang:

$$A(\Omega) = \left.\sqrt{G(z)G(z^{-1})}\right|_{z=\mathrm{e}^{\mathrm{j}\Omega}} = \sqrt{\frac{2 + 2\cos 2\Omega}{2,25 + 3\cos\Omega + \cos 2\Omega}} \quad \text{(Hochpass)}$$

b) Amplitudenfrequenzgang:

$$A(\Omega) = \sqrt{\frac{2 + 2\cos 2\Omega}{2,25 - 3\cos\Omega + \cos 2\Omega}} \qquad \text{(Tiefpass)}$$

c) Amplitudenfrequenzgang:

$$A(\Omega) = 1,25 + \cos\Omega \qquad \text{(Tiefpass, siehe Aufgabe 5.2-3c)}$$

d) Amplitudenfrequenzgang:

$$A(\Omega) = 2|\cos\Omega| \qquad \text{(Bandsperre)}$$

Die Skizzen der PN-Pläne und der Amplitudenfrequenzgänge zeigt Bild 5.2-4*.

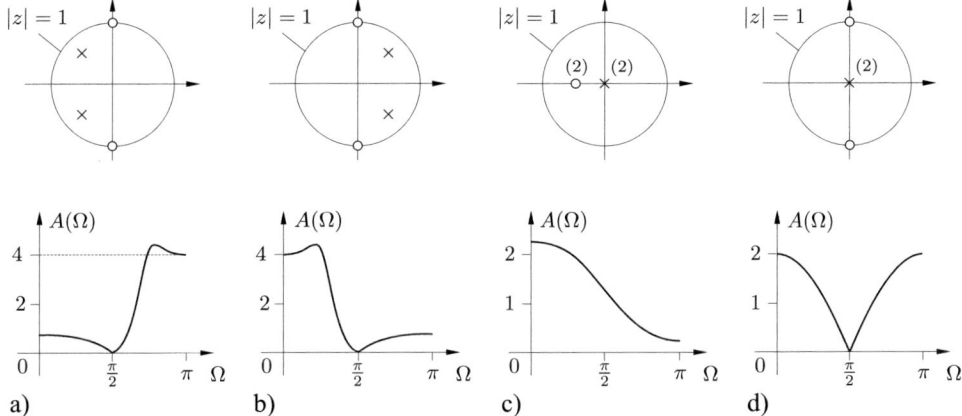

Bild 5.2-4*: a) bis d) Pol-Nullstellen-Pläne und Amplitudenfrequenzgänge

5.2-5 a) Die Übertragungsfunktion ergibt sich aus

$$y(k) = x(k) - V x(k-1) + x(k-2) \qquad Y(z) = X(z) - V z^{-1} X(z) + z^{-2} X(z)$$

$$G(z) = \frac{Y(z)}{X(z)} = \frac{z - V + z^{-1}}{z}.$$

b) Für den Amplitudenfrequenzgang gilt

$$A(\Omega) = |G(e^{j\Omega})| = |2\cos\Omega - V|.$$

Für den Phasenfrequenzgang erhält man

$$
\begin{aligned}
b(\Omega) &= -\arg G(e^{j\Omega}) = \arg e^{j\Omega} - \arg(2\cos\Omega - V)\\
&= \begin{cases} \Omega & 0 \le \Omega < \arccos(V/2)\\ \Omega - \pi & \arccos(V/2) < \Omega \le \pi \end{cases}
\end{aligned}
$$

Die Darstellung von $A(\Omega)$ und $b(\Omega)$ zeigt Bild 5.2-5*.

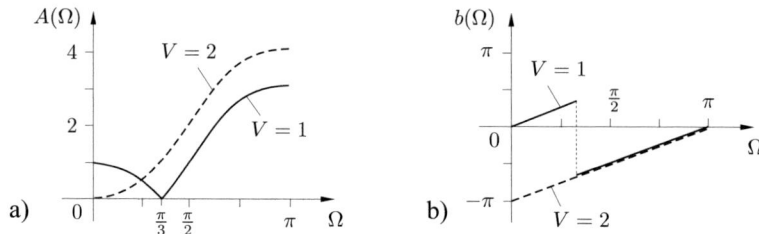

Bild 5.2-5*: a) Amplitudenfrequenzgang; b) Phasenmaß

c) Es gilt

$$\Omega = 2\pi\frac{f}{f_T} = \frac{\pi}{4} \qquad A\left(\frac{\pi}{4}\right) = 0 \quad \Rightarrow \quad V = 2\cos\left(\frac{\pi}{4}\right) = \sqrt{2}.$$

d) Mit

$$\Omega = 2\pi\frac{f}{f_T} = \frac{3}{10}\pi \ \text{ folgt}$$

$$A\left(\frac{3}{10}\pi\right) = \left|2\cos\left(\frac{3}{10}\pi\right) - \sqrt{2}\right| \approx 0,2386$$

$$a\left(\frac{3}{10}\pi\right) = -20\log A\left(\frac{3}{10}\pi\right) \approx 12,45 \ \text{dB}.$$

5.2-6 Es gilt

$$G(z) = \frac{1}{2z}\left(z - \frac{1}{z}\right) \qquad G(e^{j\Omega}) = je^{-j\Omega}\sin\Omega$$

$$A(\Omega) = |\sin\Omega| \qquad a(\Omega) = -20\log|\sin\Omega| \qquad b(\Omega) = \Omega - \frac{\pi}{2}$$

Damit handelt es sich um ein linearphasiges System.

5.2-7 a) Es gilt

$$A(\Omega) = \sqrt{G(z)G(z^{-1})}\Big|_{z=e^{j\Omega}} = \sqrt{\frac{2 - 2\cos 2\Omega}{164 + 160\cos 2\Omega}}$$

$$f = 0 \ \text{kHz} \qquad \Omega = 2\pi\frac{f}{f_T} = 0 \quad \Rightarrow \quad A(0) = 0$$

$$f = 8 \ \text{kHz} \qquad \Omega = 2\pi\frac{f}{f_T} = \frac{\pi}{2} \quad \Rightarrow \quad A(\frac{\pi}{2}) = 1$$

$$f = 16 \ \text{kHz} \qquad \Omega = 2\pi\frac{f}{f_T} = \pi \quad \Rightarrow \quad A(\pi) = 0.$$

b) Das System ist instabil, denn die Pole $z_{1,2} = \pm\mathrm{j}0,5\sqrt{5}$ von $G(z)$ liegen außerhalb des Einheitskreises $|z| = 1$ der z-Ebene.

c) Wählt man statt G die neue Übertragungsfunktion G':

$$G'(z) = \frac{z^2 - 1}{10z^2 + 8} = \frac{0,1z^2 - 0,1}{z^2 + 0,8},$$

wobei die Pole am Einheitskreis $|z| = 1$ gespiegelt wurden, so erhält man ein stabiles System mit den im Innern von $|z| = 1$ gelegenen Polen $z'_{1,2} = \pm\mathrm{j}2/\sqrt{5}$. Der Amplitudenfrequenzgang verändert sich dabei nicht ($|G'(\mathrm{e}^{\mathrm{j}\Omega})| = |G(\mathrm{e}^{\mathrm{j}\Omega})|$).

d) Die Schaltung zur Realisierung von $G'(z)$ zeigt Bild 5.2-7*.

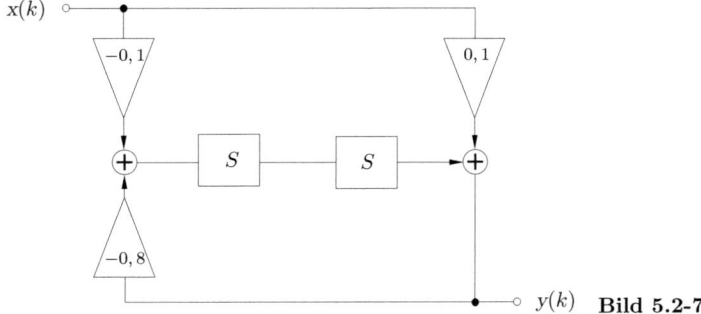

Bild 5.2-7*: Lineares System

5.2-8 Mit Hilfe der Abbildung

$$z = \frac{1+s}{1-s}$$

wird das Innere des Kreises $|z| = 1$ der z-Ebene auf die offene linke s-Halbebene $\mathrm{Re}(s) < 0$ abgebildet. Die Untersuchung, ob

$$N(z) = 15z^4 + 6z^3 + 8z^2 + 2z + 1$$

nur Nullstellen im Innern von $|z| = 1$ hat, wird also darauf zurückgeführt, zu untersuchen, ob

$$\begin{aligned}
N'(s) &= 15\left(\frac{1+s}{1-s}\right)^4 + 6\left(\frac{1+s}{1-s}\right)^3 + 8\left(\frac{1+s}{1-s}\right)^2 + 2\frac{1+s}{1-s} + 1 \\
&= \frac{16(s^4 + 3s^3 + 5s^2 + 4s + 2)}{(1-s)^4}
\end{aligned}$$

nur Nullstellen mit negativem Realteil hat, was tatsächlich der Fall ist. Die Untersuchung erfolgt mit Hilfe des Hurwitz-Kriteriums:

$$D = \begin{vmatrix} 3 & 4 & 0 & 0 \\ 1 & 5 & 2 & 0 \\ 0 & 3 & 4 & 0 \\ 0 & 1 & 5 & 2 \end{vmatrix} \qquad \begin{aligned} D_1 &= 3 > 0 \\ D_2 &= 11 > 0 \\ D_3 &= 26 > 0 \\ D_4 &= 52 > 0 \end{aligned}$$

Da alle $D_\nu > 0$ ($\nu = 1, 2, 3, 4$), besitzt $N'(s)$ nur Nullstellen mit negativem Realteil und damit $N(z)$ nur Nullstellen im Innern von $|z| = 1$. Das System ist stabil.

Anhang

Fourier-Transformation:

Transformationsgleichungen:

$$X(\omega) = \int\limits_{-\infty}^{\infty} x(t)\mathrm{e}^{-\mathrm{j}\omega t}\,\mathrm{d}t \qquad\qquad x(t) = \frac{1}{2\pi}\int\limits_{-\infty}^{\infty} X(\omega)\mathrm{e}^{\mathrm{j}\omega t}\,\mathrm{d}\omega$$

Rechenregeln der Fourier-Transformation:

Nr.	$x(t)$	$X(\omega)$	Bemerkungen
1	$\alpha x_1(t) + \beta x_2(t)$	$\alpha X_1(\omega) + \beta X_2(\omega)$	Linearität
2	$x(t - \tau)$	$\mathrm{e}^{-\mathrm{j}\omega\tau} X(\omega)$	Verschiebungssatz (Zeitverschiebung)
3	$x(t)\mathrm{e}^{\mathrm{j}\omega_0 t}$	$X(\omega - \omega_0)$	Verschiebungssatz (Frequenzverschiebung)
4	$x(at)$	$\dfrac{1}{|a|}X\left(\dfrac{\omega}{a}\right)$	Ähnlichkeitssatz $\quad (a \neq 0)$
5	$\dot{x}(t)$	$\mathrm{j}\omega X(\omega)$	Differenziationsregel
6	$\displaystyle\int\limits_{-\infty}^{t} x(\tau)\,\mathrm{d}\tau$	$\dfrac{1}{\mathrm{j}\omega}X(\omega)$	Integrationsregel*)
7	$\displaystyle\int\limits_{-\infty}^{\infty} x_1(\tau)x_2(t - \tau)\,\mathrm{d}\tau$	$X_1(\omega)X_2(\omega)$	Faltungssatz (Faltung im Zeitbereich)
8	$x_1(t)x_2(t)$	$\dfrac{1}{2\pi}\displaystyle\int\limits_{-\infty}^{\infty} X_1(u)X_2(\omega - u)\,\mathrm{d}u$	Faltungssatz (Faltung im Frequenzbereich)
9	Gilt die Korrespondenz $x(t) \circ\!\!-\!\!\bullet\, X(\omega)$, so gilt auch die Korrespondenz $X(t) \,\bullet\!\!-\!\!\circ\, 2\pi x(-\omega)$.		Vertauschungssatz

*) Man überprüfe, ob die Fourier-Transformierte des Integrals auf der linken Seite wirklich exisiert!

Korrespondenzen der Fourier-Transformation:

Nr.	$x(t)$	$X(\omega)$	
1	$\delta(t)$	1	
2	$\begin{cases} a & -\tau < t < \tau \\ 0 & t < -\tau,\ t > \tau \end{cases}$	$2a\tau\,\dfrac{\sin\omega\tau}{\omega\tau}$	
3	$\dfrac{\sin\beta t}{\beta t}$	$\begin{cases} \dfrac{\pi}{\beta} & -\beta < \omega < \beta \\ 0 & \omega < -\beta,\quad \omega > \beta \end{cases}$	$(\beta \neq 0)$
4	$\begin{cases} \mathrm{e}^{-at} & t > 0 \\ 0 & t < 0 \end{cases}$	$\dfrac{1}{\mathrm{j}\omega + a}$	$(a > 0)$
5	$\mathrm{e}^{-a|t|}$	$\dfrac{2a}{\omega^2 + a^2}$	$(a > 0)$
6	$\dfrac{1}{t^2 + a^2}$	$\dfrac{\pi}{a}\mathrm{e}^{-a|\omega|}$	$(a > 0)$
7	e^{-at^2}	$\sqrt{\dfrac{\pi}{a}}\ \mathrm{e}^{-\frac{\omega^2}{4a}}$	$(a > 0)$
8	$(1 + a|t|)\mathrm{e}^{-a|t|}$	$\dfrac{4a^3}{(\omega^2 + a^2)^2}$	$(a > 0)$
9	$\left(1 + a|t| + \dfrac{1}{3}(at)^2\right)\mathrm{e}^{-a|t|}$	$\dfrac{16a^5}{3(\omega^2 + a^2)^3}$	$(a > 0)$
10	$\mathrm{e}^{-a|t|}\cos\beta t$	$\dfrac{2a(\omega^2 + a^2 + \beta^2)}{(\omega^2 - a^2 - \beta^2)^2 + 4a^2\omega^2}$	$(a > 0)$
11	$\mathrm{e}^{-a|t|}\left(\cos\beta t + \dfrac{a}{\beta}\sin\beta|t|\right)$	$\dfrac{4a(a^2 + \beta^2)}{((\omega - \beta)^2 + a^2)((\omega + \beta)^2 + a^2)}$	$(a > 0)$
12	$\begin{cases} a\left(1 - \dfrac{|t|}{\tau}\right) & -\tau < t < \tau \\ 0 & \text{sonst} \end{cases}$	$\dfrac{4a}{\omega^2\tau}\sin^2\left(\dfrac{\omega\tau}{2}\right)$	$(\tau \neq 0)$
13	$\begin{cases} \mathrm{e}^{-at}\cos\beta t & t \geq 0 \\ 0 & t < 0 \end{cases}$	$\dfrac{a + \mathrm{j}\omega}{(a + \mathrm{j}\omega)^2 + \beta^2}$	$(a > 0)$
14	$\begin{cases} a & -2\tau < t < 0 \\ -a & 0 < t < 2\tau \\ 0 & t < -2\tau,\ t > 2\tau \end{cases}$	$\mathrm{j}\,\dfrac{4a}{\omega}\sin^2(\omega\tau)$	

Laplace-Transformation:

Transformationsgleichungen:

$$X(s) = \int\limits_{-\infty}^{\infty} \mathrm{x}(t)\mathrm{e}^{-st}\,\mathrm{d}t \qquad \mathrm{x}(t) = \frac{1}{2\pi\mathrm{j}} \int\limits_{\delta-\mathrm{j}\infty}^{\delta+\mathrm{j}\infty} X(s)\mathrm{e}^{st}\,\mathrm{d}s$$

Rechenregeln der Laplace-Transformation:

Nr.	$\mathrm{x}(t)$	$X(s)$	Bemerkungen
1	$\alpha \mathrm{x}_1(t) + \beta \mathrm{x}_2(t)$	$\alpha X_1(s) + \beta X_2(s)$	Linearität
2	$\mathrm{x}(t-\tau) \quad (\tau > 0)$	$\mathrm{e}^{-s\tau} X(s)$	Verschiebungssatz
3	$\mathrm{x}(at)$	$\dfrac{1}{a} X\left(\dfrac{s}{a}\right)$	Ähnlichkeitssatz $\quad (a > 0)$
4	$\dot{\mathrm{x}}(t)$	$sX(s) - \mathrm{x}(+0)$	Differenziationsregel
5	$\displaystyle\int\limits_0^t \mathrm{x}(\tau)\mathrm{d}\tau$	$\dfrac{1}{s} X(s)$	Integrationsregel
6	$\mathrm{e}^{-at} \mathrm{x}(t)$	$X(s+a)$	Dämpfungssatz
7	$\displaystyle\int\limits_0^t \mathrm{x}_1(\tau)\mathrm{x}_2(t-\tau)\mathrm{d}\tau$	$X_1(s)X_2(s)$	Faltungssatz

Residuenformel:

$$\mathrm{x}(t) = \sum_i \operatorname*{Res}_{s=s_i} \left(X(s)\mathrm{e}^{st}\right),$$

wobei

$$\operatorname*{Res}_{s=s_i} \left(X(s)\mathrm{e}^{st}\right) = \frac{1}{(m-1)!} \lim_{s \to s_i} \frac{\mathrm{d}^{m-1}}{\mathrm{d}s^{m-1}} \left(X(s)\mathrm{e}^{st}(s - s_i)^m\right).$$

Hierbei ist s_i ein m-facher Pol von $X(s)$ und $X(s)$ rational mit $X(\infty) \to 0$.

Grenzwertsätze:
Es sei $\mathrm{x}, \dot{\mathrm{x}} \in \mathsf{X}_\gamma$ und $L\big(\mathrm{x}(t)\big) = X(s)$ sowie $L\big(\dot{\mathrm{x}}(t)\big) = sX(s) - \mathrm{x}(0)$. Dann gilt

1. Ist $\displaystyle\lim_{t\to\infty} \mathrm{x}(t) = A$, so gilt auch $\displaystyle\lim_{s\to 0} sX(s) = A$.

2. Ist $\displaystyle\lim_{t\to +0} \mathrm{x}(t) = B$, so gilt auch $\displaystyle\lim_{s\to\infty} sX(s) = B$.

Korrespondenzen der Laplace-Transformation:

Nr.	$x(t)$	$X(s)$
1	$\delta(t)$	1
2	$\mathbf{1}(t)$	$\dfrac{1}{s}$
3	$t\,\mathbf{1}(t)$	$\dfrac{1}{s^2}$
4	$\mathrm{e}^{at}\,\mathbf{1}(t)$	$\dfrac{1}{s-a}$
5	$t\,\mathrm{e}^{at}\,\mathbf{1}(t)$	$\dfrac{1}{(s-a)^2}$
6	$\dfrac{t^{n-1}}{(n-1)!}\mathrm{e}^{at}\,\mathbf{1}(t)$	$\dfrac{1}{(s-a)^n}\qquad(n=1,2,3,\dots)$
7	$\cos at\,\mathbf{1}(t)$	$\dfrac{s}{s^2+a^2}$
8	$\sin at\,\mathbf{1}(t)$	$\dfrac{a}{s^2+a^2}$
9	$\cosh at\,\mathbf{1}(t)$	$\dfrac{s}{s^2-a^2}$
10	$\sinh at\,\mathbf{1}(t)$	$\dfrac{a}{s^2-a^2}$
11	$\mathrm{e}^{at}\cos\beta t\,\mathbf{1}(t)$	$\dfrac{s-a}{(s-a)^2+\beta^2}$
12	$\mathrm{e}^{at}\sin\beta t\,\mathbf{1}(t)$	$\dfrac{\beta}{(s-a)^2+\beta^2}$
13	$\mathrm{e}^{at}\left(\cos\beta t+\dfrac{a}{\beta}\sin\beta t\right)\mathbf{1}(t)$	$\dfrac{s}{(s-a)^2+\beta^2}$
14	$\cos^2 at\,\mathbf{1}(t)$	$\dfrac{s^2+2a^2}{s\,(s^2+4a^2)}$
15	$\sin^2 at\,\mathbf{1}(t)$	$\dfrac{2a^2}{s\,(s^2+4a^2)}$
16	$\cos(at+b)\,\mathbf{1}(t)$	$\dfrac{s\cos b-a\sin b}{s^2+a^2}$
17	$\sin(at+b)\,\mathbf{1}(t)$	$\dfrac{s\sin b+a\cos b}{s^2+a^2}$
18	$\dfrac{1}{\sqrt{\pi t}}\,\mathbf{1}(t)$	$\dfrac{1}{\sqrt{s}}$
19	$2\sqrt{\dfrac{t}{\pi}}\,\mathbf{1}(t)$	$\dfrac{1}{s\sqrt{s}}$
20	$\dfrac{1+2at}{\sqrt{\pi t}}\,\mathbf{1}(t)$	$\dfrac{s+a}{s\sqrt{s}}$
21	$J_0(t)\,\mathbf{1}(t)\quad(J_0\ \text{Besselfunktion})$	$\dfrac{1}{\sqrt{s^2+1}}$
22	$J_1(t)\,\mathbf{1}(t)\quad(J_1\ \text{Besselfunktion})$	$\dfrac{\sqrt{s^2+1}-s}{\sqrt{s^2+1}}$

Z-Transformation:

Transformationsgleichungen:

$$X(z) = \sum_{k=0}^{\infty} x(k) z^{-k} \qquad x(k) = \frac{1}{2\pi \mathrm{j}} \oint_C X(z) z^{k-1}\, \mathrm{d}z \quad (k = 0, 1, 2, \ldots)$$

Rechenregeln der Z-Transformation:

Nr.	$x(k)$	$X(z)$	Bemerkungen
1	$\alpha x_1(k) + \beta x_2(k)$	$\alpha X_1(z) + \beta X_2(z)$	Linearität
2	$x(k - m)$	$z^{-m} X(z)$	Verschiebungssatz ($\rightarrow$)
3	$x(k + m)$	$z^m \left(X(z) - \sum_{i=0}^{m-1} x(i) z^{-i} \right)$	Verschiebungssatz ($\leftarrow$)
4	$x(k + 1) - x(k)$	$(z - 1) X(z) - z x(0)$	Vorwärtsdifferenz
5	$x(k) - x(k - 1)$	$\left(1 - z^{-1} \right) X(z)$	Rückwärtsdifferenz
6	$\sum_{i=0}^{k} x_1(i) x_2(k - i)$	$X_1(z) X_2(z)$	Faltungssatz
7	$a^k x(k)$	$X \left(\dfrac{z}{a} \right)$	Dämpfungssatz
8	$\sum_{i=0}^{k} x(i)$	$\dfrac{z}{z - 1} X(z)$	Summation
9	$k x(k)$	$-z \dfrac{\mathrm{d}}{\mathrm{d}z} X(z)$	Differenziation im Bildbereich
10	$\dfrac{1}{k} x(k)$	$\displaystyle\int_z^{\infty} X(w) \dfrac{\mathrm{d}w}{w}$	Integration im Bildbereich

Residuenformel:

$$x(k) = \sum_i \operatorname*{Res}_{z = z_i} \left(X(z) z^{k-1} \right),$$

wobei

$$\operatorname*{Res}_{z = z_i} \left(X(z) z^{k-1} \right) = \frac{1}{(m - 1)!} \lim_{z \to z_i} \frac{\mathrm{d}^{m-1}}{\mathrm{d}z^{m-1}} \left(X(z) z^{k-1} (z - z_i)^m \right).$$

Hierbei ist z_i ein m-facher Pol von $X(z) z^{k-1}$ und $X(z)$ rational in z.

Grenzwertsätze:
Es gilt

     1. $x(0) = \lim\limits_{z \to \infty} X(z).$ 2. Ist $\lim\limits_{k \to \infty} x(k) = A$, so gilt auch $\lim\limits_{z \to 1} (z - 1) X(z) = A.$

Korrespondenzen der Z-Transformation:

Nr.	$x(k)$	$X(z)$
1	$\delta(k)$	1
2	$\mathbf{1}(k)$	$\dfrac{z}{z-1}$
3	$k\,\mathbf{1}(k)$	$\dfrac{z}{(z-1)^2}$
4	$k^2\,\mathbf{1}(k)$	$\dfrac{z(z+1)}{(z-1)^3}$
5	$a^k\,\mathbf{1}(k)$	$\dfrac{z}{z-a}$
6	$ka^k\,\mathbf{1}(k)$	$\dfrac{az}{(z-a)^2}$
7	$k^2 a^k\,\mathbf{1}(k)$	$\dfrac{az(z+a)}{(z-a)^3}$
8	$\dfrac{a^k}{k!}\,\mathbf{1}(k)$	$\exp\left(\dfrac{a}{z}\right)$
9	$\begin{pmatrix} k \\ m \end{pmatrix} a^k\,\mathbf{1}(k)$	$\dfrac{a^m z}{(z-a)^{m+1}}$
10	$e^{ak}\,\mathbf{1}(k)$	$\dfrac{z}{z-e^a}$
11	$ke^{ak}\,\mathbf{1}(k)$	$\dfrac{e^a z}{(z-e^a)^2}$
12	$a^k \sin\Omega k\,\mathbf{1}(k)$	$\dfrac{az\sin\Omega}{z^2 - 2az\cos\Omega + a^2}$
13	$a^k \cos\Omega k\,\mathbf{1}(k)$	$\dfrac{z(z - a\cos\Omega)}{z^2 - 2az\cos\Omega + a^2}$
14	$a^k \sinh\beta k\,\mathbf{1}(k)$	$\dfrac{az\sinh\beta}{z^2 - 2az\cosh\beta + a^2}$
15	$a^k \cosh\beta k\,\mathbf{1}(k)$	$\dfrac{z(z - a\cosh\beta)}{z^2 - 2az\cosh\beta + a^2}$
16	$(-1)^k\,\mathbf{1}(k)$	$\dfrac{z}{z+1}$
17	$\dfrac{(-1)^k}{(2k)!}\,\mathbf{1}(k)$	$\cos\dfrac{1}{\sqrt{z}}$
18	$\dfrac{1}{(2k)!}\,\mathbf{1}(k)$	$\cosh\dfrac{1}{\sqrt{z}}$
19	$k\sin\Omega k\,\mathbf{1}(k)$	$\dfrac{z(z^2-1)\sin\Omega}{(z^2 - 2z\cos\Omega + 1)^2}$

Lineare Systeme

Lineare zeitinvariante Systeme mit

kontinuierlicher Zeit	diskreter Zeit

Zustandsgleichungen:

$$\dot{z}(t) = Az(t) + Bx(t) \qquad\qquad z(k+1) = Az(k) + Bx(k)$$

$$y(t) = Cz(t) + Dx(t) \qquad\qquad y(k) = Cz(k) + Dx(k)$$

Fundamentalmatrix im Bildbereich:

$$\Phi(s) = (sE - A)^{-1} \qquad\qquad \Phi(z) = (zE - A)^{-1}z$$

Übertragungsmatrix bzw. Übertragungsfunktion:

$$G(s) = C(sE - A)^{-1}B + D \qquad\qquad G(z) = C(zE - A)^{-1}B + D$$

Lösung der 1. Zustandsgleichung im Bildbereich:

$$Z(s) = \Phi(s)z(0) + \Phi(s)BX(s) \qquad\qquad Z(z) = \Phi(z)z(0) + \Phi(z)z^{-1}BX(z)$$

Input-Output-Gleichung im Bildbereich:

$$Y(s) = C\Phi(s)z(0) + G(s)X(s) \qquad\qquad Y(z) = C\Phi(z)z(0) + G(z)X(z)$$

Fundamentalmatrix (Fundamentallösung) im Zeitbereich:

$$\varphi(t) = \mathrm{e}^{At} \qquad\qquad \varphi(k) = A^k$$

Gewichtsmatrix bzw. Gewichtsfunktion (Impulsantwort):

$$g(t) = C\varphi(t)B + D\delta(t) \qquad\qquad g(k) = \begin{cases} D & k = 0 \\ C\varphi(k-1)B & k = 1, 2, \ldots \end{cases}$$

Lösung der 1. Zustandsgleichung im Zeitbereich:

$$z(t) = \varphi(t)z(0) + \int_0^t \varphi(t-\tau)Bx(\tau)\,\mathrm{d}\tau \qquad z(k) = \varphi(k)z(0) + \sum_{i=0}^{k-1} \varphi(k-i-1)Bx(i)$$

Input-Output-Gleichung im Zeitbereich:

$$y(t) = C\varphi(t)z(0) + \int_0^t g(t-\tau)x(\tau)\,\mathrm{d}\tau \qquad y(k) = C\varphi(k)z(0) + \sum_{i=0}^{k} g(k-i)x(i)$$

Lineare zeitinvariante Systeme mit

kontinuierlicher Zeit	diskreter Zeit

Amplitudenfrequenzgang:

$$A(\omega) = |G(\mathrm{j}\omega)| = \left.\sqrt{G(s)G(-s)}\right|_{s=\mathrm{j}\omega} \qquad A(\Omega) = \left|G\left(\mathrm{e}^{\mathrm{j}\Omega}\right)\right| = \left.\sqrt{G(z)G(z^{-1})}\right|_{z=\mathrm{e}^{\mathrm{j}\Omega}}$$

Phasenfrequenzgang:

$$\varphi(\omega) = \arg G(\mathrm{j}\omega) \qquad\qquad \varphi(\Omega) = \arg G\left(\mathrm{e}^{\mathrm{j}\Omega}\right)$$

Dämpfungsmaß:

$$\begin{aligned} a(\omega) &= -\ln A(\omega) \quad \text{in Np} \\ a(\omega) &= -20\lg A(\omega) \quad \text{in dB} \end{aligned} \qquad \begin{aligned} a(\Omega) &= -\ln A(\Omega) \quad \text{in Np} \\ a(\Omega) &= -20\lg A(\Omega) \quad \text{in dB} \end{aligned}$$

Phasenmaß:

$$b(\omega) = -\arg G(\mathrm{j}\omega) \qquad\qquad b(\Omega) = -\arg G\left(\mathrm{e}^{\mathrm{j}\Omega}\right)$$

Übertragungsfunktion:

$$G(s) = \frac{a_n s^{-n} + \ldots + a_2 s^{-2} + a_1 s^{-1} + a_0}{b_n s^{-n} + \ldots + b_2 s^{-2} + b_1 s^{-1} + 1} \qquad G(z) = \frac{a_n z^{-n} + \ldots + a_2 z^{-2} + a_1 z^{-1} + a_0}{b_n z^{-n} + \ldots + b_2 z^{-2} + b_1 z^{-1} + 1}$$

Kanonische Realisierung:

Schaltung Bild 3.17 (Seite 148)   Schaltung Bild 5.6 (Seite 216)

Differenzialgleichung: **Differenzengleichung:**

$$\begin{aligned} y^{(n)}(t) &+ b_1 y^{(n-1)}(t) + \ldots + b_n y(t) \\ &= a_0 x^{(n)}(t) + a_1 x^{(n-1)}(t) + \ldots + a_n x(t) \end{aligned} \qquad \begin{aligned} y(k+n) &+ b_1 y(k+n-1) + \ldots + b_n y(k) \\ &= a_0 x(k+n) + a_1 x(k+n-1) + \ldots + a_n x(k) \end{aligned}$$

$$(b_0 = 1, \quad a_i \in \mathbb{R}, \quad b_j \in \mathbb{R})$$

Literaturverzeichnis

[1] D.K. Arrowsmith und C.M. Place. *Dynamische Systeme.* Spektrum Akademischer Verlag, Heidelberg, 1994.

[2] F. Bening. *Z-Transformation für Ingenieure.* B.G.Teubner Verlag, Stuttgart, 1995.

[3] A. Björck und G. Dahlquist. *Numerische Methoden.* R. Oldenbourg Verlag, München, 1972.

[4] H. Dobesch und H. Sulanke. *Zeitfunktionen.* Verlag Technik, Berlin, 1970.

[5] G. Doetsch. *Anleitung zum praktischen Gebrauch der Laplace-Transformation.* R. Oldenbourg Verlag, München, 1961.

[6] J. Dreszer. *Mathematik-Handbuch für Technik und Naturwissenschaft.* Fachbuchverlag, Leipzig, 1975

[7] H. Elschner, A. Möschwitzer und A. Reibiger. *Rechnergestützte Analyse in der Elektronik.* Verlag Technik, Berlin, 1977.

[8] M.J. Feigenbaum. *Universal Behaviour in Nonlinear Systems.* Los Alamos Science 1 (1980) S. 4-27.

[9] N. Fliege. *Systemtheorie.* B.G.Teubner Verlag, Stuttgart, 1991.

[10] G. Fodor. *Laplace-Transforms in Engineering.* Publishing House of the Academy of Sciences, Budapest, 1965.

[11] A. Göpfert und T. Riedrich. *Funktionalanalysis.* B.G.Teubner Verlag, Stuttgart, 1994.

[12] R. Hoffmann. *Signalanalyse und -erkennung.* Springer-Verlag, Berlin, 1998.

[13] R.W. Leven, B.P. Koch und B. Pompe. *Chaos in dissipativen Systemen.* Akademie-Verlag, Berlin, 1989.

[14] K. Lunze. *Theorie der Wechselstromschaltungen.* Verlag Technik, Berlin, 1985.

[15] A.V. Oppenheim und R.W. Schafer. *Zeitdiskrete Signalverarbeitung.* R. Oldenbourg-Verlag, München, 1995.

[16] L.S. Pontrjagin. *Gewöhnliche Differentialgleichungen.* Deutscher Verlag der Wissenschaften, Berlin, 1965.

[17] K. Reinschke und P. Schwarz. *Verfahren zur rechnergestützten Analyse linearer Netzwerke.* Akademie-Verlag, Berlin, 1976.

[18] W. Schwarz. *Chaos in elektronischen Systemen.* Nachrichtentechnik Elektronik, Berlin, 34 (1984) 11, S. 435-439.

[19] H.G. Schuster. *Deterministic Chaos.* VCH Verlagsgesellschaft, Weinheim, 1988.

[20] H. Schwetlick. *Numerische Lösung nichtlinearer Gleichungen.* Deutscher Verlag der Wissenschaften, Berlin, 1979.

[21] R. Unbehauen. *Systemtheorie - Eine Einführung für Ingenieure.* Akademie-Verlag, Berlin, 1970.

[22] R. Vich. *Z-Transformation.* Verlag Technik, Berlin, 1972.

[23] G. Wunsch. *Systemanalyse,* Bd. 1. Verlag Technik, Berlin, 1972.

[24] G. Wunsch. *Systemtheorie.* Akademische Verlagsgesellschaft Geest & Portig, Leipzig, 1975.

[25] G. Wunsch. *Systemtheorie der Informationstechnik.* Akademische Verlagsgesellschaft Geest & Portig, Leipzig, 1971.

[26] G. Wunsch und H. Schreiber. *Digitale Systeme.* Springer-Verlag, Berlin, 1993.

[27] G. Wunsch und H. Schreiber. *Analoge Systeme.* Springer-Verlag, Berlin, 1993.

[28] G. Wunsch und H. Schreiber. *Stochastische Systeme.* Springer-Verlag, Berlin, 1992.

[29] G. Wunsch und H. Schreiber. *Digitale Systeme.* In Vorbereitung, 2005.

[30] G. Wunsch und H. Schreiber. *Stochastische Systeme.* In Vorbereitung, 2005.

Index